工程硕士 应用数学 系列教材

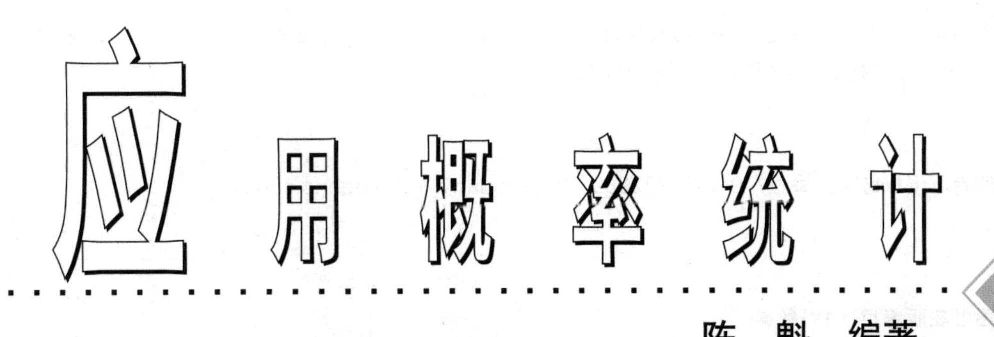

应用概率统计

陈魁 编著

清华大学出版社
北京

内 容 提 要

本书内容包括概率论、统计推断、试验设计三部分。内容紧密联系实际，例题丰富多样，便于自学，各章有一定数量的习题，书后有全部习题的答案或提示，并附有 SAS/STAT 程序库使用简介和常用数表与正交表。

本书是为工程硕士研究生编写的教材，也可供大学生使用，并可作为报考硕士研究生考生的复习参考书，还可供工程技术人员、科研人员和教师参考。

图书在版编目(CIP)数据

应用概率统计/陈魁编著. —北京：清华大学出版社，2000.3(2023.8 重印)
(工程硕士应用数学系列教材)
ISBN 978-7-302-01018-0

Ⅰ. 应… Ⅱ. 陈… Ⅲ. ①概率论—研究生—教材 ②数理统计—研究生—教材 Ⅳ. O21

中国版本图书馆 CIP 数据核字(2008)第 028806 号

责任印制：丛怀宇

出版发行：清华大学出版社
网　　址：http://www.tup.com.cn，http://www.wqbook.com
地　　址：北京清华大学学研大厦 A 座　**邮　　编**：100084
社 总 机：010-83470000　**邮　　购**：010-62786544
投稿与读者服务：010-62776969，c-service@tup.tsinghua.edu.cn
质 量 反 馈：010-62772015，zhiliang@tup.tsinghua.edu.cn
印 装 者：三河市铭诚印务有限公司
经　　销：全国新华书店
开　　本：185mm×230mm　**印　张**：25.5　**字　数**：553 千字
版　　次：2000 年 3 月第 1 版　**印　次**：2023 年 8 月第 30 次印刷
定　　价：78.00 元

产品编号：001018-08/O

编 委 会

编 者 的 话

电子计算机已经成为工程技术界、管理科学领域须臾离不开的工具。因此，学习用计算机解决工作中的各种实际问题已经成为各行业知识更新的必要环节，更是工程硕士学位的必修课程。为了适应这种形势，在几年教学经验的基础上我们编撰了这套《工程硕士应用数学》系列教程。

全套书由三本组成：《科学和工程计算基础》，《应用概率统计》和《运筹学基础》。

编书的指导思想是：**低起点，大跨度。**前者是指避免某些抽象的数学推理和繁琐的公式演绎。为了顾及有些读者复习基础知识的需要，书中专门设置了有关微积分、线性代数的章节。大跨度是指力图覆盖各领域中常常涉及到的数学问题。当然，全面覆盖是不可能的，仅仅是尽我们所能而已。另一个指导思想是：**着重内容的实用性，兼顾理论体系。**对于知识更新和进修工程硕士的需要来说，学习内容的实用性显得更加重要。因此，在题材选择和叙述重点上我们都把实用性放在首位。

除了介绍算法和相关的理论之外，《科学和工程计算基础》及《应用概率统计》两本书还介绍了目前流行的两个数学软件——Matlab 和 SAS。学员利用这些工具可以很容易地实现各种算法，从而避免了枯燥的程序设计工作。

还要提到的是，这套丛书虽然是针对工程硕士课程撰写的，但对于一般理工科大学生和研究生，也是一本可以使用的教科书。

最后，我们对清华大学研究生院和清华大学出版社的领导表示衷心的感谢，没有他们的指导和帮助这套丛书是不可能成功的。

编 者

1999 年 5 月

前　　言

概率统计是应用非常广泛的数学学科，其理论和方法的应用遍及所有科学技术领域、工农业生产、医药卫生以及国民经济的各个部门。

概率统计是概率论与数理统计的简称。概率论研究随机现象的统计规律性；数理统计研究样本数据的搜集、整理、分析和推断的各种统计方法，这其中又包含两方面的内容：试验设计与统计推断。试验设计研究合理而有效地获得数据资料的方法；统计推断则是对已经获得的数据资料进行分析，从而对所关心的问题做出尽可能精确的估计与判断。

本书按概率论、统计推断、试验设计的顺序分 13 章叙述。大致是：第 1 章至第 6 章为概率论；第 7 章至第 9 章为统计推断；第 10 章至第 13 章为试验设计。可根据需要选用各部分内容。书后的附录 A SAS/STAT 程序库使用简介是由陆璇同志提供的。

作者在编写本书时力求做到通俗易懂，深入浅出，便于自学。对理论问题只作必要的叙述，而着力提供有关的实际背景，理论联系实际，阐明应用理论解决实际问题的方法。书中大量的例题中很多都来源于实际，这些例题本身就给读者提供了解决实际问题的方法，有助于提高读者分析问题和解决问题的能力。

限于作者的水平，书中难免有不妥或错误之处，恳请读者、专家批评指教。

陈　魁

1999 年 5 月于清华园

目　　录

第1章　随机事件及其概率

世界上有各种各样的现象.从概率的观点考虑可分为两类,一类叫确定性现象,它指的是在一定条件下必然发生或必然不发生的现象.例如:人最终是要死的,上抛的石子一定要落下来.这些都是确定性现象.另一类叫随机现象,它指的是在一定条件下可能发生、也可能不发生的现象.例如:掷一只硬币落在平面上,可能字面朝上,也可能另一面朝上,如果着眼于字面朝上,这个现象可能发生,也可能不发生.远距离射击一个目标,可能击中,也可能击不中,如果着眼于击中目标,这个现象可能发生,也可能不发生.这些都是随机现象.随机现象有两个特点:(1)在一次观察中,现象可能发生,也可能不发生,即结果呈现不确定性;(2)在大量重复观察中,其结果具有统计规律性.例如,多次重复投掷硬币,字面朝上的次数大体上占一半.概率论是研究随机现象统计规律性的一门数学学科.

1.1 随机事件

随机事件是概率论研究的对象.它是随机试验中出现的结果.

1.1.1 随机试验

具有以下几个特点的试验叫随机试验.

(1) 试验具有明确的目的;

(2) 在相同条件下可以重复进行;

(3) 试验的结果不止一个,所有结果事先都能明确地指出来;

(4) 每次试验之前,预料不出会出现哪个结果.

随机试验通常用字母 E 表示.

例 1.1.1　下列试验都是随机试验:

E_1:掷一只骰子,观察朝上的那一面的点数;

E_2:在一批产品中,任取一件,观察是正品,还是次品;

E_3:在一批产品中,任取 3 件,记录正品的件数;

E_4:射击一目标,到击中为止,记录射击次数;

E_5:从一批灯泡中,任取一只,测其寿命.

1.1.2 随机事件

在随机试验中,每一个可能出现的结果,叫随机事件.随机事件用大写字母 A,B,C 等表示.

随机事件分类如下.

基本事件:最简单的不能再分的单个事件叫基本事件,例如,在 E_1 中,"点数为1"、"点数为 2"、……、"点数为 6",都是基本事件.

复合事件:由两个或两个以上的基本事件组成的事件叫复合事件.例如在 E_1 中"点数小于 4"、"点数为偶数",都是复合事件.

另外还有两种事件.在随机试验中必然出现的结果叫必然事件.例如:在 E_1 中"点数小于 7"就是必然事件.在随机试验中,决不会出现的结果叫不可能事件.例如在 E_1 中"点数大于 6"就是不可能事件.这两种事件并不是随机事件,为了研究问题的方便,把它们归入随机事件,作为随机事件的两个极端情况.

1.1.3 样本空间

样本空间是概率论中的重要概念.在随机试验 E 中,每一个基本事件称为一个样本点,样本点的全体称为样本空间,记作 Ω.它是样本点的集合.每个样本点都是这个集合中的元素.在每个随机试验中,确定样本空间至关重要.

例 1.1.2 指出例 1.1.1 中各随机试验的样本空间.

解 $E_1:\Omega_1=\{1,2,3,4,5,6\}$;

$E_2:\Omega_2=\{$正品,次品$\}$;

$E_3:\Omega_3=\{0,1,2,3\}$;

$E_4:\Omega_4=\{1,2,3,\cdots\}$;

$E_5:\Omega_5=\{t \mid t\geqslant 0\}$.

每个随机事件都是样本点的集合,是样本空间的一个子集.例如,在 E_1 中,若随机事件 A 是"点数小于 4",则 $A=\{1,2,3\}$,它是 Ω_1 的一个子集.样本空间也是事件,并且是必然事件.

样本空间有以下三种类型:

(1) 有限集合:样本空间中的样本点数是有限的.如 $\Omega_1,\Omega_2,\Omega_3$.

(2) 无限可列集合:样本空间中样本点数是无限的,但可列出.如 Ω_4.

(3) 无限不可列集合:样本空间中样本点数是无限的,又不可列.如 Ω_5.

1.1.4 事件之间的关系和运算

1. 事件之间的关系(见图 1.1).

(1) 包含关系:设有事件 A,B,若由 B 发生必然导致 A 发生,则称 A 包含 B,或 B 包含于 A,记作 $A\supset B$,任何事件都包含于 Ω.

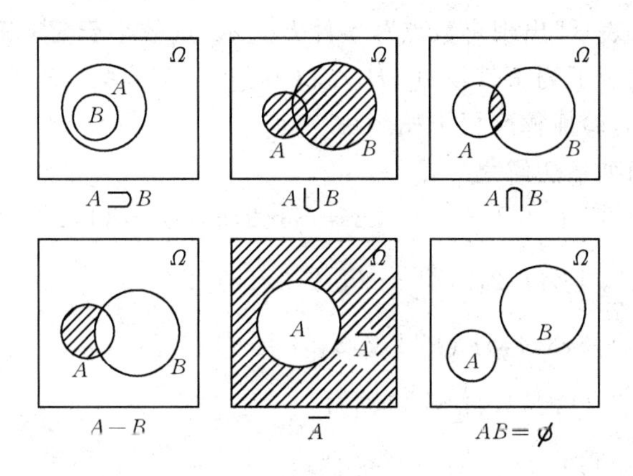

图　1.1

(2) 相等关系：若 $A \supset B$，同时 $B \supset A$，则称 A 与 B 是相等事件，记作 $A = B$.

(3) 事件的并(和)：设有事件 A,B,C，若 A,B 中至少一个发生时 C 就发生，则称 C 是 A,B 的并(和) 事件. 记作 $C = A \cup B$.

n 个事件的并(和) 事件为 $A_1 \cup A_2 \cup \cdots \cup A_n$，记作 $\bigcup\limits_{i=1}^{n} A_i$，无穷可列个事件的并记为 $\bigcup\limits_{i=1}^{\infty} A_i$.

(4) 事件的交(积)：若 A,B 同时发生时 C 才发生，则称 C 为 A,B 的交(积)，记为 $A \cap B$ 或 AB.

n 个事件的交记为 $\bigcap\limits_{i=1}^{n} A_i$，无穷可列个事件的交记为 $\bigcap\limits_{i=1}^{\infty} A_i$.

(5) 互不相容(互斥) 事件：若 A,B 不能同时发生，即 $AB = \varnothing$，则称 A,B 为互斥事件. 任何两个不同的基本事件为互斥事件.

(6) 对立事件：若样本空间 Ω 只含有事件 A,B，且 A,B 互斥，即 $A \cup B = \Omega, AB = \varnothing$，则称 A,B 为对立事件，记为 $A = \overline{B}, B = \overline{A}$.

(7) 事件的差：事件 A 与 $\overline{B}$ 的交称为 A 与 B 的差，记为 $A - B = A\overline{B}$.

2. 事件的运算

(1) 交换律：$A \cup B = B \cup A, AB = BA$；

(2) 结合律：$(A \cup B) \cup C = A \cup (B \cup C) = A \cup B \cup C$,

$(AB)C = A(BC) = ABC$；

(3) 分配律：$(A \cup B)C = AC \cup BC$,

$(AB) \cup C = (A \cup C)(B \cup C)$；

(4) 德摩根(De Morgan) 定律：$\overline{A \cup B} = \overline{A}\,\overline{B}, \overline{AB} = \overline{A} \cup \overline{B}$.

例 1.1.3　掷一只骰子，观察朝上一面出现的点数.

(1) 若记事件A表示"出现奇数点",事件B表示"点数小于5",事件C表示"大于3的偶数点",试用集合表示下列事件:$A\cup B, A\cup B\cup \overline{C}, AB, A-B, ABC$.

(2) 对事件A,B,验证德摩根定律.

解 本题可采用列举法解之.

(1) 样本空间$\Omega=\{1,2,3,4,5,6\}, A=\{1,3,5\}, B=\{1,2,3,4\}, C=\{4,6\}$,所以

$A\cup B=\{1,3,5\}\cup\{1,2,3,4\}=\{1,2,3,4,5\}$;

$A\cup B\cup\overline{C}=\{1,2,3,4,5\}\cup\{1,2,3,5\}=\{1,2,3,4,5\}$;

$AB=\{1,3,5\}\cap\{1,2,3,4\}=\{1,3\}$;

$A-B=A\overline{B}=\{1,3,5\}\cap\{5,6\}=\{5\}$;

$ABC=\{1,3\}\cap\{4,6\}=\varnothing$.

(2) 由(1)知$\overline{A\cup B}=\{6\}$,又$\overline{A}\,\overline{B}=\{2,4,6\}\cap\{5,6\}=\{6\}$,所以很明显,验证出$\overline{A\cup B}=\overline{A}\,\overline{B}$;

又由(1)知 $\overline{AB}=\{2,4,5,6\}$,

$\overline{A}\cup\overline{B}=\{2,4,6\}\cup\{5,6\}=\{2,4,5,6\}$,

所以很明显验证出 $\overline{AB}=\overline{A}\cup\overline{B}$.

例 1.1.4 考察居民对3种报纸A,B,C的订购情况.设事件A,B,C分别表示订购报纸A,B,C,试表示下列事件:(1) 只订购A;(2) 只订购A及B;(3) 只订购A或B;(4) 只订购一种报纸;(5) 正好订2种报纸;(6) 至少订1种报纸;(7) 不订任何报纸.

解 首先要正确理解各个事件的含义,在这个基础上,不难写出各个事件:

(1) 只订购A:说明不订购B,也不订购C,因此它是$A,\overline{B},\overline{C}$的交,即$A\overline{B}\,\overline{C}$.

(2) 只订购A及B:说明同时订A和B,但不订C,因此它是$A,B,\overline{C}$的交,即$AB\overline{C}$.

(3) 只订购A或B:只订购A为$A\overline{B}\,\overline{C}$,只订$B$为$\overline{A}B\overline{C}$,"或"表示事件的并,因此它是$A\overline{B}\,\overline{C}\cup\overline{A}B\overline{C}$.

(4) 只订购一种报纸:它表明只订A(为$A\overline{B}\,\overline{C}$)或只订$B$(为$\overline{A}B\overline{C}$)或只订$C$(为$\overline{A}\,\overline{B}C$),"或"表示"并",因此它是$A\overline{B}\,\overline{C}\cup\overline{A}B\overline{C}\cup\overline{A}\,\overline{B}C$.

(5) 正好订2种报纸:这与只订2种报纸是一样的,它表明只订A及B而不订C(为$AB\overline{C}$)或只订A及C而不订B(为$A\overline{B}C$)或只订B及C而不订A(为$\overline{A}BC$),因此它是$AB\overline{C}\cup A\overline{B}C\cup\overline{A}BC$.

(6) 至少订一种报纸:它是$A\cup B\cup C$.

(7) 不订任何报纸:它是$\overline{A}\,\overline{B}\,\overline{C}$,也可表示为$\overline{A\cup B\cup C}$,因为它是(6)的对立事件.

例 1.1.5 设两事件A,B,若$AB=\overline{A}\,\overline{B}$,问$A$和$B$是什么关系?

解　由德摩根定律知 $\overline{A}\,\overline{B} = \overline{A \cup B}$，又已知 $AB = \overline{A}\,\overline{B}$，所以 $AB = \overline{A \cup B}$，又 $A \cup B \supset AB$，所以 $AB = \varnothing$，由此得出 $\overline{A \cup B} = \varnothing$，$A \cup B = \Omega$，故 A 与 B 是对立事件：$A = \overline{B}$，$B = \overline{A}$.

1.2　随机事件的概率

在随机试验中，随机事件是否发生是很重要的，但更重要的是事件发生的可能性的大小. 它是随机事件的客观属性，是可以度量的. 一般地说，对于随机事件 A，如果有一个数能表示该事件发生的可能性的大小，这个数就叫事件 A 的概率. 记为 $P(A)$. 简言之，事件的概率就是事件发生的可能性大小的数量描述.

下面从三个方面说明概率的意义.

1.2.1　古典概型

在概率论发展的早期，曾把具有下面两个简单性质的随机现象作为研究的主要对象.

(1) 试验的样本空间由有限个样本点构成，即 $\Omega = \{e_1, e_2, e_3, \cdots, e_n\}$.

(2) 每个样本点(基本事件)出现的可能性相等. 即 $P(e_1) = P(e_2) = \cdots = P(e_n) = \frac{1}{n}$.

一般把这类随机试验的数学模型称为古典概型. 在古典概型中，对随机试验 E，若样本空间的样本点总数为 n，事件 A 所包含的样本点数为 m，则事件 A 的概率为

$$P(A) = \frac{m}{n} \tag{1.2.1}$$

这是古典概型概率的定义，同时也是古典概型概率的计算公式.

古典概型在概率论中占有相当重要的地位，一方面由于它简单、易算，对它的讨论有助于直观地理解概率论的基本概念；另一方面，因为古典概型在产品的抽样检查等许多问题中有着重要的应用.

1.2.2　概率的统计意义

设在随机试验 E 中进行 n 次重复试验，若事件 A 出现 n_A 次，则比值 $f_n(A) = \frac{n_A}{n}$ 称为事件 A 出现的频率.

频率的一般性质：

(1) $0 \leqslant f_n(A) \leqslant 1$；

(2) $f_n(\Omega) = 1$；

(3) 若事件 A,B 互不相容,则 $f_n(A\cup B)=f_n(A)+f_n(B)$,性质(3) 可以推广.若 $A_1,A_2,\cdots,A_k$ 两两互斥,则

$$f_n(\bigcup_{i=1}^{K}A_i)=\sum_{i=1}^{K}f_n(A_i).\tag{1.2.2}$$

在随机试验中,当试验次数 n 逐渐增大时,频率值 $f_n(A)$ 会趋于稳定.即在某个数 p 附近波动,这时称数 p 为事件 A 的概率,记作 $P(A)=p$.数 p 是客观存在的.如果不容易分析出来的话,可以用 n 很大时的 $f_n(A)$ 近似代替 p.即

$$p\approx f_n(A)$$

用频率近似代替概率的好处是便于实际应用,不必考虑是否具有等可能性.它的缺点是要做大量的试验,费工费时.

1.2.3　概率的公理化定义

古典概型和统计意义都有一定的局限性.苏联数学家 A.H. 柯尔莫哥洛夫在 1933 年提出了概率的公理化结构,使概率论成为严谨的数学分支,对概率论的发展起了很大的作用.

定义　设随机试验 E,样本空间为 Ω,对于 E 中的事件 A,赋予一个实数 $P(A)$,如果满足

(1) $0\leqslant P(A)\leqslant 1$;

(2) $P(\Omega)=1$;

(3) 对任何两两互斥的事件 $A_i(i=1,2,\cdots)$ 有

$$P(\bigcup_{i=1}^{\infty}A_i)=\sum_{i=1}^{\infty}P(A_i),\tag{1.2.3}$$

则称 $P(A)$ 为事件 A 的概率.

1.2.4　概率的性质

(1) 对任何事件 A,都有 $0\leqslant P(A)\leqslant 1$.

(2) $P(\Omega)=1,P(\varnothing)=0$.

(3) 若事件 $A_1,A_2,\cdots,A_m$ 两两互不相容,则

$$P(\bigcup_{i=1}^{m}A_i)=\sum_{i=1}^{m}P(A_i),\tag{1.2.4}$$

(4) 对 A 和 $\overline{A}$,有 $P(A)=1-P(\overline{A})$ 或 $P(\overline{A})=1-P(A)$.因为 $A\cup\overline{A}=\Omega$,且 A,$\overline{A}$ 互斥,由(2),(3) 得

$$P(A \cup \overline{A}) = P(\Omega) = 1,$$

$$P(A \cup \overline{A}) = P(A) + P(\overline{A}) = 1,$$

所以
$$P(A) = 1 - P(\overline{A}) = P(\overline{A}) = 1 - P(A). \tag{1.2.5}$$

(5) 若 $A \supset B$,则 $P(A-B) = P(A) - P(B)$,并且 $P(A) \geqslant P(B)$.

因为当 $A \supset B$ 时,$A = B \cup (A-B)$,又 B 与 $(A-B)$ 互斥,所以 $P(A) = P(B) + P(A-B)$,故 $P(A-B) = P(A) - P(B)$.

又因为 $P(A-B) \geqslant O$,所以 $P(A) \geqslant P(B)$.

(6) 加法定理:对任何事件 A,B 有

$$P(A \cup B) = P(A) + P(B) - P(AB), \tag{1.2.6}$$

因为
$$A \cup B = A \cup (B - AB),A\text{ 与}(B - AB)\text{ 互斥},$$

又
$$B \supset AB,$$

所以
$$\begin{aligned} P(A \cup B) &= P(A) + P(B - AB) \\ &= P(A) + P(B) - P(AB). \end{aligned}$$

加法定理推广到 n 个事件的并事件的概率为

$$\begin{aligned} P(\bigcup_{i=1}^{n} A_i) = &\sum_{i=1}^{n} P(A_i) - \sum_{i \neq j} P(A_i A_j) + \sum_{i \neq j \neq k} P(A_i A_j A_k) + \cdots \\ &+ (-1)^{n-1} P(A_1 A_2 \cdots A_n). \end{aligned} \tag{1.2.7}$$

下面举几个例子.

例 1.2.1　设有 10 件产品,其中有 6 件正品,4 件次品,现从中任取 3 件,求下列事件的概率.

(1) $A = \{$没有次品$\}$;　　(2) $B = \{$只有 1 件次品$\}$;

(3) $C = \{$最多 1 件次品$\}$;　　(4) $D = \{$至少 1 件次品$\}$.

解　这是古典概型.因为产品无序,用组合计算 n,m. $n = C_{10}^{3} = 120$.

(1) $m_A = C_6^3 = 20$,　　$P(A) = \dfrac{m_A}{n} = \dfrac{20}{120} = \dfrac{1}{6}$.

(2) $m_B = C_4^1 C_6^2 = 60$,　　$P(B) = \dfrac{m_B}{n} = \dfrac{60}{120} = \dfrac{1}{2}$.

(3) $m_C = m_A + m_B = 80$,　　$P(C) = \dfrac{m_C}{n} = \dfrac{80}{120} = \dfrac{2}{3}$.

(4) $m_D = C_4^1 C_6^2 + C_4^2 C_6^1 + C_4^3 C_6^0 = 100$,

$$P(D)=\frac{100}{120}=\frac{5}{6}.$$

另法，用 D 的对立事件更为方便，因为 $D=\overline{A}$，所以 $P(D)=P(\overline{A})=1-P(A)=\frac{5}{6}$.

例 1.2.2 5张数字卡片上分别写着1、2、3、4、5；从中任取3张，排成3位数，求下列事件的概率：

(1) 3位数大于300； (2) 3位数是偶数； (3) 3位数是5的倍数.

解 古典概型.设3事件分别为 A,B,C.

解法1 考虑整个3位数，因为数有序，用排列计算 n,m. 3位数的总个数 $n=P_5^3=60$.

(1) 3位数大于300：百位数必须从3,4,5中取，取法为 $C_3^1=3$，在百位数取定后，十位数、个位数只能从其余的4个数取出2个排列，排法为 $P_4^2=12$，所以 $m_A=C_3^1P_4^2=36$.

$$P(A)=\frac{m_A}{n}=\frac{C_3^1P_4^2}{P_5^3}=\frac{36}{60}=0.6.$$

(2) 3位数为偶数：个位数只能从2,4中取，取法为 $C_2^1=2$，在个位数取定之后，十位数、百位数只能从其余的4个数中取出2个排列，排法为 $P_4^2=12$，所以 $m_B=C_2^1P_4^2=24$.

$$P(B)=\frac{m_B}{n}=\frac{C_2^1P_4^2}{P_5^3}=\frac{24}{60}=0.4.$$

(3) 3位数是5的倍数：个位数只能是5，十位数、百位数从其余4个数中取2个排列，排法为 $P_4^2=12$，所以 $m_C=P_4^2=12$.

$$P(C)=\frac{m_C}{n}=\frac{P_4^2}{P_5^3}=\frac{12}{60}=0.2.$$

解法2 不考虑整个3位数，只考虑3位数的特点，无顺序问题，用组合计算 n,m.

(1) 3位数大于300：只要考虑百位数，总取法为 $n=C_5^1=5$，数大于300，百位数只能从3,4,5中取，取法为 $m_A=C_3^1=3$，$P(A)=\frac{m_A}{n}=\frac{3}{5}=0.6$.

(2) 3位数是偶数，即个位数必须是偶数. 只要考虑个位数就行了. 总取法 $n=C_5^1=5$，偶数只能从2,4中取，取法 $m_B=C_2^1=2$，$P(B)=\frac{m_B}{n}=\frac{2}{5}=0.4$.

(3) 3位数是5的倍数：只考虑个位数 $n=C_5^1=5$，个位数只能是5，$m_C=C_1^1=1$

$$P(C)=\frac{m_C}{n}=\frac{1}{5}=0.2.$$

评注　本题中同一个问题采用了两种不同的解法，主要是由于问题的着眼点不同，对同一问题用了不同的数学模型来描述.模型不同，样本空间也就不同，但计算 n,m 必须在同一个样本空间中进行，否则就会出错.

例 1.2.3　将3个小球随机地放入4个盒子中，求盒子中球的最多个数分别为1,2,3的概率.

解　古典概型.3个球放入4个盒子，是有重复的排列，总放法为 $n=4^3=64$.

(1) 盒子中球的最多个数为1，即3个球分别放入4个盒子中的3个盒子，放法为 $m_1=P_4^3=24$.

$$p_1=\frac{m_1}{n}=\frac{24}{64}=\frac{3}{8}.$$

(2) 盒子中球的最多个数为2，即3个球放入4个盒子中的2个盒子，放法为排列数 $P_4^2=12$，其中1个盒子中有2个球，另1个盒子中有1个球，这1个球从3个球中取，取法为组合数 $C_3^1=3$(或2个球从3个球中取，取法为组合数 $C_3^2=3$) 所以球的放法为 $m_2=P_4^2C_3^1=36$.

$$p_2=\frac{m_2}{n}=\frac{36}{64}=\frac{9}{16}$$

(3) 盒子中球的最多个数为3，即3个球全放入4个盒子中的1个盒子里，放法为 $m_3=P_4^1=4$.

$$p_3=\frac{m_3}{n}=\frac{4}{64}=\frac{1}{16}.$$

评注　本题中计算 p_2 比较复杂，主要是求 m_2 时既要考虑盒子(用排列) 又要考虑球(用组合)，用下面的解法就简单多了.

先求出 p_1,p_3，因为 $p_1+p_2+p_3=1$，所以 $p_2=1-p_1-p_3=\frac{9}{16}$.

这种解法排除了直接计算 p_2 的困难.

例 1.2.4　1年按365天计算.现有 $k(k\leqslant 365)$ 个人聚会.(1) 求这 k 个人中至少有2人生日相同的概率；(2) 求这 k 个人中至少有2人生日同在10月1日的概率.

解　这里看成古典概型问题.两个问题都是求"至少 …" 的概率，这类问题从对立事件入手解决比较简单.k 个人生日的"安排" 总数为 $n=365^k$.

(1) 记 $A=\{$至少2人生日相同$\}$，则 $\overline{A}=\{k$ 个人生日都不相同$\}$，显然 $m_{\overline{A}}=P_{365}^k=C_{365}^k k!$，$P(\overline{A})=\frac{P_{365}^k}{365^k}$，

$$P(A)=1-P(\overline{A})=1-\frac{P_{365}^k}{365^k}.$$

(2) 记 $B=\{$至少2人生日同在10月1日$\}$，则 $\bar{B}=\{k$ 个人生日都不在10月1日$\}$ $\cup\{k$ 个人中有1人生日在10月1日$\}$，记为 $\bar{B}=(\bar{B})_1\cup(\bar{B})_2$.
其中 $(\bar{B})_2$ 又可看成$\{k$ 个人中有$(k-1)$个人生日不在10月1日$\}$，

$$m_1=364^k,\quad m_2=C_k^{k-1}\cdot 364^{k-1}=k\cdot 364^{k-1},$$

$$m_{\bar{B}}=m_1+m_2,$$

$$P(\bar{B})=\frac{m_1+m_2}{n}=\frac{364^k+k\cdot 364^{k-1}}{365^k},$$

$$P(B)=1-P(\bar{B})=1-\left(\frac{364}{365}\right)^k-\frac{k}{365}\left(\frac{364}{365}\right)^{k-1}.$$

1.3 条件概率与事件的独立性

1.3.1 条件概率

1. 概念

在实际问题中经常会遇到“在一个事件已经发生的条件下另一个事件发生”的概率问题.

例 1.3.1 现有形状不同的产品共150件，正品135件. 内有方形产品90件，其中正品80件；圆形产品60件，其中正品55件. 从中任取一件，一看是圆形的，问这件产品是正品的概率是多少？

解 设事件 A 为取到的产品是圆形，事件 B 为取到的产品是正品，这里的问题就是求 A 事件已经发生的条件下 B 事件发生的概率，记为 $P(B\mid A)$. 由已知条件显然有 $P(B\mid A)=\frac{55}{60}$. 这里60是圆形产品数，即事件 A 包含的样本点数，记为 $n_A=60$，55是圆形正品数，即事件 AB 包含的样本点数，记为 $n_{AB}=55$. 所以，有 $P(B\mid A)=\frac{n_{AB}}{n_A}$，若记产品总数为 n，则

$$P(B\mid A)=\frac{n_{AB}/n}{n_A/n},\text{而 }P(A)=\frac{n_A}{n},P(AB)=\frac{n_{AB}}{n},$$

所以
$$P(B\mid A)=\frac{P(AB)}{P(A)}.$$

这个结果具有一般性，可作为条件概率的定义.

定义 设两事件 A,B，且 $P(A)>0$，称

$$P(B \mid A) = \frac{P(AB)}{P(A)} \tag{1.3.1}$$

为事件 A 发生的条件下事件 B 发生的条件概率.

条件概率与概率有相同的性质

(1) 对任一事件 B,有 $P(B \mid A) \geqslant 0$.

(2) $P(\Omega \mid A) = 1$.

(3) 若 $B_1, B_2, \cdots$ 是两两不相容的事件,则有

$$P\left(\bigcup_{i=1}^{\infty} B_i \mid A\right) = \sum_{i=1}^{\infty} P(B_i \mid A).$$

(4) 对任意事件 B_1, B_2 有

$$P(B_1 \cup B_2 \mid A) = P(B_1 \mid A) + P(B_2 \mid A) - P(B_1 B_2 \mid A).$$

2. 乘法定理

由条件概率定义(1.3.1),在 $P(A) > 0$ 的条件下有

$$P(AB) = P(A)P(B \mid A), \tag{1.3.2}$$

同样,在 $P(B) > 0$ 的条件下有

$$P(AB) = P(B)P(A \mid B), \tag{1.3.2$'$}$$

这就是概率的乘法定理.乘法定理推广到 n 个事件的交事件为

$$P\left(\bigcap_{i=1}^{n} A_i\right) = P(A_1)P(A_2 \mid A_1)P(A_3 \mid A_1 A_2)\cdots P(A_n \mid A_1 A_2 \cdots A_{n-1}) \tag{1.3.3}$$

1.3.2 事件的独立性

设两事件 A, B,概率 $P(B)$ 与条件概率 $P(B \mid A)$ 是两个不同的概念,一般说来 $P(B \mid A) \neq P(B)$,比如在例 1.3.1 中,$P(B \mid A) = 55/60$,$P(B) = 135/150$,两者不等.这就是说事件 A 的发生对事件 B 发生的概率是有影响的.如果没有影响,就会有 $P(B \mid A) = P(B)$,这就引出了两事件相互独立的概念.

定义 设有事件 A, B,如果

$$P(B \mid A) = P(B), \tag{1.3.4}$$

则称事件 A, B 相互独立.

根据事件独立性的定义,可得出下列定理.

定理 事件 A, B 相互独立的充分必要条件是

$$P(AB)=P(A)P(B). \tag{1.3.5}$$

证明 必要性：由 A,B 独立知 $P(B\mid A)=P(B)$，又由乘法定理(1.3.2)得 $P(AB)=P(A)P(B)$.

充分性：由 $P(AB)=P(A)P(B)$，再由式(1.3.2)得 $P(B\mid A)=P(B)$，由定义知，A 与 B 相互独立.

定理 若 A 与 B 相互独立，则 A 与 $\overline{B}$，$\overline{A}$ 与 B，$\overline{A}$ 与 $\overline{B}$ 都相互独立.

定理 A 与 B，$\overline{A}$ 与 B，A 与 $\overline{B}$，$\overline{A}$ 与 $\overline{B}$，若其中有一对相互独立，则其余的 3 对都相互独立.

这两个定理的证明留给读者.

事件独立性的推广：

定义 设 3 事件 A,B,C，如果

$$\begin{aligned} P(AB)&=P(A)P(B),\\ P(BC)&=P(B)P(C),\\ P(AC)&=P(A)P(C),\\ P(ABC)&=P(A)P(B)P(C), \end{aligned} \tag{1.3.6}$$

则称 A,B,C 相互独立.

满足前 3 个式子则称事件 A,B,C 为两两独立，两两独立与 3 事件独立不是一回事. 3 事件独立必定两两独立，但是两两独立不一定 3 事件独立. 这点可举例说明，这里不再细述.

一般，设有 n 个事件 $A_1,A_2,\cdots,A_n$，如果对于任意整数 $k(1<k\leqslant n)$，$i_1,i_2,\cdots,i_k(1\leqslant i_1<i_2<\cdots<i_k\leqslant n)$ 都有等式

$$P(A_{i1}A_{i2}\cdots A_{ik})=P(A_{i1})P(A_{i2})\cdots P(A_{ik}), \tag{1.3.7}$$

则称 $A_1,A_2,\cdots,A_n$ 相互独立.

例 1.3.2 甲给乙打电话，但忘记了电话号码的最后 1 位数字，因而对最后 1 位数字就随机地拨号，若拨完整个电话号码算完成 1 次拨号，并假设乙的电话不占线.

(1) 求到第 k 次才拨通乙的电话的概率；

(2) 求不超过 k 次而拨通乙的电话的概率.

解 (1) 设事件 A_k 为"第 k 次拨通电话"，"到第 k 次才拨通电话"这个事件为 $\overline{A}_1\overline{A}_2\cdots\overline{A}_{k-1}A_k$，$k=1,2,\cdots,10$.

$$P(A_1)=\frac{1}{10},P(\overline{A}_1A_2)=P(\overline{A}_1)P(A_2\mid\overline{A}_1)=\frac{9}{10}\times\frac{1}{9}=\frac{1}{10},$$

$$P(\overline{A}_1\overline{A}_2A_3)=P(\overline{A}_1)P(\overline{A}_2\mid\overline{A}_1)P(A_3\mid\overline{A}_1\overline{A}_2)=\frac{9}{10}\times\frac{8}{9}\times\frac{1}{8}=\frac{1}{10},$$

……

$$P(\overline{A}_1\overline{A}_2\cdots\overline{A}_{k-1}A_k)=P(\overline{A}_1)P(\overline{A}_2\mid\overline{A}_1)\cdots P(A_k\mid\overline{A}_1\overline{A}_2\cdots\overline{A}_{k-1})$$
$$=\frac{9}{10}\times\frac{8}{9}\times\cdots\times\frac{1}{10-k+1}=\frac{1}{10}.$$

评注　不管 k 为多少,这个概率都是$\frac{1}{10}$,与 k 无关.

(2) 设事件 B_k 为“不超过 k 次而拨通电话”,则

$$B_k=A_1\cup\overline{A}_1A_2\cup\cdots\cup\overline{A}_1\overline{A}_2\cdots\overline{A}_{k-1}A_k,$$

这是互斥事件的并事件,所以

$$P(B_k)=P(A_1)+P(\overline{A}_1A_2)+\cdots+P(\overline{A}_1\overline{A}_2\cdots\overline{A}_{k-1}A_k),$$

根据(1)中的结果,有

$$P(B_k)=\underbrace{\frac{1}{10}+\frac{1}{10}+\cdots+\frac{1}{10}}_{\text{共}k\text{个}}=\frac{k}{10}.$$

这个结果的正确性是很显然的.

例 1.3.3　某工人看管甲、乙、丙3台机床.在1小时内这3台机床需要照管的概率分别为0.2,0.1,0.4,需要照管的各台机床之间相互独立.设工人照管每台机床的时间不超过1小时,求在1小时之内,机床因无人照管而停工的概率.

解　设 A,B,C 分别表示在1小时内,机床甲、乙、丙要人照管,A,B,C 相互独立.并有

$$P(A)=0.2,\quad P(B)=0.1,\quad P(C)=0.4.$$

因为在同一时间内,工人只能照管1台机床,因此,“机床无人照管”这个事件是“同时至少有2台机床需要照管”,即为$\{AB\cup AC\cup BC\}$,

$$P(AB\cup AC\cup BC)=P(AB)+P(AC)+P(BC)-P(ABAC)$$
$$-P(ABBC)-P(ACBC)+P(ABACBC)$$
$$=P(AB)+P(AC)+P(BC)-2P(ABC)$$

(由独立性)

$$=P(A)P(B)+P(A)P(C)+P(B)P(C)-2P(A)P(B)P(C)$$

$$= 0.2 \times 0.1 + 0.2 \times 0.4 + 0.1 \times 0.4 - 2 \times 0.2 \times 0.1 \times 0.4$$
$$= 0.124.$$

1.4 全概率公式和逆概率公式

1.4.1 全概率公式

定义 设Ω是随机试验E的样本空间，$B_1, B_2, \cdots, B_n$是E的n个事件，如果满足(1) $\bigcup_{i=1}^{n} B_i = \Omega$，(2) 对任意的$i \neq j$，$(1 \leqslant i, j \leqslant n)$，$B_iB_j = \varnothing$，则称$B_1, B_2, \cdots, B_n$为$\Omega$的一个划分(图 1.2).

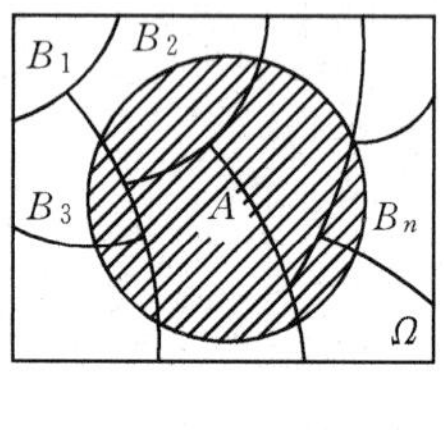

图 1.2

设A是E的任一事件，显然$A = \bigcup_{i=1}^{n} AB_i$，且$AB_i \cap AB_j = \varnothing$ $(i \neq j)$，则$P(A) = \sum_{i=1}^{n} P(AB_i)$.

如果已知$P(B_i)$和$P(A \mid B_i)$，由式(1.3.2)′，则

$$P(AB_i) = P(B_i)P(A \mid B_i), \tag{1.4.1}$$

所以有

$$P(A) = \sum_{i=1}^{n} P(B_i)P(A \mid B_i), \tag{1.4.2}$$

(1.4.1) 叫全概率公式. $P(B_i)P(A \mid B_i)$可称为部分概率，$P(A)$称为全概率. 全概率等于部分概率之和.

1.4.2 逆概率公式

如何求$P(B_i \mid A)$?很显然

$$P(B_i \mid A) = \frac{P(AB_i)}{P(A)},$$

由(1.4.1)和(1.4.2)可得

$$P(B_i \mid A) = \frac{P(B_i)P(A \mid B_i)}{\sum_{i=1}^{n} P(B_i)P(A \mid B_i)}. \tag{1.4.3}$$

(1.4.3)叫逆概率公式，又叫贝叶斯(Bayes)公式.

例 1.4.1　袋中有 a 个黑球，b 个白球，现随机地把球一个一个地摸出来(不放回)：

(1) 求第 1 次摸到黑球的概率；

(2) 求第 2 次摸到黑球的概率；

(3) 求第 k 次摸到黑球的概率，$1 \leqslant k \leqslant a+b$.

解　设 A_i 为第 i 次摸到黑球. (1) 显然 $P(A_1)=\dfrac{a}{a+b}$；

(2) $A_2 = A_1A_2 \cup \overline{A}_1A_2$，两事件互斥，用全概率公式

$$\begin{aligned}P(A_2) &= P(A_1)P(A_2 \mid A_1)+P(\overline{A}_1)P(A_2 \mid \overline{A}_1)\\ &= \frac{a}{a+b}\times\frac{a-1}{a+b-1}+\frac{b}{a+b}\times\frac{a}{a+b-1}\\ &= \frac{a}{a+b}.\end{aligned}$$

评注　这里 $P(A_2)=P(A_1)=\dfrac{a}{a+b}$，不是巧合，是必然的结果. 设想在下面的(3)中计算 $P(A_k)$ 也是这个结果. 为计算简便，不再用(2)中的方法，改用一般的方法.

(3) 第 k 次摸到黑球为事件 A_k，这是古典概型. 看成是在 $(a+b)$ 个球中摸 a 个黑球，总摸法为 $n=C_{a+b}^{a}$，而第 k 次摸球看成是任一次摸球，第 k 次摸到的那个黑球和其余的球区分开，因此第 k 次摸到黑球的摸法为 $m=C_1^1C_{a+b-1}^{a-1}$，所以

$$P(A_k)=\frac{m}{n}=\frac{C_{a+b-1}^{a-1}}{C_{a+b}^{a}}=\frac{a}{a+b}.$$

评注　这个结果与 k 无关，这与设想是一致的，也与我们的生活经验一致. 比如通常进行的抽签，机会均等，与抽签的先后次序无关.

例 1.4.2　同一种产品由甲、乙、丙三个厂家供应. 由长期经验知，三家的正品率分别为 0.95、0.90、0.80，三家产品数所占比例为 2∶3∶5，混合在一起.

(1) 从中任取 1 件，求此件产品为正品的概率；

(2) 现取到 1 件产品为正品，问它是由甲、乙、丙三个厂中哪个厂生产的可能性大？

解　设事件 $A=\{$取到的产品为正品$\}$，$B_1=\{$产品由甲厂生产$\}$. $B_2=\{$产品由乙厂生产$\}$，$B_3=\{$产品由丙厂生产$\}$，由已知条件得 $P(B_1)=\dfrac{2}{10}$，$P(B_2)=\dfrac{3}{10}$，$P(B_3)=\dfrac{5}{10}$，$P(A \mid B_1)=0.95$，$P(A \mid B_2)=0.90$，$P(A \mid B_3)=0.80$.

(1) 由全概率公式得

$$\begin{aligned}P(A) &= \sum_{i=1}^{3}P(B_i)P(A \mid B_i)=\frac{2}{10}\times 0.95+\frac{3}{10}\times 0.90+\frac{5}{10}\times 0.80\\ &= 0.86.\end{aligned}$$

(2) 由逆概率公式得

$$P(B_1 \mid A) = \frac{P(B_1)P(A \mid B_1)}{\sum_{i=1}^{3} P(B_i)P(A \mid B_i)} = \frac{0.2 \times 0.95}{0.86} = 0.2209,$$

$$P(B_2 \mid A) = \frac{P(B_2)P(A \mid B_2)}{\sum_{i=1}^{3} P(B_i)P(A \mid B_i)} = \frac{0.3 \times 0.90}{0.86} = 0.3140,$$

$$P(B_3 \mid A) = \frac{P(B_3)P(A \mid B_3)}{\sum_{i=1}^{3} P(B_i)P(A \mid B_i)} = \frac{0.5 \times 0.80}{0.86} = 0.4651.$$

从以上 3 个数比较,$0.4651 > 0.3140 > 0.2209$,可知这件产品由丙厂生产的可能性最大,由甲厂生产的可能性最小.

$P(B_i)$ 叫先验概率,通常都是已知的;$P(B_i \mid A)$ 叫后验概率,是用逆概率公式算出的.

例 1.4.3 现有两箱同类型产品,第一箱装 50 件,其中有 10 件一等品;第二箱装 30 件,其中有 18 件一等品.现从两箱中任取一箱,然后从该箱中任取两次,每次取 1 件,不放回.试求下列事件的概率:

(1) 第 1 次取到的产品是一等品;

(2) 第 2 次取到的产品是一等品;

(3) 在第 1 次取到一等品的条件下,第 2 次取到一等品;

(4) 在第 2 次取到一等品的条件下,第 1 次取到一等品.

解 设 A_i 为第 i 次取到一等品,$i = 1,2$;

B_j 为取到第 j 箱,$j = 1,2$.

$$P(B_1) = P(B_2) = \frac{1}{2}, P(A_1 \mid B_1) = \frac{10}{50} = \frac{1}{5}, P(A_1 \mid B_2) = \frac{18}{30} = \frac{3}{5},$$

(1) 用全概率公式

$$P(A_1) = P(B_1)P(A_1 \mid B_1) + P(B_2)P(A_1 \mid B_2)$$

$$= \frac{1}{2} \times \frac{1}{5} + \frac{1}{2} \times \frac{3}{5} = \frac{4}{10} = 0.4.$$

(2) $A_2 = A_1A_2 \cup \overline{A}_1A_2$,两事件互斥,所以

$$P(A_2) = P(A_1A_2) + P(\overline{A}_1A_2). \quad ①$$

对 $P(A_1A_2)$，$P(\overline{A}_1,A_2)$ 用全概率公式：

$$P(A_1A_2)=P(B_1)P(A_1A_2\mid B_1)+P(B_2)P(A_1A_2\mid B_2), \tag{②}$$

$$P(\overline{A}_1A_2)=P(B_1)P(\overline{A}_1A_2\mid B_1)+P(B_2)P(\overline{A}_1A_2\mid B_2). \tag{③}$$

对 $P(A_1A_2\mid B_1)$，$P(A_1A_2\mid B_2)$，$P(\overline{A}_1A_2\mid B_1)$，$P(\overline{A}_1A_2\mid B_2)$ 用乘法公式：

$$P(A_1A_2\mid B_1)=P(A_1\mid B_1)P(A_2\mid B_1A_1)=\frac{1}{5}\times\frac{9}{49}=\frac{9}{245}, \tag{④}$$

$$P(A_1A_2\mid B_2)=P(A_1\mid B_2)P(A_2\mid B_2A_1)=\frac{3}{5}\times\frac{17}{29}=\frac{51}{145}, \tag{⑤}$$

$$P(\overline{A}_1A_2\mid B_1)=P(\overline{A}_1\mid B_1)P(A_2\mid B_1\overline{A}_1)=\frac{40}{50}\times\frac{10}{49}=\frac{40}{245}, \tag{⑥}$$

$$P(\overline{A}_1A_2\mid B_2)=P(\overline{A}_1\mid B_2)P(A_2\mid B_2\overline{A}_1)=\frac{12}{30}\times\frac{18}{29}=\frac{36}{145}. \tag{⑦}$$

将式④，⑤代入②，式⑥，⑦代入③得

$$P(A_1A_2)=\frac{1}{2}\times\frac{9}{245}+\frac{1}{2}\times\frac{51}{145}=0.1942, \tag{⑧}$$

$$P(\overline{A}_1A_2)=\frac{1}{2}\times\frac{40}{245}+\frac{1}{2}\times\frac{36}{145}=0.2058. \tag{⑨}$$

再将式⑧，⑨代入①得

$$P(A_2)=0.1942+0.2058=0.4.$$

评注　$P(A_1)=P(A_2)=0.4$，这不是巧合，是必然的结果.

(3) $P(A_2\mid A_1)=\dfrac{P(A_1A_2)}{P(A_1)}=\dfrac{0.1942}{0.4}=0.4856.$

(4) $P(A_1\mid A_2)=\dfrac{P(A_1A_2)}{P(A_2)}=\dfrac{0.1942}{0.4}=0.4856.$

评注　因为 $P(A_1)=P(A_2)$，那么，$P(A_2\mid A_1)=P(A_1\mid A_2)$ 也就是很自然的了.

例 1.4.4　甲、乙、丙 3 人同时各自独立地对同一目标进行射击，3 人击中目标的概率分别为 0.4，0.5，0.7. 设 1 人击中目标时目标被击毁的概率为 0.2，2 人击中目标时目标被击毁的概率为 0.6，3 人击中目标时，目标必定被击毁.

(1) 求目标被击毁的概率；

(2) 已知目标被击毁，求由 1 人击中的概率；

(3) 已知目标被击毁，求只由甲击中的概率.

解　(1) 设事件 A,B,C 分别表示甲、乙、丙击中目标，D 表示目标被击毁，H_i 表示有

i 个人击中目标($i=1,2,3$),据题意,$P(A)=0.4, P(B)=0.5, P(C)=0.7$,

$$P(D \mid H_1)=0.2, P(D \mid H_2)=0.6, P(D \mid H_3)=1,$$

这里 $H_1 = A\bar{B}\bar{C} \cup \bar{A}B\bar{C} \cup \bar{A}\bar{B}C$, 三事件互斥

$H_2 = AB\bar{C} \cup A\bar{B}C \cup \bar{A}BC.$ 三事件互斥

$H_3 = ABC.$

又 A,B,C 相互独立,所以

$$\begin{aligned} P(H_1) &= P(A\bar{B}\bar{C}) + P(\bar{A}B\bar{C}) + P(\bar{A}\bar{B}C) \\ &= P(A)P(\bar{B})P(\bar{C}) + P(\bar{A})P(B)P(\bar{C}) + P(\bar{A})P(\bar{B})P(C) \\ &= 0.4 \times 0.5 \times 0.3 + 0.6 \times 0.5 \times 0.3 + 0.6 \times 0.5 \times 0.7 \\ &= 0.36, \end{aligned}$$

$$\begin{aligned} P(H_2) &= P(AB\bar{C}) + P(A\bar{B}C) + P(\bar{A}BC) \\ &= P(A)P(B)P(\bar{C}) + P(A)P(\bar{B})P(C) + P(\bar{A})P(B)P(C) \\ &= 0.4 \times 0.5 \times 0.3 + 0.4 \times 0.5 \times 0.7 + 0.6 \times 0.5 \times 0.7 \\ &= 0.41, \end{aligned}$$

$$P(H_3) = P(ABC) = P(A)P(B)P(C) = 0.4 \times 0.5 \times 0.7 = 0.14.$$

由全概率公式

$$\begin{aligned} P(D) &= \sum_{i=1}^{3} P(H_i)P(D \mid H_i) \\ &= P(H_1)P(D \mid H_1) + P(H_2)P(D \mid H_2) + P(H_3)P(D \mid H_3) \\ &= 0.36 \times 0.2 + 0.41 \times 0.6 + 0.14 \times 1 \\ &= 0.458. \end{aligned}$$

(2) 由逆概率公式,所求概率为

$$\begin{aligned} P(H_1 \mid D) &= \frac{P(H_1 D)}{P(D)} = \frac{P(H_1)P(D \mid H_1)}{P(D)} \\ &= \frac{0.36 \times 0.2}{0.458} = 0.1572, \end{aligned}$$

(3) 所求概率为

$$P(A\overline{B}\overline{C} \mid D)=\frac{P(A\overline{B}\overline{C}D)}{P(D)}=\frac{P(A\overline{B}\overline{C})P(D \mid A\overline{B}\overline{C})}{P(D)}$$

$$=\frac{P(A)P(\overline{B})P(\overline{C})P(D \mid H_1)}{P(D)}$$

$$=\frac{0.4\times 0.5\times 0.3\times 0.2}{0.458}$$

$$=0.0262.$$

例 1.4.5　设 $0<P(\Lambda)<1, 0<P(B)<1$，若 $P(A \mid B)+P(\overline{A} \mid \overline{B})=1$，则 A 与 B 相互独立.

证明

法 1：对事件 A,B，总有

$$P(A \mid \overline{B})+P(\overline{A} \mid \overline{B})=1,$$

已知　$P(A \mid B)+P(\overline{A} \mid \overline{B})=1,$

所以　$P(A \mid \overline{B})=P(A \mid B).$

又　$P(\overline{B})=1-P(B),$

所以　$P(\overline{B})P(A \mid \overline{B})=(1-P(B))P(A \mid B),$

即　$P(A\overline{B})=P(A \mid B)-P(AB),$

$$P(A\overline{B})+P(AB)=P(A \mid B),$$

$$P(A\overline{B}\cup AB)=P(A \mid B),$$

$$P(A)=P(A \mid B).$$

故事件 A 与 B 相互独立.

法 2：对事件 A,B，总有

$$P(A \mid B)+P(\overline{A} \mid B)=1,$$

已知　$P(A \mid B)+P(\overline{A} \mid \overline{B})=1,$

所以　$P(\overline{A} \mid B)=P(\overline{A} \mid \overline{B}).$

又　$P(B)=1-P(\overline{B}),$

所以　$P(B)P(\overline{A} \mid B)=(1-P(\overline{B}))P(\overline{A} \mid \overline{B}),$

即得　$P(\overline{A}B)=P(\overline{A} \mid \overline{B})-P(\overline{A}\overline{B}),$

$$P(\overline{A}B)+P(\overline{A}\overline{B})=P(\overline{A}\mid\overline{B}),$$

$$P(\overline{A}B\cup\overline{A}\overline{B})=P(\overline{A}\mid\overline{B}),$$

$$P(\overline{A})=P(\overline{A}\mid\overline{B}).$$

所以事件 $\overline{A}$ 与 $\overline{B}$ 独立,从而 A 与 B 独立.

习　题　1

1.1　设有红、绿卡片各10张,分别标有1到10的号码,从中任取1张,观察其颜色和号码.现记事件 A 为"任取1张卡片为偶数",事件 B 为"任取1张卡片为绿色",事件 C 为"任取1张卡片其号码小于5".

(1) 写出这个试验的样本空间;

(2) 写出下列事件:(a)ABC;　(b)$B\overline{C}$;　(c)$\overline{B}C$;　(d)$(A\cup B)C$;　(e)$\overline{A}\overline{B}\overline{C}$

1.2　设 Ω 是由全体实数组成的集合,$A=\{x\mid 1\leqslant x\leqslant 5\}$,$B=\{x\mid 3<x\leqslant 7\}$,$C=\{x\mid x\leqslant 0\}$.试写出下列各事件:

(1)$\overline{A}$;　(2)$A\cup B$;　(3)$A\cup BC$;　(4)$\overline{A}\overline{B}\overline{C}$.

1.3　把10本不同的书任意排在一个书架上,求其中指定的3本书放在一起的概率.

1.4　在0,1,2,…,9中任取4个不同的数构成4位数,求4位数是偶数的概率.

1.5　抛掷4个骰子,求朝上一面的4个数全不相同的概率.

1.6　同房间的4个人中,求至少有2人生日在同一个月的概率.

1.7　某单位有20套新房(在同一楼层顺序排开)要进行分配.某人先分到1套(不在两端),不久又有9套分配下去,求此人所分新房的相邻2套尚未分配出去的概率.

1.8　现有10人分别配带从1号到10号的纪念章,任选3人,记录其纪念章的号码.

(1) 求最小号码为5的概率;

(2) 求最大号码为5的概率.

1.9　某油漆公司发出17桶油漆,其中白漆10桶,黑漆4桶,红漆3桶.在搬运过程中,所有标签全部脱落,交货人随意地将油漆发给顾客.现有1顾客定货为白漆4桶,黑漆3桶,红漆2桶.求该顾客能如数得到定货的概率.

1.10　50个铆钉中有3个强度太弱,假若这3个铆钉都装在同一个部件上,则这个部件的强度就太弱.现有10个部件,每个部件上要3个铆钉,若从50个铆钉中随机地取用,问恰好有1个部件强度太弱的概率是多少?

1.11　某大学在100名学生中开设德语、法学、管理学3门选修课,其中有42人选修德语,68人选修管理学,54人选修法学,22人选修德语和法学,25人选修德语和管理学,7人只选法学,10人3门都选,1门都不选的有8人.若从中任选1人,求下列事件的概率:

(1) 此人选修法学与管理学,但不选修德语;

(2) 此人只选修德语.

1.12　用某种方法检验产品,若产品是次品,经检验是次品的概率为 90%;若产品是正品,经检验是正品的概率为 99%,现从含有 5% 次品的一批产品中随机地抽取 1 件进行检验,求下列事件的概率:

(1) 经检验是次品;　(2) 检验是次品,实为正品.

1.13　将两种信息分别编码为 0 和 1 传送出去.由于随机干扰,接收有误.0 被误收为 1 的概率为 0.02,1 被误收为 0 的概率为 0.01,在整个传送过程中,0 与 1 的传送次数比为 7∶3.求当接收到的信息是 0 时,原发信息也是 0 的概率.

1.14　设盒中有 5 个不同的硬币,每一个硬币经抛掷出现字面的概率不同:$p_1 = 0$, $p_2 = 1/4$, $p_3 = 1/2$, $p_4 = 3/4$, $p_5 = 1$

(1) 任取 1 个硬币抛掷,求出现字面的概率;

(2) 任取 1 个硬币,经抛掷出现字面,求这个硬币是第 i 个硬币的概率($i = 1,2,3,4,5$);

(3) 若将同一个硬币再抛掷 1 次,求又出现字面的概率.

1.15　设事件 A,B,C 相互独立.试证明:$A \cup B$, AB, $A-B$ 都与 C 独立.

1.16　设某种方式运输一种物品,运输过程中物品损坏的情况有三种:损坏 2%(记为 A_1)、损坏 10%(记为 A_2)、损坏 90%(记为 A_3).已知 $P(A_1) = 0.8$, $P(A_2) = 0.15$, $P(A_3) = 0.05$,现从已被送到的物品中随机地取出 3 件,经检验这 3 件都是好的(这事件记为 B).试求 $P(A_1 \mid B)$, $P(A_2 \mid B)$, $P(A_3 \mid B)$(取出物品各件是否为好的,相互独立).

1.17　设有一传输信道,若将三字母 A,B,C 分别输入信道,输出为原字母的概率为 α,输出为其它字母的概率为 $(1-\alpha)/2$,现将 3 个字母串 $AAAA$, $BBBB$, $CCCC$ 分别输入信道,输入的概率分别为 p_1, p_2, p_3 且 $p_1 + p_2 + p_3 = 1$,设信道传输每个字母相互独立,已知输出字母串为 $ABCA$,问输入为 $AAAA$ 的概率是多少?

1.18　用某种仪器检验电子元件.若元件是正品,经检验也是正品的概率为 0.99;若元件是次品,经检验也是次品的概率为 0.95.当大批元件送来检验时,检验员只随机地无放回地抽取 3 件,对每 1 件进行独立检验.若检验 3 件全是正品,则这批元件就可以出厂.现送来元件 100 件,已知其中有 4 件次品,求这 100 件元件能出厂的概率.

第 2 章 离散型随机变量

2.1 随 机 变 量

在实际问题中，有些随机试验的随机事件是数量，如掷骰子出现的点数；从一批产品中任取 n 件正品的件数；一页书上印刷错误的个数；一个硅片上的疵点数，任取一个灯泡的寿命等等，这些事件都是数量. 而有些随机试验的随机事件并不是数量，如掷硬币观察哪一面朝上；从一批产品中任取一件观察是正品还是次品；观察上课时第一个进入教室的是男生还是女生等等，这些事件都不是数量. 不是数量的事件可以人为地和数量联系起来. 比如字面朝上定为 1，花面朝上定为 0；正品就算 1，次品就算 0. 这样就把随机事件和实数对应起来，随机事件就被数量化了.

定义 设随机试验 E 的样本空间为 $\Omega = \{e\}$. 如果对于每一个样本点 e 都有一个实数 X 与之对应，则称 X 为随机变量. 如图 2.1.

简言之，随机变量就是定义在样本空间 Ω 上的实值函数 $X(e)$.

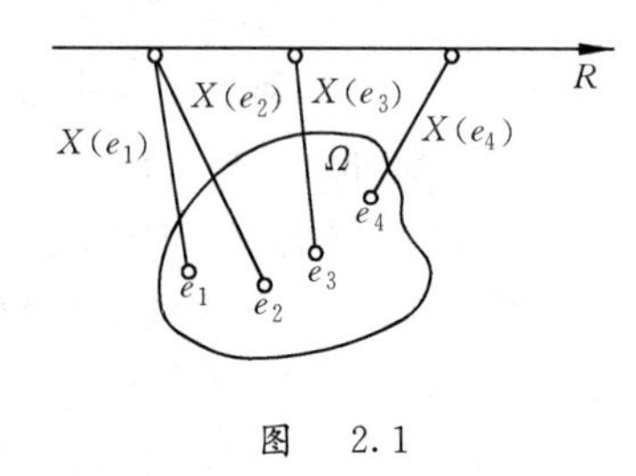

图 2.1

对于那些随机事件是数量的情况，那个数量本身就是随机变量. 随机变量通常用大写字母 X, Y, Z 表示.

引入随机变量之后，随机事件就和数量等同起来. 对随机事件的研究变成对随机变量的研究. 这就能很方便地用数学分析的方法全面深入地研究随机试验.

就取值情况而言，随机变量可分为两类：

(1) 如果随机变量 X 的取值是有限个或无限可列多个，则称 X 为离散型随机变量；

(2) 如果随机变量取某个区间(有限或无限)上的所有值，则称 X 为连续型随机变量.

随机变量取什么值，在什么范围取值，固然是很重要的，但更重要的是以什么样的概率取值. 这就是随机变量的概率分布问题.

在概率分布的描述上，离散型随机变量和连续型随机变量所采用的方法是不同的. 前者主要采用列举法，后者则不能采用列举法(这点以后说明).

2.2　离散型随机变量的概率分布

2.2.1　分布律

要了解离散型随机变量 X 的概率分布，就是要知道 X 的所有可能的取值以及取其中每一个值的概率.

例 2.2.1　设有 10 件产品，其中有 2 件次品，从中任取 3 件，设取到的次品数为 X. 求 X 的取值及取这些值的概率.

解　这里 X 显然是随机变量，它的全部可能的取值为 0，1，2. 由于产品中只有 2 件次品，所以任取的 3 件产品不可能全为次品，即 X 的取值不能为 3.

欲求取上述值的概率，必须将这些值与事件对应起来，即找出相应的随机事件，随机事件的概率值即为随机变量取相应值的概率.

$$P\{X=0\}=P\{3\text{ 件产品全是正品}\}=\frac{C_8^3}{C_{10}^3}=\frac{7}{15},$$

$$P\{X=1\}=P\{1\text{ 件次品，2 件正品}\}=\frac{C_2^1C_8^2}{C_{10}^3}=\frac{7}{15},$$

$$P\{X=2\}=P\{2\text{ 件次品，1 件正品}\}=\frac{C_2^2C_8^1}{C_{10}^3}=\frac{1}{15}.$$

这里，X 取值的样本空间为 $\Omega=\{0,1,2\}$，因此必有 $P\{X=0\}+P\{X=1\}+P\{X=2\}=\frac{7}{15}+\frac{7}{15}+\frac{1}{15}=1$.

一般，设 X 的取值为 $x_k(k=1,2,\cdots)$，X 取各个可能值的概率为

$$P\{X=x_k\}=p_k \qquad k=1,2,\cdots \tag{2.2.1}$$

由概率的定义，p_k 满足两个条件

$$(1)\ p_k\geqslant 0,k=1,2,\cdots, \qquad (2)\ \sum_{k=1}^{\infty}p_k=1, \tag{2.2.2}$$

(2.2.1) 式称为 X 的分布律.

X 的分布律可以用表格的形式表示出来

X	x_1	x_2	$\cdots$	x_k	$\cdots$
p_k	p_1	p_2	$\cdots$	p_k	$\cdots$

(2.2.3)

还可以表示成下面的形式

$$X \sim \begin{pmatrix} x_1 & x_2 & \cdots & x_k & \cdots \\ p_1 & p_2 & \cdots & p_k & \cdots \end{pmatrix} \tag{2.2.4}$$

分布律又叫分布列，它完全描述了离散型随机变量 X 的取值及取值的概率情况，称为 X 的概率分布.

例 2.2.1 中 X 的分布律可写为

X	0	1	2
p_k	$\frac{7}{15}$	$\frac{7}{15}$	$\frac{1}{15}$

或

$$X \sim \begin{pmatrix} 0 & 1 & 2 \\ \frac{7}{15} & \frac{7}{15} & \frac{1}{15} \end{pmatrix}$$

2.2.2 分布函数

考虑 $P\{X \leqslant x\}$，每个随机变量 X 都有自己的概率分布，不管是什么情况，对于任意实数 x，$P\{X \leqslant x\}$ 必定与 x 有关，由 x 确定. 当 x 变化时，它显然是 x 的函数.

定义 设 X 是随机变量，x 是任意实数，则称函数 $P\{X \leqslant x\}$ 为 X 的分布函数. 记为

$$F(x) = P\{X \leqslant x\} \qquad (-\infty < x < +\infty) \tag{2.2.5}$$

分布函数 $F(x)$ 是 x 的函数，它在任一点 $x = a$ 处的值 $F(a)$ 表示随机变量 X 落在区间 $(-\infty, a]$ 上的概率.

分布函数的基本性质

(1) $0 \leqslant F(x) \leqslant 1$；

(2) $F(-\infty) = \lim\limits_{x \to -\infty} F(x) = 0, F(+\infty) = \lim\limits_{x \to +\infty} F(x) = 1$；

(3) $F(x)$ 是不减函数，即对任何 $x_1 < x_2$，有 $F(x_1) \leqslant F(x_2)$；

(4) $F(x)$ 是右连续函数. 即对任一点 x_0，有 $F(x_0^+) = \lim\limits_{x \to x_0^+} F(x) = F(x_0)$

$F(x)$ 的左连续性一般说来是不成立的. 对任一点 x_0 有

$$P\{X < x_0\} = \lim_{x \to x_0^-} F(x) = F(x_0^-) \leqslant F(x_0) \tag{2.2.6}$$

有了分布函数 $F(x)$，随机变量取某值或在某个区间上取值的概率都可以用分布函数表示出来，如

$$P\{X=a\}=P\{X\leqslant a\}-P\{X<a\}=F(a)-F(a^{-}),$$

$$P\{X>a\}=1-P\{X\leqslant a\}=1-F(a).$$

对任意实数 $a,b(a<b)$ 有

$$P\{a<X\leqslant b\}=P\{X\leqslant b\}-P\{X\leqslant a\},$$

由分布函数定义，显然有

$$P\{a<X\leqslant b\}=F(b)-F(a). \tag{2.2.7}$$

类似地有

$$P\{a<X<b\}=P\{X<b\}-P\{X\leqslant a\}=F(b^{-})-F(a),\text{(根据(2.2.6))}$$

$$P\{a\leqslant X\leqslant b\}=P\{X\leqslant b\}-P\{X<a\}=F(b)-F(a^{-}),$$

$$P\{a\leqslant X<b\}=P\{X<b\}-P\{X<a\}=F(b^{-})-F(a^{-}).$$

因此分布函数能全面地表示函数的分布. 用分布函数能很方便地计算出各种事件的概率. 概率的计算转化为对分布函数的运算. 这是引进随机变量的一大优点.

离散型随机变量的分布函数为

$$F(x)=P\{X\leqslant x\}=\sum_{x_k\leqslant x}P\{X=x_k\} \tag{2.2.8}$$

它是 $x_k\leqslant x$ 的概率值的累加.

例 2.2.2　求例 2.2.1 中 X 的分布函数 $F(x)$，画出 $F(x)$ 的图形. 并求 $P\{X\leqslant 1.5\}$，$P\{0\leqslant X<2\}$，$P\{0<X\leqslant 2\}$.

解　在例 2.2.1 中已求出 X 的分布律为

X	0	1	2
p_k	$\frac{7}{15}$	$\frac{7}{15}$	$\frac{1}{15}$

由(2.2.8) 式可知

$$F(x)=\begin{cases}0 & x<0,\\ \dfrac{7}{15} & 0\leqslant x<1,\\ \dfrac{7}{15}+\dfrac{7}{15} & 1\leqslant x<2,\\ \dfrac{7}{15}+\dfrac{7}{15}+\dfrac{1}{15} & x\geqslant 2,\end{cases}$$

即

$$F(x)=\begin{cases}0 & x<0,\\ \dfrac{7}{15} & 0\leqslant x<1,\\ \dfrac{14}{15} & 1\leqslant x<2,\\ 1 & x\geqslant 2.\end{cases}$$

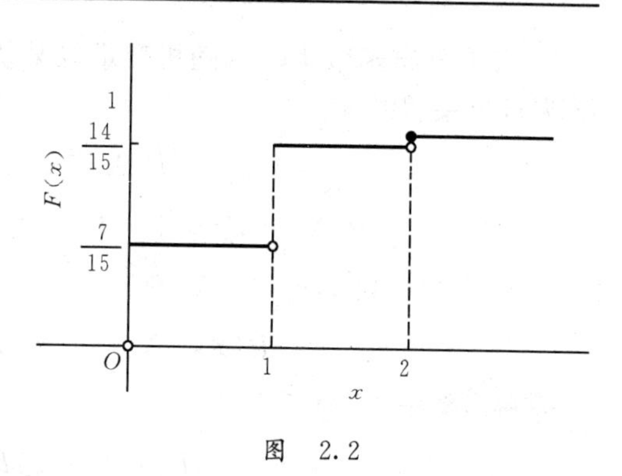

图 2.2

$F(x)$ 的图形如图 2.2.

可以看出,$F(x)$ 的图形是一个右升的台阶形.在 $x=0,1,2$ 处有跳跃,跳跃值分别为 $\frac{7}{15},\frac{7}{15},\frac{1}{15}$,正好是 X 取 0,1,2 时的概率.一般地说,在 $x=x_k$ 处的跳跃值正好是 $X=x_k$ 的概率值.

用分布函数可求出

$$P\{X\leqslant 1.5\}=F(1.5)=\frac{14}{15},$$

$$P\{0\leqslant X<2\}=F(2^-)-F(0^-)=\frac{14}{15}-0=\frac{14}{15},$$

$$P\{0<X\leqslant 2\}=F(2)-F(0)=1-\frac{7}{15}=\frac{8}{15}.$$

若用分布律求这些概率值,则有

$$P\{X\leqslant 1.5\}=P\{X=0\}+P\{X=1\}=\frac{7}{15}+\frac{7}{15}=\frac{14}{15},$$

$$P\{0\leqslant X<2\}=P\{X=0\}+P\{X=1\}=\frac{14}{15},$$

$$P\{0<X\leqslant 2\}=P\{X=1\}+P\{X=2\}=\frac{7}{15}+\frac{1}{15}=\frac{8}{15}.$$

这里所用的方法就是列举法.

例 2.2.3 某人对随机变量 X 的分布表述如下:

$$X\sim\begin{pmatrix}-1 & 0 & 1 & 2 & 3\\ 0.16 & \dfrac{a}{10} & a^2 & \dfrac{2a}{10} & 0.3\end{pmatrix},$$

试求出 X 的分布律.

解　在对 X 的分布的表述中，a 是待定常数. 根据分布律的性质，这里必须 $a>0$，且 $\sum_{i=1}^{5} p_i = 1$，所以应该有

$$0.16+a^2+0.3a+0.3=1,$$

即

$$a^2+0.3a-0.54=0,$$

$$(a+0.9)(a-0.6)=0,$$

解出　$a_1=-0.9$，$a_2=0.6$，舍去 -0.9，取 $a=0.6$.

故 X 的分布律为

$$X \sim \begin{pmatrix} -1 & 0 & 1 & 2 & 3 \\ 0.16 & 0.06 & 0.36 & 0.12 & 0.3 \end{pmatrix}.$$

例 2.2.4　某街道有 n 个安置红绿灯的路口，各路口出现什么颜色灯相互独立. 红、绿颜色显示的时间为 1∶2. 今有一汽车沿长街行驶，若以 X 表示该汽车首次遇到红灯之前已通过路口的个数，试求 X 的分布律.

解　根据题意，X 的所有可能值为 $0,1,2,\cdots,n$. $X=n$ 表示所有路口都没有遇上红灯.

设 $A_i(i=1,2,\cdots,n)$ 表示"汽车在第 i 个路口遇到绿灯"，$\overline{A}_i$ 表示"汽车在第 i 个路口遇上红灯". A_i 之间相互独立，$P(A_i)=\frac{2}{3}$，$P(\overline{A}_i)=\frac{1}{3}$. 据题意有

$$P\{X=0\}=P(\overline{A}_1)=\frac{1}{3},$$

$$P\{X=1\}=P(A_1\overline{A}_2)=P(A_1)P(\overline{A}_2)=\frac{2}{3}\times\frac{1}{3},$$

$$P\{X=2\}=P(A_1A_2\overline{A}_3)=P(A_1)P(A_2)P(\overline{A}_3)=\left(\frac{2}{3}\right)^2\times\frac{1}{3},$$

$$\vdots$$

$$\begin{aligned} P\{X=k\} &= P(A_1A_2\cdots A_k\overline{A}_{k+1}) \\ &= P(A_1)P(A_2)\cdots P(A_k)P(\overline{A}_{k+1}) \\ &= \left(\frac{2}{3}\right)^k\times\frac{1}{3}, \end{aligned}$$

$$\vdots$$

$$\begin{aligned} P\{X=n-1\} &= P(A_1A_2\cdots A_{n-1}\overline{A}_n) \\ &= P(A_1)P(A_2)\cdots P(A_{n-1})P(\overline{A}_n) \\ &= \left(\frac{2}{3}\right)^{n-1}\times\frac{1}{3}, \end{aligned}$$

$$\begin{aligned} P\{X=n\} &= P(A_1A_2\cdots A_n) \\ &= P(A_1)P(A_2)\cdots P(A_n) \\ &= \left(\frac{2}{3}\right)^{n}. \end{aligned}$$

最后写出 X 的分布律为

$$P\{X=k\}=\begin{cases}\left(\frac{2}{3}\right)^{k}\times\frac{1}{3} & k=0,1,2,\cdots,n-1\\ \left(\frac{2}{3}\right)^{n} & k=n.\end{cases}$$

容易验证

$$\begin{aligned} \sum_{k=0}^{n}P\{X=k\} &= \sum_{k=0}^{n-1}\left(\frac{2}{3}\right)^{k}\times\frac{1}{3}+\left(\frac{2}{3}\right)^{n} \\ &= \frac{1}{3}\sum_{k=0}^{n-1}\left(\frac{2}{3}\right)^{k}+\left(\frac{2}{3}\right)^{n} \\ &= \frac{1}{3}\,\frac{1-\left(\frac{2}{3}\right)^{n}}{1-\frac{2}{3}}+\left(\frac{2}{3}\right)^{n}=1. \end{aligned}$$

注意 解本题时一种常见的错误是认为

$$P\{X=k\}=P(A_1A_2\cdots A_k)=\cdots=\left(\frac{2}{3}\right)^{k}\quad k=1,2,\cdots,n.$$

若是这样,则有

$$\sum_{k=1}^{n}P\{X=k\}=\sum_{k=1}^{n}\left(\frac{2}{3}\right)^{k}=\cdots=2\left(1-\left(\frac{2}{3}\right)^{n}\right)\neq 1$$

从这里看出,这种解法是错误的.

因此,写出分布律以后一定要验证,若 $\sum p_k \neq 1$,就说明题目一定做错了.

2.3　二项分布

先介绍伯努利试验.设试验 E 重复进行 n 次,若各次试验出现什么结果互不影响,则称这 n 次试验相互独立.若将试验 E 独立地重复进行 n 次,如果每次都只有两个可能的结果 A 和 $\overline{A}$,且 $P(A)=p, P(\overline{A})=1-p=q(0<p<1)$,则称这个试验为 n 重伯努利试验.伯努利试验应用广泛,是一种很重要的数学模型.

若以 X 记 n 重伯努利试验中事件 A 发生的次数,显然 X 是一个随机变量.X 所有可能的取值为 $0,1,2,\cdots,n$. $X=k(0\leqslant k\leqslant n)$ 表示在 n 次试验中 A 发生 k 次,$\overline{A}$ 发生 $(n-k)$ 次.A 和 $\overline{A}$ 各在第几次试验中发生是随机的.这种在不同次发生 A 和 $\overline{A}$ 的情况共有 C_n^k 种,而每种情况都是 k 个 A 和 $(n-k)$ 个 $\overline{A}$ 的交事件.由于各次试验是相互独立的,这个交事件的概率必定是 $(P(A))^k\cdot(P(\overline{A}))^{n-k}$ 即 p^kq^{n-k}.又因为 C_n^k 种情况互不相容,所以合起来 A 发生 k 次的概率为 $C_n^kp^kq^{n-k}$,即

$$P\{X=k\}=C_n^kp^kq^{n-k},\quad k=0,1,2,\cdots,n, \tag{2.3.1}$$

这里显然有

$$C_n^kp^kq^{n-k}>0,\quad k=0,1,2,\cdots,n,$$

$$\sum_{k=0}^{n}C_n^kp^kq^{n-k}=(p+q)^n=1,$$

所以(2.3.1)式是 X 的分布律.

定义　设随机变量 X,若有

$$P\{X=k\}=C_n^kp^k(1-p)^{n-k}\qquad k=0,1,2,\cdots,n \tag*{(2.3.1)$'$}$$

则称 X 服从参数为 n,p 的二项分布,记为 $X\sim B(n,p)$.

当 $n=1$ 时,二项分布变成

$$P\{X=k\}=p^k(1-p)^{1-k}\qquad k=0,1.$$

即

$$P\{X=0\}=1-p,\quad P\{X=1\}=p. \tag{2.3.2}$$

这叫(0—1)分布,它是两点分布的特例.

一般的两点分布为:$X=x_1,x_2, P\{X=x_1\}=p, P\{X=x_2\}=1-p$.当 $x_1=1$, $x_2=0$ 时,两点分布就成为(0—1)分布.

在 n 重伯努利试验中,若只考虑一次试验,比如第 i 次试验,可定义随机变量 X_i 如下:

$$X_i = \begin{cases} 1 & \text{当 } A_i \text{ 发生时} \\ 0 & \text{当 } \overline{A}_i \text{ 发生时} \end{cases} \qquad i = 1,2,\cdots,n.$$

$X_i \sim (0—1)$ 分布. $P\{X_i = 1\} = P(A_i) = p, P\{X_i = 0\} = P(\overline{A}_i) = 1 - p$. 对前面的 X 显然有

$$X = \sum_{i=1}^{n} X_i \tag{2.3.3}$$

$X \sim B(n,p)$，所以可以说，服从二项分布的随机变量 X 是 n 个相互独立的服从(0—1)分布的随机变量 X_i 的和. 这是个很有用的结论.

二项分布是一种简单但是非常重要的分布. 说它简单，因为它描述的是只有两种结果的随机试验模型，一般可用“成功”和“失败”来表示；说它重要，因为这种模型在实际中大量存在，有着广泛的应用. 特别是在产品抽样检查中用得最多.

例 2.3.1 设一批产品的废品率为 5%，从中任取 100 件，求下面两事件的概率：

(1) 最多有 1 件废品；(2) 最少有 1 件废品.

解 设 X 为 100 件产品中废品的件数，$p = 0.05, q = 1 - p = 0.95$，显然 $X \sim B(100, 0.05)$.

(1) $P(\text{最多 1 件废品}) = P\{X \leqslant 1\} = P\{X = 0\} + P\{X = 1\}$

$= C_{100}^{0}(0.05)^{0}(0.95)^{100} + C_{100}^{1}(0.05)(0.95)^{99} \approx 0.0371.$

(2) $P(\text{最少 1 件废品}) = P\{X \geqslant 1\} = 1 - P\{X < 1\} = 1 - P\{X = 0\}$

$= 1 - C_{100}^{0}(0.05)^{0}(0.95)^{100} \approx 0.9941.$

例 2.3.2 现有一大批产品，已知其中一级品的比率为 30%，现从中随机地抽取 10 件，求恰有 k 件($k = 0,1,\cdots,10$)一级品的概率，并指出最大概率值.

解 设 10 件中的一级品数为 X，显然 $X \sim B(10, 0.3)$ 即 X 服从 $n = 10, p = 0.3$ 的二项分布，所以

$$P\{X = k\} = C_{10}^{k} \cdot 0.3^{k} \cdot 0.7^{10-k} \qquad k = 0,1,2,\cdots,10$$

由此公式可算出各值为(取 6 位小数)

$$P\{X = 0\} = 0.7^{10} \approx 0.028248,$$

$$P\{X = 1\} = 10 \times 0.3 \times 0.7^{9} \approx 0.121061,$$

$$P\{X = 2\} = C_{10}^{2} \times 0.3^{2} \times 0.7^{8} \approx 0.233474,$$

$$P\{X = 3\} = C_{10}^{3} \times 0.3^{3} \times 0.7^{7} \approx 0.266828,$$

$$P\{X=4\}=C_{10}^{4}\times 0.3^{4}\times 0.7^{6}\approx 0.200121,$$

$$P\{X=5\}=C_{10}^{5}\times 0.3^{5}\times 0.7^{5}\approx 0.102919,$$

$$P\{X=6\}=C_{10}^{6}\times 0.3^{6}\times 0.7^{4}\approx 0.036757,$$

$$P\{X=7\}=C_{10}^{7}\times 0.3^{7}\times 0.7^{3}\approx 0.009002,$$

$$P\{X=8\}=C_{10}^{8}\times 0.3^{8}\times 0.7^{2}\approx 0.001447,$$

$$P\{X=9\}=10\times 0.3^{9}\times 0.7\approx 0.000138,$$

$$P\{X=10\}=0.3^{10}\approx 0.000006.$$

比较这些概率值可以看出：$P\{X=3\}\approx 0.266828$ 是 11 个数中的最大值. 画出这些概率值的图形如图 2.3.

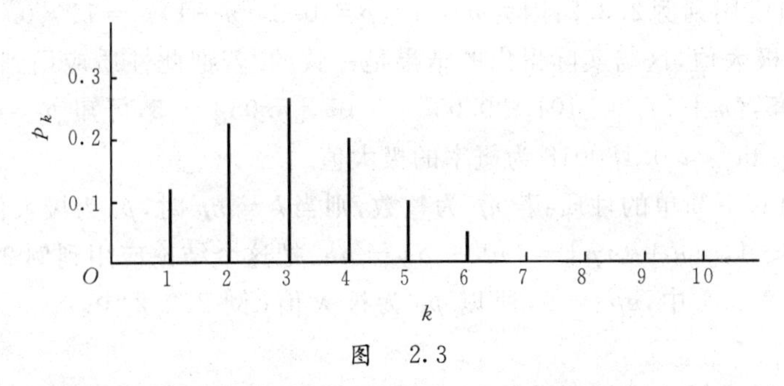

图　2.3

从图 2.3 看出，随着 k 的增大，当 k 从 0 到 3 时，p_k 值增大；当 k 从 3 到 10 时，p_k 值减小；在 $k=3$ 时，p_k 取到最大值. 说明随机取出的 10 件产品中，有 3 件一级品的概率最大，即可能性最大；或说 10 件产品中最大可能有 3 件一级品.

对一般二项分布，这个概率最大值总是存在的，且具有一种确定的规律. 它有下面的重要性质.

性质　设 $X\sim B(n,p)$，则当 $k=[(n+1)p]$ 时（$[\cdots]$ 为取整数），p_k 取得最大值；若 $(n+1)p$ 为整数，则 $p_k=p_{k-1}$ 同为最大值.

证
$$p_k=C_n^k p^k q^{n-k},\qquad q=1-p>0;$$

$$p_{k-1}=C_n^{k-1}p^{k-1}q^{n-k+1};$$

$$\frac{p_k}{p_{k-1}}=\frac{C_n^k p^k q^{n-k}}{C_n^{k-1}p^{k-1}q^{n-k+1}}=\frac{(n+1-k)p}{kq}$$

$$=\frac{kq+(n+1)p-kp-kq}{kq}$$

$$= 1 + \frac{(n+1)p - k(p+q)}{kq} \quad (因\ p + q = 1)$$

$$= 1 + \frac{(n+1)p - k}{kq} \overset{记为}{=} r.$$

当$k < (n+1)p$ 时,$r > 1$,$p_k > p_{k-1}$;

$k = (n+1)p$ 为整数时,$r = 1$,$p_k = p_{k-1}$;

$k > (n+1)p$ 时,$r < 1$,$p_k < p_{k-1}$.

综合以上情况可知,必存在正整数 k_0.

(1) $(n+1)p - 1 < k_0(n+1)p$,即 $k_0 = [(n+1)p]$,当 $k < k_0$ 时,$p_{k-1} < p_k$,当 $k > k_0$ 时,$p_k > p_{k+1}$,所以p_{k0} 为极大值.

(2) $(n+1)p = k_0$,为整数时,$p_{k0} = p_{k_0-1}$,同为极大值.

把这个性质应用到例 2.3.2:因为$n = 10$,$p = 0.3$,$(n+1)p = 11 \times 0.3 = 3.3$,$[3.3] = 3$,所以 p_3 为极大值,这与实际得出的结果是一致的. 若把此性质应用到例 2.3.1:有 $n = 100$,$p = 0.05$,$(n+1)p = 101 \times 0.05 = 5.05$,$[5.05] = 5$,可知 $p_5 = P\{X = 5\} = C_{100}^5 \cdot 0.05^5 \times 0.95^{95} \approx 0.180018$ 为概率的极大值.

实际应用时有更简单的性质:若 np 为整数,则当 $k = np$ 时,p_k 为极大值. 其实这很显然,因为 $0 < p < 1$,$[(n+1)p] = [np + p] = np$. 把这个结论应用到例 2.3.1,例 2.3.2 就更方便. 在例 2.3.1 中,$np = 5$,所以 p_5 为极大值;例 2.3.2 中,$np = 3$,所以 p_3 为极大值.

例 2.3.3 某电话小总机下设 99 个电话用户,假设每位用户一部电话,平均每小时有 3 分钟使用外线. 问:(1) 有多少位用户使用外线的可能性最大?(2) 小总机设置多少条外线比较合适?

解 设 A 表示某位用户使用外线,$P(A) = \frac{3}{60} = 0.05$,$P(\overline{A}) = 0.95$,此问题可看成 $n = 99$,$p = 0.05$ 的伯努利试验.

(1) 设 X 表示 99 位用户中使用外线的户数,显然,$X \sim B(99, 0.05)$. 这里,$(n+1)p = (99+1) \times 0.05 = 5$ 为整数,所以 $X = 5$ 和 $X = 4$ 时,概率最大,即使用外线的户数为 5 和 4 的可能性最大,且 $P\{X = 5\} = P\{X = 4\} = C_{99}^4 0.05^4 \times 0.95^{95} \approx 0.1800$,最大概率为 0.1800.

(2) $X = 5$ 和 $X = 4$ 概率最大说明,若设置 5 条或 4 条外线,使用率最高,但并不是说设 5 条或 4 条外线合适. 设置多少条外线合适?这要从经济性和用户的方便性综合考虑. 若多设置外线,用户使用起来当然方便,但这样就可能因使用率不高而造成浪费;若少设置外线,外线的使用率很高,不会浪费,但用户可能很不方便,且很可能因通话不成而造成经济损失. 综合考虑,应当是既不浪费,也不使用户很不方便. 就本题而言,应当把使用外线的户数及使用概率计算出来，综合分析，以得出比较合适的结论. 经计算，数值如下：

k	0	1	2	3	4	5	6
$P\{X=k\}$	0.0062	0.0325	0.0837	0.1425	0.1800	0.1800	0.1484

k	7	8	9	10	11	12	…
$P\{X=k\}$	0.1038	0.0628	0.0334	0.0158	0.0067	0.0026	…

据表中所列数值可以算出

$$P\{X\leqslant 9\}=\sum_{k=0}^{9}P\{X=k\}\approx 0.0062+\cdots+0.0334=0.9733,$$

所以 $$P\{X>9\}=1-P\{X\leqslant 9\}=1-0.9733=0.0267<0.03.$$

也就是说，超过 9 个用户使用外线的概率已不到 3%，对绝大多数用户已没有很大的不方便，因此，设置 9 条外线比较合适.

2.4　泊松定理和泊松分布

2.4.1　泊松定理

现在考虑当 $n\to+\infty$ 时，二项分布的极限分布，有下面很有用的泊松(Poisson)定理.

定理　设有 $X_n\sim B(n,p_n)$ 和常数 $\lambda>0$，如果 $np_n=\lambda$，则有

$$\lim_{n\to+\infty}C_n^k p_n^k(1-p_n)^{n-k}=\frac{\lambda^k e^{-\lambda}}{k!}\quad k=0,1,\cdots,n.$$

证　$X_n\sim B(n,p_n)$　$P\{X_n=k\}=C_n^k p_n^k(1-p_n)^{n-k}$

因为 $np_n=\lambda, p_n=\dfrac{\lambda}{n}$，所以

$$C_n^k p_n^k(1-p_n)^{n-k}=\frac{n(n-1)\cdots(n-k+1)}{k!}\left(\frac{\lambda}{n}\right)^k\left(1-\frac{\lambda}{n}\right)^{n-k}$$

$$=\frac{\lambda^k}{k!}\left[\left(1-\frac{1}{n}\right)\left(1-\frac{2}{n}\right)\cdots\left(1-\frac{k-1}{n}\right)\right]\left(1-\frac{\lambda}{n}\right)^n\left(1-\frac{\lambda}{n}\right)^{-k}.$$

根据极限运算规则，对固定的 k，有

$$\lim_{n\to+\infty}\left(1-\frac{1}{n}\right)\left(1-\frac{2}{n}\right)\cdots\left(1-\frac{k-1}{n}\right)=1,$$

$$\lim_{n\to+\infty}\left(1-\frac{\lambda}{n}\right)^{n}=\mathrm{e}^{-\lambda},$$

$$\lim_{n\to+\infty}\left(1-\frac{\lambda}{n}\right)^{-k}=1,$$

所以

$$\lim_{n\to+\infty}C_n^k p_n^k(1-p_n)^{n-k}=\frac{\lambda^k\mathrm{e}^{-\lambda}}{k!},\quad k=0,1,\cdots,n \tag{2.4.1}$$

定理中 $np_n=\lambda$（常数），意思是当 n 很大时，p_n 必定很小，从泊松定理引出一个近似式，当 n 很大，p 很小时，记 $np=\lambda$，有

$$C_n^k p^k(1-p)^{n-k}\approx\frac{\lambda^k e^{-\lambda}}{k!},\quad k=0,1,2,\cdots \tag{2.4.2}$$

这是一个很有用的近似计算公式. 当 $n\geqslant 100$，$np\leqslant 10$ 时，近似效果很好. $n\geqslant 20$，$np\leqslant 5$ 时近似效果也很好.

利用这个近似公式，可将较繁的二项分布的计算变得很简单.

例 2.4.1 某厂产品的废品率为 0.005，问在它生产的 1000 件产品中：(1) 只有 1 件废品的概率是多少？

(2) 至少 1 件废品的概率是多少？

(3) 最大可能有多少件废品？概率是多少？

解 记 X 为 1000 件产品中的废品数，显然 $X\sim B(1000,0.005)$，这里 $n=1000$，很大，$np=5$ 不太大，取 $\lambda=np=5$，据(2.4.2)式有

$$C_{1000}^k 0.005^k\times 0.995^{1000-k}\approx\frac{5^k\mathrm{e}^{-5}}{k!}.$$

(1) $P\{X=1\}=1000\times 0.005\times 0.995^{999}\approx\dfrac{5^1\mathrm{e}^{-5}}{1!}\approx 0.0337.$

(2) $P\{X\geqslant 1\}=1-P\{X=0\}=1-0.995^{1000}$

$$\approx 1-\frac{5^0\mathrm{e}^{-5}}{0!}=1-\mathrm{e}^{-5}\approx 0.9933.$$

(3) $np=5$ 为整数，所以 $P\{X=5\}$ 最大，

$$P\{X=5\}=C_{1000}^5 0.005^5\times 0.995^{995}\approx\frac{5^5\mathrm{e}^{-5}}{5!}\approx 0.1755.$$

最大可能有 5 件废品，其概率值近似为 0.1755.

2.4.2 泊松分布

定义 对于常数 $\lambda>0$，如果随机变量 X 的分布律为

$$P\{X=k\}=\frac{\lambda^k e^{-\lambda}}{k!},\qquad k=0,1,2,\cdots \tag{2.4.3}$$

则称 X 服从参数为 λ 的泊松分布，记为 $X\sim P(\lambda)$.

泊松分布在很多地方都有应用，若用 X 表示：一段时间内某电话总机收到电话的呼唤次数；一段时间内进入邮局(银行、商店 …) 的人数；一段时间内某放射物质放射出的 α 粒子数，这些都服从泊松分布. 在运筹学和管理学中，泊松分布占有很突出的地位.

从泊松分布的定义和泊松定理可知，泊松分布可看成二项分布的极限分布. 在实际应用中，当 n 很大，np 不太大时，二项分布可用泊松分布近似，见(2.4.2) 式.

和二项分布类似，泊松分布的分布律也有最大值，有下面的性质：

性质　设 $X\sim P(\lambda)$，则当 $k=[\lambda]$ 时，$p_k=P\{X=k\}$ 取得最大值；当 λ 为整数时，$P\{X=\lambda\}=P\{X=\lambda-1\}$ 同为最大值.

证
$$p_k=P\{X=k\}=\frac{\lambda^k e^{-\lambda}}{k!}=\frac{\lambda}{k}p_{k-1},$$

$$p_{k+1}=P\{X=k+1\}=\frac{\lambda^{k+1}e^{-\lambda}}{(k+1)!}=\frac{\lambda}{k+1}p_k,$$

当 $k<\lambda$ 时，$\dfrac{\lambda}{k}>1,p_k>p_{k-1}$，即 k 增大时 p_k 增大；

当 $k>\lambda$ 时，$\dfrac{\lambda}{k+1}<\dfrac{\lambda}{k}<1,p_{k+1}<p_k$，即 k 增大时，p_k 减小.

综合考虑，若 λ 不为整数，则当 $k=[\lambda]$ 时，p_k 为最大值；若 λ 为整数，$P\{X=\lambda\}=\dfrac{\lambda^\lambda e^{-\lambda}}{\lambda!}=\dfrac{\lambda^{\lambda-1}e^{-\lambda}}{(\lambda-1)!}=P\{X=\lambda-1\}$，同为最大值.

例 2.4.2　为了保证设备正常工作，需要配备适当数量的维修人员(配备少了影响生产，配备多了浪费人力)，据经验每台设备发生故障的概率为 0.01，各台设备工作情况相互独立.

(1) 若由 1 人负责维修 20 台设备，求设备发生故障后不能及时维修的概率.

(2) 设有设备 100 台，1 台发生故障由 1 人处理，问至少要配备多少维修人员，才能保证设备发生故障而不能及时维修的概率不超过 0.01?

解　这个问题可以看成是 $p=0.01$ 的 n 重伯努利试验. 设 X 为同时发生故障的设备的台数，$X\sim B(n,0.01)$ 二项分布.

(1) 1 人维修 20 台，$n=20,X\sim B(20,0.01)$，

$$P\{X=k\}=C_{20}^k 0.01^k\times 0.99^{20-k},\qquad k=0,1,2,\cdots,20.$$

因维修人员只有 1 个，“设备发生故障后不能及时维修”这个事件是$\{X>1\}$，它的概率为

$$P\{X>1\}=1-P\{X\leqslant 1\}=1-P\{X=0\}-P\{X=1\}$$

$$=1-0.99^{20}-20\times 0.01\times 0.99^{19}.$$

这里 $n=20$ 较大，$np=20\times 0.01=0.2\xlongequal{\text{记为}}\lambda$ 较小，可以用泊松分布近似代替二项分布，所以有

$$P\{X>1\}\approx 1-\frac{0.2^0\mathrm{e}^{-0.2}}{0!}-\frac{0.2^1\mathrm{e}^{-0.2}}{1!}$$

$$=1-1.2\mathrm{e}^{-0.2}\approx 0.0175.$$

(2) 100 台设备统筹考虑，$n=100$，$X\sim B(100,0.01)$，

$$P\{X=k\}=C_{100}^k 0.01^k\times 0.99^{100-k},\qquad k=0,1,2,\cdots,100.$$

假设配备 N 个维修人员，“设备发生故障不能及时维修”这个事件是 $\{X>N\}$ 或 $\{X\geqslant N+1\}$，根据题意应该有

$$P\{X\geqslant N+1\}\leqslant 0.01,$$

而
$$P\{X\geqslant N+1\}=\sum_{K=N+1}^{100}C_{100}^k\times 0.01^k\times 0.99^{100-k},$$

这里 $n=100$ 很大，$np=100\times 0.01=1=\lambda$ 较小，用泊松分布近似

$$P\{X\geqslant N+1\}\approx\sum_{k=N+1}^{\infty}\frac{1^k\mathrm{e}^{-1}}{k!}.$$

要使 $\sum\limits_{N+1}^{\infty}\frac{\mathrm{e}^{-1}}{k!}\leqslant 0.01$，查泊松分布表得 $N+1=5$，$N=4$，即配备 4 人维修就可达到要求.

比较本题中的(1)、(2) 两种情况：在(1) 中 1 人负责 20 台，设备发生故障不能及时维修的概率为 0.0175；在(2) 中，4 人负责 100 台，平均 1 人负责 25 台，比(1) 中的 20 台多出 5 台，而设备发生故障不能及时维修的概率却不超过 0.01，比(1) 中的概率 0.0175 小，这说明在(2) 的情况下人力配备比较合理，提高了工作效率.

2.5 超几何分布

超几何分布也是实际中应用广泛的一种分布. 它与二项分布有着密切的关系. 先从下面的实例说起.

例 2.5.1 设有产品 l 件，其中正品 N 件，次品 M 件($l=M+N$)，从中随机地抽取 n 件，$n\leqslant N$，记 X 为抽到的正品件数，求 X 的分布律.

解　"抽取 n 件"应当有两种抽取方式:有放回抽取和无放回抽取,这两种方式下的结论应该是不同的,现分别讨论如下.

(1) 有放回抽取:可认为把 l 件产品编号,有放回地抽取 n 次,即每次抽出记录是正品或次品后放回产品中,再抽下一次. 每个产品都有可能被重复抽到,抽 n 次,全体样本点总数为 l^n. 若有 k 次($k=0,1,\cdots,n$) 抽到正品,它所包含的样本点数为 $C_n^k N^k M^{n-k}$,按古典概型有

$$P\{X=k\}=\frac{C_n^k N^k M^{n-k}}{l^n}=C_n^k\left(\frac{N}{l}\right)^k\left(\frac{M}{l}\right)^{n-k},$$

记 $\frac{N}{l}=p$ 为正品率,$\frac{M}{l}=\frac{l-N}{l}=1-p$ 为次品率,则有

$$P\{X=k\}=C_n^k p^k(1-p)^{n-k},\qquad k=0,1,\cdots,n \tag{2.5.1}$$

显然 $X\sim B(n,p)$,而 X 服从参数为 n,p(正品率) 的二项分布.

(2) 不放回抽取:每次抽到的产品不再放回,下一次不再能抽到,抽取 n 次和一次抽出 n 件是等价的. 因此,样本点总数为 C_l^n,抽到 k 件正品($n-k$ 件次品,$n-k\leqslant M$) 的样本点数为 $C_N^k C_M^{n-k}$,按古典概型有

$$P\{X=k\}=\frac{C_N^k C_M^{n-k}}{C_l^n},\qquad k=0,1,\cdots,n \tag{2.5.2}$$

称 X 服从超几何分布.

两种不同的抽样方式,分别得出两种不同的分布. 二项分布在节 2.3 中已经讲过,那是在伯努利试验中,对大批产品做不放回抽样得出的,在这里是对有限的产品做有放回抽样得出的,对大批产品,有放回抽样与不放回抽样没什么差别. 但对有限的产品,两者就不相同了. 有放回抽样得出二项分布,不放回抽样得出超几何分布. 其实超几何分布与二项分布也有密切关系. 现将(2.5.2) 式变形为

$$\begin{aligned}P\{X=k\}&=\frac{\dfrac{N!}{k!(N-k)!}\,\dfrac{M!}{(n-k)!(M-n+k)!}}{\dfrac{l!}{n!(l-n)!}}\\&=\frac{n!}{k!(n-k)!}\,\frac{N(N-1)\cdots(N-k+1)\cdot M(M-1)\cdots(M-n+k+1)}{l(l-1)\cdots(l-n+1)}\\&=C_n^k\frac{N^k\dfrac{N(N-1)\cdots(N-k+1)}{N^k}\cdot M^{n-k}\dfrac{M(M-1)\cdots(M-n+k+1)}{M^{n-k}}}{l^n\cdot\dfrac{l(l-1)\cdots(l-n+1)}{l^n}}\end{aligned}$$

$$= C_n^k\left(\frac{N}{l}\right)^k\left(\frac{M}{l}\right)^{n-k}\left[\left(1-\frac{1}{N}\right)\cdots\left(1-\frac{k-1}{N}\right)\cdot\left(1-\frac{1}{M}\right)\cdots\left(1-\frac{n-k-1}{M}\right)\right],$$

对有限的 n,k,当 $N\to+\infty, M\to+\infty, l\to+\infty$ 时,$[\cdots]\to 1$,$\frac{N}{l}\to p$(正品率),$\frac{M}{l}\to 1-p$(废品率),从而得出

$$\lim P\{X=k\} = C_n^k p^k(1-p)^{n-k}. \tag{2.5.3}$$

这说明超几何分布的极限分布为二项分布.

实用中,当 l,N,M 都很大时,或是 n 相对于 N,M,l 很小时,超几何分布可以用二项分布近似,即

$$\frac{C_N^k C_M^{n-k}}{C_l^n} \approx C_n^k\left(\frac{N}{l}\right)^k\left(\frac{M}{l}\right)^{n-k}, \tag{2.5.4}$$

其中 $l=N+M$.(2.5.4)式使较为繁杂的超几何分布计算变得较为简单.

例 2.5.2 现有500人检查身体,初步发现有50人患有某种病,从中任找出10人,求下列事件的概率:

(1) 恰有1人患此病;

(2) 最多有1人患此病;

(3) 至少有1人患此病.

解 设任找的10人中患此病的人数为 X,据题意知,X 服从超几何分布,有

$$P\{X=k\} = \frac{C_{50}^k C_{450}^{10-k}}{C_{500}^{10}}, \qquad k=0,1,\cdots,10. \tag{2.5.5}$$

这里可认为 $l=500, N=50, M=450, n=10$,n 与 l,N,M 比起来都很小,而 l,N,M 都可认为很大,可用二项分布近似代替超几何分布.根据式(2.5.4),则式(2.5.5)可变成

$$P\{X=k\} \approx C_{10}^k\left(\frac{50}{500}\right)^k\left(\frac{450}{500}\right)^{10-k}$$
$$= C_{10}^k\cdot 0.1^k\cdot 0.9^{10-k}.$$

(1) $P\{X=1\}\approx 10\times 0.1\times 0.9^9\approx 0.3874$.

(2) $P\{X\leqslant 1\}=P\{X=0\}+P\{X=1\}\approx 0.9^{10}+0.3874\approx 0.7361$.

(3) $P\{X\geqslant 1\}=1-P\{X<1\}=1-P\{X=0\}=1-0.9^{10}\approx 0.6513$.

2.6 负二项分布(巴斯卡分布)

在伯努利试验中,若记 A 为"成功",$P(A)=p$,$\overline{A}$ 为"失败",$P(\overline{A})=1-p$.引入随机变量 X,它表示第 $r(r=1,2,\cdots)$ 次成功出现在第 X 次试验.显然 X 的取值为 $r,r+1,\cdots$,

求 X 的分布律 $P\{X=k\}, k=r, r+1, \cdots$.

这个问题可以这样描述：第 r 次成功正好出现在第 k 次试验，前 $k-1$ 次试验中有 $r-1$ 次成功. 若记 Y 为前 $k-1$ 次试验中成功的次数. 显然 $Y \sim B(k-1, p) P\{Y=r-1\} = C_{k-1}^{r-1} p^{r-1}(1-p)^{k-r}$，第 k 次正好是成功，概率为 p，所以

$$P\{X=k\} = C_{k-1}^{r-1} p^{r-1}(1-p)^{k-r} p$$

即

$$P\{X=k\} = C_{k-1}^{r-1} p^{r}(1-p)^{k-r}, \quad k=r, r+1, \cdots \tag{2.6.1}$$

这里称 X 服从负二项分布.

因为 $C_k^r = \frac{k}{r} C_{k-1}^{r-1}, k \geqslant r$，所以 $C_k^r \geqslant C_{k-1}^{r-1}$，

故有

$$C_k^r p^r(1-p)^{k-r} \geqslant C_{k-1}^{r-1} p^r(1-p)^{k-r}, \tag{2.6.2}$$

(2.6.2) 式左边是二项分布 $B(k, p)$ 的分布律.

当 $r=1$ 时，负二项分布的分布律变成

$$P\{X=k\} = p(1-p)^{k-1}, \quad k=1,2,\cdots \tag{2.6.3}$$

这时称 X 服从几何分布. 它因 $p(1-p)^{k-1}$ 是几何级数的一般项而得名. 几何分布是负二项分布的一个特例. 它描述了“首次成功出现在第 k 次试验”的数学模型.

负二项分布或几何分布在实践中都有着广泛的应用.

例 2.6.1　两个同类型的系统，开始时各有 N 个备件，每当出现一个故障时就用掉一个备件，假定两个系统的运行条件完全相同，是否发生故障相互独立. 我们考虑下面的事件：当一个系统需要备件而它的备件已用完，另一个系统还剩有 l 个备件($l=0,1,2,\cdots, N$)，记此事件的概率为 p_l，试求 p_l.

解　把两个系统合起来考虑，只考虑出故障的情况，并假设两系统不在同一时刻出现故障. 第一个系统出现故障看作事件 A，第二系统出现故障(第一系统不出现故障)为事件 $\overline{A}$，$P(A)=P(\overline{A})=\frac{1}{2}$，整个试验为伯努利试验.

考虑第一个系统刚好缺少备件，而第二个系统还剩 l 个备件，这个事件一定出现在第一个系统的第 $N+1$ 次故障. 第二个系统的 $N-l$ 次故障，因为 $N+1+N-l=2N-l+1$，以第一个系统的故障为标准，即可看成第 $N+1$ 次故障出现在第 $2N-l+1$ 次试验. 由公式(2.6.1)，它的概率为

$$p_{1l} = C_{2N-l}^{N}\left(\frac{1}{2}\right)^{N+1} \cdot \left(\frac{1}{2}\right)^{N-l} = C_{2N-l}^{N}\left(\frac{1}{2}\right)^{2N-l+1}. \tag{2.6.4}$$

完全一样，若考虑第二个系统刚好缺备件，第一个系统还剩 l 个备件，它的概率 p_{2l} 一

定等于 p_{1l}，因此，

$$p_l = 2C_{2N-l}^N\left(\frac{1}{2}\right)^{2N-l+1} = C_{2N-l}^N\left(\frac{1}{2}\right)^{2N-l}. \tag{2.6.5}$$

2.7 函数的分布

“函数的分布”所要解决的问题是：已知随机变量 X 的分布，随机变量 Y 是 X 的函数，$Y = g(X)$，这里 g 是连续函数，求 Y 的分布. 对离散型随机变量来说，就是已知 X 的分布律 $P(X = x_k) = p_k$，$Y = g(X)$，(Y 也是离散型随机变量) 求 Y 的分布律，所用方法仍然是列举法：由 X 的取值及其概率，根据 $Y = g(X)$ 求出对应的 Y 的取值及概率.

例 2.7.1 已知 X 的分布律为

$$X \sim \begin{pmatrix} -3 & -2 & -1 & 0 & 1 \\ \frac{1}{8} & \frac{1}{4} & \frac{1}{4} & \frac{1}{4} & \frac{1}{8} \end{pmatrix}$$

$Y = X^2$，求 Y 的分布律.

解 X 取值为 $-3,-2,-1,0,1$，由 $Y = X^2$ 得出 Y 的取值为 $0,1,4,9$. 取值概率为

$$P\{Y = 0\} = P\{X = 0\} = \frac{1}{4},$$

$$P\{Y = 1\} = P\{X = -1\} + P\{X = 1\} = \frac{1}{4} + \frac{1}{8} = \frac{3}{8},$$

$$P\{Y = 4\} = P\{X = -2\} = \frac{1}{4},$$

$$P\{Y = 9\} = P\{X = -3\} = \frac{1}{8},$$

所以 Y 的分布律为

$$Y \sim \begin{pmatrix} 0 & 1 & 4 & 9 \\ \frac{1}{4} & \frac{3}{8} & \frac{1}{4} & \frac{1}{8} \end{pmatrix}.$$

习 题 2

2.1 袋中装有大小相等的 5 个小球，编号分别为 1,2,3,4,5. 从中任取 3 个，记 X 为

取出的 3 个球中的最大号码，试写出 X 的分布律和分布函数.

2.2　袋中装有大小相等的小球 10 个，编号分别为 0，1，2，…，9. 从中任取 1 个，将观察号码记下来，按"小于 5"，"等于 5"，"大于 5" 三种情况，定义一个随机变量 X，并写出 X 的分布律和分布函数.

2.3　设在 10 个同类型的产品中有 2 个次品，从中任取 3 次，每次取 1 个. 记 X 为 3 次取到的产品中次品的个数，试就下面两种情况求 X 的分布律：(1) 取后不放回；(2) 取后放回再取.

2.4　甲、乙两人分别独立地射击同一目标各 1 次，甲、乙击中目标的概率分别为 p_1、p_2，以 X 记目标被击中的次数，求 X 的分布律.

2.5　设在某种试验中试验成功的概率为 3/4，以 X 表示首次成功所在的试验次数，试写出 X 的分布律并计算 X 取偶数的概率.

2.6　某建筑物内装有 5 个同类型的供水设备，设在任一时刻 t，每个设备被使用的概率为 0.2，各设备是否被使用相互独立，求在同一时刻下列事件的概率：

(1) 恰有 2 个设备被使用；

(2) 最多有 2 个设备被使用；

(3) 至少有 2 个设备被使用；

(4) 被使用的设备占多数.

2.7　设事件 A 在一次试验中发生的概率为 0.3，当 A 发生达到 3 次或更多时，指示灯发出信号. 求在下列情况下，指示灯发出信号的概率：

(1) 共进行 3 次试验；

(2) 共进行 5 次试验；

(3) 共进行 7 次试验；

(4) 进行 n 次试验，并考虑 n 无限增大时的情况.

2.8　设在 3 次独立试验中事件 A 发生的概率相等，若已知 A 至少发生 1 次的概率为 19/27. 求在 1 次试验中事件 A 发生的概率，并求 3 次试验中事件 A 发生 1 次、发生 2 次的概率.

2.9　已知 X 是离散型随机变量，其分布函数为

$$F(x)=\begin{cases}0 & x<0,\\[2mm] \dfrac{1}{10} & 0\leqslant x<\dfrac{1}{2},\\[2mm] \dfrac{5}{10} & \dfrac{1}{2}\leqslant x<1,\\[2mm] 1 & x\geqslant 1.\end{cases}$$

求 X 的分布律.

2.10　已知离散型随机变量 X 的分布律为

X	-1	0	1
$P\{X=x_i\}$	$1/4$	a	b

分布函数为

$$F(x)=\begin{cases} c & -\infty<x<-1,\\ d & -1\leqslant x<0,\\ 3/4 & 0\leqslant x<1,\\ e & 1\leqslant x<+\infty. \end{cases}$$

求 a,b,c,d,e.

2.11　对某一个物理量进行测量,设仪器测量误差过大的概率为 0.05,现进行 100 次独立测量.求误差过大的次数不小于 3 的概率.

2.12　已知 X 的分布律为

X	-2	-1	0	1	3
$P\{X=x_i\}$	$3a$	$\frac{1}{6}$	$3a$	a	$\frac{11}{30}$

(1) 求 a;(2) 求 $Y=X^2-1$ 的分布律.

2.13　已知 X 的分布函数为

$$F(x)=\begin{cases} 0 & -\infty<x<-1,\\ \frac{1}{3} & -1\leqslant x<0,\\ \frac{1}{2} & 0\leqslant x<1,\\ \frac{2}{3} & 1\leqslant x<2,\\ 1 & 2\leqslant x<+\infty. \end{cases}$$

求 $Y=\left(\sin\frac{\pi}{6}X\right)^2$ 的分布函数.

第 3 章　连续型随机变量

在实践中有很多随机现象所出现的试验结果是不可列的，例如：测量中的误差、元件的寿命、办事或乘机的等待时间、某一时期的降水量及某河流的经流量等. 这些都是连续型随机变量. 本章考虑这些随机变量的概率分布问题.

3.1　连续型随机变量的概率分布

连续型随机变量是在某个区间上连续取值的. 它的概率分布不可能像离散型随机变量那样用分布律描述，必须采用适合于连续型随机变量的描述方法. 主要是考虑随机变量在区间上取值的概率问题.

首先引入概率密度函数的概念.

定义　设 $F(x)$ 是 X 的分布函数，如果有非负可积函数 $f(x)$，使得

$$F(x)=\int_{-\infty}^{x} f(t)\mathrm{d}t, \tag{3.1.1}$$

则称 $f(x)$ 为 X 的概率密度函数. 简称密度函数.

密度函数 $f(x)$ 满足条件

$$(1)\ f(x)\geqslant 0,\quad (2)\ \int_{-\infty}^{+\infty} f(x)\mathrm{d}x=1, \tag{3.1.2}$$

如图 3.1，$f(x)$ 为图中的曲线，$F(x)$ 表示曲线下 x 左边的面积，曲线下的整个面积为 1.

连续型随机变量的分布函数满足第 2 章 2.2.2 中的各条性质. 除此之外，连续型随机变量还具有下面几条不同于离散型随机变量的性质.

(1) $F(x)$ 是连续函数；

(2) 在 $f(x)$ 的连续点，有 $F'(x)=f(x)$； (3.1.3)

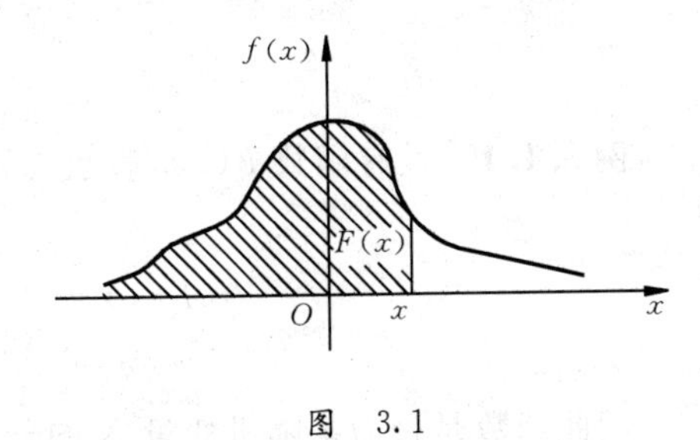

图　3.1

(3) 对任意点 x，$P\{X=x\}\equiv 0$.

因为 $P\{X=x\}=P\{X\leqslant x\}-P\{X<x\}=F(x)-F(x^-)$，

又 $F(x)$ 是连续函数，$F(x)=F(x^-)$，所以 $P\{X=x\}=0$.

由性质(3)可知,连续型随机变量 X 取任何特定值的概率为 0,这是与离散型随机变量完全不同的地方.因此连续型随机变量的概率分布不能采用列举法.

性质(3)为计算连续型随机变量在区间上的概率带来了一定的方便.因为 X 取个别值时概率为 0,所以 X 在下面几个区间上取值的概率是相等的,即有

$$P\{a \leqslant X \leqslant b\} = P\{a < X < b\} = P\{a \leqslant X < b\} = P\{a < X \leqslant b\},$$

不必考虑是否取 a,b,都等于 $F(b)-F(a)$,且有

$$F(b) - F(a) = \int_a^b f(x)\mathrm{d}x. \tag{3.1.4}$$

由性质(3)还可知道,概率为 0 的事件不一定是不可能事件,相应地可知道,概率为 1 的事件不一定是必然事件.

在连续型随机变量中,概率密度函数 $f(x)$的数值不直接表示概率值的大小,但是,当区间很小时,$f(x)$的数值却能反映随机变量在 x 附近取值的概率的大小.因为当 Δx 很小时(见图 3.2).

$$P\{x \leqslant X \leqslant x + \Delta x\}$$
$$= \int_x^{x+\Delta x} f(t)\mathrm{d}t \approx f(x)\Delta x.$$

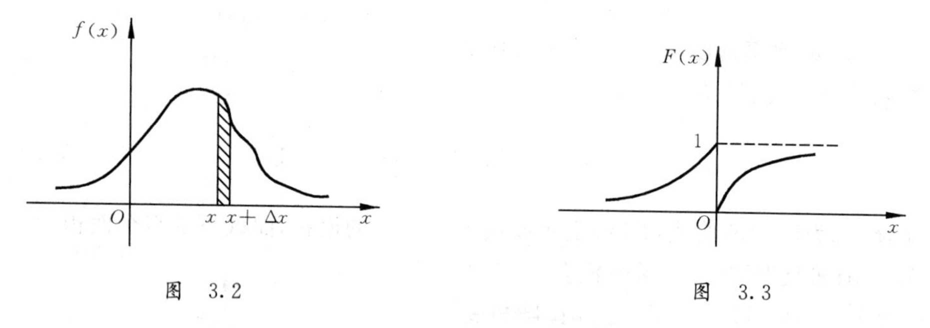

图 3.2 图 3.3

例 3.1.1 设有函数 $F(x)$,表示式如下:

$$F(x) = \begin{cases} \mathrm{e}^x & x < 0, \\ 1 - \mathrm{e}^{-x} & x \geqslant 0, \end{cases}$$

问此函数是否为某随机变量 X 的分布函数.

解 法 1 从分布函数的性质考虑.可以先画出 $F(x)$的图形见图 3.3.

从图上看出,$0 \leqslant F(x) \leqslant 1, F(-\infty)=0, F(+\infty)=1$.在 $x=0$ 点,$F(x)$右连续;$x \neq 0$ 时,$F(x)$连续.这些都满足分布函数的性质.但是在 $x=0$ 点,有 $F(0^-) > F(0^+)$,因此函

数 $F(x)$在 $x=0$ 点不是非降的，所以 $F(x)$不是分布函数.

法 2　从密度函数的性质考虑.

对函数 $F(x)$，在 $x\neq 0$ 时，有导函数 $F'(x)=f(x)$.

$x<0$，　$F'(x)=e^x$；

$x>0$，　$F'(x)=e^{-x}$；

在 $x=0$，$F'(x)$不存在，但 $F'(0^+)=1$，所以有

$$f(x)=\begin{cases} e^x & x<0, \\ e^{-x} & x\geqslant 0. \end{cases}$$

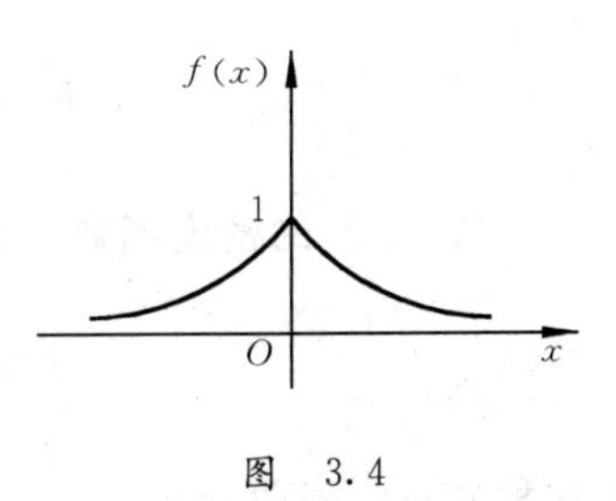

图　3.4

画出 $f(x)$的图形，图 3.4，这里确有 $f(x)>0$，但是

$$\int_{-\infty}^{+\infty} f(x)\,dx=\int_{-\infty}^{0} e^x\,dx+\int_{0}^{+\infty} e^{-x}\,dx$$

$$=1+1\doteq 2\neq 1.$$

所以 $f(x)$不能作为密度函数，自然 $F(x)$也就不是分布函数了.

检验某函数是否为随机变量的分布函数或密度函数，必须按性质逐条检验、全部满足，否则就不是.

例 3.1.2　设连续型随机变量 X 的分布函数为

$$F(x)=a+b\arctan x \qquad (-\infty<x<+\infty).$$

(1) 试确定常数 a,b；

(2) 求出 X 的概率密度函数；

(3) 求 $P\{X^2>1\}$.

解　(1)　根据分布函数的性质有

$$F(+\infty)=1, \qquad F(-\infty)=0,$$

这里

$$F(+\infty)=\lim_{x\to+\infty}(a+b\arctan x)=a+b\frac{\pi}{2},$$

$$F(-\infty)=\lim_{x\to+\infty}(a+b\arctan x)=a-b\frac{\pi}{2},$$

所以

$$\begin{cases} a+\dfrac{\pi}{2}b=1, \\ a-\dfrac{\pi}{2}b=0, \end{cases}$$

解出
$$a=\frac{1}{2},\qquad b=\frac{1}{\pi}.$$

分布函数为
$$F(x)=\frac{1}{2}+\frac{1}{\pi}\arctan x \qquad (-\infty<x<+\infty).$$

(2) X 的密度函数 $f(x)=F'(x)$,

所以
$$f(x)=\frac{1}{\pi(1+x^2)} \qquad (-\infty<x<+\infty),$$

这种分布叫柯西分布.

(3)
$$\begin{aligned}P\{X^2>1\}&=1-P\{X^2\leqslant 1\}=1-P\{|X|\leqslant 1\}\\&=1-P\{-1\leqslant X\leqslant 1\}.\end{aligned}$$

法 1 用分布函数求

$$\begin{aligned}P\{X^2>1\}&=1-P\{-1\leqslant X\leqslant 1\}\\&=1-(F(1)-F(-1))\\&=1-\left[\left(\frac{1}{2}+\frac{1}{\pi}\arctan 1\right)-\left(\frac{1}{2}+\frac{1}{\pi}\arctan(-1)\right)\right]\\&=1-\frac{1}{2}=\frac{1}{2}.\end{aligned}$$

法 2 用密度函数求

$$\begin{aligned}P\{X^2>1\}&=1-P\{-1\leqslant X\leqslant 1\}\\&=1-\int_{-1}^{1}\frac{1}{\pi(1+x^2)}\mathrm{d}x\\&=1-\frac{1}{\pi}\arctan x\Big|_{-1}^{1}\\&=1-\frac{1}{2}=\frac{1}{2}.\end{aligned}$$

3.2 正态分布

自然界中的很多随机变量都服从或近似服从正态分布.如测量的误差,人群的身高、体重,工厂产品的直径、长度、重量,电源的电压……因此,正态分布是实践中应用最广泛、最重要的分布.

3.2.1　标准正态分布

若 X 的密度函数为

$$\varphi(x)=\frac{1}{\sqrt{2\pi}}\mathrm{e}^{-\frac{x^2}{2}}\qquad -\infty<x<+\infty,\tag{3.2.1}$$

则称 X 服从标准正态分布,记为 $X\sim N(0,1)$.

标准正态分布的分布函数为

$$\Phi(x)=\int_{-\infty}^{x}\frac{1}{\sqrt{2\pi}}\mathrm{e}^{\frac{t^2}{2}}\mathrm{d}t\qquad -\infty<x<+\infty,\tag{3.2.2}$$

$\varphi(x)$,$\Phi(x)$的图形,见图 3.5.

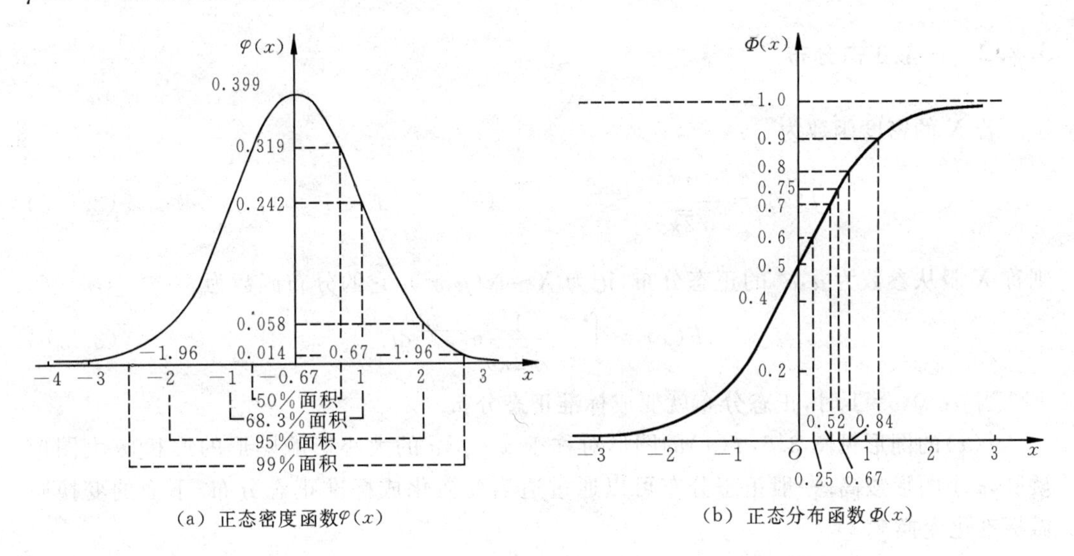

(a) 正态密度函数$\varphi(x)$　　(b) 正态分布函数 $\Phi(x)$

图 3.5

$\varphi(x)$的图形关于中心轴对称,由此很易得出

$$\Phi(-x)=1-\Phi(x).\tag{3.2.3}$$

人们已编制了 $\Phi(x)$的数值表,以供查用(见附表).

当 $X\sim N(0,1)$时,由(3.2.3)式可得出

$$\Phi(x)-\Phi(-x)=2\Phi(x)-1.\tag{3.2.4}$$

下面几个数值在实用中是很重要的.

$$\begin{aligned} P\{|X|\leqslant 1\} &= P\{-1\leqslant X\leqslant 1\} \\ &= \Phi(1)-\Phi(-1) = 2\Phi(1)-1 \\ &\approx 2\times 0.8413-1 = 0.6826. \end{aligned}$$

$$\begin{aligned} P\{|X|\leqslant 2\} &= P\{-2\leqslant X\leqslant 2\} \\ &= \Phi(2)-\Phi(-2) = 2\Phi(2)-1 \\ &\approx 2\times 0.9773-1 = 0.9546. \end{aligned}$$

$$\begin{aligned} P\{|X|\leqslant 3\} &= P\{-3\leqslant X\leqslant 3\} \\ &= \Phi(3)-\Phi(-3) = 2\Phi(3)-1 \\ &\approx 2\times 0.9987-1 = 0.9974. \end{aligned}$$

3.2.2 一般正态分布

若 X 的密度函数为

$$f(x) = \frac{1}{\sqrt{2\pi}\sigma}e^{-\frac{(x-\mu)^2}{2\sigma^2}} \qquad (-\infty < x < +\infty), \tag{3.2.5}$$

则称 X 服从参数为 μ,σ^2 的正态分布,记为 $X\sim N(\mu,\sigma^2)$. 它的分布函数为

$$F(x) = \int_{-\infty}^{x} \frac{1}{\sqrt{2\pi}\sigma}e^{-\frac{(t-\mu)^2}{2\sigma^2}}dt. \tag{3.2.6}$$

当 $\mu=0,\sigma=1$ 时,正态分布就变成标准正态分布.

$f(x)$的图形见图 3.6,$f(x)$的图形对称于 $x=\mu$,σ 的大小影响图形的形状,σ 大图形矮胖,σ 小图形瘦高. 一般正态分布可以通过适当变换化成标准正态分布. 下面的变换叫做标准化变换.

若 $X\sim N(\mu,\sigma^2)$,$X^*=\dfrac{X-\mu}{\sigma}$,则 $X^*\sim N(0,1)$.

$$F(x) = \Phi\left(\frac{x-\mu}{\sigma}\right). \tag{3.2.7}$$

由此可得出下面的重要结论:

$$P\{\mu-k\sigma\leqslant X\leqslant \mu+k\sigma\} = 2\Phi(k)-1. \tag{3.2.8}$$

事实上,由(3.2.7)式得

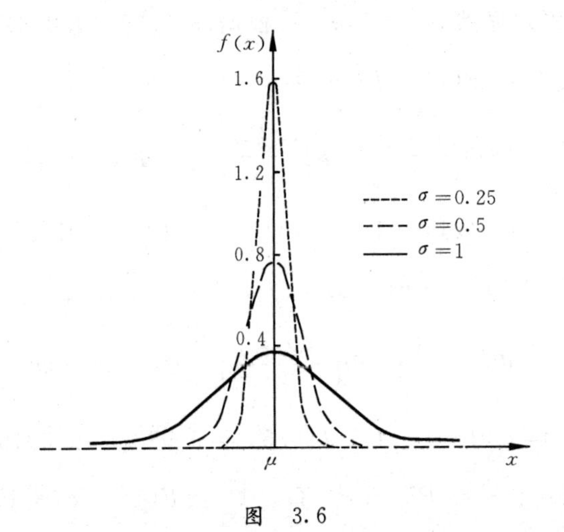

图 3.6

$$P\{\mu-k\sigma\leqslant X\leqslant\mu+k\sigma\}=F(\mu+k\sigma)-F(\mu-k\sigma)$$
$$=\Phi\left(\frac{\mu+k\sigma-\mu}{\sigma}\right)-\Phi\left(\frac{\mu-k\sigma-\mu}{\sigma}\right)$$
$$=\Phi(k)-\Phi(-k)=2\Phi(k)-1.$$

(3.2.8)式的另外一种表达形式为

$$P\{|X-\mu|\leqslant k\sigma\}=2\Phi(k)-1. \tag{3.2.9}$$

结论表明,正态变量 X 在区间 $[\mu-k\sigma,\mu+k\sigma]$ 上取值的概率与 μ,σ 的大小无关,只与 k 的数值有关.由此得出

$$P\{|X-\mu|\leqslant\sigma\}=2\Phi(1)-1\approx 0.6826.$$
$$P\{|X-\mu|\leqslant 2\sigma\}=2\Phi(2)-1\approx 0.9546.$$
$$P\{|X-\mu|\leqslant 3\sigma\}=2\Phi(3)-1\approx 0.9974.$$

最后一个数值说明 X 落在区间 $[\mu-3\sigma,\mu+3\sigma]$ 上的概率达到 99.74%,它表明 X 落在上述区间之外的概率已不足 0.3%,可以认为 X 几乎不在该区间之外取值,这个结果通常称之为"3σ 规则".

例 3.2.1 设 $X\sim N(-1,4)$,求

$$P\{-5\leqslant X<1\},\quad P\{-2<X\leqslant 2\},$$
$$P\{|X|<1\},\quad P\left\{|X|\geqslant\frac{3}{2}\right\}.$$

解 $X \sim N(-1, 2^2)$，显然 $\mu=-1, \sigma=2$，根据(3.2.7)，(3.2.3)有

$$P\{-5 \leqslant X < 1\} = F(1) - F(-5)$$

$$= \Phi\left(\frac{1+1}{2}\right) - \Phi\left(\frac{-5+1}{2}\right) = \Phi(1) - \Phi(-2)$$

$$= \Phi(1) - 1 + \Phi(2) = 0.8413 + 0.9772 - 1 = 0.8185.$$

$$P\{-2 < X \leqslant 2\} = F(2) - F(-2)$$

$$= \Phi\left(\frac{2+1}{2}\right) - \Phi\left(\frac{-2+1}{2}\right) = \Phi(1.5) - \Phi(-0.5)$$

$$= \Phi(1.5) - 1 + \Phi(0.5) = 0.9332 + 0.6915 - 1 = 0.6247.$$

$$P\{|X| < 1\} = P\{-1 < X < 1\} = F(1) - F(-1)$$

$$= \Phi(1) - \Phi(0) = 0.8413 - 0.5 = 0.3413.$$

$$P\left\{|X| \geqslant \frac{3}{2}\right\} = P\left\{X \geqslant \frac{3}{2}\right\} + P\left\{X \leqslant -\frac{3}{2}\right\}$$

$$= 1 - F\left(\frac{3}{2}\right) + F\left(-\frac{3}{2}\right)$$

$$= 1 - \Phi\left(\frac{1.5+1}{2}\right) + \Phi\left(\frac{-1.5+1}{2}\right)$$

$$= 1 - \Phi(1.25) + \Phi(-0.25)$$

$$= 1 - \Phi(1.25) + 1 - \Phi(0.25)$$

$$= 2 - 0.8944 - 0.5987 = 0.5069.$$

下面举几个应用正态分布解决问题的例子.

例 3.2.2 设电源电压 $U \sim N(220, 25^2)$（单位：V）. 通常有 3 种状态：① 不超过 200V；② 在 220V ~ 240V 之间；③ 超过 240V. 在上述三种状态下，某电子元件损坏的概率分别为 0.1，0.001，0.2.

(1) 求电子元件损坏的概率 α；

(2) 在电子元件已损坏的情况下，试分析电压所处的状态.

解 (1) 设事件 A_1, A_2, A_3 分别顺序表示题中所述电压的 3 种状态，B 表示电子元件损坏，则 $\alpha = P(B)$. 根据全概率公式有

$$P(B) = \sum_{i=1}^{3} P(A_i) P(B \mid A_i), \qquad (*)$$

据题意知，$P(B\mid A_1)=0.1$，$P(B\mid A_2)=0.001$，$P(B\mid A_3)=0.2$，下面求 $P(A_i)(i=1,2,3)$. 已知 $U\sim N(220,25^2)$，

$$P(A_1)=P\{U\leqslant 200\}\overset{\text{标准化}}{=}P\left\{\frac{U-220}{25}\leqslant\frac{200-220}{25}\right\}$$

$$=P\{U^*\leqslant -0.8\}\qquad \text{其中 } U^*\sim N(0,1)$$

$$=\Phi(-0.8)=1-\Phi(0.8)$$

（查表）$\qquad\approx 1-0.7881=0.2119.$

考虑到正态分布的对称性，有

$$P(A_3)=P(A_1)\approx 0.2119$$

由于 $\{A_1,A_2,A_3\}$ 是一个完备事件组，所以

$$P(A_1)+P(A_2)+P(A_3)=1,$$

$$P(A_2)=1-P(A_1)-P(A_3)$$

$$=1-2P(A_1)=1-2\times 0.2119=0.5762.$$

代入（*）式，有

$$\alpha=P(B)=0.2119\times 0.1+0.5762\times 0.001+0.2119\times 0.2$$

$$\approx 0.0642.$$

(2) 考虑 $P(A_i\mid B)$，$i=1,2,3$.

由逆概率公式

$$P(A_i\mid B)=\frac{P(A_i)P(B\mid A_i)}{P(B)},$$

所以

$$P(A_1\mid B)=\frac{P(A_1)P(B\mid A_1)}{P(B)}\approx\frac{0.2119\times 0.1}{0.0642}\approx 0.330;$$

$$P(A_2\mid B)=\frac{P(A_2)P(B\mid A_2)}{P(B)}\approx\frac{0.5762\times 0.001}{0.0642}\approx 0.009;$$

$$P(A_3\mid B)=\frac{P(A_3)P(B\mid A_3)}{P(B)}\approx\frac{0.2119\times 0.2}{0.0642}\approx 0.660.$$

从上面的几个概率值看出，$P(A_3\mid B)\approx 0.660$ 是三者中的最大者，说明当电器损坏时，电压处在高压状态下的可能性最大；而 $P(A_2\mid B)\approx 0.009$ 很小，说明当电器损坏时，电压处在中压（200～240 之间）状态的可能性很小，几乎是不会的. 这符合实际.

例 3.2.3 设测量误差 $X \sim N(0,10^2)$，现进行 100 次独立测量，求误差的绝对值超过 19.6 的次数不小于 3 的概率.

解 本题是一个综合性的问题，要仔细分析计算.

第 1 步，求任 1 次测量中误差绝对值超过(大于)19.6 的概率 p，因为 $X \sim N(0,10^2)$，$\mu=0,\sigma=10$，将 X 标准化，即有 $X^*=\dfrac{X-0}{10}\sim N(0,1)$，

$$\begin{aligned} p = P\{|X|>19.6\} &= 1-P\{|X|\leqslant 19.6\} \\ &= 1-P\left\{\left|\frac{X}{10}\right|\leqslant 1.96\right\} \\ &= 1-[\Phi(1.96)-\Phi(-1.96)] \\ &= 1-[2\Phi(1.96)-1] \\ &= 1-[2\times 0.975-1] \\ &= 1-0.95 = 0.05. \end{aligned}$$

第 2 步，设 Y 为 100 次测量中，事件 $\{|X|>19.6\}$ 出现的次数，显然 $Y \sim B(100,0.05)$，即 $n=100,p=0.05$ 的二项分布，分布律为 $P\{Y=k\}=C_{100}^k 0.05^k\times 0.95^{100-k}$，$k=0,1,2\cdots,100$. 所求概率为

$$\begin{aligned} P\{Y\geqslant 3\} &= 1-P\{Y<3\} \\ &= 1-P\{Y=0\}-P\{Y=1\}-P\{Y=2\} \\ &= 1-0.95^{100}-100\times 0.05\times 0.95^{99}-C_{100}^2\times 0.05^2\times 0.95^{98}. \end{aligned}$$

第 3 步，由于上式不好计算，且这里 $n=100$ 很大，$np=5=\lambda$ 较小，故可以用泊松分布近似代替二项分布，所以

$$\begin{aligned} P\{Y\geqslant 3\} &\approx 1-\frac{5^0 e^{-5}}{0!}-\frac{5^1 e^{-5}}{1!}-\frac{5^2 e^{-5}}{2!} \\ &= 1-\frac{37}{2}e^{-5}\approx 0.87. \end{aligned}$$

例 3.2.4 某单位招聘 155 人，按考试成绩录用，共有 526 人报名，假设报名者的考试成绩 $X\sim N(\mu,\sigma^2)$. 已知 90 分以上的 12 人，60 分以下的 83 人，若从高分到低分依次录取，某人成绩为 78 分，问此人能否被录取？

解 这是利用正态分布特性解决问题的一个很好的题目.

本题中只知成绩 $X\sim N(\mu,\sigma^2)$，但不知 μ,σ 的值是多少，所以必须首先想法求出 μ

和 σ.

根据已知条件有

$$P\{X>90\}=\frac{12}{526}\approx 0.0228,$$

$$P\{X\leqslant 90\}=1-P\{X>90\}\approx 1-0.0228=0.9772,$$

又因为

$$P\{X\leqslant 90\}\overset{\text{标准化}}{=}P\left\{\frac{X-\mu}{\sigma}\leqslant\frac{90-\mu}{\sigma}\right\}=\Phi\left(\frac{90-\mu}{\sigma}\right),$$

所以

$$\Phi\left(\frac{90-\mu}{\sigma}\right)=0.9772.$$

反查标准正态分布表得

$$\frac{90-\mu}{\sigma}\approx 2.0. \qquad ①$$

又

$$P\{X<60\}=\frac{83}{526}\approx 0.1588,$$

$$P\{X<60\}\overset{\text{标准化}}{=}P\left\{\frac{X-\mu}{\sigma}<\frac{60-\mu}{\sigma}\right\}=\Phi\left(\frac{60-\mu}{\sigma}\right),$$

所以

$$\Phi\left(\frac{60-\mu}{\sigma}\right)\approx 0.1588,$$

$$\Phi\left(\frac{\mu-60}{\sigma}\right)\approx 1-0.1588=0.8412.$$

反查标准正态分布表得

$$\frac{\mu-60}{\sigma}\approx 1.0, \qquad ②$$

由①,②联立解出 $\sigma=10,\mu=70$.

所以

$$X\sim N(70,10^2).$$

某人成绩 78 分,能否被录取,关键在于录取率.已知录取率为 $\frac{155}{526}\approx 0.2947$. 看是否能被录取,解法有二.

法 1 看 $P\{X>78\}=?$

$$P\{X>78\}=1-P\{X\leqslant 78\}$$
$$=1-P\left\{\frac{X-70}{10}\leqslant\frac{78-70}{10}\right\}=1-P\{X^*\leqslant 0.8\}$$
$$=1-\Phi(0.8)\approx 1-0.7881=0.2119.$$

因为 0.2119<0.2974(录取率),所以此人能被录取.

法 2 看录取分数限.设被录用者的最低分为 x_0,则 $P\{X\geqslant x_0\}=0.2947$(录取率),

$$P\{X\leqslant x_0\}=1-P\{X>x_0\}\approx 1-0.2947=0.7053,$$

而
$$P\{X\leqslant x_0\}=P\left\{\frac{X-70}{10}\leqslant\frac{x_0-70}{10}\right\}=P\left\{X^*\leqslant\frac{x_0-70}{10}\right\}$$
$$=\Phi\left(\frac{x_0-70}{10}\right),$$

所以
$$\Phi\left(\frac{x_0-70}{10}\right)=0.7053.$$

反查标准正态分布表得

$$\frac{x_0-70}{10}\approx 0.54,$$

解出 $x_0=75$.某人成绩 78 分,在 75 分之上,所以能被录取.

3.3 指数分布

定义 设随机变量 X,若 X 的密度函数为

$$f(x)=\begin{cases}\lambda e^{-\lambda x} & x>0\\ 0 & x\leqslant 0\end{cases}\quad(\lambda>0),\tag{3.3.1}$$

则称 X 服从参数为 λ 的指数分布,记为 $X\sim E(\lambda)$.

它的分布函数为

$$F(x)=\begin{cases}1-e^{-\lambda x} & x>0\\ 0 & x\leqslant 0.\end{cases}\tag{3.3.2}$$

它们的图形如图 3.7.

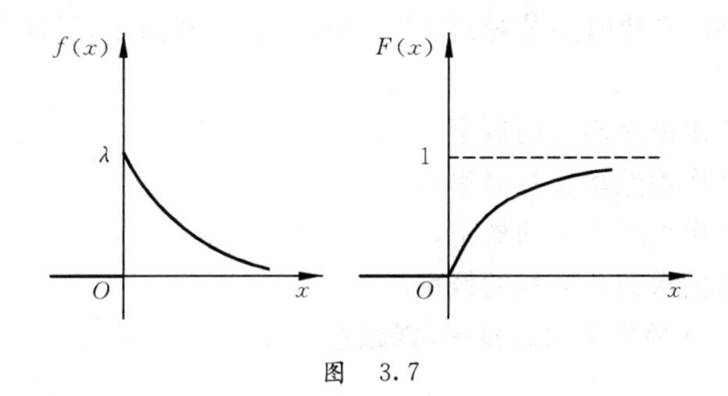

图　3.7

指数分布有着重要的应用.最重要的是它可作为各种“寿命”的近似分布,用于可靠性分析中.另外如电话通话时间,随机服务系统的服务时间等都常假定服从指数分布.

指数分布有一个重要而有趣的性质,通常称为无记忆性.

若 $X \sim E(\lambda)$,则对任何 $s>0, x>0$,恒有

$$P\{X > s + x \mid X > s\} = P\{X > x\} \tag{3.3.3}$$

证　注意到$\{X>s+x\} \subset \{X>s\}$,

所以
$$\{X > s + x\} \cap \{X > s\} = \{X > s + x\},$$

$$\begin{aligned}
P\{X > s + x \mid X > s\} &= \frac{P\{\{X > s + x\} \cap \{X > s\}\}}{P\{X > S\}} \\
&= \frac{P\{X > s + x\}}{P\{X > s\}} = \frac{1 - P\{X \leqslant s + x\}}{1 - P\{X \leqslant s\}} \\
&= \frac{1 - F(s + x)}{1 - F(s)} = \frac{\mathrm{e}^{-\lambda(s+x)}}{\mathrm{e}^{-\lambda s}} \\
&= \mathrm{e}^{-\lambda x} = 1 - F(x) \\
&= 1 - P\{X \leqslant x\} = P\{X > x\}.
\end{aligned}$$

证完.

假若把 X 看成人的寿命,无记忆性可作如下解释:如果某人已活到 s 岁,则他再活 x 岁的概率与(已活过的)岁数 s 无关(忘掉了!),所以有人戏称指数分布是“永远年青”的分布.

还要说明一点,指数分布是连续型随机变量中唯一具有无记忆性的分布.

例 3.3.1　到某服务单位办事总要排队等待.设等待时间 T 是服从指数分布的随机变量(单位:分钟),概率密度函数为

$$f(t) = \begin{cases} \dfrac{1}{10}\mathrm{e}^{-\frac{t}{10}} & t > 0, \\ 0 & t \leqslant 0, \end{cases}$$

某人到此处办事，等待时间若超过 15 分钟，他就愤然离去，设此人一个月要去该处 10 次.

(1) 求正好有 2 次愤然离去的概率；

(2) 求最多有 2 次愤然离去的概率；

(3) 求至少有 2 次愤然离去的概率；

(4) 求愤然离去的次数占多数的概率.

解　首先求任一次愤然离去的概率，据题意

$$p = P\{T > 15\} = \int_{15}^{+\infty} \frac{1}{10} e^{-\frac{t}{10}} dt = \left(-e^{-\frac{t}{10}}\right)\Big|_{15}^{+\infty} = e^{-\frac{15}{10}} \approx 0.2231.$$

设 10 次中愤然离去的次数为 X，则 $X \sim B(10, p)$，即服从 $n=10, p=0.2231$ 的二项分布：

$$P\{X = k\} = C_{10}^{k} p^{k} (1-p)^{10-k}, k = 0, 1, 2, \cdots, 10.$$

所要求的概率用 X 表示分别为

(1) $P\{X = 2\} = C_{10}^{2} \times 0.2231^{2} (1-0.2231)^{8} \approx 0.2973$;

(2)
$$\begin{aligned} P\{X \leqslant 2\} &= P\{X = 0\} + P\{X = 1\} + P\{X = 2\} \\ &= 0.7769^{10} + 10 \times 0.2231 \times 0.7769^{9} \\ &\quad + C_{10}^{2} \times 0.2231^{2} \times 0.7769^{8} \\ &\approx 0.0801 + 0.2961 + 0.2973 = 0.6735; \end{aligned}$$

(3)
$$\begin{aligned} P\{X \geqslant 2\} &= 1 - P\{X < 2\} \\ &= 1 - P\{X = 0\} - P\{X = 1\} \\ &\approx 1 - 0.0801 - 0.2961 = 0.6238; \end{aligned}$$

(4)
$$\begin{aligned} P\{X > 5\} &= P\{X \geqslant 6\} \\ &= P\{X = 6\} + P\{X = 7\} + P\{X = 8\} \\ &\quad + P\{X = 9\} + P\{X = 10\} \\ &= C_{10}^{6} \times 0.2231^{6} \times 0.7769^{4} + C_{10}^{7} \times 0.2231^{7} \times 0.7769^{3} \\ &\quad + C_{10}^{8} \times 0.2231^{8} \times 0.7769^{2} \\ &\quad + C_{10}^{9} \times 0.2231^{9} \times 0.7769 + 0.2231^{10} \end{aligned}$$

$$\approx 0.00943+0.00155+0.00017+0.00001+0\approx 0.0112.$$

例 3.3.2　假设一大型设备在任何长为 t 的时间内发生故障的次数 $N(t)$ 服从参数为 λt 的泊松分布，若以 T 表示相邻两次故障之间的时间间隔：

(1) 求 T 的概率分布；

(2) 求一次故障修复之后，设备无故障运行 8 小时的概率 Q_1；

(3) 求在设备已经无故障运行 t_0 小时的情况下，再无故障运行 8 小时的概率 Q_2.

解　T 是连续型随机变量.

(1) 求 T 的分布函数：

$t<0$ 时，$F(t)=P\{T\leqslant t\}=0$；

$t\geqslant 0$ 时，根据 T 和 $N(t)$ 的定义，$\{T>t\}$ 表示在长为 t 的时间内没有发生故障，所以事件 $\{T>t\}$ 与 $\{N(t)=0\}$ 等价. 已知 $N(t)$ 服从参数为 λt 的泊松分布，

$$P\{N(t)=k\}=\frac{(\lambda t)^k \mathrm{e}^{-\lambda t}}{k!},$$

$$P\{N(t)=0\}=\mathrm{e}^{-\lambda t},$$

所以 $$P\{T>t\}=\mathrm{e}^{-\lambda t}.$$

由定义 $$F(t)=P\{T\leqslant t\}=1-P\{T>t\},$$

所以 $$F(t)=1-\mathrm{e}^{-\lambda t}.$$

T 的分布函数为

$$F(t)=\begin{cases}0 & t\leqslant 0,\\ 1-\mathrm{e}^{-\lambda t} & t>0.\end{cases}$$

由此看出，T 服从参数为 λ 的指数分布.

(2) $Q_1=P\{T>8\}=1-P\{T\leqslant 8\}$

$=1-F(8)=\mathrm{e}^{-8\lambda}$.

(3) 根据题中所说 Q_2 的意义，它的概率表达式为

$$Q_2=P\{T>t_0+8\mid T>t_0\},$$

根据指数分布的无记忆性可得出

$$Q_2=P\{T>8\}=Q_1=\mathrm{e}^{-8\lambda}.$$

3.4　均匀分布

定义　设随机变量 X，若密度函数

$$f(x)=\begin{cases}\dfrac{1}{b-a} & a\leqslant x\leqslant b,\\ 0 & \text{其它},\end{cases}\tag{3.4.1}$$

则称 X 在 $[a,b]$ 上服从均匀分布，记作 $X\sim U(a,b)$.

它的分布函数为

$$F(x)=\begin{cases}0 & x\leqslant a,\\ \dfrac{x-a}{b-a} & a<x<b,\\ 1 & x\geqslant b,\end{cases}\tag{3.4.2}$$

它们的图形如图 3.8.

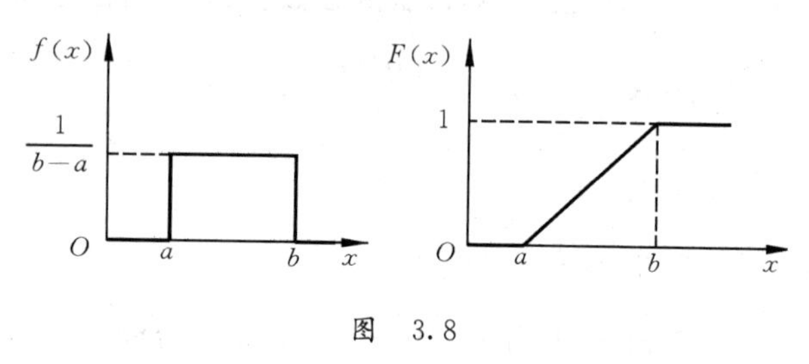

图 3.8

均匀分布的重要性质：

若 $X\sim U(a,b)$，$(c,d)\subset(a,b)$，则

$$P\{c\leqslant X\leqslant d\}=\frac{d-c}{b-a}.\tag{3.4.3}$$

该式表明：对均匀分布，X 在 $[c,d]$ 上取值的概率等于 $[c,d]$ 的区间长度与 $[a,b]$ 的区间长度之比，即几何量的比，故称(3.4.3)式为几何概率. 事实表明只有均匀分布才满足几何概率.

几何概率表明，X 在 $[a,b]$ 内的任何等长的区间上取值的概率都是相等的，而与这些区间的位置无关，这一点与离散型随机变量的等概率分布颇有类似.

例 3.4.1 随机地向区间 $(-1,1)$ 上投掷一点，X 为其横坐标. 现有方程 $t^2-3Xt+1=0$，求方程有实根的概率.

解 据题意知 X 在区间 $(-1,1)$ 上服从均匀分布.

$$f(x)=\begin{cases}\dfrac{1}{2} & x\in(-1,1),\\ 0 & \text{其他}.\end{cases}$$

方程

$$t^2-3Xt+1=0,$$

当 $9X^2-4\geqslant 0$，即当 $|X|\geqslant \frac{2}{3}$ 时，方程有实根.

由几何概率知

$$P\left\{|X|\geqslant \frac{2}{3}\right\}=\frac{\frac{1}{3}+\frac{1}{3}}{2}=\frac{1}{3}.$$

3.5 伽玛分布

定义　设随机变量 X，若 X 的密度函数为

$$f(x)=\begin{cases}\frac{\lambda^\gamma}{\Gamma(\gamma)}x^{\gamma-1}\mathrm{e}^{-\lambda x} & x\geqslant 0,\\ 0 & x<0,\end{cases}\quad \lambda>0,\gamma>0, \tag{3.5.1}$$

则称 X 服从参数为 λ,γ 的伽玛(Gamma)分布，简称为 Γ 分布，记为 $G(\lambda,\gamma)$，见图 3.9.

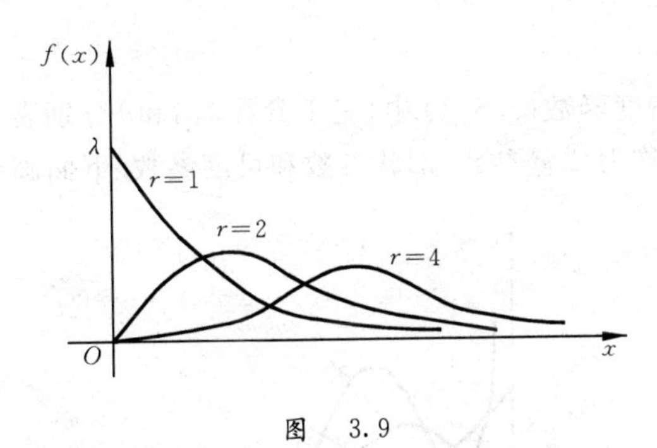

图　3.9

其中 $\Gamma(\gamma)$ 为伽玛函数

$$\Gamma(\gamma)=\int_0^{+\infty}x^{\gamma-1}\mathrm{e}^{-x}\mathrm{d}x,\qquad \gamma>0. \tag{3.5.2}$$

不难证明有

$$\Gamma(\gamma+1)=\gamma\Gamma(\gamma). \tag{3.5.3}$$

显然

$$\Gamma(1)=\int_0^{+\infty}\mathrm{e}^{-x}\mathrm{d}x=1,$$

即当 $\gamma=1$ 时，$\Gamma(\gamma)=1$，此时

$$f(x)=\begin{cases}\lambda\mathrm{e}^{-\lambda x} & x\geqslant 0,\\ 0 & x<0.\end{cases}$$

X 服从参数为 λ 的指数分布，这说明指数分布是伽玛分布的一个特例.

在实际中，Γ 分布表示等待 n 个事件发生所需的时间的分布，它在排队论、可靠性分

析中有着重要的应用.

3.6 威布尔分布

定义 设随机变量 X,若 X 的密度函数为

$$f(x)=\begin{cases}\dfrac{\beta}{\theta}\left(\dfrac{x-\delta}{\theta}\right)^{\beta-1}\exp\left[-\left(\dfrac{x-\delta}{\theta}\right)^{\beta}\right] & x\geqslant\delta\geqslant 0,\\ 0 & x<\delta,\end{cases} \tag{3.6.1}$$

其中 $\beta>0,\theta>0$,则称 X 服从威布尔(Weibull)分布.

当 $\beta=1,\delta=0$ 时,有

$$f(x)=\begin{cases}\dfrac{1}{\theta}\mathrm{e}^{-\frac{x}{\theta}} & x\geqslant 0,\\ 0 & x<0,\end{cases}\qquad(\theta>0),$$

这是 $\lambda=1/\theta$ 的指数分布.

在威布尔分布的密度函数(3.6.1)中,三个参数 δ,β 和 θ 分别表示图形的位置、形状和尺度的情况,因此分别称为位置参数、形状参数和尺度参数.下面画出当 $\theta=1$, $\delta=0$, β

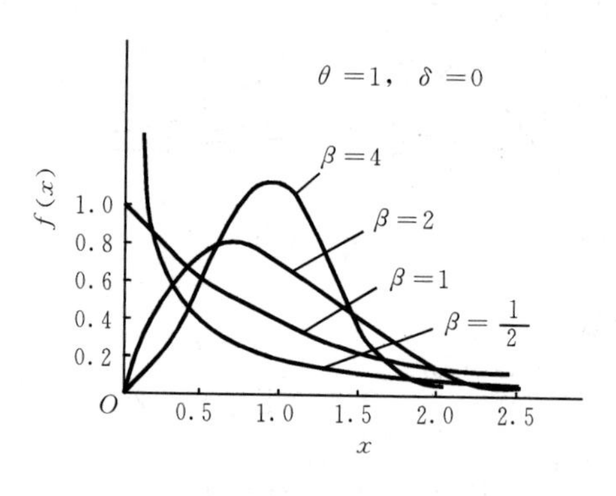

图 3.10

变化时 $f(x)$ 的图形,见图 3.10,此时有

$$f(x)=\begin{cases}\beta x^{\beta-1}\mathrm{e}^{-x^{\beta}} & x\geqslant 0,\\ 0 & x<0.\end{cases} \tag{3.6.2}$$

威布尔分布在工程实践中有着广泛的应用.最初,它是解释疲劳数据时提出的;现在,它的应用已推广到许多工程问题中.例如,考虑一个由许多部分组成的系统,假定当它

的任何一个部分毁坏时，此系统的寿命就终止(这叫最弱链模型，比如串联电路)，这种系统的寿命近似服从威布尔分布. 威布尔分布是可靠性分析中基本的分布之一.

3.7　函数的分布

在很多实际问题中经常要考虑随机变量的函数的分布，如已知球直径 D 的分布，求体积 $V=\frac{\pi}{6}D^3$ 的分布；又如已知运动速度 v 的分布，求动能 $E=\frac{1}{2}mv^2$ 的分布. 这些都是函数的分布问题.

连续型随机变量的函数的分布，问题的提法与离散型是一样的，仍然是：已知 X 的分布，$Y=g(X)$，求 Y 的分布. 但解决问题的方法不同：离散型随机变量采用列举法；连续型随机变量不能采用列举法，必须另作分析.

(1) 所谓"已知 X 的分布"，可以是已知 X 的分布函数 $F_X(x)$，也可以是已知 X 的概率密度函数 $f_X(x)$.

(2) 所谓"求 Y 的分布"，可以是求 Y 的分布函数 $F_Y(y)$，也可以是求 Y 的概率密度函数 $f_Y(y)$.

虽然 $F_X(x)$ 与 $f_X(x)$，$F_Y(y)$ 与 $f_Y(y)$ 之间分别有着明显的关系，但是已知什么，求什么，还是要分析清楚. 具体情况可用下面的方式表示出来(→ 表示解题过程).

已知 $F_X(x)$ 或 $f_X(x)$，　$Y=g(X)$，　求 $F_Y(y)$ 或 $f_Y(y)$.

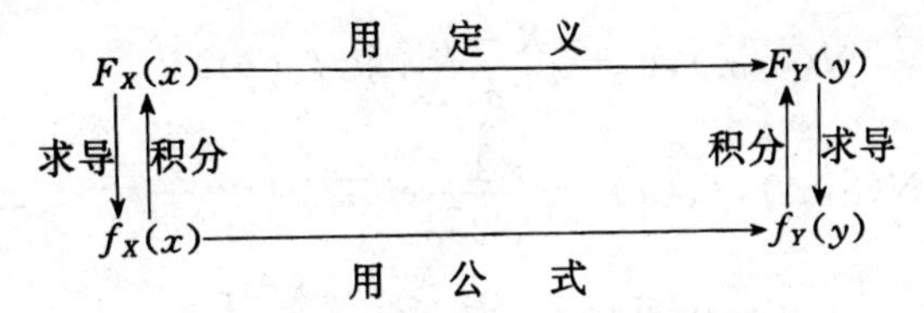

下面从两个方面来解决这个问题：

(1) 已知 $F_X(x)$，求 $F_Y(y)$. 用定义即用以下方法：

$$F_Y(y)=P(Y\leqslant y)=P(g(X)\leqslant y)$$

$$=\begin{cases} X\leqslant g^{-1}(y) & g(X)\text{ 单调增时}, \\ X\geqslant g^{-1}(y) & g(X)\text{ 单调减时}, \end{cases}$$

所以

$$F_Y(y)=\begin{cases} F_X(g^{-1}(y)) & g(X)\text{ 单调增时}, \\ 1-F_X(g^{-1}(y)) & g(X)\text{ 单调减时}. \end{cases} \tag{3.7.1}$$

(2) 已知 $f_X(x)$，求 $f_Y(y)$.

由于

$$F'_Y(y) = f_Y(y), \qquad F'_X(x) = f_X(x).$$

在(3.7.1)式中,两边对 y 求导,即得

$$f_Y(y) = \begin{cases} f_X(g^{-1}(y))(g^{-1}(y))'_y & g(X)\text{ 单调增},(g^{-1}(y))'_y > 0, \\ -f_X(g^{-1}(y))(g^{-1}(y))'_y & g(X)\text{ 单调减},(g^{-1}(y))'_y < 0. \end{cases}$$

综合上式,当 $g(X)$ 单调(增或减)时,有

$$f_Y(y) = f_X(g^{-1}(y))\left|(g^{-1}(y))'_y\right|. \tag{3.7.2}$$

并写成如下的定理.

定理 设 X 有概率密度函数 $f_X(x)$,$Y = g(X)$. 已知 $y = g(x)$ 在 (a,b) 上单调,可导,且 $g'(x) \neq 0$,则 Y 有密度函数

$$f_Y(y) = \begin{cases} f_X(g^{-1}(y))\left|(g^{-1}(y))'_y\right| & y \in (\alpha,\beta), \\ 0 & \text{其它}, \end{cases} \tag{3.7.3}$$

其中 $\alpha = \min[g(a), g(b)]$,$\beta = \max[g(a), g(b)]$.

(3.7.2)或(3.7.3)式就是由 $f_X(x)$ 求 $f_Y(y)$ 的公式,这里最重要的条件就是 $Y = g(X)$ 单调,否则不能直接利用这个公式.

例 3.7.1 设 $X \sim N(\mu,\sigma^2)$,$Y = \dfrac{X-\mu}{\sigma}$,求 $f_Y(y)$.

解 已知 $X \sim N(\mu,\sigma^2)$,$f_X(x) = \dfrac{1}{\sqrt{2\pi}\sigma}e^{-\frac{(x-\mu)^2}{2\sigma^2}} \qquad -\infty < x < +\infty$,

$Y = \dfrac{X-\mu}{\sigma}$ 为单调增函数,

$X = \sigma Y + \mu$, $\quad x = \sigma y + \mu$, $\quad x'_y = \sigma$.

利用公式(3.7.2)有

$$f_Y(y) = f_X(\sigma y + \mu)x'_y = \frac{1}{\sqrt{2\pi}\sigma}e^{-\frac{(\sigma y+\mu-\mu)^2}{2\sigma^2}}\sigma$$

所以

$$f_Y(y) = \frac{1}{\sqrt{2\pi}}e^{-\frac{y^2}{2}}, \quad \text{即 } Y \sim N(0,1).$$

这正是式(3.2.7)中的结果,也可以说是对式(3.2.7)的证明.

例 3.7.2 设 X 在 $\left(-\dfrac{\pi}{2},\dfrac{\pi}{2}\right)$ 上服从均匀分布,$Y=\mathrm{ctan}X$,求 $f_Y(y)$.

解　$X\sim U\left(-\frac{\pi}{2},\frac{\pi}{2}\right)$,

$$f_X(x)=\begin{cases}\frac{1}{\pi} & x\in\left(-\frac{\pi}{2},\frac{\pi}{2}\right),\\ 0 & \text{其他},\end{cases}$$

$Y=\mathrm{ctan}X$ 在$\left(-\frac{\pi}{2},\frac{\pi}{2}\right)$是单调减函数,

$X=\mathrm{arcctan}Y$,　$x=\mathrm{arcctan}y$,　$-\infty<y<+\infty$,　$x'_y=-\frac{1}{1+y^2}$,

利用公式(3.7.2)有

$$f_Y(y)=f_X(\mathrm{arcctan}y)\,|x'_y|=\frac{1}{\pi}\left(-\frac{1}{1+y^2}\right),$$

$$f_Y(y)=\frac{1}{\pi(1+y^2)}\qquad(-\infty<y<+\infty),\tag{3.7.4}$$

这里,Y 服从柯西(Cauchy)分布.

例 3.7.3　设 $X\sim N(0,1)$, $Y=X^2$,求 $f_Y(y)$.

解　$X\sim N(0,1),\varphi(x)=\frac{1}{\sqrt{2\pi}}\mathrm{e}^{-\frac{x^2}{2}}$,　　$-\infty<x<+\infty$.

$Y=X^2$ 不单调,不能直接用公式(3.7.2),我们从分布函数入手.

$$\begin{aligned}F_Y(y)&=P(Y\leqslant y)=P(X^2\leqslant y)\\&=P(-\sqrt{y}\leqslant X\leqslant\sqrt{y})\\&=P(X\leqslant\sqrt{y})-P(X<-\sqrt{y})\\&=\Phi(\sqrt{y})-\Phi(-\sqrt{y}),\end{aligned}$$

所以

$$\begin{aligned}f_Y(y)&=F'_Y(y)=(\Phi(\sqrt{y}))'_y-(\Phi(-\sqrt{y}))'_y\\&=\varphi(\sqrt{y})\frac{1}{2\sqrt{y}}-\varphi(-\sqrt{y})\frac{-1}{2\sqrt{y}}\\&=\frac{1}{2\sqrt{y}}[\varphi(\sqrt{y})+\varphi(-\sqrt{y})]\\&=\frac{1}{2\sqrt{y}}\times 2\,\frac{1}{\sqrt{2\pi}}\mathrm{e}^{-\frac{y}{2}},\end{aligned}$$

最后

$$f_Y(y)=\frac{1}{\sqrt{2\pi}}\mathrm{e}^{-\frac{y}{2}}\frac{1}{\sqrt{y}} \qquad (y>0). \tag{3.7.5}$$

由 $\Gamma\left(\frac{1}{2}\right)=\sqrt{\pi}$,上式可改写为

$$f_Y(y)=\begin{cases}\dfrac{\left(\frac{1}{2}\right)^{\frac{1}{2}}}{\Gamma\left(\frac{1}{2}\right)}y^{\frac{1}{2}-1}\mathrm{e}^{-\frac{1}{2}y} & y>0,\\ 0 & y\leqslant 0,\end{cases} \tag{3.7.6}$$

从 Y 的密度函数 $f_Y(y)$ 看出,$Y\sim G\left(\frac{1}{2},\frac{1}{2}\right)$,又称 $Y\sim\chi^2(1)$.

由此得出重要结论:若 $X\sim N(0,1)$,则 $X^2\sim G\left(\frac{1}{2},\frac{1}{2}\right)$或 $X^2\sim\chi^2(1)$.

一般情况,若 Y 的密度函数为

$$f_Y(y)=\begin{cases}\dfrac{\left(\frac{1}{2}\right)^{\frac{n}{2}}}{\Gamma\left(\frac{n}{2}\right)}y^{\frac{n}{2}-1}\mathrm{e}^{-\frac{1}{2}y} & y>0,\\ 0 & y\leqslant 0,\end{cases} \tag{3.7.7}$$

则称 Y 服从 $\lambda=1/2,r=n/2$ 的 Γ 分布,或称 Y 服从自由度为 n 的 χ^2 分布,记为 $Y\sim G\left(\frac{1}{2},\frac{n}{2}\right)$或 $Y\sim\chi^2(n)$.

很多重要的分布,往往都是通过研究函数的分布得到的.因此可以说,函数的分布是构造新的重要分布的方法之一.

下面再举一个比较复杂的例子.

例 3.7.4 已知 X 的密度函数为

$$f_X(x)=\begin{cases}1+x & -1\leqslant x<0,\\ 1-x & 0\leqslant x\leqslant 1,\\ 0 & \text{其他}.\end{cases} \tag{3.7.8}$$

$Y=X^2+1$,

(1) 求 Y 的分布函数 $F_Y(y)$ 和密度函数 $f_Y(y)$.

(2) 求 $P\left\{\frac{5}{4}<Y\leqslant\frac{7}{4}\right\}$.

解　(1) 这里 $Y = X^2 + 1$ 不是单调函数，且 $f_X(x)$ 是分段表示的函数. 首先画出 $f_X(x)$ 和 $Y = X^2 + 1$ 的图形，如图 3.11. 由 $f_X(x)$ 的定义可知，在 $-1 < x < 1$ 上，$f_X(x) \neq 0$，在其他地方 $f_X(x) = 0$. 由此对应：在 $1 < y < 2$ 上，$f_Y(y) \neq 0$，在其他地方，$f_Y(y) = 0$.

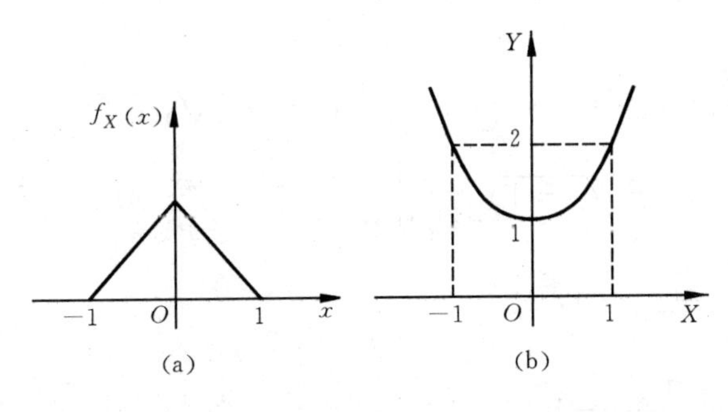

图　3.11

法 1　先求分布函数再求密度函数

$$F_Y(y) = P(Y \leqslant y) = P(X^2 + 1 \leqslant y),$$

显然　$y \leqslant 1$ 时　$F_Y(y) = 0$；　　$y \geqslant 2$ 时　$F_Y(y) = 1$.

当　　$1 < y < 2$ 时

$$F_Y(y) = P(-\sqrt{y-1} < X < \sqrt{y-1})$$

$$= \int_{-\sqrt{y-1}}^{\sqrt{y-1}} f_X(x)\mathrm{d}x$$

(分段积分)

$$= \int_{-\sqrt{y-1}}^{0} (1+x)\mathrm{d}x + \int_{0}^{\sqrt{y-1}} (1-x)\mathrm{d}x$$

$$= 2\sqrt{y-1} - y + 1,$$

所以

$$F_Y(y) = \begin{cases} 0 & y \leqslant 1, \\ 2\sqrt{y-1} - y + 1 & 1 < y < 2 \\ 1 & y \geqslant 2, \end{cases} \tag{3.7.9}$$

$$f_Y(y) = F_Y'(y) = \begin{cases} \dfrac{1}{\sqrt{y-1}} - 1 & 1 < y < 2 \\ 0 & \text{其他}. \end{cases} \tag{3.7.10}$$

法 2　先求密度函数，再求分布函数.

$Y = X^2 + 1$ 不是单调函数，分成两个单调区间，分别求出密度函数，求其和即得出整个密度函数.

在 $1 < y < 2$ 上：$Y = X^2 + 1$，　　当 $-1 < x < 0$ 时，$x = -\sqrt{y-1}$，

当 $0 < x < 1$ 时，$x = \sqrt{y-1}$.

所以

$$
\begin{aligned}
f_Y(y) &= f_X(-\sqrt{y-1})\left|(-\sqrt{y-1})'_y\right| + f_X(\sqrt{y-1})\left|(\sqrt{y-1})'_y\right| \\
&= [1 + (-\sqrt{y-1})]\frac{1}{2\sqrt{y-1}} + (1-\sqrt{y-1})\frac{1}{2\sqrt{y-1}} \\
&= \frac{1}{\sqrt{y-1}} - 1,
\end{aligned}
$$

$$
f_Y(y) = \begin{cases} \dfrac{1}{\sqrt{y-1}} - 1 & 1 < y < 2, \\ 0 & \text{其他}, \end{cases} \tag{3.7.10}
$$

$$
F_Y(y) = \int_{-\infty}^{y} f_Y(y)\mathrm{d}y.
$$

显然，$y \leqslant 1$ 时，$F_Y(y) = 0$；　$y \geqslant 2$ 时，$F_Y(y) = 1$.
在 $1 < y < 2$ 上：

$$
F_Y(y) = \int_1^y \left(\frac{1}{\sqrt{y-1}} - 1\right)\mathrm{d}y = 2\sqrt{y-1} - y + 1,
$$

所以

$$
F_Y(y) = \begin{cases} 0 & y \leqslant 1, \\ 2\sqrt{y-1} - y + 1 & 1 < y < 2, \\ 1 & y \geqslant 2. \end{cases} \tag{3.7.9}
$$

(2) 求 $P\left\{\frac{5}{4} < Y \leqslant \frac{7}{4}\right\}$

法 1　用 Y 的分布函数 $F_Y(y)$，见(3.7.9).

$$
\begin{aligned}
P\left\{\frac{5}{4} < Y \leqslant \frac{7}{4}\right\} &= F_Y\left(\frac{7}{4}\right) - F_Y\left(\frac{5}{4}\right) \qquad \left(\frac{5}{4}, \frac{7}{4}\right) \subset (1,2) \\
&= \left(2\sqrt{\frac{7}{4} - 1} - \frac{7}{4} + 1\right) - \left(2\sqrt{\frac{5}{4} - 1} - \frac{5}{4} + 1\right)
\end{aligned}
$$

$$= \sqrt{3} - \frac{3}{2} \approx 0.232.$$

法 2　由 Y 的密度函数 $f_Y(y)$，见(3.7.10).

$$P\left\{\frac{5}{4} < Y \leqslant \frac{7}{4}\right\} = \int_{\frac{5}{4}}^{\frac{7}{4}} \left(\frac{1}{\sqrt{y-1}} - 1\right) \mathrm{d}y$$

$$= (2\sqrt{y-1} - y)\Big|_{\frac{5}{4}}^{\frac{7}{4}}$$

$$= \left(2\sqrt{\frac{7}{4} - 1} - \frac{7}{4}\right) - \left(2\sqrt{\frac{5}{4} - 1} - \frac{5}{4}\right)$$

$$= \sqrt{3} - \frac{3}{2} \approx 0.232.$$

法 3　前两种解法是在求出 $F_Y(y)$，$f_Y(y)$ 的条件下解出的. 下面介绍不求 $F_Y(y)$，$f_Y(y)$，直接由 $f_X(x)$ 求概率的方法.

$$P\left\{\frac{5}{4} < Y \leqslant \frac{7}{4}\right\} = P\left\{Y \leqslant \frac{7}{4}\right\} - P\left\{Y \leqslant \frac{5}{4}\right\}$$

$$= P\left\{X^2 + 1 \leqslant \frac{7}{4}\right\} - P\left\{X^2 + 1 \leqslant \frac{5}{4}\right\}$$

$$= P\left\{|X| \leqslant \frac{\sqrt{3}}{2}\right\} - P\left\{|X| \leqslant \frac{1}{2}\right\}$$

$$= P\left\{-\frac{\sqrt{3}}{2} \leqslant X \leqslant \frac{\sqrt{3}}{2}\right\} - P\left\{-\frac{1}{2} \leqslant X \leqslant \frac{1}{2}\right\}$$

$$= \int_{-\frac{\sqrt{3}}{2}}^{\frac{\sqrt{3}}{2}} f_X(x)\mathrm{d}x - \int_{-\frac{1}{2}}^{\frac{1}{2}} f_X(x)\mathrm{d}x$$

(因 $f_X(x)$ 为偶函数)

$$= 2\int_0^{\frac{\sqrt{3}}{2}} f_X(x)\mathrm{d}x - 2\int_0^{\frac{1}{2}} f_X(x)\mathrm{d}x$$

$$= 2\int_{\frac{1}{2}}^{\frac{\sqrt{3}}{2}} f_X(x)\mathrm{d}x = 2\int_{\frac{1}{2}}^{\frac{\sqrt{3}}{2}} (1 - x)\mathrm{d}x$$

$$= 2\left(x - \frac{x^2}{2}\right)\Big|_{\frac{1}{2}}^{\frac{\sqrt{3}}{2}}$$

$$= \sqrt{3} - \frac{3}{2} \approx 0.232.$$

习 题 3

3.1 已知随机变量 X 的概率密度函数为

$$f(x)=\begin{cases}\dfrac{a}{x^2} & x\geqslant 10,\\ 0 & x<10.\end{cases}$$

(1) 求 a; (2) 求分布函数 $F(x)$; (3) 若 $F(k)=\dfrac{1}{2}$,求 k.

3.2 设随机变量 X 的概率密度函数为

$$f(x)=\begin{cases}ax\mathrm{e}^{-x} & x\geqslant 0,\\ 0 & x\leqslant 0.\end{cases}$$

(1) 求 a; (2) 求分布函数 $F(x)$.

3.3 已知随机变量 X 的分布函数为

$$F(x)=\begin{cases}0 & -\infty<x<-1,\\ a(x^3+1) & -1\leqslant x<1,\\ 1 & 1\leqslant x<+\infty.\end{cases}$$

(1) 求 a; (2) 求概率密度函数 $f(x)$;(3) 求 $P\left\{|X|\leqslant\dfrac{1}{2}\right\}$.

3.4 已知随机变量 X 的分布函数为

$$F(x)=\begin{cases}0 & -\infty<x<0,\\ a\left(1-\cos\dfrac{\pi}{2}x\right) & 0\leqslant x\leqslant 2,\\ 1 & 2<x<+\infty.\end{cases}$$

(1) 求 a; (2) 求密度函数 $f(x)$;(3) 求 $P\left\{X>\dfrac{1}{2}\right\}$.

3.5 设随机变量 ξ 在(0,5)上服从均匀分布,求方程

$$4x^2+4\xi x+\xi+2=0$$

有实根的概率.

3.6 设随机变量 X 在(0,1)上服从均匀分布.现有常数 a,任取 4 个 X 值,已知至少

有 1 个大于 a 的概率为 0.9，问 a 为多少？

3.7　设某种元件的寿命 T 的概率密度函数为

$$f(t)=\begin{cases}\dfrac{a}{t^2} & t>100(\mathrm{h}),\\ 0 & t\leqslant 100(\mathrm{h}).\end{cases}$$

(1) 试确定常数 a；

(2) 一台设备中有 3 个这种元件，问在开始使用的 150h 中，这 3 个元件至少有 1 个损坏的概率是多少？

3.8　设 $X\sim N(10,4)$，求 X 值落在下面区间上的概率：$[6,9]$；$[7,12]$，$(13,15)$.

3.9　设 $X\sim N(5,4)$，试求 a，使得

(1) $P\{X<a\}=0.9$；　(2) $P\{|X-5|>a\}=0.01$.

3.10　设 $X\sim N(60,9)$，求分点 x_1,x_2,x_3,x_4，使 X 值落在区间 $(-\infty,x_1)$，(x_1,x_2)，(x_2,x_3)，(x_3,x_4)，$(x_4,+\infty)$ 内的概率值之比为 7 : 24 : 38 : 24 : 7.

3.11　测量某一距离时，总发生随机误差 X(单位：cm)，已知 X 的密度函数为

$$f_X(x)=\frac{1}{40\sqrt{2\pi}}\mathrm{e}^{-\frac{(x-20)^2}{3200}}\quad(-\infty<x<+\infty),$$

求在 3 次测量中至少有 1 次误差的绝对值不超过 30cm 的概率.

3.12　设某产品的寿命 T(单位：h) 服从参数 $\mu=160$，σ 未知的正态分布，若要求寿命 T 低于 120 小时的概率不超过 0.1，试问应控制 σ 在什么范围之内？并问寿命 T 超过 210h 的概率在什么范围之内？

3.13　设 X 服从参数 $\lambda=1$ 的指数分布，求下面函数的密度函数和分布函数：

(1) $Y=X^3$；　(2) $Y=\mathrm{e}^{-X}$.

3.14　设 $X\sim U(0,1)$，即 X 服从 $(0,1)$ 上的均匀分布，求下列函数的密度函数：

(1) $Y=\mathrm{e}^X$；　(2) $Y=-2\ln X$；　(3) $Y=\dfrac{1}{X}$.

3.15　已知 $X\sim N(0,1)$，求下列函数的密度函数：

(1) $Y=\mathrm{e}^X$；　(2) $Y=\mathrm{e}^{-X}$；　(3) $Y=|X|$.

3.16　已知 X 的密度函数为

$$f_X(x)=\begin{cases}\dfrac{2x}{\pi^2} & 0<x<\pi,\\ 0 & 其它.\end{cases}$$

求下列函数的密度函数：

(1) $Y = \cos X$；　(2) $Y = \sin X$.

3.17　通过(0,1)点任意做直线与 x 轴相交成 α 角($0 < \alpha < \pi$)，直线在 x 轴上的截距为随机变量 X，求 X 的密度函数.

3.18　设 X 的概率密度函数为

$$f(x) = Ae^{-|x|} \qquad -\infty < x < +\infty.$$

(1) 求 A；(2) 求 X 落在区间(0,1)内的概率；(3) 求 X 的分布函数 $F(x)$；

(4) 若 $Y = X^2$，求 Y 的分布函数 $F_Y(y)$ 和密度函数 $f_Y(y)$.

(注：本题中 X 的分布称为拉普拉斯分布.)

第4章 随机变量的数字特征

随机变量的分布函数或分布律、概率密度函数，都能全面地反映随机变量的特性，但在实际问题中，有时并不需要了解随机变量的全面情况，只需要知道它的重要特征. 另一方面，即使有了全面情况，也不一定能明显地反映出重要特征，而这些重要特征恰恰是很有实用价值的. 人们经常关心的是随机变量的平均值以及关于平均值的偏离情况. 这就是本节要介绍的随机变量的数字特征.

4.1 数学期望

4.1.1 一般概念定义

例 4.1.1 甲、乙两工人用同样的设备生产同一种产品，设两人日产量相同，一天中出现废品的件数分别记为 X,Y，它们的概率分布如下

X	0	1	2	3
p_i	0.4	0.3	0.2	0.1

Y	0	1	2
p_j	0.3	0.5	0.2

问甲乙两人谁的技术好些？

解 技术的好坏要看出现废品的多少，废品少的技术好. 在这里一下子很难看出谁的技术好些. 现在看一天之内，两人各自出现废品的平均件数：

甲：$0\times0.4+1\times0.3+2\times0.2+3\times0.1=1.0$（件）

乙：$0\times0.3+1\times0.5+2\times0.2=0.9$（件）

从这个结果看，显然乙的技术好些.

这里的“平均”件数决定于出现废品的件数及其概率，是按照概率求出的加权平均值. 下面引入这种平均值的一般概念——数学期望.

定义 1 设离散型随机变量 X 的分布律为

$$P\{X=x_k\}=p_k,k=1,2,\cdots,n,$$

则和式 $\sum_{k=1}^{n}x_kp_k$ 的值称为 X 的数学期望. 记为

$$\mathrm{E}(X)=\sum_{k=1}^{n}x_kp_k \tag{4.1.1}$$

根据定义 1 可知，在例 4.1.1 中应有 $E(X)=1.0$，$E(Y)=0.9$.

定义 2 设离散型随机变量 X 的分布律为

$$P\{X=x_k\}=p_k, k=1,2,\cdots,$$

如果级数 $\sum_{k=1}^{\infty} x_k p_k$ 绝对收敛，则称此级数的和为 X 的数学期望，记为

$$E(X)=\sum_{k=1}^{\infty} x_k p_k. \tag{4.1.2}$$

定义 3 设连续型随机变量 X 的概率密度函数为 $f(x)$，若广义积分 $\int_{-\infty}^{+\infty} xf(x)\mathrm{d}x$ 绝对收敛，则称此积分值为 X 的数学期望，记为

$$E(X)=\int_{-\infty}^{+\infty} xf(x)\mathrm{d}x. \tag{4.1.3}$$

例 4.1.2 已知 $X\sim(0-1)$ 分布，$P\{X=1\}=P$，$P\{X=0\}=1-P$，求数学期望 $E(X)$.

解 由定义 1 中的(4.1.1)式有

$$E(X)=0\times(1-p)+1\times p=p,$$

所以(0－1)分布的数学期望为

$$E(X)=p=P\{X=1\}. \tag{4.1.4}$$

例 4.1.3 已知 X 服从几何分布，其分布律为

$$P\{X=k\}=pq^{k-1}, k=1,2,\cdots,$$

其中 $0<p<1, q=1-p$，求数学期望 $E(X)$.

解 由定义 2 中的(4.1.2)知

$$E(X)=\sum_{k=1}^{\infty} kpq^{k-1}=p\sum_{k=1}^{\infty} kq^{k-1},$$

这是幂级数求和问题，根据幂级数可逐项求导的性质有

$$E(X)=p\sum_{k=1}^{\infty}\frac{\mathrm{d}q^k}{\mathrm{d}q}=p\frac{\mathrm{d}}{\mathrm{d}q}\left(\sum_{k=1}^{\infty} q^k\right),$$

再利用等比级数和的公式有($0<q<1$)

$$\sum_{k=1}^{\infty} q^k=\frac{q}{1-q},$$

所以

$$E(X) = p\frac{d}{dq}\left(\frac{q}{1-q}\right) = p\frac{1}{(1-q)^2} = p\frac{1}{p^2} = \frac{1}{p}. \qquad (4.1.5)$$

在第 2 章(2.6.3)式中描述过这个分布,并说明它是"首次成功出现在第 k 次试验"的概率模型.假设 $p=0.2$,即每次成功的概率为 0.2, $E(X)=1/0.2=5$.说明,平均说来,首次成功出现在第 5 次.这是合乎实际的.

例 4.1.4　设 $X \sim N(\mu,\sigma^2)$,求 $E(X)$.

解　$X \sim N(\mu,\sigma^2)$, $f(x)=\frac{1}{\sqrt{2\pi}\sigma}e^{-\frac{(x-\mu)^2}{2\sigma^2}}$, $x\in(-\infty,+\infty)$.

由定义 3 中的(4.1.3)式有

$$E(X)=\int_{-\infty}^{+\infty} x\frac{1}{\sqrt{2\pi}\sigma}e^{-\frac{1}{2}\left(\frac{x-\mu}{\sigma}\right)^2}dx$$

令 $\frac{x-\mu}{\sigma}=t$

$$=\int_{-\infty}^{+\infty}\frac{\sigma t+\mu}{\sqrt{2\pi}}e^{-\frac{t^2}{2}}dt$$

$$=\int_{-\infty}^{+\infty}\frac{\sigma t}{\sqrt{2\pi}}e^{-\frac{t^2}{2}}dt+\mu\int_{-\infty}^{+\infty}\frac{1}{\sqrt{2\pi}}e^{-\frac{t^2}{2}}dt$$

$$=0+\mu\cdot 1=\mu. \qquad (4.1.6)$$

从这里知道, $N(\mu,\sigma^2)$中的参数 μ 是 X 的数学期望,通常简称为均值.

下面举一个数学期望不存在的例子.

例 4.1.5　设 X 服从柯西分布, $f(x)=\frac{1}{\pi(1+x^2)}$, $x\in(-\infty,+\infty)$.因为广义积分 $\int_{-\infty}^{+\infty}|x|\frac{1}{\pi(1+x^2)}dx$ 发散.所以 $E(X)$不存在,说明柯西分布无期望值.

4.1.2　随机变量函数的数学期望

这里问题的提法是:已知 X 的分布, Y 是 X 的函数, $Y=g(X)$,求 Y 的数学期望 $E(Y)$.

解此问题的一种方法是先求出函数 Y 的分布,再根据期望的定义求出 $E(Y)$.一般说来,这种方法不实用,因为求函数的分布比较麻烦.能不能不求函数的分布而求出函数的期望呢?能,这就是我们下面要介绍的定理.

定理　设有随机变量 X 的连续函数 $Y=g(X)$, $E(g(X))$存在.

(1) 对离散型随机变量 X,若 $P\{X=x_u\}=p_k$,则

$$E(g(X))=\sum_k g(x_u)p_k. \qquad (4.1.7)$$

(2) 对连续型随机变量 X，若有密度函数 $f(x)$，则

$$\mathrm{E}(g(X)) = \int_{-\infty}^{+\infty} g(x) f(x) \mathrm{d}x. \tag{4.1.8}$$

证明略去.

这个定理的重要意义在于:不需要求 $g(X)$ 的分布,直接利用 X 的分布和函数 $g(X)$ 即可求出 $g(X)$ 的数学期望,给问题的解决带来很大的方便.

例 4.1.6 已知 $X \sim P(\lambda), P\{X = k\} = \frac{\lambda^k \mathrm{e}^{-\lambda}}{k!}, (\lambda > 0), k = 0,1,2,\cdots, Y = X^2 - X$，求 $\mathrm{E}(Y)$.

解 $\mathrm{E}(Y) = \mathrm{E}(X^2 - X) = \mathrm{E}[X(X-1)]$，
由(4.1.5)式得

$$\begin{aligned}\mathrm{E}(Y) &= \sum_{k=0}^{\infty} k(k-1)\frac{\lambda^k \mathrm{e}^{-\lambda}}{k!} \\ &= \sum_{k=2}^{\infty} \frac{\lambda^2 \lambda^{k-2} \mathrm{e}^{-\lambda}}{(k-2)!} \\ &= \lambda^2 \sum_{k=2}^{\infty} \frac{\lambda^{k-2} \mathrm{e}^{-\lambda}}{(k-2)!} \\ &= \lambda^2 \cdot 1 = \lambda^2. \end{aligned} \tag{4.1.9}$$

例 4.1.7 设 $X \sim N(\mu, \sigma^2), Y = X^2$，求 $\mathrm{E}(Y)$.

解 $f(x) = \frac{1}{\sqrt{2\pi}\sigma} \mathrm{e}^{-\frac{(x-\mu)^2}{2\sigma^2}}, x \in (-\infty, +\infty)$.

由(4.1.6)式得

$$\mathrm{E}(Y) = \mathrm{E}(X^2) = \int_{-\infty}^{+\infty} x^2 \frac{1}{\sqrt{2\pi}\sigma} \mathrm{e}^{-\frac{1}{2}\left(\frac{x-\mu}{\sigma}\right)^2} \mathrm{d}x$$

令 $\frac{x-\mu}{\sigma} = t$

$$\begin{aligned} &= \int_{-\infty}^{+\infty} \frac{1}{\sqrt{2\pi}} (\sigma^2 t^2 + 2\sigma\mu t + \mu^2) \mathrm{e}^{-\frac{t^2}{2}} \mathrm{d}t \\ &= \int_{-\infty}^{+\infty} \frac{\sigma^2 t^2}{\sqrt{2\pi}} \mathrm{e}^{-\frac{t^2}{2}} \mathrm{d}t + \int_{-\infty}^{+\infty} \frac{2\sigma\mu}{\sqrt{2\pi}} t \mathrm{e}^{-\frac{t^2}{2}} \mathrm{d}t + \int_{-\infty}^{+\infty} \frac{\mu^2}{\sqrt{2\pi}} \mathrm{e}^{-\frac{t^2}{2}} \mathrm{d}t \\ &= \sigma^2 \int_{-\infty}^{+\infty} \frac{t^2}{\sqrt{2\pi}} \mathrm{e}^{-\frac{t^2}{2}} \mathrm{d}t + 0 + \mu^2 \int_{-\infty}^{+\infty} \frac{1}{\sqrt{2\pi}} \mathrm{e}^{-\frac{t^2}{2}} \mathrm{d}t, \end{aligned}$$

因为

$$\int_{-\infty}^{+\infty} \frac{t^2}{\sqrt{2\pi}} \mathrm{e}^{-\frac{t^2}{2}} \mathrm{d}t = \int_{-\infty}^{+\infty} \frac{1}{\sqrt{2\pi}} \mathrm{e}^{-\frac{t^2}{2}} \mathrm{d}t = 1,$$

$$\text{上式} = \sigma^2 \cdot 1 + \mu^2 \cdot 1,$$

所以

$$\mathrm{E}(X^2) = \sigma^2 + \mu^2. \tag{4.1.10}$$

4.1.3　数学期望的性质

由数学期望的定义和函数的数学期望,很容易得到数学期望的下列性质:

(1) 若 C 为常数,则 $\mathrm{E}(C) = C$.　　(4.1.11)

(2) 若 C 为常数,$\mathrm{E}(X)$ 存在,则有

$$\mathrm{E}(CX) = C\mathrm{E}(X). \tag{4.1.12}$$

(3) 若 a,b 为常数,$\mathrm{E}(X)$ 存在,则

$$\mathrm{E}(aX + b) = a\mathrm{E}(X) + b. \tag{4.1.13}$$

(4) 若 $\mathrm{E}(X_i)$ 存在($i = 1,2,\cdots,n$),则

$$\mathrm{E}\left(\sum_{i=1}^{n} X_i\right) = \sum_{i=1}^{n} \mathrm{E}(X_i). \tag{4.1.14}$$

例 4.1.8　已知 $X \sim N(5,10^2)$,$Y = 3X + 5$,求 $\mathrm{E}(Y)$.

解　$X \sim N(5,10^2)$,由例 4.1.4 知 $\mathrm{E}(X) = 5$,由(4.1.13)有

$$\mathrm{E}(3X + 5) = 3\mathrm{E}(X) + 5 = 3 \times 5 + 5 = 20.$$

例 4.1.9　已知 $X \sim B(n,p)$,求 $E(X)$.

解　$X \sim B(n,p)$,$P\{X = k\} = C_n^k p^k (1-p)^{n-k}$,由定义 1 的式(4.1.1)知

$$\mathrm{E}(X) = \sum_{k=0}^{n} k C_n^k p^k (1-p)^{n-k}. \tag{4.1.15}$$

但计算起来比较麻烦,可利用数学期望的性质计算 $E(X)$.

由第 2 章中的(2.3.3)式知,在这里 $X = \sum\limits_{i=1}^{n} X_i$,其中 $X_i \sim (0-1)$ 分布,$P\{X_i = 1\} = p$,又由式(4.1.4)知 $E(X_i) = p$,再由式(4.1.14)有

$$\mathrm{E}(X) = \sum_{i=1}^{n} \mathrm{E}(X_i) = \sum_{i=1}^{n} p = np. \tag{4.1.16}$$

例 4.1.10　已知 X 服从负二项分布,求 $\mathrm{E}(X)$.

解　在第 2 章 2.6 中介绍过这个分布,它描述的是第 r 次"成功"正好出现在第 k 次试验的数学模型.由式(2.6.1)知

$$P\{X=k\}=C_{k-1}^{r-1}p^r(1-p)^{k-r},$$

由定义1的(4.1.1)式有

$$\mathrm{E}(X)=\sum_{k=r}^{\infty}kC_{k-1}^{r-1}p^r(1-p)^{k-r}. \tag{4.1.17}$$

这个计算比式(4.1.15)更麻烦,我们仍用期望的性质求 $\mathrm{E}(X)$. 在这里我们把"第 r 次成功"分成 r 个"首次成功"之和,即令 $X=\sum_{i=1}^{r}X_i$,其中 X_i 服从参数为 p 的几何分布,$\mathrm{E}(X_i)=\frac{1}{p}$,由式(4.1.14)有

$$\mathrm{E}(X)=\sum_{i=1}^{r}\mathrm{E}(X_i)=\sum_{i=1}^{r}\frac{1}{p}=\frac{r}{p}. \tag{4.1.18}$$

数学期望的概念和方法在实践中有很广泛的应用. 这类问题往往具有很强的综合性. 解决这类问题,既要注意对问题的实际意义的理解和分析,还要注意数学知识的运用. 下面几个例题对提高读者分析问题、解决问题的能力很有好处.

例 4.1.11 设一台机器上有3个部件,在某一时刻需要对部件进行调整,3个部件需要调整的概率分别为0.1,0.2,0.3,且相互独立,任一部件需要调整即为机器需要调整.

(1) 求机器需要调整的概率;

(2) 若记 X 为需要调整的部件数,求 $E(X)$.

解 设事件 A 为机器要调整,记 A_i 为第 i 个部件需要调整,$i=1,2,3$.

(1) 显然 $A=A_1\cup A_2\cup A_3$,根据概率的运算性质有

$$\begin{aligned}P(A)&=1-P(\overline{A})=1-P(\overline{A_1\cup A_2\cup A_3})\\&=1-P(\overline{A}_1\overline{A}_2\overline{A}_3)\qquad\text{(根据事件的独立性)}\\&=1-P(\overline{A}_1)P(\overline{A}_2)P(\overline{A}_3)\\&=1-0.9\times0.8\times0.7=0.496.\end{aligned}$$

(2) 求 $E(X)$,有两种解法.

解法1 先求 X 的分布律,根据分布律求期望.

根据 X 的意义,显然有 $X=0,1,2,3$. 事件的记法如(1),并注意到事件之间的独立性,则

$P\{X=0\}=P(\overline{A}_1\overline{A}_2\overline{A}_3)=0.9\times0.8\times0.7=0.504$;(见(1))

$$\begin{aligned}P\{X=1\}&=P(A_1\overline{A}_2\overline{A}_3)+P(\overline{A}_1A_2\overline{A}_3)+P(\overline{A}_1\overline{A}_2A_3)\\&=P(A_1)P(\overline{A}_2)P(\overline{A}_3)+P(\overline{A}_1)P(A_2)P(\overline{A}_3)+P(\overline{A}_1)P(\overline{A}_2)P(A_3)\end{aligned}$$

$$= 0.1\times0.8\times0.7+0.9\times0.2\times0.7+0.9\times0.8\times0.3$$

$$= 0.398;$$

$$P\{X=2\} = P(A_1A_2\overline{A}_3)+P(A_1\overline{A}_2A_3)+P(\overline{A}_1A_2A_3)$$

$$= P(A_1)P(A_2)P(\overline{A}_3)+P(A_1)P(\overline{A}_2)P(A_3)+P(\overline{A}_1)P(A_2)P(A_3)$$

$$= 0.1\times0.2\times0.7+0.1\times0.8\times0.3+0.9\times0.2\times0.3$$

$$= 0.092;$$

$$P\{X=3\} = P(A_1A_2A_3) = P(A_1)P(A_2)P(A_3)$$

$$= 0.1\times0.2\times0.3 = 0.006.$$

所以
$$X \sim \begin{pmatrix} 0 & 1 & 2 & 3 \\ 0.504 & 0.398 & 0.092 & 0.006 \end{pmatrix},$$

$$\mathrm{E}(X) = 0\times0.504+1\times0.398+2\times0.092+3\times0.006 = 0.6.$$

解法 2　不求 X 的分布律，引进新的随机变量，利用期望的运算性质求出 X 的期望 $E(X)$.

现引进新随机变量 X_i 定义如下

$$X_i = \begin{cases} 1 & \text{第 } i \text{ 个部件要调整，即事件 } A_i \text{ 出现，} \\ 0 & \text{第 } i \text{ 个部件不要调整.} \end{cases}$$

由此就有　$X = \sum\limits_{i=1}^{3} X_i$，　$\mathrm{E}(X) = \sum\limits_{i=1}^{3}\mathrm{E}(X_i)$，

而　$X_i \sim (0-1)$ 分布，$E(X_i) = P\{X_i = 1\} = P(A_i)$，

所以

$$\mathrm{E}(X) = \sum_{i=1}^{3} P(A_i) = P(A_1)+P(A_2)+P(A_3)$$

$$= 0.1+0.2+0.3 = 0.6.$$

解法 2 比解法 1 简单得多，这就是引进新随机变量的优点，但如何引进新随机变量是一个困难的问题，必须仔细分析.

例 4.1.12　某保险公司规定，如果在 1 年内顾客的投保事件 A 发生，该公司就赔偿顾客 a（元），若 1 年内事件 A 发生的概率为 p，为使公司收益的期望值等于 a 的 10%，问该公司应该要求顾客交多少保险费？

解　设顾客应交保险费为 x（元），公司收益为 Y（元），这里 x 是普通变量，Y 是随机变量，Y 的取值与是否发生事件 A 有关. 据题意有

$$Y=\begin{cases}x & \text{若事件 } A \text{ 不发生(即 } \overline{A}\text{)},\\ x-a & \text{若事件 } A \text{ 发生}.\end{cases}$$

且已知

$$P\{Y=x-a\}=P(A)=p,$$
$$P\{Y=x\}=P(\overline{A})=1-p,$$

所以

$$\begin{aligned}E(Y)&=xP\{Y=x\}+(x-a)P\{Y=x-a\}\\&=x(1-p)+(x-a)p.\end{aligned}$$

由题设知

$$E(Y)=a\times 10\%=\frac{a}{10},$$

所以

$$x(1-p)+(x-a)p=\frac{a}{10},$$

解得

$$x=a\left(p+\frac{1}{10}\right).$$

例 4.1.13　国家出口某种商品，假设国外对该商品的年需求量是随机变量 X，且知 $X\sim U(2000,4000)$单位：t. 若售出 $1t$ 则得外汇 3 万元；若售不出，则 1 t 花保养费 1 万元，问每年应准备多少商品，才能使国家收益的期望值最大？最大期望值为多少？

解　设每年准备商品 $S(t)$，显然有 $2000\leqslant S\leqslant 4000$，收益 Y 是 X 的函数 $Y=g(X)$ 为

$$Y=g(X)=\begin{cases}3S & X\geqslant S,\\ 3X-(S-X) & X<S,\end{cases}$$

即

$$Y=g(X)=\begin{cases}3S & X\geqslant S,\\ 4X-S & X<S,\end{cases}$$

$$f(x)=\begin{cases}\dfrac{1}{2000} & x\in(2000,4000),\\ 0 & \text{其他},\end{cases}$$

所以

$$\begin{aligned}E(Y)=E(g(X))&=\int_{-\infty}^{+\infty}g(x)f(x)\mathrm{d}x\\&=\int_{2000}^{S}(4x-S)\frac{1}{2000}\mathrm{d}x+\int_{S}^{4000}3S\frac{1}{2000}\mathrm{d}x\\&=\frac{-1}{1000}(S^2-7000S+4\times 10^6)\end{aligned}$$

期望值最大时，有

$$\frac{\mathrm{dE}(Y)}{\mathrm{d}S}=\frac{-1}{1000}(2S-7000)=0, S=3500\mathrm{t}.$$

即当 $S=3500t$ 时，国家收益的期望值最大.

最大期望值为

$$\begin{aligned}\mathrm{E}(Y)_{\max}&=-\frac{1}{1000}(3500^2-7000\times3500+4\times10^6)\\&=8250(\text{万元}).\end{aligned}$$

4.2 方　　差

在例 4.1.1 中，已经求出甲、乙两人一天中出现废品的平均件数分别为 1.0 和 0.9，即 $E(X)=1.0$，$E(Y)=0.9$. 再看他们出现的废品数与平均废品件数之间的偏离情况，用“废品数与平均废品件数之差的平方的平均值”来衡量. 考虑

$$\begin{aligned}E(X-E(X))^2&=(0-1)^2\times0.4+(1-1)^2\times0.3+(2-1)^2\times0.2\\&\quad+(3-1)^2\times0.1=1.0,\end{aligned}$$

$$\begin{aligned}E(Y-E(Y))^2&=(0-0.9)^2\times0.3+(1-0.9)^2\times0.5\\&\quad+(2-0.9)^2\times0.2=0.49.\end{aligned}$$

从上面这两个数可知，乙的偏离较小，说明乙的技术比较稳定，这更进一步说明乙的技术较好.

下面引入一般概念.

4.2.1 方差定义

定义　设随机变量 X，若期望 $\mathrm{E}[X-\mathrm{E}(X)]^2$ 存在，则称此期望值为 X 的方差，记为 $\mathrm{V}(X)$ 或 $\mathrm{D}(X)$：

$$\mathrm{V}(X)=\mathrm{E}[X-\mathrm{E}(X)]^2, \tag{4.2.1}$$

由此看出，方差就是函数 $[X-\mathrm{E}(X)]^2$ 的数学期望.

对离散型随机变量 X 有

$$\mathrm{V}(X)=\sum_{k=1}^{\infty}(x_k-\mathrm{E}(X))^2P\{X=x_k\}, \tag{4.2.2}$$

对连续型随机变量 X 有

$$\mathrm{V}(X)=\int_{-\infty}^{+\infty}(x-\mathrm{E}(X))^2f(x)\mathrm{d}x. \tag{4.2.3}$$

根据定义(4.2.1)式，由前面的分析计算可知，在例 4.1.1 中有 $V(X)=1.0$，$V(Y)=0.49$.

方差的实用计算公式为

$$V(X)=E[X-E(X)]^2=E[X^2-2XE(X)+E^2(X)]$$

$$=E(X^2)-2E^2(X)+E^2(X),$$

所以

$$V(X)=E(X^2)-E^2(X). \tag{4.2.4}$$

因为 $V(X)\geqslant 0$，故有

$$E(X^2)\geqslant E^2(X), \tag{4.2.5}$$

通常称 $\sqrt{V(X)}$ 为 X 的均方差.

例 4.2.1 已知 $X\sim(0-1)$ 分布，$P\{X=1\}=p$，$P\{X=0\}=1-p$，求方差 $V(X)$.

解 由 $X\sim(0-1)$ 分布，有 $X^2\sim(0-1)$ 分布，所以 $E(X^2)=P\{X^2=1\}=P\{X=1\}=p$，又 $E(X)=p$，所以

$$V(X)=E(X^2)-E^2(X)=p-p^2=p(1-p). \tag{4.2.6}$$

例 4.2.2 求几何分布的方差.

解 从例 4.1.3 已经知道，几何分布的分布律为

$$P\{X=k\}=pq^{k-1}, q=1-p, k=1,2,\cdots,$$

并已解出 $E(X)=\dfrac{1}{p}$.

因为

$$V(X)=E(X^2)-E^2(X),$$

这里

$$E(X^2)=\sum_{k=1}^{\infty}k^2P\{X=k\}=\sum_{k=1}^{\infty}k^2pq^{k-1}$$

$$=p\sum_{k=1}^{\infty}[k(k+1)-k]q^{k-1}$$

$$=p\sum_{k=1}^{\infty}k(k+1)q^{k-1}-p\sum_{k=1}^{\infty}kq^{k-1},$$

再根据幂级数的性质有

$$E(X^2)=p\sum_{k=1}^{\infty}\frac{d^2}{dq^2}(q^{k+1})-E(X)$$

$$= p\frac{\mathrm{d}^2}{\mathrm{d}q^2}\left(\sum_{k=1}^{\infty}q^{k+1}\right)-\frac{1}{p}$$

$$= p\frac{\mathrm{d}^2}{\mathrm{d}q^2}\left(\frac{q^2}{1-q}\right)-\frac{1}{p}$$

$$= p\frac{2}{(1-q)^3}-\frac{1}{p}=\frac{2}{p^2}-\frac{1}{p},$$

所以

$$\mathrm{V}(X)=\frac{2}{p^2}-\frac{1}{p}-\left(\frac{1}{p}\right)^2=\frac{1-p}{p^2}=\frac{q}{p^2}. \tag{4.2.7}$$

例 4.2.3 设 $X\sim N(\mu,\sigma^2)$，求 $\mathrm{V}(X)$.

解 由例 4.1.4 知 $\mathrm{E}(X)=\mu$，由例 4.1.7 知 $\mathrm{E}(X^2)=\mu^2+\sigma^2$，再由 $\mathrm{V}(X)=\mathrm{E}(X^2)-\mathrm{E}^2(X)$ 得出

$$\mathrm{V}(X)=\mu^2+\sigma^2-\mu^2=\sigma^2. \tag{4.2.8}$$

特例，若 $X\sim N(0,1)$，则有 $\mathrm{E}(X)=0,\mathrm{V}(X)=1$.

4.2.2 方差的性质

1. 若 C 为常数，则 $\mathrm{V}(C)=0$. (4.2.9)

2. 若 C 为常数，$\mathrm{V}(X)$ 存在，则有

$$\mathrm{V}(CX)=C^2\mathrm{V}(X). \tag{4.2.10}$$

3. 若 a,b 为常数，$\mathrm{V}(X)$ 存在，则有

$$\mathrm{V}(aX+b)=a^2\mathrm{V}(X). \tag{4.2.11}$$

例 4.2.4 设随机变量 X 有期望 $\mathrm{E}(X)$，方差 $\mathrm{V}(X)>0$，记

$$X^*=\frac{X-E(X)}{\sqrt{V(X)}}, \tag{4.2.12}$$

则有

$$\mathrm{E}(X^*)=0,\quad \mathrm{V}(X^*)=1. \tag{4.2.13}$$

证 因为 $\mathrm{E}(X),\mathrm{V}(X)$ 都是常数，利用它们的运算性质很容易证明.

$$\mathrm{E}(X^*)=\mathrm{E}\left[\frac{X-\mathrm{E}(X)}{\sqrt{\mathrm{V}(X)}}\right]\qquad (\text{注意到 }\mathrm{E}(\mathrm{E}(X))=\mathrm{E}(X))$$

$$= \frac{1}{\sqrt{V(X)}}[E(X) - E(X)] = 0,$$

$$V(X^*) = V\left[\frac{X - E(X)}{\sqrt{V(X)}}\right] = \frac{1}{V(X)} V[X - E(X)]$$

$$= \frac{1}{V(X)} V(X) = 1.$$

通常称 X^* 为标准化随机变量. 式(4.2.12)表示了将一般随机变量化为标准化随机变量的运算方法. 这种运算称为标准化步骤. 在实际问题中,标准化随机变量和标准化步骤有着广泛的应用.

4.3 常见分布的期望与方差

1. (0－1)分布　$X = 0, 1, P\{X = 1\} = p, P\{X = 0\} = 1 - p$,在例 4.1.2 和例 4.2.1 中已经分别求出 $E(X) = p, V(X) = p(1 - p)$.

2. 二项分布 $X \sim B(n, p)$

$$P\{X = k\} = C_n^k p^k (1 - p)^{n-k}.$$

在例 4.1.9 中,已求出 $E(X) = np$. 还可以算出(计算过程略去)

$$E(X^2) = np(1 - p) + n^2 p^2,$$

所以

$$V(X) = E(X^2) - E^2(X) = np(1 - p). \tag{4.3.1}$$

3. 泊松分布 $X \sim P(\lambda)$

$$P\{X = k\} = \frac{\lambda^k e^{-\lambda}}{k!} \qquad (\lambda > 0) \qquad k = 0, 1, 2, \cdots$$

$$E(X) = \sum_{k=0}^{\infty} k \frac{\lambda^k e^{-\lambda}}{k!} = \lambda \sum_{k=1}^{\infty} \frac{\lambda^{k-1} e^{-\lambda}}{(k-1)!} = \lambda \cdot 1.$$

所以

$$E(X) = \lambda. \tag{4.3.2}$$

又

$$E(X^2) = \sum_{k=0}^{\infty} k^2 \frac{\lambda^k e^{-\lambda}}{k!}$$

$$= \sum_{k=1}^{\infty} k \frac{\lambda^k e^{-\lambda}}{(k-1)!} \qquad \text{(将 } k \text{ 换成 } k+1\text{)}$$

$$= \lambda \sum_{k=0}^{\infty} (k+1) \frac{\lambda^k e^{-\lambda}}{k!}$$

$$= \lambda \left[\sum_{k=0}^{\infty} k \frac{\lambda^k e^{-\lambda}}{k!} + \sum_{k=0}^{\infty} \frac{\lambda^k e^{-\lambda}}{k!} \right]$$

由(4.3.2)

$$= \lambda(\lambda + 1) = \lambda^2 + \lambda,$$

所以

$$V(X) = E(X^2) - E^2(X) = \lambda. \tag{4.3.3}$$

这里得出一个很有趣的结论:在泊松分布中,$E(X) = V(X) = \lambda$.这是泊松分布的一个重要特点.在离散型随机变量中,只有泊松分布具有这个特点.

4. 几何分布

$$P\{X = k\} = pq^{k-1}, k = 1, 2, \cdots$$

在例 4.1.3 和例 4.2.2 中已分别求出

$$E(X) = \frac{1}{p}, \quad V(X) = \frac{q}{p^2} = \frac{1-p}{p^2}$$

5. 均匀分布 $X \sim V(a,b)$

$$f(x) = \begin{cases} \dfrac{1}{b-a} & x \in (a,b), \\ 0 & \text{其他}, \end{cases}$$

$$E(X) = \int_a^b x \frac{1}{b-a} dx = \frac{1}{2}(a+b), \tag{4.3.4}$$

$$E(X^2) = \int_a^b x^2 \frac{1}{b-a} dx = \frac{1}{3}(a^2 + ab + b^2),$$

$$V(X) = E(X^2) - E^2(X) = \frac{1}{12}(b-a)^2. \tag{4.3.5}$$

6. 指数分布 $X \sim E(\lambda)$

$$f(x) = \begin{cases} \lambda e^{-\lambda x} & x > 0, \\ 0 & x \leqslant 0, \end{cases}$$

$$E(X) = \int_0^{+\infty} x\lambda e^{-\lambda x} dx = \frac{1}{\lambda} \tag{4.3.6}$$

$$E(X^2)=\int_0^{+\infty} x^2 \cdot \lambda e^{-\lambda x}\,dx = \frac{2}{\lambda^2}$$

所以

$$V(X)=E(X^2)-E^2(X)=\frac{1}{\lambda^2} \tag{4.3.7}$$

7. 正态分布 $X \sim N(\mu,\sigma^2)$

在例 4.1.4 和例 4.2.3 中已分别求出

$$E(X)=\mu,\quad V(X)=\sigma^2.$$

8. 伽玛分布 $X \sim G(\lambda,\gamma)$

在 3.5 中已讲过这个分布(见 3.5.1)

$$f(x)=\begin{cases}\dfrac{\lambda^\gamma}{\Gamma(\gamma)}x^{\gamma-1}e^{-\lambda x} & x \geqslant 0, \\ 0 & x<0,\end{cases}\quad \lambda>0,\gamma>0.$$

$$E(X)=\int_0^{+\infty} x\,\frac{\lambda^\gamma}{\Gamma(\gamma)}x^{\gamma-1}e^{-\lambda x}\,dx$$

$$=\frac{1}{\Gamma(\gamma)}\int_0^{+\infty}(\lambda x)^\gamma e^{-\lambda x}\,dx \qquad 令\ \lambda x = t$$

$$=\frac{1}{\Gamma(\gamma)}\int_0^{+\infty} t^{\gamma+1-1}e^{-t}\,\frac{1}{\lambda}dt$$

由(3.5.2)定义
$$=\frac{1}{\lambda\Gamma(\gamma)}\Gamma(\gamma+1)$$

由(3.5.3)
$$=\frac{\gamma\Gamma(\gamma)}{\lambda\Gamma(\gamma)}=\frac{\gamma}{\lambda}. \tag{4.3.8}$$

$$E(X^2)=\int_0^{+\infty} x^2\,\frac{\lambda^\gamma}{\Gamma(\gamma)}x^{\gamma-1}e^{-\lambda x}\,dx$$

$$=\frac{1}{\Gamma(\gamma)}\int_0^{+\infty}\frac{(\lambda x)^{\gamma+1}}{\lambda}e^{-\lambda x}\,dx$$

由(3.5.2),(3.5.3)
$$=\frac{\Gamma(\gamma+2)}{\lambda^2\Gamma(\gamma)}=\frac{(\gamma+1)\gamma\Gamma(\gamma)}{\lambda^2\Gamma(\gamma)}=\frac{\gamma^2+\gamma}{\lambda^2}.$$

所以

$$V(X)=E(X^2)-E^2(X)=\frac{\gamma^2+\gamma}{\lambda^2}-\frac{\gamma^2}{\lambda^2}=\frac{\gamma}{\lambda^2}. \tag{4.3.9}$$

还有些重要的分布，它们的期望和方差一并列于表 4.3.1 中.

表 4.3.1　常用分布的期望与方差

名称与记号	分布律或概率密度函数	期望	方差
(0−1)分布	$P\{X=k\}=p^k(1-p)^{1-k},k=0,1$ $(0<p<1)$	p	$p(1-p)$
二项分布 $B(n,p)$	$P\{X=k\}=C_n^k p^k(1-p)^{n-k}$ $(0<p<1)\ k=0,1,2,\cdots,n,n\geqslant 1$	np	$np(1-p)$
泊松分布 $P(\lambda)$	$P\{X=k\}=\dfrac{\lambda^k e^{-\lambda}}{k!}$ $(\lambda>0),k=0,1,2,\cdots$	λ	λ
超几何分布	$P\{X=k\}=\dfrac{C_N^k C_M^{n-k}}{C_l^n}$ $k=0,1,2,\cdots,n,n\leqslant N\quad l=M+N$	$\dfrac{nN}{l}$	$\dfrac{nN(l-N)(l-n)}{l^2(l-1)}$
负二项分布	$P\{X=k\}=C_{k-1}^{\gamma-1}p^\gamma(1-p)^{k-\gamma}$ $(0<p<1)k=\gamma,\gamma+1,\cdots\quad \gamma\geqslant 1$	$\dfrac{\gamma}{p}$	$\dfrac{\gamma(1-p)}{p^2}$
几何分布	$P\{X=k\}=p(1-p)^{k-1},\quad (0<p<1)$ $k=1,2,\cdots$	$\dfrac{1}{p}$	$\dfrac{1-p}{p^2}$
均匀分布 $U(a,b)$	$f(x)=\begin{cases}\dfrac{1}{b-a} & x\in[a,b]\\ 0 & \text{其他}\end{cases}$	$\dfrac{1}{2}(a+b)$	$\dfrac{1}{12}(b-a)^2$
指数分布 $E(\lambda)$	$f(x)\begin{cases}\lambda e^{-\lambda x} & x\geqslant 0\\ 0 & x<0\end{cases}$ $(\lambda>0)$	$\dfrac{1}{\lambda}$	$\dfrac{1}{\lambda^2}$
正态分布 $N(\mu,\sigma^2)$	$f(x)=\dfrac{1}{\sqrt{2\pi}\sigma}e^{-\frac{1}{2}\left(\frac{x-\mu}{\sigma}\right)^2},\sigma>0$ $(-\infty<x<+\infty)$	μ	σ^2
伽玛分布 $G(\lambda,\gamma)$	$f(x)=\begin{cases}\dfrac{\lambda^\gamma}{\Gamma(\gamma)}x^{\gamma-1}e^{-\lambda x} & x>0\\ 0 & x\leqslant 0\end{cases}$	$\dfrac{\gamma}{\lambda}$	$\dfrac{\gamma}{\lambda^2}$

续表

名称与记号	分布律或概率密度函数	期望	方差
威布尔分布	$f(x)=\begin{cases}\frac{\beta}{\theta}\left(\frac{x-\delta}{\theta}\right)^{\beta-1}\exp\left[-\left(\frac{x-\delta}{\theta}\right)^{\beta}\right] & x\geqslant\delta\geqslant 0\\ 0 & x<\delta\end{cases}$ $\theta>0,\beta>0$	$\theta\Gamma\left(\frac{1}{\beta}+1\right)$	$\theta^2\left\{\Gamma\left(\frac{2}{\beta}+1\right)-\left[\Gamma\left(\frac{1}{\beta}+1\right)\right]^2\right\}$
卡方分布 $\chi^2(n)$	$f(x)=\begin{cases}\frac{\left(\frac{1}{2}\right)^{\frac{n}{2}}}{\Gamma\left(\frac{n}{2}\right)}x^{\frac{n}{2}-1}e^{-\frac{x}{2}}, & x>0\\ 0 & x\leqslant 0\end{cases}$ $n\geqslant 1$	n	$2n$
瑞利分布	$f(x)=\begin{cases}\frac{1}{\sigma^2}e^{-\frac{x^2}{2\sigma^2}} & x>0\\ 0 & x\leqslant 0\end{cases}$ $\sigma>0$	$\sqrt{\frac{\pi}{2}}\sigma$	$\frac{4-\pi}{2}\sigma^2$

习　题　4

4.1　设随机变量 X 的分布律为

$$X\sim\begin{pmatrix}-2 & 0 & 2\\ 0.4 & 0.3 & 0.3\end{pmatrix},$$

求 $E(X)$，$E(X^2)$，$E(3X^2+5)$，$V(X)$，$V(\sqrt{10}X-5)$.

4.2　某产品的次品率为 0.1，检验员每天检验 4 次. 每次随机地抽取 10 个产品进行检验. 如发现次品多于 1 个就要调整设备. 以 X 表示 1 天中要调整设备的次数，求 $E(X)$.

4.3　一整数等可能地在 1—10 这 10 个数中取值，以 X 记这 10 个数中能整除该数的个数，求 $E(X)$.

4.4　设随机变量 X 的概率密度函数为

$$f(x)=\begin{cases}\frac{1}{\pi\sqrt{1-x^2}} & |x|<|,\\ 0 & |x|\geqslant|,\end{cases}$$

求 $\mathrm{E}(X)$，$\mathrm{V}(X)$ 及 $P(|X-\mathrm{E}(X)|<\sqrt{\mathrm{V}(X)})$.

4.5　设随机变量 X 服从伽玛分布，概率密度函数为

$$f(x)=\begin{cases}\dfrac{\beta^\alpha}{\Gamma(\alpha)}x^{\alpha-1}\mathrm{e}^{-\beta x} & x>0,\\ 0 & x\leqslant 0,\end{cases}\quad \alpha>0,\quad \beta>0.$$

求 $\mathrm{E}(X)$，$\mathrm{V}(X)$.

4.6　设 X 服从拉普拉斯分布，概率密度函数为

$$f(x)=\frac{1}{2}\mathrm{c}^{-|x|},\ -\infty<x<+\infty.$$

求 $\mathrm{E}(X)$，$\mathrm{V}(X)$；并求 $Y=|X|$ 的期望 $\mathrm{E}(Y)$.

4.7　随机点落在中心在原点、半径为 R 的圆周上，并且对弧长是均匀分布的，求落点横坐标 X 的均值与方差.

4.8　随机变量 X 服从瑞利分布，概率密度函数为

$$f(x)=\begin{cases}\dfrac{x}{\sigma^2}\mathrm{e}^{-\frac{x^2}{2\sigma^2}} & x>0,\\ 0 & x\leqslant 0,\end{cases}$$

求 $\mathrm{E}(X)$，$\mathrm{V}(X)$ 及 $P(X>\mathrm{E}(X))$.

4.9　随机变量 X 服从马克斯威尔分布，密度函数为

$$f(x)=\begin{cases}\dfrac{4x^2}{\alpha^3\sqrt{\pi}}\mathrm{e}^{-\left(\frac{x}{\alpha}\right)^2} & x>0,\\ 0 & x\leqslant 0,\end{cases}\qquad \alpha>0,$$

求平均速度 $\mathrm{E}(X)$ 和平均动能 $\mathrm{E}\left(\dfrac{1}{2}mX^2\right)$.

4.10　某厂产品的寿命 T(以年计) 服从指数分布，其概率密度函数为

$$f(t)=\begin{cases}\dfrac{1}{4}\mathrm{e}^{-\frac{t}{4}} & t>0,\\ 0 & t\leqslant 0,\end{cases}$$

工厂规定，售出的产品若在 1 年内损坏可以调换. 若工厂售出 1 个产品，能获利润 100 元；调换 1 个产品，工厂要花费 300 元，试求工厂售出 1 件产品净获利的数学期望值.

4.11　1 本 500 页的书共有 100 个错误，设每页上错误的个数为随机变量 X，已知它

服从泊松分布.现随机地取1页,求下面事件的概率:

(1) 这页上没有错误;(2) 这页上错误不少于2个.

4.12 设随机变量 $X \sim N(0,\sigma^2)$,求 $E(X^n)$.

4.13 假设一部机器在一天内发生故障的概率为0.2,且一旦发生故障全天停止工作.一周5个工作日,如果不发生故障,厂家可获利润10万元;若只发生1次故障,可获利润5万元;如果发生2次故障,不获利也不亏损;如果发生3次或3次以上故障,就要亏损2万元.求一周内获利润的期望值.

第 5 章　多维随机变量

在实际存在的随机现象中，有些随机试验的结果必须用两个或两个以上的随机变量来描述. 比如跳伞人员的着地点位置，检查身体的多项指标……，这都是多维随机变量问题. 多维随机变量的性质不仅与各个随机变量有关，而且还与它们之间的相互联系有关. 研究多维随机变量，不仅要研究各个随机变量的性质，而且还要研究它们之间的关系，这对解决问题是很必要的. 这里我们重点讨论二维随机变量.

5.1　二维随机变量的联合分布

设随机试验 E 样本空间 $\Omega=\{e\}$，$X(e)$，$Y(e)$ 是定义在 Ω 上的两个随机变量，它们构成随机向量 (X,Y)，叫做二维随机变量.

首先把它作为一个整体来研究其概率分布.

5.1.1　联合分布函数

定义　设二维随机变量 (X,Y)，对任意实数 x,y，二元函数

$$F(x,y)=P\{X\leqslant x,Y\leqslant y\}, \tag{5.1.1}$$

称为 (X,Y) 的联合分布函数，简称分布函数.

分布函数的几何意义：设 (X,Y) 表示在平面坐标系中随机点的坐标，(x,y) 表示坐标系中的任一点，那么，分布函数 $F(x,y)$ 在 (x,y) 点的数值就表示随机点落在以 (x,y) 为顶点的左下方无穷矩形域上的概率(图 5.1(a)).

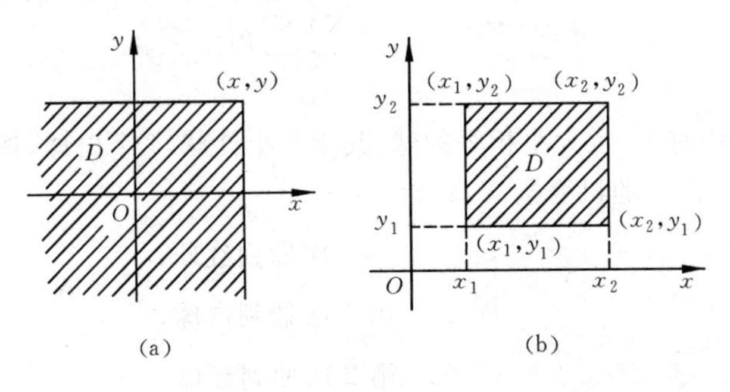

图　5.1

由分布函数的几何意义可以得出，对任何 $x_1 < x_2, y_1 < y_2$ 有

$$P\{x_1 < X \leqslant x_2, y_1 < Y \leqslant y_2\}$$
$$= F(x_2, y_2) - F(x_1, y_2) - F(x_2, y_1) + F(x_1, y_1), \quad (5.1.2)$$

它表示随机点落在矩形域 D 上的概率(图 5.1(b)).

分布函数的性质：

(1) $0 \leqslant F(x,y) \leqslant 1$.

(2) 对 x, y 分别是单调非降的. 即对任意 y，若 $x_1 < x_2$，则 $F(x_1, y) \leqslant F(x_2, y)$，对任意 x，$y_1 < y_2$ 时，$F(x, y_1) \leqslant F(x, y_2)$.

(3) 对任意的 x, y，$F(x, -\infty) = 0$，$F(-\infty, y) = 0$，$F(-\infty, -\infty) = 0$，$F(+\infty, +\infty) = 1$.

(4) 对任意的 x(或 y)，$F(x,y)$ 右连续.

(5) 对任意的 $x_1 < x_2, y_1 < y_2$，

$$F(x_2, y_2) - F(x_1, y_2) - F(x_2, y_1) + F(x_1, y_1) \geqslant 0.$$

5.1.2 离散型随机变量的联合分布律

若随机变量 (X,Y) 的所有取值为有限对或无限可列多对，则称 (X,Y) 为离散型随机变量.

定义 设 (X,Y) 的所有可能的取值为 (x_i, y_j)，$i = 1,2,\cdots$，$j = 1,2,\cdots$.

$$P\{X = x_i, Y = y_j\} = p_{ij}, \quad i,j = 1,2,\cdots, \quad (5.1.3)$$

称为 (X,Y) 的联合分布律. 它显然满足两个条件

$$(1)\ p_{ij} \geqslant 0, \qquad (2)\ \sum_j \sum_i p_{ij} = 1. \quad (5.1.4)$$

(X,Y) 的联合分布函数为

$$F(x,y) = \sum_{\substack{x_i \leqslant x \\ y_j \leqslant y}} \sum p_{ij} \quad (5.1.5)$$

例 5.1.1 袋中有 10 个大小相等的球，其中 6 个红球，4 个白球，现随机地抽取 2 次，每次抽取 1 个，定义两个随机变量 X, Y 如下：

$$X = \begin{cases} 1 & \text{第 1 次抽到红球,} \\ 0 & \text{第 1 次抽到白球;} \end{cases}$$

$$Y = \begin{cases} 1 & \text{第 2 次抽到红球,} \\ 0 & \text{第 2 次抽到白球.} \end{cases}$$

试就下面两种情况，求出 (X,Y) 的联合分布律：

(1) 第 1 次抽球后放回；　(2) 第 1 次抽球后不放回.

解　分析：求 (X,Y) 的联合分布律就是求 (X,Y) 的取值和取值的概率.

第 1 步：求 (X,Y) 的取值，这里 X 的取值为 0,1；Y 的取值也是 0,1，联合起来考虑，(X,Y) 的取值为 $(0,0),(0,1),(1,0),(1,1)$.

第 2 步：求取各对值的概率，按放回、不放回分别考虑.

(1) 第 1 次抽球后放回，根据乘法公式

$$p_{00}=P\{X=0,Y=0\}=P\{X=0\}P\{Y=0\mid X=0\}=\frac{4}{10}\times\frac{4}{10}=\frac{4}{25};$$

$$p_{01}=P\{X=0,Y=1\}=P\{X=0\}P\{Y=1\mid X=0\}=\frac{4}{10}\times\frac{6}{10}=\frac{6}{25};$$

$$p_{10}=P\{X=1,Y=0\}=P\{X=1\}P\{Y=0\mid X=1\}=\frac{6}{10}\times\frac{4}{10}=\frac{6}{25};$$

$$p_{11}=P\{X=1,Y=1\}=P\{X=1\}P\{Y=1\mid X=1\}=\frac{6}{10}\times\frac{6}{10}=\frac{9}{25}.$$

(2) 第 1 次抽球后不放回，根据乘法公式

$$p_{00}=P\{X=0,Y=0\}=P\{X=0\}P\{Y=0\mid X=0\}=\frac{4}{10}\times\frac{3}{9}=\frac{2}{15};$$

$$p_{01}=P\{X=0,Y=1\}=P\{X=0\}P\{Y=1\mid X=0\}=\frac{4}{10}\times\frac{6}{9}=\frac{4}{15};$$

$$p_{10}=P\{X=1,Y=0\}=P\{X=1\}P\{Y=0\mid X=1\}=\frac{6}{10}\times\frac{4}{9}=\frac{4}{15};$$

$$p_{11}=P\{X=1,Y=1\}=P\{X=1\}P\{Y=1\mid X=1\}=\frac{6}{10}\times\frac{5}{9}=\frac{5}{15}.$$

最后列出联合分布律表，如表 5.1.1(a)，5.1.1(b).

表 5.1.1(a)　放回

(j) \ $X_{(i)}$	0	1
0	$\frac{4}{25}$	$\frac{6}{25}$
1	$\frac{6}{25}$	$\frac{9}{25}$

表 5.1.1(b)　不放回

(j) \ $X_{(i)}$	0	1
0	$\frac{2}{15}$	$\frac{4}{15}$
1	$\frac{4}{15}$	$\frac{5}{15}$

验证：(1) $\sum\limits_{j}\sum\limits_{i}p_{ij}=\frac{4}{25}+\frac{6}{25}+\frac{6}{25}+\frac{9}{25}=1.$

(2) $\sum\limits_{j}\sum\limits_{i}p_{ij}=\frac{2}{15}+\frac{4}{15}+\frac{4}{15}+\frac{5}{15}=1.$

5.1.3 连续型随机变量的联合概率密度函数

若随机变量(X,Y)在某个平面区域(有限或无限)内取所有的值,则称(X,Y)为连续型随机变量.

定义 设二维随机变量(X,Y)的分布函数$F(x,y)$,如果有非负函数$f(x,y)$,对任意实数x,y都有

$$F(x,y)=\int_{-\infty}^{x}\int_{-\infty}^{y}f(u,v)\mathrm{d}v\mathrm{d}u, \tag{5.1.6}$$

则称$f(x,y)$为(X,Y)的联合密度函数,简称密度函数.

密度函数$f(x、y)$满足条件

$$(1)\ f(x,y)\geqslant 0, \qquad (2)\ \int_{-\infty}^{+\infty}\int_{-\infty}^{+\infty}f(x,y)\mathrm{d}y\mathrm{d}x=1. \tag{5.1.7}$$

性质:

(1) $F(x,y)$是二元连续函数,

(2) 在$f(x,y)$的连续点(x,y)有

$$\frac{\partial^2 F(x,y)}{\partial x\partial y}=f(x,y), \tag{5.1.8}$$

(3) 若D是xoy平面上的闭区域,则随机点落在D内的概率为

$$P\{(X,Y)\in D\}=\iint_D f(x,y)\mathrm{d}\sigma. \tag{5.1.9}$$

这个数值是以曲面$z=f(x,y)$为顶面,在域D上的曲顶柱体体积.

例 5.1.2 设(X,Y)的密度函数为

$$f(x,y)=\begin{cases}kxy & x^2\leqslant y\leqslant 1,\quad 0\leqslant x\leqslant 1,\\ 0 & \text{其它}.\end{cases}$$

试确定k,并求$P\{(X,Y)\in D_1\}$其中$D_1:x^2\leqslant y\leqslant x,0\leqslant x\leqslant 1$.

解 先画出随机点(X,Y)取值所在的区域图$D:x^2\leqslant y\leqslant 1,0\leqslant x\leqslant 1$,见图5.2.

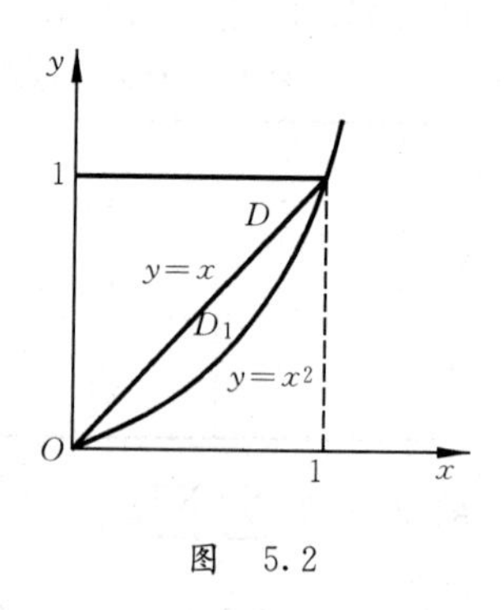

图 5.2

密度函数$f(x,y)$应满足$\int_0^{+\infty}\int_{-\infty}^{+\infty}f(x,y)\mathrm{d}y\mathrm{d}x=1$,在这里,应当有$\int_0^1\int_{x^2}^1 kxy\mathrm{d}y\mathrm{d}x=1$.

而$\int_0^1 \int_{x^2}^1 kxy\,\mathrm{d}y\mathrm{d}x = \frac{k}{6}$，即 $\frac{k}{6} = 1$，故 $k = 6$.

$$
\begin{aligned}
P\{(X,Y) \in D_1\} &= \iint_{D_1} 6xy\,\mathrm{d}\sigma \\
&= \int_0^1 \int_{x^2}^x 6xy\,\mathrm{d}y\mathrm{d}x \\
&= \frac{1}{4}.
\end{aligned}
$$

下面介绍两个常用的分布：

(1) 均匀分布

定义　设 D 为闭域，其面积为 S，若密度函数为

$$
f(x,y) = \begin{cases} \frac{1}{S} & (x,y) \in D, \\ 0 & \text{其它}, \end{cases} \tag{5.1.10}
$$

则称 (X,Y) 在 D 上服从均匀分布.

对在 D 上服从均匀分布的二维连续型随机变量(X,Y)，若有事件 A 的事件域 $D_1 \subset D$，则

$$
P(A) = \frac{D_1 \text{ 的面积 } S_1}{D \text{ 的面积 } S}, \tag{5.1.11}
$$

并称(5.1.11)为几何概率.

(2) 二维正态分布

定义　设二维随机变量 (X,Y)，若密度函数为

$$
f(x,y) = \frac{1}{2\pi\sigma_1\sigma_2\sqrt{1-\rho^2}} \exp[-\Delta], \tag{5.1.12}
$$

其中　$$\Delta = \frac{1}{2(1-\rho^2)}\left[\left(\frac{x-\mu_1}{\sigma_1}\right)^2 - 2\rho\frac{(x-\mu_1)(y-\mu_2)}{\sigma_1\sigma_2} + \left(\frac{y-\mu_2}{\sigma_2}\right)^2\right],$$

则称(X,Y) 服从正态分布，其中 $\mu_1, \mu_2, \sigma_1, \sigma_2, \rho$ 为参数，且 $|\rho| < 1$，记为

$$
(X,Y) \sim N(\mu_1, \mu_2, \sigma_1^2, \sigma_2^2, \rho).
$$

特殊情况下，$\mu_1 = \mu_2 = 0$，$\sigma_1 = \sigma_2 = 1$，此时

$$
f(x,y) = \frac{1}{2\pi\sqrt{1-\rho^2}} \exp\left[-\frac{1}{2(1-\rho^2)}(x^2 - 2\rho xy + y^2)\right]. \tag{5.1.13}
$$

更特殊时，$\rho = 0$，则

$$f(x,y)=\frac{1}{2\pi}\exp\left[-\frac{1}{2}(x^2+y^2)\right]. \tag{5.1.14}$$

正态分布是最常见、最有用的分布.

5.2 二维随机变量的边缘分布

这里要研究的是二维随机变量分别关于 X,Y 的分布.

5.2.1 边缘分布函数

定义 设 $F(x,y)=P\{X\leqslant x,Y\leqslant y\}$ 为二维随机变量 (X,Y) 的联合分布函数，则称 $\lim\limits_{y\to+\infty}F(x,y)=F(x,+\infty)=P\{X\leqslant x,Y<+\infty\}$ 为 (X,Y) 关于 X 的边缘分布函数. 记为

$$F_X(x)=F(x,+\infty)=P\{X\leqslant x\}, \tag{5.2.1}$$

称 $\lim\limits_{x\to+\infty}F(x,y)=F(+\infty,y)$ 为 (X,Y) 关于 Y 的边缘分布函数. 记为

$$F_Y(y)=F(+\infty,y)=P\{Y\leqslant y\}, \tag{5.2.2}$$

边缘分布函数的几何意义如图 5.3 所示.

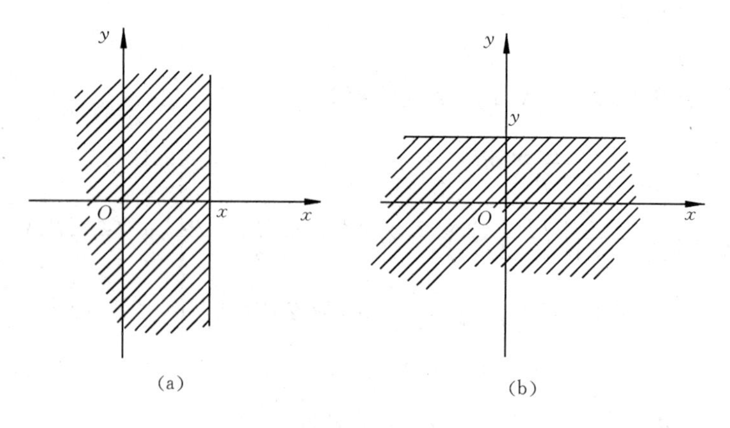

图 5.3

$F_X(x)=P\{X\leqslant x\}$ 表示随机点 (X,Y) 落在 $x=x$ 左边的概率.

$F_Y(y)=P\{Y\leqslant y\}$ 表示随机点 (X,Y) 落在 $y=y$ 下边的概率.

5.2.2　离散型随机变量的边缘分布

设 (X,Y) 的联合分布律为

$$P\{X=x_i,Y=y_j\}=p_{ij},\qquad i,j=1,2,\cdots$$

联合分布函数为

$$F(x,y)=\sum_{x_i\leqslant x}\sum_{y_j\leqslant y}p_{ij},$$

则边缘分布函数为

$$F_X(x)=F(X,+\infty)=\sum_{x_i\leqslant x}\Big(\sum_{j=1}^{\infty}p_{ij}\Big),\tag{5.2.3}$$

$$F_Y(y)=F(+\infty,y)=\sum_{y_i\leqslant y}\Big(\sum_{i=1}^{\infty}p_{ij}\Big).\tag{5.2.4}$$

边缘分布律为

$$P\{X=x_i\}=\sum_{j=1}^{\infty}p_{ij}=p_{i\cdot}\quad i=1,2,\cdots\tag{5.2.5}$$

$$P\{Y=y_j\}=\sum_{i=1}^{\infty}p_{ij}=p_{\cdot j}\quad j=1,2,\cdots\tag{5.2.6}$$

分别称为关于 X,Y 的边缘分布律.

$p_{i\cdot}$　表示对特定的 i,关于 j 求和,"·"表示求和.

$p_{\cdot j}$　表示对特定的 j,关于 i 求和.

例 5.2.1　袋中有红球 m 个、白球 n 个,混合在一起,随机地进行两次独立抽球.定义随机变量 (X,Y) 如下:

$$X=\begin{cases}1 & \text{第一次抽到红球},\\ 0 & \text{第一次抽到白球};\end{cases}\qquad Y=\begin{cases}1 & \text{第二次抽到红球},\\ 0 & \text{第二次抽到白球}.\end{cases}$$

求 (X,Y) 的边缘分布律,(1) 有放回,(2) 无放回.记 $l=m+n$.

解　先求联合分布律.(X,Y) 的取值为(0,0),(0,1),(1,0),(1,1).与例 5.1.1 类似,可求联合分布律.

(1) 有放回

$$p_{00}=P\{X=0,Y=0\}=\frac{n}{l}\frac{n}{l},\quad p_{01}=P\{X=0,Y=1\}=\frac{n}{l}\frac{m}{l},$$

$$p_{10}=P\{X=1,Y=0\}=\frac{m}{l}\frac{n}{l},\quad p_{11}=P\{X=1,Y=1\}=\frac{m}{l}\frac{m}{l}.$$

（2）无放回

$$p_{00}=P\{X=0,Y=0\}=\frac{n}{l}\frac{n-1}{l-1},\quad p_{01}=P\{X=0,Y=1\}=\frac{n}{l}\frac{m}{l-1},$$

$$p_{10}=P\{X=1,Y=0\}=\frac{m}{l}\frac{n}{l-1},\quad p_{11}=P\{X=1,Y=1\}=\frac{m}{l}\frac{m-1}{l-1}.$$

再求边缘分布律，根据边缘分布律的定义

（1）有放回

$$P\{X=0\}=p_{0\cdot}=p_{00}+p_{01}=\frac{n^2}{l^2}+\frac{nm}{l^2}=\frac{n}{l}.$$

$$P\{X=1\}=p_{1\cdot}=p_{10}+p_{11}=\frac{mn}{l^2}+\frac{m^2}{l^2}=\frac{m}{l}.$$

$$P\{Y=0\}=p_{\cdot 0}=p_{00}+p_{01}=\frac{n^2}{l^2}+\frac{nm}{l^2}=\frac{n}{l}.$$

$$P\{Y=1\}=p_{\cdot 1}=p_{01}+p_{11}=\frac{nm}{l^2}+\frac{m^2}{l^2}=\frac{m}{l}.$$

(2)无放回，与有放回类似得出

$$p_{0\cdot}=\frac{n}{l},\quad p_{1\cdot}=\frac{m}{l},\quad p_{\cdot 0}=\frac{n}{l},\quad p_{\cdot 1}=\frac{m}{l}.$$

结果列于表 5.2.1(a)，5.2.1(b).

表 5.2.1(a)　有放回

(j) \ $X_{(i)}$	0	1	$p_{\cdot j}$
0	$\frac{n^2}{l^2}$	$\frac{mn}{l^2}$	$\frac{n}{l}$
1	$\frac{nm}{l^2}$	$\frac{m^2}{l^2}$	$\frac{m}{l}$
$p_{i\cdot}$	$\frac{n}{l}$	$\frac{m}{l}$	1

表 5.2.1(b)　无放回

(j) \ $X_{(i)}$	0	1	$p_{\cdot j}$
0	$\frac{n(n-1)}{l(l-1)}$	$\frac{mn}{l(l-1)}$	$\frac{n}{l}$
1	$\frac{nm}{l(l-1)}$	$\frac{m(m-1)}{l(l-1)}$	$\frac{m}{l}$
$p_{i\cdot}$	$\frac{n}{l}$	$\frac{m}{l}$	1

表中间的数表示联合分布，边上的数表示边缘分布. 从这里看出，有放回与无放回的联合分布律是不同的，但它们的边缘分布却相同. 由此得出，不同的联合分布有可能得出相同的边缘分布. 反过来说，由边缘分布一般不能确定联合分布.

5.2.3 连续型随机变量的边缘分布

已知连续型随机变量(X,Y)的联合分布函数$F(x,y)$和联合密度函数$f(x,y)$满足

$$F(x,y)=\int_{-\infty}^{x}\int_{-\infty}^{y}f(u,v)\mathrm{d}v\mathrm{d}u, \tag{5.1.6}$$

所以边缘分布函数为

$$F_X(x)=F(x,+\infty)=\lim_{y\to+\infty}F(x,y)$$
$$=\int_{-\infty}^{x}\int_{-\infty}^{+\infty}f(u,v)\mathrm{d}v\mathrm{d}u, \tag{5.2.7}$$
$$F_Y(y)=F(+\infty,y)=\lim_{x\to+\infty}F(x,y)$$
$$=\int_{-\infty}^{y}\int_{-\infty}^{+\infty}f(u,v)\mathrm{d}u\mathrm{d}v, \tag{5.2.8}$$

边缘密度函数为

$$f_X(x)=\int_{-\infty}^{+\infty}f(x,y)\mathrm{d}y, \tag{5.2.9}$$

$$f_Y(y)=\int_{-\infty}^{+\infty}f(x,y)\mathrm{d}x. \tag{5.2.10}$$

由此，边缘分布函数$F_X(x)$，$F_Y(y)$和边缘密度函数$f_X(x)$，$f_Y(y)$的关系可写为

$$F_X(x)=\int_{-\infty}^{x}f_X(x)\mathrm{d}x, \tag{5.2.11}$$

$$F_Y(y)=\int_{-\infty}^{y}f_Y(y)\mathrm{d}y. \tag{5.2.12}$$

这与一维随机变量的情况是类似的.

例 5.2.2　见例5.1.2，(X,Y)的密度函数为

$$f(x,y)=\begin{cases}6xy & x^2\leqslant y\leqslant 1,\quad 0\leqslant x\leqslant 1,\\ 0 & \text{其他}.\end{cases}$$

试求(X,Y)的边缘密度函数$f_X(x)$，$f_Y(y)$和边缘分布函数$F_X(x)$，$F_Y(y)$.

解　先求$f_X(x)$和$F_X(x)$.

由$f(x,y)$的定义和(5.2.9)式，并参看图5.2，有当$0\leqslant x\leqslant 1$时，$f_X(x)=\int_{x^2}^{1}6xy\mathrm{d}y$

$= 3x(1 - x^4)$,

所以

$$f_X(x) = \begin{cases} 3x(1 - x^4) & 0 \leqslant x \leqslant 1, \\ 0 & \text{其他}. \end{cases}$$

由(5.2.11)式

当 $x < 0$ 时　　$F_X(x) = 0$;

当 $0 \leqslant x \leqslant 1$ 时　　$F_X(x) = \int_0^x 3x(1 - x^4)\mathrm{d}x = 3x^2\left(\frac{1}{2} - \frac{1}{6}x^4\right)$;

当 $x > 1$ 时　　$F_X(x) = 1$.

所以

$$F_X(x) = \begin{cases} 0 & x < 0, \\ 3x^2\left(\frac{1}{2} - \frac{1}{6}x^4\right) & 0 \leqslant x \leqslant 1, \\ 1 & x > 1. \end{cases}$$

再求 $f_Y(y)$ 和 $F_Y(y)$,与前面类似

当 $0 \leqslant y \leqslant 1$ 时　　$f_Y(y) = \int_0^{\sqrt{y}} 6xy\,\mathrm{d}x = 3y^2$,

所以

$$f_Y(y) = \begin{cases} 3y^2 & 0 \leqslant y \leqslant 1, \\ 0 & \text{其他}. \end{cases}$$

再由(5.2.12)式

当 $y < 0$ 时　　$F_Y(y) = 0$;

当 $0 \leqslant y \leqslant 1$ 时　　$F_Y(y) = \int_0^y 3y^2\mathrm{d}y = y^3$;

当 $y > 1$ 时　　$F_Y(y) = 1$.

所以

$$F_Y(y) = \begin{cases} 0 & y < 0, \\ y^3 & 0 \leqslant y \leqslant 1, \\ 1 & y > 1. \end{cases}$$

例 5.2.3　求二维正态分布的边缘分布.

解　二维正态分布,即 $(X,Y) \sim N(\mu_1, \mu_2, \sigma_1^2, \sigma_2^2, \rho)$,密度函数 $f(x,y)$ 由(5.1.12)式

给出.根据(5.2.9)和(5.2.10)式可以求出概率密度函数 $f_X(x)$,$f_Y(y)$.

$$\begin{aligned}
f_X(x) &= \int_{-\infty}^{+\infty} f(x,y)\,\mathrm{d}y \qquad \left(令\frac{x-\mu_1}{\sigma_1}=u,\ \frac{y-\mu_2}{\sigma_2}=v\right)\\
&= \frac{1}{2\pi\sigma_1\sigma_2\sqrt{1-\rho^2}}\int_{-\infty}^{+\infty}\exp\left[-\frac{1}{2(1-\rho^2)}(u^2-2\rho uv+v^2)\right]\sigma_2\,\mathrm{d}v\\
&= \frac{1}{\sqrt{2\pi}\sigma_1}\mathrm{e}^{-\frac{u^2}{2}}\int_{-\infty}^{+\infty}\frac{1}{\sqrt{2\pi(1-\rho^2)}}\exp\left[-\frac{\rho^2u^2-2\rho uv+v^2}{2(1-\rho^2)}\right]\mathrm{d}v\\
&= \frac{1}{\sqrt{2\pi}\sigma_1}\mathrm{e}^{-\frac{u^2}{2}}\int_{-\infty}^{+\infty}\frac{1}{\sqrt{2\pi(1-\rho^2)}}\exp\left[-\frac{(v-\rho u)^2}{2(1-\rho^2)}\right]\mathrm{d}v\\
&= \frac{1}{\sqrt{2\pi}\sigma_1}\mathrm{e}^{-\frac{u^2}{2}}\cdot 1,
\end{aligned}$$

所以

$$f_X(x) = \frac{1}{\sqrt{2\pi}\sigma_1}\mathrm{e}^{-\frac{(x-\mu_1)^2}{2\sigma_1^2}}. \tag{5.2.13}$$

类似地可求出

$$f_Y(y) = \frac{1}{\sqrt{2\pi}\sigma_2}\mathrm{e}^{-\frac{(y-\mu_2)^2}{2\sigma_2^2}}. \tag{5.2.14}$$

由此看出,(X,Y) 的边缘分布都为正态分布,$X\sim N(\mu_1,\sigma_1^2)$,$Y\sim N(\mu_2,\sigma_2^2)$,且都与 ρ 无关.前已知,联合分布与 ρ 有关,这表明,一般由边缘分布不能确定联合分布.

例 5.2.4　随机地向半圆 $0<y<\sqrt{2ax-x^2}\,(a>0)$ 内投掷一点,点落在半圆内任何区域的概率与该区域的面积成正比.求该点和原点的连线与 x 轴的夹角 $\alpha\leqslant\pi/4$ 的概率.

解　首先画出半圆的图形如图 5.4.

法 1　设点落在半圆内的任何一个区域 D 上,D 的面积为 A,根据题意有 $P\{(X,Y)\in D\}=kA$,k 为比例常数.当 D 为全部半圆时,$P\{(X,Y)\in 半圆\}=1$,此时 $A=$ 半圆面积 $=\frac{\pi a^2}{2}$,即 $kA=k\frac{\pi a^2}{2}=1$,所以 $k=\frac{2}{\pi a^2}$.

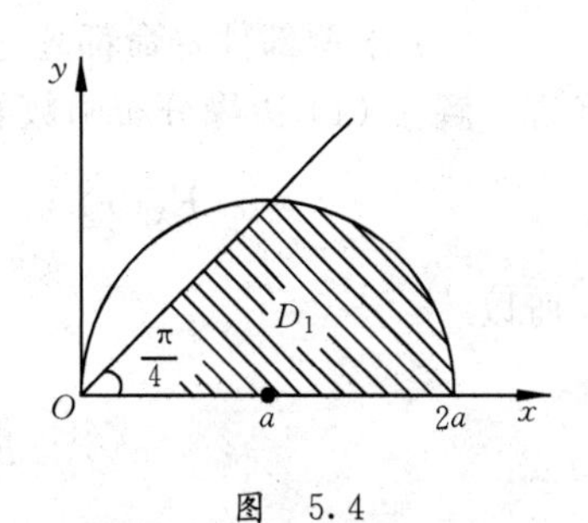

图　5.4

设投掷点和原点连线与 x 轴夹角 $\alpha\leqslant\pi/4$ 的区域为 D_1(见图 5.4) 其面积为 $A_1=\frac{a^2}{2}+\frac{\pi a^2}{4}$,则

$$P\{(X,Y)\in D_1\}=kA_1=\frac{2}{\pi a^2}\left(\frac{a^2}{2}+\frac{\pi a^2}{4}\right)=\frac{1}{\pi}+\frac{1}{2}.$$

法 2 先确立 (X,Y) 的分布.

由题意,"点落在半圆内任何区域的概率与该区域的面积成正比",这表明 (X,Y) 在半圆上服从均匀分布

$$f(x,y)=\begin{cases}\dfrac{1}{S} & 0<y<\sqrt{2ax-x^2},\\ 0 & \text{其它},\end{cases}$$

其中 S 为半圆面积,$S=\dfrac{\pi a^2}{2}$,所以

$$f(x,y)=\begin{cases}\dfrac{2}{\pi a^2} & 0<y<\sqrt{2ax-x^2},\\ 0 & \text{其它}.\end{cases}$$

根据均匀分布的性质:几何概率,得

$$P\{(X,Y)\in D_1\}=\frac{D_1\text{ 的面积}}{\text{半圆面积}}=\frac{\dfrac{a^2}{2}+\dfrac{\pi a^2}{4}}{\dfrac{\pi a^2}{2}}=\frac{1}{\pi}+\frac{1}{2}.$$

例 5.2.5 设某仪器由两个部件构成. X,Y 分别表示两部件的寿命(单位:kh). 已知 (X,Y) 的联合分布函数为

$$F(x,y)=\begin{cases}1-e^{-0.5x}-e^{-0.5y}+e^{-0.5(x+y)} & x\geqslant 0,\ y\geqslant 0,\\ 0 & \text{其它}.\end{cases}$$

(1) 求边缘分布函数;

(2) 求联合密度函数和边缘密度函数;

(3) 求两部件寿命都超过 100h 的概率.

解 (1) 边缘分布函数有 $F_X(x),F_Y(y)$.

$$F_X(x)=F(x,+\infty)=\lim_{y\to+\infty}F(x,y)=1-e^{-0.5x},$$

所以

$$F_X(x)=\begin{cases}1-e^{-0.5x} & x\geqslant 0,\\ 0 & x<0.\end{cases}$$

$$F_Y(y)=F(+\infty,y)=\lim_{x\to+\infty}F(x,y)=1-e^{-0.5y},$$

所以

$$F_Y(y)=\begin{cases}1-\mathrm{e}^{-0.5y} & y\geqslant 0,\\ 0 & y<0.\end{cases}$$

(2) 联合密度函数为 $f(x,y)=\dfrac{\partial^2 F(x,y)}{\partial x\partial y}$,

所以

$$f(x,y)=\begin{cases}0.25\mathrm{e}^{-0.5(x+y)} & x\geqslant 0,\ y\geqslant 0,\\ 0 & \text{其它}.\end{cases}$$

边缘密度函数有 $f_X(x)$,$f_Y(y)$,求法有两个:

法 1 积分法:由联合密度函数积分求得:

因为 $$f_X(x)=\int_{-\infty}^{+\infty}f(x,y)\mathrm{d}y,$$

$x<0$ $$f_X(x)=0,$$

$x\geqslant 0$ $$f_X(x)=\int_0^{+\infty}0.25\mathrm{e}^{-0.5(x+y)}\mathrm{d}y=0.5\mathrm{e}^{-0.5x}.$$

所以 $$f_X(x)=\begin{cases}0.5\mathrm{e}^{-0.5x} & x\geqslant 0,\\ 0 & x<0.\end{cases}$$

因为 $$f_Y(y)=\int_{-\infty}^{+\infty}f(x,y)\mathrm{d}x.$$

$y<0$ $$f_Y(y)=0,$$

$y\geqslant 0$ $$f_Y(y)=\int_0^{+\infty}0.25\mathrm{e}^{-0.5(x+y)}\mathrm{d}x=0.5\mathrm{e}^{-0.5y}.$$

所以 $$f_Y(y)=\begin{cases}0.5\mathrm{e}^{-0.5y} & y\geqslant 0,\\ 0 & y<0.\end{cases}$$

法 2 求导法:由边缘分布函数求导得出.

$$f_X(x)=F'_X(x)=\begin{cases}0.5\mathrm{e}^{-0.5x} & x\geqslant 0,\\ 0 & x<0.\end{cases}$$

$$f_Y(y)=F'_Y(y)=\begin{cases}0.5\mathrm{e}^{-0.5y} & y\geqslant 0,\\ 0 & y<0.\end{cases}$$

(3) 由于 100h = 0.1kh,所求概率为

$$P(\text{两部件寿命都超过 100h}) = P\{X > 0.1, Y > 0.1\}.$$

求此概率值可用积分法.由联合密度函数积分得出

$$P\{X > 0.1, Y > 0.1\} = \iint\limits_{\substack{x>0.1\\ y>0.1}} f(x,y)\mathrm{d}y\mathrm{d}x$$

$$= \int_{0.1}^{+\infty}\left(\int_{0.1}^{+\infty} 0.25\mathrm{e}^{-0.5(x+y)}\mathrm{d}y\right)\mathrm{d}x$$

$$= \mathrm{e}^{-0.1} \approx 0.9048.$$

5.3　二维随机变量的条件分布

第 1 章中讲过事件的条件概率,在(1.3.1)式给出

$$P(B \mid A) = \frac{P(AB)}{P(A)}.$$

这里介绍随机变量条件分布的概念.

5.3.1　离散型随机变量的条件分布律

设(X,Y)为二维离散型随机变量,联合分布律为

$$P\{X = x_i, Y = y_j\} = p_{ij} \qquad i,j = 1,2\cdots$$

关于 X 的边缘分布律为

$$P\{X = x_i\} = p_{i.} \qquad i = 1,2,\cdots$$

对于固定的 i,若 $P\{X = x_i\} > 0$,由条件概率公式,则有

$$P\{Y = y_j \mid X = x_i\} = \frac{P\{X = x_i, Y = y_j\}}{P\{X = x_i\}} = \frac{p_{ij}}{p_{i.}}, \tag{5.3.1}$$

称式(5.3.1)为在 $X = x_i$ 条件下 Y 的条件分布律.

同样,对固定的 j,若 $P\{Y = y_j\} > 0$,则有

$$P\{X = x_i \mid Y = y_j\} = \frac{P\{X = x_i, Y = y_j\}}{P\{Y = y_j\}} = \frac{p_{ij}}{p_{.j}}. \tag{5.3.2}$$

称(5.3.2)为在 $Y = y_j$ 条件下 X 的条件分布律.

因此有

$$P\{X=x_i, Y=y_j\} = P\{X=x_i\}P\{Y=y_j \mid X=x_i\}, \tag{5.3.3}$$

或

$$P\{X=x_i, Y=y_j\} = P\{Y=y_j\}P\{X=x_i \mid Y=y_j\}. \tag{5.3.4}$$

这是乘法公式在离散型随机变量中的应用.

例 5.3.1　在例 5.2.1 中,求 X,Y 的条件分布律.

解　就有放回、无放回两种情况,分别求 X,Y 的条件分布律.

(1) 有放回

X 的条件分布律　$P\{X=x_i \mid Y=y_j\} = \dfrac{p_{ij}}{p_{\cdot j}}$,

$$P\{X=0 \mid Y=0\} = \frac{p_{00}}{p_{\cdot 0}} = \frac{n}{l},$$

$$P\{X=1 \mid Y=0\} = \frac{p_{10}}{p_{\cdot 0}} = \frac{m}{l},$$

$$P\{X=0 \mid Y=1\} = \frac{p_{01}}{p_{\cdot 1}} = \frac{n}{l},$$

$$P\{X=1 \mid Y=1\} = \frac{p_{11}}{p_{\cdot 1}} = \frac{m}{l}.$$

表 5.3.1

X	0	1
$P\{X=x_i \mid Y=0\}$	$\frac{n}{l}$	$\frac{m}{l}$
$P\{X=x_i \mid Y=1\}$	$\frac{n}{l}$	$\frac{m}{l}$

Y 的条件分布律　$P\{Y=y_i \mid X=x_i\} = \dfrac{p_{ij}}{p_{i\cdot}}$,

$$P\{Y=0 \mid X=0\} = \frac{p_{00}}{p_{0\cdot}} = \frac{n}{l},\quad P\{Y=1 \mid X=0\} = \frac{p_{01}}{p_{0\cdot}} = \frac{m}{l},$$

$$P\{Y=0 \mid X=1\} = \frac{p_{10}}{p_{1\cdot}} = \frac{n}{l},\quad P\{Y=1 \mid X=1\} = \frac{p_{11}}{p_{1\cdot}} = \frac{m}{l}.$$

表 5.3.2

Y	0	1
$P\{Y=y_j \mid X=0\}$	$\frac{n}{l}$	$\frac{m}{l}$
$P\{Y=y_j \mid X=1\}$	$\frac{n}{l}$	$\frac{m}{l}$

(2) 无放回:用和上面相同的方法(不再细算)得出 X,Y 的条件分布律,分别列在表5.3.3,5.3.4中.

表 5.3.3

X	0	1
$P\{X=x_i \mid Y=0\}$	$\frac{n-1}{l-1}$	$\frac{m}{l-1}$
$P\{X=x_i \mid Y=1\}$	$\frac{n}{l-1}$	$\frac{m-1}{l-1}$

表 5.3.4

Y	0	1
$P\{Y=y_j \mid X=0\}$	$\frac{n-1}{l-1}$	$\frac{m}{l-1}$
$P\{Y=y_j \mid X=1\}$	$\frac{n}{l-1}$	$\frac{m-1}{l-1}$

例 5.3.2 某射手对目标进行射击,击中目标的概率为 $p(0<p<1)$,射击进行到击中目标2次为止.记 X 表示首次击中目标时所进行的射击次数;记 Y 表示第2次击中目标时所进行的射击次数(即射击的总次数).试求 (X,Y) 的联合分布律、关于 X,Y 的边缘分布律及条件分布律.

解 设射击的总次数为 n,即 $Y=n$ 表示在第 n 次射击时,为第2次击中目标.在此之前的第 m 次 $(m<n)$,即 $X=m$ 表示首次击中目标.这里 m 可能是 $1,2\cdots\cdots,n-1$ 中的任何一个数.根据题意,应当认为各次是否击中目标是相互独立的,因此,不管 m 为多少,都应当有

$$P\{X=m,Y=n\}=\underbrace{\underbrace{q\cdots qp}_{\text{共}m\text{个}}q\cdots qp}_{\text{共}n\text{个}}=p^2q^{n-2}\ (q=1-p),$$

即 (X,Y) 的联合分布律为

$$P\{X=m,Y=n\}=p^2q^{n-2}\qquad \begin{array}{l} m=1,2\cdots,n-1, \\ n=m+1,m+2,\cdots. \end{array}$$

边缘分布律为

$$P\{X=m\}=\sum_{n=m+1}^{\infty}p^2q^{n-2}=p^2\sum_{n=m+1}^{\infty}q^{n-2}$$

$$=p^2\left(\frac{q^{m-1}}{1-q}\right)=pq^{m-1},\qquad m=1,2,\cdots$$

即 X 服从几何分布.

$$P\{Y=n\}=\sum_{m=1}^{n-1}p^2q^{n-2}=(n-1)p^2q^{n-2},\qquad n=2,3,\cdots$$

$$P\{Y=n\}=C_{n-1}^{1}p^2q^{n-2},$$

即 Y 服从负二项分布.

条件分布律为

$$P\{X=m\mid Y=n\}=\frac{P(X=m,Y=n)}{P(Y=n)}=\frac{p^2q^{n-2}}{(n-1)p^2q^{n-2}}$$

$$=\frac{1}{n-1}\qquad m=1,2,\cdots n-1,$$

$$P\{Y=n\mid X=m\}=\frac{P\{X=m,Y=n\}}{P\{X=m\}}=\frac{p^2q^{n-2}}{pq^{m-1}}$$

$$=pq^{n-m-1}\qquad n=m+1,m+2,\cdots$$

5.3.2 连续型随机变量的条件分布

对连续型随机变量,由于 $P\{X=x\}\equiv 0, P\{Y=y\}\equiv 0$,因此,前面所讲的定义离散型随机变量条件分布的方法在这里毫无意义,我们必须根据连续型随机变量的特点定义它的条件分布.

记 Y 关于 X 的条件分布函数为

$$F_{Y|X}(y\mid x)=P\{Y\leqslant y\mid X=x\},$$

定义

$$P\{Y\leqslant y\mid X=x\}\triangleq\lim_{\Delta x\to 0}P\{Y\leqslant y\mid x\leqslant X\leqslant x+\Delta x\}.$$

设(X,Y)的联合密度函数为 $f(x,y)$,关于 X 的边缘密度函数为 $f_X(x)$,

则有

$$F_{Y|X}(y\mid x)=\lim_{\Delta x\to 0}\frac{P\{x\leqslant X\leqslant x+\Delta x,Y\leqslant y\}}{P\{x\leqslant X\leqslant x+\Delta x\}}$$

$$= \lim_{\Delta x \to 0} \frac{\int_{-\infty}^{y} \int_{x}^{x+\Delta x} f(u,v) \mathrm{d}u \mathrm{d}v}{\int_{x}^{x+\Delta x} f_X(u) \mathrm{d}u}$$

(利用中值定理)

$$= \frac{\int_{-\infty}^{y} f(x,v) \mathrm{d}v}{f_X(x)},$$

所以

$$F_{Y|X}(y \mid x) = \int_{-\infty}^{y} \frac{f(x,v)}{f_X(x)} \mathrm{d}v. \tag{5.3.5}$$

相应地有 Y 关于 X 的条件密度函数为

$$f_{Y|X}(y \mid x) = \frac{f(x,y)}{f_X(x)}. \tag{5.3.6}$$

类似地有 X 关于 Y 的条件分布函数为

$$F_{X|Y}(x \mid y) = \int_{-\infty}^{x} \frac{f(u,y)}{f_Y(y)} \mathrm{d}u. \tag{5.3.7}$$

相应地有 X 关于 Y 的条件密度函数为

$$f_{X|Y}(x \mid y) = \frac{f(x,y)}{f_Y(y)}. \tag{5.3.8}$$

从(5.3.6),(5.3.8)可以得出

$$f(x,y) = f_X(x) f_{Y|X}(y \mid x),$$

或

$$f(x,y) = f_Y(y) f_{X|Y}(x \mid y). \tag{5.3.9}$$

这是乘法公式在连续型随机变量中的应用.

例 5.3.3 求二维正态分布的条件分布.

解 一般的二维正态分布 $(X,Y) \sim N(\mu_1, \mu_2, \sigma_1^2, \sigma_2^2, \rho)$,由(5.1.12)和(5.2.13),(5.2.14),再代入(5.3.6),(5.3.8),经计算得出

$$f_{Y|X}(y \mid x) = \frac{1}{\sqrt{2\pi}\sigma_2 \sqrt{1-\rho^2}} \exp\left\{ -\frac{\left[y - \left(\mu_2 + \rho \frac{\sigma_2}{\sigma_1}(x-\mu_1) \right) \right]^2}{2\sigma_2^2(1-\rho^2)} \right\}, \tag{5.3.10}$$

$$f_{X|Y}(x \mid y) = \frac{1}{\sqrt{2\pi}\sigma_1 \sqrt{1-\rho^2}} \exp\left\{-\frac{\left[x-\left(\mu_1+\rho\frac{\sigma_1}{\sigma_2}(y-\mu_2)\right)\right]^2}{2\sigma_1^2(1-\rho^2)}\right\}. \tag{5.3.11}$$

对$(X,Y) \sim N(0,0,1,1,\rho)$，即 $\mu_1 = \mu_2 = 0, \sigma_1 = \sigma_2 = 1$，则有

$$f_{Y|X}(y \mid x) = \frac{1}{\sqrt{2\pi}\sqrt{1-\rho^2}} \exp\left[-\frac{(y-\rho x)^2}{2(1-\rho^2)}\right], \tag{5.3.12}$$

$$f_{X|Y}(x \mid y) = \frac{1}{\sqrt{2\pi}\sqrt{1-\rho^2}} \exp\left[-\frac{(x-\rho y)^2}{2(1-\rho^2)}\right]. \tag{5.3.13}$$

对$(X,Y) \sim N(0,0,1,1,0)$，即 $\rho = 0$ 时，有

$$\varphi_{Y|X}(y \mid x) = \frac{1}{\sqrt{2\pi}} e^{-\frac{y^2}{2}}, \tag{5.3.14}$$

$$\varphi_{X|Y}(x \mid y) = \frac{1}{\sqrt{2\pi}} e^{-\frac{x^2}{2}}. \tag{5.3.15}$$

从这里看出：二维正态分布的条件分布仍为正态分布.

5.4　二维随机变量的独立性

随机事件的独立性具有重要的意义和广泛的应用，下面讨论随机变量的独立性，这也是很重要的问题.

定义　设二维随机变量 X,Y，如果对任意的 x,y 都满足

$$P\{X \leqslant x, Y \leqslant y\} = P\{X \leqslant x\} P\{Y \leqslant y\}, \tag{5.4.1}$$

则称 X,Y 相互独立.

若 X,Y 相互独立，则对任何 a,b,c,d，由(5.4.1)可得出

$$P\{a \leqslant X \leqslant b, c \leqslant Y \leqslant d\} = P\{a \leqslant X \leqslant b\} P\{c \leqslant Y \leqslant d\}. \tag{5.4.2}$$

设 $F(x,y)$ 为联合分布函数；$F_X(x)$，$F_Y(y)$ 为边缘分布函数. 由(5.4.1)立刻得到，X,Y 相互独立的充分必要条件为

$$F(x,y) = F_X(x) F_Y(y). \tag{5.4.3}$$

对离散型随机变量，设 p_{ij} 是联合分布律，$p_{i\cdot}$，$p_{\cdot j}$ 是边缘分布律，X,Y 相互独立的充

分必要条件是对所有的 i,j 有

$$p_{ij} = p_{i.}\,p_{.j} \qquad i.j = 1,2,\cdots \tag{5.4.4}$$

在独立的情况下，由边缘分布律能唯一地确定出联合分布律.

对例 5.2.1，在有放回抽球的情况下，对所有 i,j 都有 $p_{i.}\,p_{.j} = p_{ij}$，因此，这时，X,Y 是相互独立的；而在无放回抽球的情况下，$p_{i.}\,p_{.j} \neq p_{ij}$，这时 X,Y 是不独立的. 这种结论从问题的实际情况是很容易理解的.

对连续型随机变量，若联合密度函数为 $f(x,y)$，边缘密度函数为 $f_X(x)$，$f_Y(y)$，则 X,Y 相互独立的充分必要条件是

$$f(x,y) = f_X(x)f_Y(y). \tag{5.4.5}$$

在 X,Y 相互独立的情况下，由边缘密度函数能唯一地确定联合密度函数.

对二维正态分布(见例 5.2.3)，$(X,Y) \sim N(\mu_1,\mu_2,\sigma_1^2,\sigma_2^2,\rho)$，很容易看出当 $\rho = 0$ 时，$f_X(x)f_Y(y) = f(x,y)$，即 X,Y 相互独立；反之，若 X,Y 相互独立，即 $f(x,y) = f_X(x)f_Y(y)$，必有 $\rho = 0$. 所以，X,Y 相互独立的充分必要条件是 $\rho = 0$.

X,Y 的相互独立性还可用条件分布与边缘分布的关系来表示.

下面的关系式都是 X,Y 相互独立的充分必要条件

$$P\{X \leqslant x \mid Y \leqslant y\} = P\{X \leqslant x\}, \tag{5.4.6}$$

$$P\{Y \leqslant y \mid X \leqslant x\} = P\{Y \leqslant y\}, \tag{5.4.7}$$

$$F_{X|Y}(x \mid y) = F_X(x), \tag{5.4.8}$$

$$F_{Y|X}(y \mid x) = F_Y(y). \tag{5.4.9}$$

对离散型随机变量

$$P\{X = x_i \mid Y = y_j\} = P\{X = x_i\}, \tag{5.4.10}$$

$$P\{Y = y_j \mid X = x_i\} = P\{Y = y_j\}. \tag{5.4.11}$$

对连续型随机变量

$$f_{X|Y}(x \mid y) = f_X(x), \tag{5.4.12}$$

$$f_{Y|X}(y \mid x) = f_Y(y). \tag{5.4.13}$$

例 5.4.1 设 (X,Y) 的联合密度函数为

$$f(x,y) = \begin{cases} A\mathrm{e}^{-(2x+y)} & x > 0, y > 0, \\ 0 & \text{其它}. \end{cases}$$

(1) 确定 A；(2) 求 $f_{X|Y}(x \mid y)$ 及 $f_{Y|X}(y \mid x)$，并判断 X,Y 的独立性；
(3) 求 $P\{X \leqslant 2 \mid Y \leqslant 1\}$；(4) 求 $P\{X \leqslant 2 \mid Y = 1\}$.

解　(1) 因为 $\int_{-\infty}^{+\infty}\int_{-\infty}^{+\infty} f(x,y)\mathrm{d}y\mathrm{d}x = 1$，所以在这里应有

$$\int_0^{+\infty}\int_0^{+\infty} A\mathrm{e}^{-(2x+y)}\mathrm{d}y\mathrm{d}x = \frac{A}{2} = 1,\quad 故 A = 2.$$

(2) 据公式(5.3.8)，(5.3.6)有

$$f_{X|Y}(x \mid y) = \frac{f(x,y)}{f_Y(y)},\quad f_{Y|X}(y \mid x) = \frac{f(x,y)}{f_X(x)}.$$

由于

$y \leqslant 0$ 时　　$f_Y(y) = 0$，

$y > 0$ 时　　$f_Y(y) = \int_0^{+\infty} 2\mathrm{e}^{-(2x+y)}\mathrm{d}x = \mathrm{e}^{-y}$，

所以　　$f_Y(y) = \begin{cases} \mathrm{e}^{-y} & y > 0, \\ 0 & y \leqslant 0. \end{cases}$

因此，$x > 0, y > 0$ 时，

$$f_{X|Y}(y) = \frac{2\mathrm{e}^{-(2x+y)}}{\mathrm{e}^{-y}} = 2\mathrm{e}^{-2x},$$

所以　　$f_{X|Y}(x \mid y) = \begin{cases} 2\mathrm{e}^{-2x} & x > 0, y > 0, \\ 0 & 其它. \end{cases}$

又由于

$x \leqslant 0$ 时，　　$f_X(x) = 0$，

$x > 0$ 时，　　$f_X(x) = \int_0^{+\infty} 2\mathrm{e}^{-(2x+y)}\mathrm{d}y = 2\mathrm{e}^{-2x}$，

所以　　$f_X(x) = \begin{cases} 2\mathrm{e}^{-2x} & x > 0, \\ 0 & x \leqslant 0. \end{cases}$

因此，$x > 0, y > 0$ 时

$$f_{Y|X}(y \mid x) = \frac{2\mathrm{e}^{-(2x+y)}}{2\mathrm{e}^{-2x}} = \mathrm{e}^{-y},$$

所以　　$f_{Y|X}(y \mid x) = \begin{cases} \mathrm{e}^{-y} & x > 0, y > 0, \\ 0 & 其它. \end{cases}$

从以上所解的结果看出，$f_{X|Y}(x \mid y) = f_X(x)$，$f_{Y|X}(y \mid x) = f_Y(y)$，这说明 X 与 Y 是相互独立的.

(3) 求 $P\{X \leqslant 2 \mid Y \leqslant 1\}$.

由(2) 中已判断出 X,Y 相互独立，根据(5.4.6) 式有

$$\begin{aligned} P\{X \leqslant 2 \mid Y \leqslant 1\} &= P\{X \leqslant 2\} = F_X(2) \\ &= \int_{-\infty}^{2} f_X(x)\mathrm{d}x = \int_0^2 2\mathrm{e}^{-2x}\mathrm{d}x \\ &= 1 - \mathrm{e}^{-4} \approx 0.9817. \end{aligned}$$

(4) 求 $P\{X \leqslant 2 \mid Y = 1\}$.

因为 X,Y 相互独立，这个概率与条件 $Y = 1$ 无关.

$$P\{X \leqslant 2 \mid Y = 1\} = P\{X \leqslant 2 \mid Y \leqslant 1\} = P\{X \leqslant 2\} \approx 0.9817.$$

5.5 多维随机变量简述

设随机试验 E 的样本空间 $\Omega = \{e\}$、$X_1 = X_1(e), X_2 = X_2(e), \cdots, X_n = X_n(e)$ 是定义在 Ω 上的 n 个随机变量. 由它们所构成的 n 维向量$(X_1, X_2, \cdots, X_n)$ 叫 n 维随机变量.

对任何实数 $x_1, x_2, \cdots, x_n$，n 元函数

$$F(x_1, x_2, \cdots, x_n) = P\{X_1 \leqslant x_1, X_2 \leqslant x_2, \cdots, X_n \leqslant x_n\}, \tag{5.5.1}$$

称为 n 维随机变量的分布函数.

$$F_{x_i}(x_i) = P\{X_i \leqslant x_i\} = F(+\infty, +\infty, \cdots, x_i, +\infty, \cdots, +\infty), \tag{5.5.2}$$

称为关于 $X_i (i = 1, 2, \cdots, n)$ 的边缘分布函数.

若对所有 $x_1, x_2, \cdots, x_n$，都有

$$P\{X_1 \leqslant x_1, X_2 \leqslant x_2, \cdots, X_n \leqslant x_n\} = P\{X_1 \leqslant x_1\}P\{X_2 \leqslant x_2\}\cdots P\{X_n \leqslant x_n\}, \tag{5.5.3}$$

则称 $X_1, X_2, \cdots, X_n$ 是相互独立的.

由(5.5.3) 得到，$X_1, X_2, \cdots, X_n$ 相互独立的充分必要条件是

$$F(x_1, x_2, \cdots, x_n) = F_{x_1}(x_1)F_{x_2}(x_2)\cdots F_{x_n}(x_n). \tag{5.5.4}$$

对离散型随机变量，$X_1, X_2, \cdots, X_n$ 相互独立的充分必要条件是

$$P\{X_1=x_1,X_2=x_2,\cdots,X_n=x_n\}=P\{X_1=x_1\}P\{X_2=x_2\}\cdots P\{X_n=x_n\}.\tag{5.5.5}$$

对连续型随机变量，$X_1,X_2,\cdots,X_n$ 相互独立的充分必要条件是

$$f(x_1,x_2,\cdots,x_n)=f_{x_1}(x_1)f_{x_2}(x_2)\cdots f_{x_n}(x_n).\tag{5.5.6}$$

5.6　二维随机变量的函数的分布

5.6.1　和的分布

1. 离散型随机变量

已知(X,Y)的联合分布律 $P\{X=x_i,Y=y_j\}=p_{ij}\quad i,j=0,1,2,\cdots$，

$Z=X+Y$，求 Z 的分布律.

设 X 的取值为 $x_i(i=0,1,2,\cdots)$，Y 的取值为 $y_j(j=0,1,2,\cdots)$，则 $Z=X+Y$ 的取值为 $x_i+y_j(i,j=0,1,2,\cdots)$，当 $Z=z$，即　$X+Y=z,X=x_i$ 时，$Y=z-x_i$，$\{X+Y=z\}=\bigcup\limits_{i=0}^{\infty}(X=x_i,Y=z-x_i)$，对不同的 i，这是互斥事件的并事件，所以

$$P\{Z=z\}=P\Big\{\bigcup_{i=0}^{\infty}(X=x_i,Y=z-x_i)\Big\},$$

故

$$P\{Z=z\}=\sum_{i=0}^{\infty}P\{X=x_i,Y=z-x_i\}.\tag{5.6.1}$$

若 $Y=y_i,X=z-y_j$，这时得出另一种形式

$$P\{Z=z\}=\sum_{j=0}^{\infty}P\{X=z-y_j,Y=y_j\}.\tag{5.6.2}$$

若 X,Y 相互独立，则有

$$P\{Z=z\}=\sum_{i=0}^{\infty}P\{X=x_i\}P\{Y=z-x_i\},\tag{5.6.3}$$

$$P\{Z=z\}=\sum_{j=0}^{\infty}P\{X=z-y_j\}P\{Y=y_j\}.\tag{5.6.4}$$

式(5.6.3)，(5.6.4)称为离散型随机变量的卷积公式.

例 5.6.1　已知 X,Y 相互独立，服从参数为 λ_1,λ_2 的泊松分布，即 $X\sim P(\lambda_1)$，$Y\sim P(\lambda_2)$，求 $Z=X+Y$ 的分布律.

解　X 的分布律为 $P\{X=i\}=\dfrac{\lambda_1^i\mathrm{e}^{-\lambda_1}}{i!}$，$i=0,1,2,\cdots$.

Y 的分布律为 $P\{Y=j\}=\dfrac{\lambda_2^j e^{-\lambda_2}}{j!}$，$j=0,1,2,\cdots$. 由于 X,Y 都取整数，Z 也取整数，记为 m，由卷积公式(5.6.3)有

$$
\begin{aligned}
P\{Z=m\} &= \sum_{i=0}^{m} P\{X=i\}P\{Y=m-i\}(i \leqslant m) \\
&= \sum_{i=0}^{m} \frac{\lambda_1^i e^{-\lambda_1}}{i!} \frac{\lambda_2^{m-i} e^{-\lambda_2}}{(m-i)!} \\
&= \frac{e^{-(\lambda_1+\lambda_2)}}{m!} \sum_{i=0}^{m} \frac{m!}{i!(m-i)1} \lambda_1^i \lambda_2^{m-i},
\end{aligned}
$$

$$
P\{Z=m\} = \frac{e^{-\lambda_1+\lambda_2}}{m!}(\lambda_1+\lambda_2)^m. \tag{5.6.5}
$$

由此看出，$Z=X+Y$ 服从参数为$(\lambda_1+\lambda_2)$ 的泊松分布. 推广之，若 $X_i \sim P\{\lambda_i\}$，$Z=\sum_{i=1}^{n} X_i$，X_i 之间相互独立，则 $Z \sim P\left\{\sum_{i=1}^{n}\lambda_i\right\}$，即服从参数 $\lambda=\sum_{i=1}^{n}\lambda_i$ 的泊松分布.

2. 连续型随机变量

已知(X,Y) 的联合密度函数为 $f(x,y)$，$Z=X+Y$，分布函数为

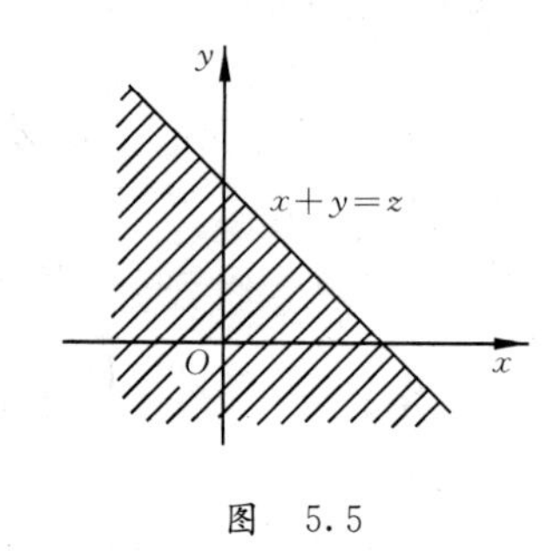

图 5.5

$$
\begin{aligned}
F_Z(z) &= P\{Z \leqslant z\} = P\{X+Y \leqslant z\} \\
&= \iint_{x+y \leqslant z} f(x,y)\,dy\,dx \qquad \text{(见图 5.5)} \\
&= \int_{-\infty}^{+\infty}\int_{-\infty}^{z-x} f(x,y)\,dy\,dx
\end{aligned}
$$

(作变换 $y=u-x$)

$$
= \int_{-\infty}^{+\infty}\int_{-\infty}^{z} f(x,u-x)\,du\,dx \quad \text{(见图 5.6)}
$$

(改变积分顺序)

$$
= \int_{-\infty}^{z}\int_{-\infty}^{+\infty} f(x,u-x)\,dx\,du
$$

(记为)

$$
= \int_{-\infty}^{z} f_Z(u)\,du
$$

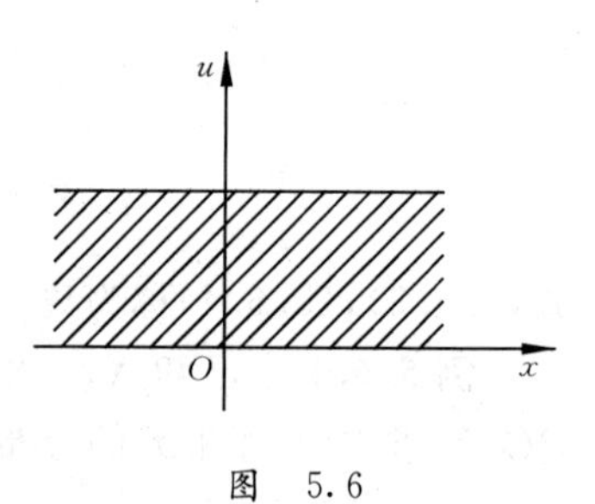

图 5.6

由密度函数定义知

$$f_Z(z)=\int_{-\infty}^{+\infty}f(x,z-x)\mathrm{d}x \tag{5.6.6}$$

若 X,Y 相互独立，则

$$f_Z(z)=\int_{-\infty}^{+\infty}f_X(x)f_Y(z-x)\mathrm{d}x \tag{5.6.7}$$

或另一种表达形式

$$f_Z(z)=\int_{-\infty}^{+\infty}f_x(z-y)f_Y(y)\mathrm{d}y \tag{5.6.8}$$

(5.6.8)、(5.6.9)式称为连续型随机变量的卷积公式. 记为

$$f_Z=f_X*f_Y \tag{5.6.9}$$

例 5.6.2 设二维正态分布密度函数为

$$f(x,y)=\frac{1}{2\pi}\mathrm{e}^{-\frac{1}{2}(x^2+y^2)},$$

求 $Z=X+Y$ 的密度函数.

解 这里 $\rho=0$，X、Y 相互独立，前已知

$$f_X(x)=\frac{1}{\sqrt{2\pi}}\mathrm{e}^{-\frac{x^2}{2}},\quad f_Y(y)=\frac{1}{\sqrt{2\pi}}\mathrm{e}^{-\frac{y^2}{2}}.$$

由卷积公式(5.6.7)有

$$\begin{aligned}
f_Z(z)&=\int_{-\infty}^{+\infty}f_X(x)f_Y(z-x)\mathrm{d}x\\
&=\int_{-\infty}^{+\infty}\frac{1}{\sqrt{2\pi}}\mathrm{e}^{-\frac{x^2}{2}}\cdot\frac{1}{\sqrt{2\pi}}\mathrm{e}^{-\frac{(z-x)^2}{2}}\mathrm{d}x\\
&=\frac{1}{2\pi}\int_{-\infty}^{+\infty}\mathrm{e}^{-\left(x-\frac{z}{2}\right)^2}\mathrm{e}^{-\frac{z^2}{4}}\mathrm{d}x\quad\left(\text{令 } x-\frac{z}{2}=t\right)\\
&=\frac{1}{2\pi}\mathrm{e}^{-\frac{z^2}{4}}\int_{-\infty}^{+\infty}\mathrm{e}^{-t^2}\mathrm{d}t\\
&=\frac{1}{2\pi}\mathrm{e}^{-\frac{z^2}{4}}\sqrt{\pi}=\frac{1}{2\sqrt{\pi}}\mathrm{e}^{-\frac{z^2}{4}},
\end{aligned}$$

即
$$f_Z(z)=\frac{1}{\sqrt{2\pi}\sqrt{2}}e^{-\frac{z^2}{2\times 2}}. \tag{5.6.10}$$

从这里看出 $Z\sim N(0,2)$.

一般,若 $(X,Y)\sim N(\mu_1,\mu_2,\sigma_1^2,\sigma_2^2,0)$, $Z=X+Y$,

则有
$$Z\sim N(\mu_1+\mu_2,\sigma_1^2+\sigma_2^2). \tag{5.6.11}$$

推广　若 $X_i\sim N(\mu_i,\sigma_i^2)$, X_i 与 X_j 相互独立,且 $Y=\sum_{i=1}^{n}a_iX_i+b$,则 $Y\sim N(\mu,\sigma^2)$,

其中
$$\mu=\left(\sum_{i=1}^{n}a_i\mu_i\right)+b,\quad \sigma^2=\sum_{i=1}^{n}a_i^2\sigma_i^2. \tag{5.6.12}$$

由此得出结论,相互独立的正态分布的随机变量之和仍服从正态分布.

例 5.6.3　设电路中两电阻 R_1, R_2 为相互独立的随机变量,串联连接,它们的概率密度函数分别为

$$f_{R_1}(r_1)=\begin{cases}\dfrac{10-r_1}{50} & 0\leqslant r_1\leqslant 10,\\ 0 & \text{其他};\end{cases}$$

$$f_{R_2}(r_2)=\begin{cases}\dfrac{10-r_2}{50} & 0\leqslant r_2\leqslant 10,\\ 0 & \text{其他}.\end{cases}$$

求总电阻 $R=R_1+R_2$ 的概率密度函数.

解　由卷积公式(5.6.7)有(视 R_1 为 X, R_2 为 Y, R 为 Z)

$$f_R(r)=\int_{-\infty}^{+\infty}f_{R_1}(r_1)f_{R_2}(r-r_1)\mathrm{d}r_1. \tag{5.6.13}$$

由于 $f_{R_1}(r_1)$、$f_{R_2}(r_2)$ 都是分段函数,所构成的二维随机变量 (R_1,R_2) 的联合密度函数 $f_{R_1,R_2}(r_1,r_2)$ 是个分域表示的函数,因为 R_1, R_2 相互独立,所以

$$f_{R_1,R_2}(r_1,r_2)=f_{R_1}(r_1)f_{R_2}(r_2),$$

即有
$$f_{R_1,R_2}(r_1,r_2)=\begin{cases}\dfrac{10-r_1}{50}\cdot\dfrac{10-r_2}{50} & 0\leqslant r_1\leqslant 10, 0\leqslant r_2\leqslant 10,\\ 0 & \text{其他}.\end{cases}$$

它的非 0 域为 $\begin{cases}0\leqslant r_1\leqslant 10\\ 0\leqslant r_2\leqslant 10,\end{cases}$ 转换到(5.6.13)式中的被积函数的非 0 域应为

$$\begin{cases}0\leqslant r_1\leqslant 10\\ 0\leqslant r-r_1\leqslant 10,\end{cases}$$

即
$$\begin{cases}0 \leqslant r_1 \leqslant 10 \\ r_1 \leqslant r \leqslant r_1 + 10\end{cases}$$
（见图 5.7），

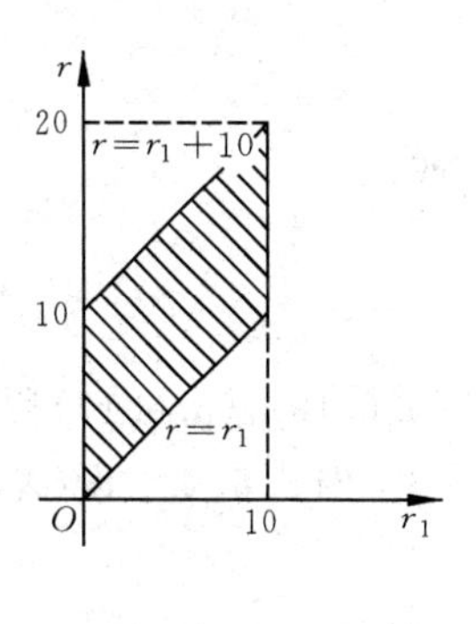

图　5.7

由图 5.7 可知：

当 $r < 0$ 或 $r > 20$ 时，　$f_R(r) = 0$，

当 $0 \leqslant r \leqslant 10$ 时，
$$f_R(r) = \int_0^r f_{R_1}(r_1) f_{R_2}(r - r_1) \mathrm{d}r_1 = \int_0^r \frac{10 - r_1}{50} \cdot \frac{10 - (r - r_1)}{50} \mathrm{d}r_1 = \frac{1}{15000}(600r - 60r^2 + r^3),$$

当 $10 < r \leqslant 20$ 时，
$$f_R(r) = \int_{r-10}^{10} \frac{10 - r_1}{50} \cdot \frac{10 - r + r_1}{50} \mathrm{d}r_1 = \frac{1}{15000}(20 - r)^3,$$

所以

$$f_R(r) = \begin{cases} \dfrac{1}{15000}(600r - 60r^2 + r^3) & 0 \leqslant r \leqslant 10, \\ \dfrac{1}{15000}(20 - r)^3 & 10 < r \leqslant 20, \\ 0 & \text{其他}. \end{cases}$$

5.6.2　线性和的分布

这里只介绍连续型随机变量的情况.

已知 (X,Y) 的联合密度函数为 $f(x,y)$，$Z = aX + bY (ab \neq 0)$，求 Z 的概率密度函数 $f_Z(z)$.

类似于 5.6.1 中的分析，这里不再推导，直接写出结果

$$f_Z(z) = \int_{-\infty}^{+\infty} \frac{1}{b} f\left[x, \frac{1}{b}(z - ax)\right] \mathrm{d}x, \tag{5.6.14}$$

或

$$f_Z(z) = \int_{-\infty}^{+\infty} \frac{1}{a} f\left[\frac{1}{a}(z - by), y\right] \mathrm{d}y. \tag{5.6.15}$$

若 X,Y 相互独立，边缘密度函数分别为 $f_X(x)$，$f_Y(y)$，则有

$$f_Z(z)=\int_{-\infty}^{+\infty}\frac{1}{b}f_X(x)f_Y\left[\frac{1}{b}(z-ax)\right]\mathrm{d}x, \tag{5.6.16}$$

或

$$f_Z(z)=\int_{-\infty}^{+\infty}\frac{1}{a}f_X\left[\frac{1}{a}(z-by)\right]f_Y(y)\mathrm{d}x, \tag{5.6.17}$$

(5.6.16),(5.6.17)称为推广的卷积公式.

例 5.6.4　设(X,Y)的联合密度函数为

$$f(x,y)=\begin{cases}\mathrm{e}^{-y} & 0\leqslant x\leqslant 1, y\geqslant 0,\\ 0 & 其他.\end{cases}$$

(1) 问 X,Y 是否独立?

(2) 求 $Z=2X+Y$ 的密度函数 $f_Z(z)$ 和分布函数 $F_Z(z)$;

(3) 求 $P\{Z>3\}$.

解　(1) 先求边缘密度函数 $f_X(x),f_Y(y)$:

$0<x<1$ 时，$f_X(x)=\int_0^{+\infty}\mathrm{e}^{-y}\mathrm{d}y=1$,

所以 $$f_X(x)=\begin{cases}1 & 0<x<1\\ 0 & 其它\end{cases},\quad X\sim U(0,1).$$

$y>0$ 时 $$f_Y(y)=\int_0^1\mathrm{e}^{-y}\mathrm{d}x=\mathrm{e}^{-y},$$

所以 $$f_Y(y)=\begin{cases}\mathrm{e}^{-y} & y>0\\ 0 & y\leqslant 0\end{cases},$$ Y 服从指数分布.

显然有

$$f_X(x)f_Y(y)=\begin{cases}\mathrm{e}^{-y} & 0<x<1, y>0\\ 0 & 其它\end{cases}=f(x,y),$$

所以 X,Y 相互独立.

(2) 求 $Z=2X+Y$ 的 $f_Z(z)$ 和 $F_Z(z)$.

① 先求 $f_Z(z)$,因为 X,Y 相互独立,用推广的卷积公式(5.6.16),这里 $a=2,b=1$,所以

$$f_Z(z)=\int_{-\infty}^{+\infty}f_X(x)f_Y(z-2x)\mathrm{d}x.$$

首先要进行密度函数非 0 值的域的变换

$$由\begin{cases}0\leqslant x\leqslant 1\\ y\geqslant 0\end{cases}\longrightarrow\begin{cases}0\leqslant x\leqslant 1\\ z-2x\geqslant 0\end{cases}\longrightarrow\begin{cases}0\leqslant x\leqslant 1\\ z\geqslant 2x\end{cases}.$$

由图 5.8 看出：

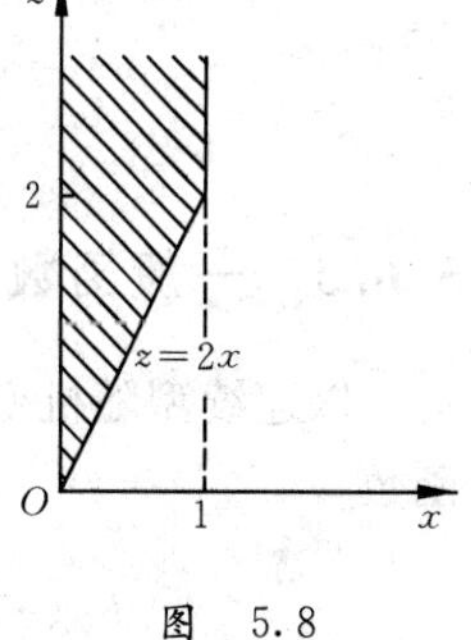

图　5.8

$z<0$ 时　　$f_Z(z)=0$，

$0\leqslant z\leqslant 2$ 时　　$f_Z(z)=\int_0^{\frac{z}{2}}\mathrm{e}^{-(z-2x)}\mathrm{d}x=\frac{1}{2}(1-\mathrm{e}^{-z})$，

$z>2$ 时　　$f_Z(z)=\int_0^1\mathrm{e}^{-(z-2x)}\mathrm{d}x=\frac{1}{2}(\mathrm{e}^2-1)\mathrm{e}^{-z}$，

所以

$$f_Z(z)=\begin{cases}0 & z<0\\ \frac{1}{2}(1-\mathrm{e}^{-z}) & 0\leqslant z\leqslant 2\\ \frac{1}{2}(\mathrm{e}^2-1)\mathrm{e}^{-z} & z>2\end{cases}.$$

还可以用另一个卷积公式计算，由读者自己去做.

② 再求 $F_Z(z)$ 由 $f_Z(z)$ 经过定积分求得，

$z<0$ 时，　　$F_Z(z)=0$，

$0\leqslant z\leqslant 2$ 时，　　$F_Z(z)=\int_0^z\frac{1}{2}(1-\mathrm{e}^{-z})\mathrm{d}z=\frac{1}{2}(z-1+\mathrm{e}^{-z})$，

$z>2$ 时，　　$F_Z(z)=\int_0^2\frac{1}{2}(1-\mathrm{e}^{-z})\mathrm{d}z+\int_2^z\frac{1}{2}(\mathrm{e}^2-1)\mathrm{e}^{-z}\mathrm{d}z$

$$=1+\frac{1}{2}(1-\mathrm{e}^2)\mathrm{e}^{-z},$$

所以

$$F_Z(z)=\begin{cases}0 & z<0\\ \frac{1}{2}(z-1+\mathrm{e}^{-z}) & 0\leqslant z\leqslant 2\\ 1+\frac{1}{2}(1-\mathrm{e}^2)\mathrm{e}^{-z} & z>2\end{cases}.$$

(3) 求 $P\{Z>3\}$.

利用已经得出的分布函数 $F_Z(z)$,

$$P\{Z>3\}=1-P\{Z\leqslant 3\}=1-F_Z(3) \quad (\text{因 } 3>2)$$
$$=1-\left[1+\frac{1}{2}(1-\mathrm{e}^{2})\mathrm{e}^{-3}\right]$$
$$=\frac{1}{2}(\mathrm{e}^{2}-1)\mathrm{e}^{-3}\approx 0.1591.$$

5.6.3 一般函数 $Z=g(X,Y)$ 的分布

以连续型随机变量为例,若已知联合密度函数 $f(x,y)$ 可用积分方法先求出 Z 的分布函数

$$F_Z(z)=P\{Z\leqslant z\}=P\{g(X,Y)\leqslant z\}=\iint_D f(x,y)\mathrm{d}y\mathrm{d}x.$$

其中积分域 D 为 $g(x,y)\leqslant z$ 所表示的平面域.

由求出的 $F_Z(z)$,经求导求出 $f_Z(z)$

$$f_Z(z)=F_Z'(z).$$

例 5.6.5 对例 5.6.4,用这里的方法求分布函数 $F_Z(z)$ 和密度函数 $f_Z(z)$.

解 (1) 先求 $F_Z(z)$ 根据 $F_Z(z)$ 的定义,用二重积分计算求出.

$$F_Z(z)=P\{Z\leqslant z\}=P\{2X+Y\leqslant z\}=\iint_{2x+y\leqslant z} f(x,y)\mathrm{d}y\mathrm{d}x.$$

积分域见图 5.9.

$z<0$ 时, $F_Z(z)=0$,

$0\leqslant z\leqslant 2$ 时, $F_Z(z)=\int_0^{\frac{z}{2}}\int_0^{z-2x}\mathrm{e}^{-y}\mathrm{d}y\mathrm{d}x=\frac{1}{2}(z-1+\mathrm{e}^{-z})$,

$z>2$ 时, $F_Z(z)=\int_0^{1}\int_0^{z-2x}\mathrm{e}^{-y}\mathrm{d}y\mathrm{d}x=1+\frac{1}{2}(1-\mathrm{e}^{2})\mathrm{e}^{-z}$,

所以
$$F_Z(z)=\begin{cases}0 & z<0,\\ \frac{1}{2}(z-1+\mathrm{e}^{-z}) & 0\leqslant z\leqslant 2,\\ 1+\frac{1}{2}(1-\mathrm{e}^{2})\mathrm{e}^{-z} & z>2.\end{cases}$$

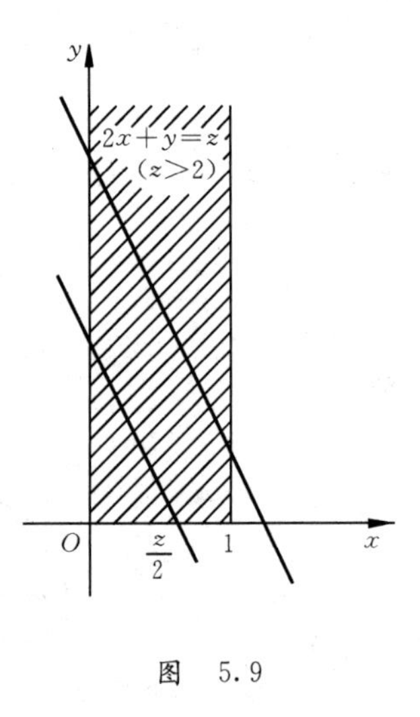

图 5.9

(2) 再求 $f_Z(z)$，因为 $f_Z(z)=F'_Z(z)$，所以

$z<0$ 时，　　$f_Z(z)=0$，

$0\leqslant z\leqslant 2$ 时，　　$f_Z(z)=\frac{1}{2}(1-e^{-z})$，

$z>2$ 时，　　$f_Z(z)=\frac{1}{2}(e^2-1)e^{-z}$，

$$f_Z(z)=\begin{cases}0 & z<0,\\ \frac{1}{2}(1-e^{-z}) & 0\leqslant z\leqslant 2,\\ \frac{1}{2}(e^2-1)e^{-z} & z>2.\end{cases}$$

这里所用的方法比例 5.6.4 中所用的方法好，一是不必记公式，二是求导比积分容易，因此，这是求函数的分布的最好方法.

5.6.4　一般变换

定理　设二维连续型随机变量 (X,Y) 的联合密度函数为 $f(x,y)$，并有函数 $U=u(X,Y)$，$V=v(X,Y)$，如果函数 $u=u(x,y)$、$v=v(x,y)$ 有唯一的单值反函数 $x=x(u,v)$，$y=y(u,v)$，且有连续的一阶偏导数 $\frac{\partial x}{\partial u},\frac{\partial x}{\partial v},\frac{\partial y}{\partial u},\frac{\partial y}{\partial v}$，则二维随机变量 (U,V) 的联合密度函数为

$$f_{(U,V)}(u,v)=f_{(X,Y)}[x(u,v),y(u,v)]\,|J|. \tag{5.6.18}$$

其中

$$J=\begin{vmatrix}\frac{\partial x}{\partial u} & \frac{\partial x}{\partial v}\\ \frac{\partial y}{\partial u} & \frac{\partial y}{\partial v}\end{vmatrix}.$$

从这个公式可以分别求出 U,V 的密度函数为

$$f_U(u)=\int_{-\infty}^{+\infty}f_{(U,V)}(u,v)\mathrm{d}v, \tag{5.6.19}$$

$$f_V(v)=\int_{-\infty}^{+\infty}f_{(U,V)}(u,v)\mathrm{d}u. \tag{5.6.20}$$

(5.6.19),(5.6.20) 分别为关于 U,V 的边缘密度函数.

例 5.6.6 设(X,Y)为平面的二维随机向量,X,Y为相互独立的随机变量,都服从正态分布 $N(0,\sigma^2)$,记 Z 为它的模,Θ 为它的幅角,求(Z,Θ) 的联合分布与分别的边缘分布.

解 $$X \sim N(0,\sigma^2),\quad f_X(x)=\frac{1}{\sqrt{2\pi}\sigma}e^{-\frac{x^2}{2\sigma^2}}\quad(-\infty<x<+\infty),$$

$$Y \sim N(0,\sigma^2),\quad f_Y(y)=\frac{1}{\sqrt{2\pi}\sigma}e^{-\frac{y^2}{2\sigma^2}}\quad(-\infty<y<+\infty).$$

X,Y 相互独立,所以

$$f(x,y)=f_X(x)f_Y(y)=\frac{1}{2\pi\sigma^2}e^{-\frac{1}{2\sigma^2}(x^2+y^2)}\begin{pmatrix}-\infty<x<+\infty\\-\infty<y<+\infty\end{pmatrix}.$$

根据模和幅角的定义有

$$Z=\sqrt{X^2+Y^2}\qquad Z>0,$$

$$\Theta=\arctan\frac{Y}{X}\qquad |\Theta|<\pi.$$

对应的函数关系为

$$\begin{cases}z=\sqrt{x^2+y^2} & z>0,\\ \theta=\arctan\dfrac{y}{x} & |\theta|<\pi.\end{cases}$$

它的反函数为

$$\begin{cases}x=z\cos\theta,\\ y=z\sin\theta.\end{cases}$$

$$J=\begin{vmatrix}\dfrac{\partial x}{\partial z} & \dfrac{\partial x}{\partial \theta}\\ \dfrac{\partial y}{\partial z} & \dfrac{\partial y}{\partial \theta}\end{vmatrix}=\begin{vmatrix}\cos\theta & -z\sin\theta\\ \sin\theta & z\cos\theta\end{vmatrix}=z.$$

根据(5.6.18)式有

$$f_{(Z,\Theta)}(z,\theta)=f_{(X,Y)}(z\cos\theta,z\sin\theta)\mid J\mid=\frac{1}{2\pi\sigma^2}e^{-\frac{z^2}{2\sigma^2}}z,$$

所以

$$f_{(Z,\Theta)}(z,\theta)=\frac{1}{2\pi}\frac{z}{\sigma^2}e^{-\frac{z^2}{2\sigma^2}},$$

$$f_Z(z)=\int_{-\pi}^{\pi}\frac{1}{2\pi}\frac{z}{\sigma^2}\mathrm{e}^{-\frac{z^2}{2\sigma^2}}\mathrm{d}\theta=\frac{z}{\sigma^2}\mathrm{e}^{-\frac{z^2}{2\sigma^2}}\qquad(z>0),$$

$$f_\Theta(\theta)=\int_{0}^{+\infty}\frac{1}{2\pi}\frac{z}{\sigma^2}\mathrm{e}^{-\frac{z^2}{2\sigma^2}}\mathrm{d}z=\frac{1}{2\pi}\qquad(|\Theta|<\pi).$$

最后得出

$$f_Z(z)=\begin{cases}\dfrac{z}{\sigma^2}\mathrm{e}^{-\frac{z^2}{2\sigma^2}} & z>0,\\ 0 & z\leqslant 0.\end{cases}$$

称 Z 服从参数为 σ 的瑞利(Rayleigh) 分布，

$$f_\Theta(\theta)=\begin{cases}\dfrac{1}{2\pi} & |\theta|<\pi,\\ 0 & \text{其他}.\end{cases}$$

Θ 显然服从均匀分布.

很容易看出下式成立

$$f_{(Z,\Theta)}(z,\theta)=f_Z(z)f_\Theta(\theta).$$

所以,Z 与 Θ 相互独立.

本例的结果是工程上的一个重要结论：

若二维随机向量的两个分量是相互独立的同服从正态分布 $N(0,\sigma^2)$ 的随机变量,则该向量的模和幅角也是相互独立的随机变量,并且模服从瑞利分布,幅角服从$(-\pi,\pi)$上的均匀分布.

5.6.5　最大值,最小值的分布

设 $X_1,X_2,\cdots,X_n$ 为相互独立的随机变量,分布函数分别为 $F_{X_1}(x_1),F_{X_2}(x_2),\cdots,F_{X_n}(x_n)$. 令

$$M=\max(X_1,X_2,\cdots,X_n),$$

$$N=\min(X_1,X_2,\cdots,X_n).$$

试分别求 M,N 的分布函数.

这里 M,N 都是 $X_1,X_2,\cdots,X_n$ 的函数,但不是用解析式子表示的函数,因此,前面的方法在这里不能用,必须从 M,N 的意义入手,通过具体分析解决.

$$F_M(z)=P\{M\leqslant z\}$$

$$= P\{X_1 \leqslant z, X_2 \leqslant z, \cdots, X_n \leqslant z\}$$

(因 $X_1, X_2, \cdots X_n$ 独立) $= P\{X_1 \leqslant z\}P\{X_2 \leqslant z\}\cdots P\{X_n \leqslant z\}$.

所以

$$F_M(z) = F_{X_1}(z)F_{X_2}(z)\cdots F_{X_n}(z), \tag{5.6.21}$$

$$\begin{aligned} F_N(z) &= P\{N \leqslant z\} = 1 - P\{N > z\} \\ &= 1 - P\{X_1 > z, X_2 > z, \cdots, X_n > z\} \\ &= 1 - P\{X_1 > z\}P\{X_2 > z\}\cdots P\{X_n > z\} \\ &= 1 - [1 - P\{X_1 \leqslant z\}][1 - P\{X_2 \leqslant z\}]\cdots[1 - P\{X_n \leqslant z\}], \end{aligned}$$

所以

$$F_N(z) = 1 - [1 - F_{X_1}(z)][1 - F_{X_2}(z)]\cdots[1 - F_{X_n}(z)]. \tag{5.6.22}$$

如果 $X_1, X_2, \cdots, X_n$ 独立且有相同的分布函数，称 $X_1, \cdots X_n$ 为独立同分布随机变量，它们的分布函数记为 $F(x)$，这时则有

$$F_M(z) = [F(z)]^n, \tag{5.6.21$'$}$$

$$F_N(z) = 1 - [1 - F(z)]^n. \tag{5.6.22$'$}$$

如果 $X_1, X_2, \cdots, X_n$ 为独立的连续型随机变量且有相同的密度函数 $f(x)$，则 M, N 的密度函数可由分布函数求导得出，有

$$f_M(z) = n[F(z)]^{n-1}f(z), \tag{5.6.23}$$

$$f_N(z) = n[1 - F(z)]^{n-1}f(z). \tag{5.6.24}$$

最大值、最小值的分布在实际问题中有重要的应用. 如在后面的可靠性理论中，经常用最大(小)值的分布研究某些系统的可靠性.

例 5.6.7 设某系统 L 由两个子系统 L_1, L_2 组成，已知 L_1, L_2 的寿命分别为随机变量 X, Y，它们都服从指数分布. 概率密度函数分别为

$$f_X(x) = \begin{cases} \lambda_1 e^{-\lambda_1 x} & x > 0, \\ 0 & x \leqslant 0; \end{cases}$$

$$f_Y(y) = \begin{cases} \lambda_2 e^{-\lambda_2 y} & y > 0, \\ 0 & y \leqslant 0. \end{cases}$$

其中 $\lambda_1 > 0, \lambda_2 > 0, \lambda_1 \neq \lambda_2$，试就下面三种不同的组成方式，求出系统 L 的寿命 Z 的概率

密度函数.

(1) 串联;(2) 并联;(3) 一个工作,一个备用.

解　(1) 串联　此时 L 的寿命 $Z = \min(X,Y)$.

X,Y 的分布函数分别为

$$F_X(x) = \begin{cases} 1 - e^{-\lambda_1 x} & x > 0, \\ 0 & x \leqslant 0; \end{cases}$$

$$F_Y(y) = \begin{cases} 1 - e^{-\lambda_2 y} & y > 0, \\ 0 & y \leqslant 0. \end{cases}$$

由(5.6.22)式得(视 $n = 2$)Z 的分布函数为

$$F_Z(z) = \begin{cases} 1 - e^{-(\lambda_1+\lambda_2)z} & z > 0, \\ 0 & z \leqslant 0. \end{cases}$$

Z 的概率密度函数为

$$f_Z(z) = F_Z'(z) = \begin{cases} (\lambda_1 + \lambda_2)e^{-(\lambda_1+\lambda_2)z} & z > 0, \\ 0 & z \leqslant 0. \end{cases}$$

从这里看出,$Z = \min(X,Y)$ 服从指数分布 $E(\lambda)$,且 $\lambda = \lambda_1 + \lambda_2$. 这个结论可以推广到 n 个随机变量的情况.

若$\{X_i\}(i = 1,2,\cdots,n)$ 为相互独立的 n 个随机变量,$X_i \sim E(\lambda_i)$,$Z = \min(X_1,\cdots,X_n)$,则 $Z \sim E(\lambda)$,$\lambda = \sum\limits_{i=1}^{n}\lambda_i$.

(2) 并联　此时 L 的寿命 $Z = \max(X,Y)$.

由(5.6.21)式得(视 $n = 2$)Z 的分布函数为

$$F_Z(z) = \begin{cases} (1 - e^{-\lambda_1 z})(1 - e^{-\lambda_2 z}) & z > 0, \\ 0 & z \leqslant 0. \end{cases}$$

Z 的概率密度函数为

$$f_Z(z) = F_Z'(z) = \begin{cases} \lambda_1 e^{-\lambda_1 z} + \lambda_2 e^{-\lambda_2 z} - (\lambda_1 + \lambda_2)e^{-(\lambda_1+\lambda_2)z} & z > 0, \\ 0 & z \leqslant 0. \end{cases}$$

(3) 备用情况　子系统 L_1 损坏时,系统 L_2 即开始工作,整个系统 L 的寿命 Z 为两子系统寿命之和,即

$$Z = X + Y.$$

由卷积公式(5.6.7)知,当 $z \geqslant 0$ 时

$$f_Z(z) = \int_{-\infty}^{+\infty} f_X(x) f_Y(z-x)\mathrm{d}x = \int_0^z \lambda_1 \mathrm{e}^{-\lambda_1 x} \lambda_2 \mathrm{e}^{-\lambda_2 (z-x)}\mathrm{d}x$$

$$= \lambda_1 \lambda_2 \mathrm{e}^{-\lambda_2 z} \int_0^z \mathrm{e}^{-(\lambda_1 - \lambda_2)x}\mathrm{d}x = \frac{\lambda_1 \lambda_2}{\lambda_2 - \lambda_1}(\mathrm{e}^{-\lambda_1 z} - \mathrm{e}^{-\lambda_2 z}).$$

当 $z < 0$ 时 $$f_Z(z) = 0.$$

所以 Z 的概率密度函数为

$$f_Z(z) = \begin{cases} \dfrac{\lambda_1 \lambda_2}{\lambda_2 - \lambda_1}(\mathrm{e}^{-\lambda_1 z} - \mathrm{e}^{-\lambda_2 z}) & z > 0, \\ 0 & z \leqslant 0. \end{cases}$$

5.7 二维随机变量的期望与方差

5.7.1 期望

1. 期望定义

二维随机变量(X,Y)的期望就是 X,Y 分别的期望 $\mathrm{E}(X),\mathrm{E}(Y)$.

对离散型随机变量,设联合分布律为 p_{ij},则有

$$\mathrm{E}(X) = \sum_i x_i P\{X = x_i\} = \sum_i \sum_j x_i p_{ij}, \tag{5.7.1}$$

$$\mathrm{E}(Y) = \sum_j y_j P\{Y = y_j\} = \sum_j \sum_i y_j p_{ij}. \tag{5.7.2}$$

对连续型随机变量,设联合密度函数为 $f(x,y)$,则有

$$\mathrm{E}(X) = \int_{-\infty}^{+\infty} x f_X(x)\mathrm{d}x = \int_{-\infty}^{+\infty}\int_{-\infty}^{+\infty} x f(x,y)\mathrm{d}y\mathrm{d}x, \tag{5.7.3}$$

$$\mathrm{E}(Y) = \int_{-\infty}^{+\infty} y f_Y(y)\mathrm{d}y = \int_{-\infty}^{+\infty}\int_{-\infty}^{+\infty} y f(x,y)\mathrm{d}x\mathrm{d}y. \tag{5.7.4}$$

例如对二维正态分布$(X,Y) \sim N(\mu_1, \mu_2, \sigma_1^2, \sigma_2^2, \rho)$

$$\mathrm{E}(X) = \int_{-\infty}^{+\infty}\int_{-\infty}^{+\infty} x f(x,y)\mathrm{d}y\mathrm{d}x = \mu_1,$$

$$\mathrm{E}(Y)=\int_{-\infty}^{+\infty}\int_{-\infty}^{+\infty} y f(x,y)\mathrm{d}x\mathrm{d}y=\mu_2.$$

2. 随机变量函数的期望

定理 设二维随机变量(X,Y)的连续函数 $Z=g(X,Y)$

(1) 对离散型随机变量(X,Y)，$P\{X=x_i,Y=y_j\}=p_{ij}$，如果级数 $\sum\limits_j^{\infty}\sum\limits_i^{\infty} g(x_i,y_j)p_{ij}$ 绝对收敛，则

$$\mathrm{E}(Z)=\mathrm{E}(g(X,Y))=\sum_j^{\infty}\sum_i^{\infty} g(x_i,y_j)p_{ij}. \tag{5.7.5}$$

(2) 对连续型随机变量(X,Y)，有密度函数 $f(x,y)$，如果广义积分 $\int_{-\infty}^{+\infty}\int_{-\infty}^{+\infty} g(x,y)f(x,y)\mathrm{d}y\mathrm{d}x$ 绝对收敛，则

$$\mathrm{E}(Z)=\mathrm{E}(g(X,Y))=\int_{-\infty}^{+\infty}\int_{-\infty}^{+\infty} g(x,y)f(x,y)\mathrm{d}y\mathrm{d}x. \tag{5.7.6}$$

3. 期望的性质

在 4.1.3 中已讲了几条性质，这里再补充几条(不加证明).

(1) 若 X、Y 为相互独立的随机变量，$\mathrm{E}(X)$，$\mathrm{E}(Y)$ 都存在，则

$$\mathrm{E}(XY)=\mathrm{E}(X)\mathrm{E}(Y). \tag{5.7.7}$$

(2) 若 n 个相互独立的随机变量 X_i，$\mathrm{E}(X_i)$ 存在，则

$$\mathrm{E}\left(\prod_{i=1}^{n} X_i\right)=\prod_{i=1}^{n}\mathrm{E}(X_i). \tag{5.7.8}$$

(3) 若 $g(X,Y)=\varphi(X)h(Y)$，$\mathrm{E}[\varphi(X)]$，$\mathrm{E}[h(Y)]$ 存在，且 X,Y 相互独立，则

$$\mathrm{E}[g(X,Y)]=\mathrm{E}[\varphi(X)]\mathrm{E}[h(Y)]. \tag{5.7.9}$$

5.7.2 方差

二维随机变量(X,Y)的方差就是 X,Y 分别的方差.

对离散型随机变量，设联合分布律为 p_{ij}，则有

$$\mathrm{V}(X)=\sum_i(x_i-\mathrm{E}(X))^2 p_{i.}=\sum_i\sum_j(x_i-\mathrm{E}(X))^2 p_{ij}, \tag{5.7.10}$$

$$\mathrm{V}(Y)=\sum_j(y_j-\mathrm{E}(Y))^2 p_{.j}=\sum_j\sum_i(y_j+\mathrm{E}(Y))^2 p_{ij}. \tag{5.7.11}$$

对连续型随机变量,设联合密度函数为 $f(x,y)$,则有

$$V(X)=\int_{-\infty}^{+\infty}(x-E(X))^2 f_X(x)\mathrm{d}x$$

$$=\int_{-\infty}^{+\infty}\int_{-\infty}^{+\infty}(x-E(X))^2 f(x,y)\mathrm{d}y\mathrm{d}x, \tag{5.7.12}$$

$$V(Y)=\int_{-\infty}^{+\infty}(y-E(Y))^2 f_Y(y)\mathrm{d}y$$

$$=\int_{-\infty}^{+\infty}\int_{-\infty}^{+\infty}(y-E(Y))^2 f(x,y)\mathrm{d}x\mathrm{d}y. \tag{5.7.13}$$

例如,对二维正态分布 $N(\mu_1,\mu_2,\sigma_1^2,\sigma_2^2,\rho)$ 有

$$V(X)=\int_{-\infty}^{+\infty}\int_{-\infty}^{+\infty}(x-\mu_1)^2 f(x,y)\mathrm{d}y\mathrm{d}x=\sigma_1^2$$

$$V(Y)=\int_{-\infty}^{+\infty}\int_{-\infty}^{+\infty}(y-\mu_2)^2 f(x,y)\mathrm{d}x\mathrm{d}y=\sigma_2^2$$

经常采用的计算公式仍然是

$$V(X)=E(X^2)-E^2(X),\quad V(Y)=E(Y^2)-E^2(Y). \tag{5.7.14}$$

例 5.7.1 设 X,Y 是两个相互独立且同服从正态分布 $N\left(0,\frac{1}{2}\right)$ 的随机变量,$Z=|X-Y|$,求 $E(Z),V(Z)$.

解 本题是函数的期望问题.

法 1 按一维随机变量处理.

因为 $X\sim N\left(0,\frac{1}{2}\right),Y\sim N\left(0,\frac{1}{2}\right)$ 且相互独立,

所以 $X-Y\sim N\left(0,\frac{1}{2}+\frac{1}{2}\right)$,

即 $X-Y\sim N(0,1)$ 标准正态分布,

记 $T=X-Y$,即 $T\sim N(0,1)$,

$$\varphi(t)=\frac{1}{\sqrt{2\pi}}e^{-\frac{t^2}{2}}\qquad t\in(-\infty,+\infty),$$

$$Z=|X-Y|=|T|,$$

$$E(Z)=E|T|=\int_{-\infty}^{+\infty}\frac{|t|}{\sqrt{2\pi}}e^{-\frac{t^2}{2}}\mathrm{d}t$$

$$= 2\int_0^{+\infty} \frac{t}{\sqrt{2\pi}} e^{-\frac{t^2}{2}} dt = \sqrt{\frac{2}{\pi}} \int_0^{+\infty} e^{-\frac{t^2}{2}} d\left(\frac{t^2}{2}\right)$$

$$= \sqrt{\frac{2}{\pi}} (-e^{-\frac{t^2}{2}}) \Big|_0^{+\infty} = \sqrt{\frac{2}{\pi}} \cdot 1 = \sqrt{\frac{2}{\pi}}.$$

因为 $$V(Z) = E(Z^2) - E^2(Z) = E(T^2) - \frac{2}{\pi},$$

其中 $$E(T^2) = V(T) + E^2(T).$$

前已知 $$T \sim N(0,1), \quad E(T) = 0, \quad V(T) = 1.$$

所以 $$E(T^2) = 1.$$

故 $$V(Z) = 1 - \frac{2}{\pi}.$$

法 2　按二维随机变量处理

因为 $X \sim N\left(0, \frac{1}{2}\right), Y \sim N\left(0, \frac{1}{2}\right)$.

所以 $$f_X(x) = \frac{1}{\sqrt{2\pi}\sqrt{\frac{1}{2}}} e^{-\frac{x^2}{2\times\frac{1}{2}}} = \frac{1}{\sqrt{\pi}} e^{-x^2}, \qquad x \in (-\infty, +\infty).$$

同样 $$f_Y(y) = \frac{1}{\sqrt{\pi}} e^{-y^2}, \qquad y \in (-\infty, +\infty).$$

又因为 X,Y 相互独立，所以

$$f(x,y) = f_X(x) f_Y(y) = \frac{1}{\pi} e^{-(x^2+y^2)} \qquad (x,y) \in \text{整个平面}.$$

$$E(Z) = E|X-Y| = \int_{-\infty}^{+\infty}\int_{-\infty}^{+\infty} |x-y| \frac{1}{\pi} e^{-(x^2+y^2)} dy dx$$

（取极坐标系） $$= \int_0^{2\pi}\int_0^{+\infty} \rho |\cos\varphi - \sin\varphi| \frac{1}{\pi} e^{-\rho^2} \rho d\rho d\varphi$$

$$= \int_0^{2\pi} |\cos\varphi - \sin\varphi| d\varphi \int_0^{+\infty} \frac{1}{\pi} \rho^2 e^{-\rho^2} d\rho$$

$$= 4\sqrt{2} \cdot \frac{1}{4\sqrt{\pi}} = \sqrt{\frac{2}{\pi}}.$$

因为

$$V(Z)=E(Z^2)-E^2(Z)=E\mid X-Y\mid^2-\frac{2}{\pi},$$

这里

$$\begin{aligned}E\mid X-Y\mid^2&=E(X-Y)^2=E(X^2+Y^2-2XY)\\&=E(X^2)+E(Y^2)-2E(XY).\end{aligned}$$

已知 $X\sim N\left(0,\frac{1}{2}\right),Y\sim N\left(0,\frac{1}{2}\right)$且 X,Y 相互独立,所以

$$E(X)=E(Y)=0,$$

$$E(XY)=E(X)E(Y)=0,$$

$$V(X)=V(Y)=\frac{1}{2},$$

$$E(X^2)=V(X)+E^2(X)=\frac{1}{2},$$

$$E(Y^2)=V(Y)+E^2(Y)=\frac{1}{2},$$

$$E\mid X-Y\mid^2=\frac{1}{2}+\frac{1}{2}-0=1.$$

故

$$V(Z)=1-\frac{2}{\pi}.$$

比较两种解法,显然解法 1 比解法 2 简单.通常,在可能的情况下,尽量将二维问题化成一维问题来解决.

5.8 二维随机变量的协方差与相关系数

5.8.1 协方差

协方差是描述二维随机变量中,X 与 Y 之间的相互关系的一个数字特征.

1. 定义 设二维随机变量(X,Y),$E(X)$,$E(Y)$ 存在,如果 $E[(X-E(X))(Y-E(Y))]$ 存在,则称此期望值为 X,Y 的协方差,记为 $\mathrm{cov}(X,Y)$,即

$$\mathrm{cov}(X,Y)=E[(X-E(X))(Y-E(Y))].\tag{5.8.1}$$

由定义很容易得出协方差的计算公式

$$\mathrm{cov}(X,Y) = \mathrm{E}(XY) - \mathrm{E}(X)\mathrm{E}(Y). \tag{5.8.2}$$

2. 协方差性质

(1) $\mathrm{cov}(X,Y) = \mathrm{cov}(Y,X)$. (5.8.3)

(2) 若 a,b 为常数,则

$$\mathrm{cov}(aX,bY) = ab\ \mathrm{cov}(X,Y). \tag{5.8.4}$$

(3) $\mathrm{cov}(X_1 + X_2,Y) = \mathrm{cov}(X_1,Y) + \mathrm{cov}(X_2,Y)$. (5.8.5)

由协方差的定义很容易得到下面的定理.

定理　若 X,Y 相互独立,则 $\mathrm{cov}(X,Y) = 0$.

证明　若 X,Y 相互独立,则有 $\mathrm{E}(XY) = \mathrm{E}(X)\mathrm{E}(Y)$,所以

$$\mathrm{cov}(X,Y) = \mathrm{E}(XY) - \mathrm{E}(X)\mathrm{E}(Y) = 0.$$

此定理说明,X,Y 相互独立是 $\mathrm{cov}(X,Y) = 0$ 的充分条件,但不是必要条件.

定理　若 $\mathrm{V}(X)$,$\mathrm{V}(Y)$ 存在,则

$$\mathrm{V}(X \pm Y) = \mathrm{V}(X) + \mathrm{V}(Y) \pm 2\mathrm{cov}(X,Y) \tag{5.8.6}$$

证明

$$\begin{aligned}\mathrm{V}(X \pm Y) &= \mathrm{E}[(X \pm Y) - \mathrm{E}(X \pm Y)]^2 \\ &= \mathrm{E}\{[X - \mathrm{E}(X)] \pm [Y - \mathrm{E}(Y)]\}^2 \\ &= \mathrm{E}\{[X - \mathrm{E}(X)]^2 + [Y - \mathrm{E}(Y)]^2 \\ &\quad \pm 2[X - \mathrm{E}(X)][Y - \mathrm{E}(Y)]\} \\ &= \mathrm{E}[X - \mathrm{E}(X)]^2 + \mathrm{E}[Y - \mathrm{E}(Y)]^2 \\ &\quad \pm 2\mathrm{E}[X - \mathrm{E}(X)][Y - \mathrm{E}(Y)].\end{aligned}$$

由方差和协方差的定义,所以

$$\mathrm{V}(X \pm Y) = \mathrm{V}(X) + \mathrm{V}(Y) \pm 2\mathrm{cov}(X,Y).$$

5.8.2　相关系数

1. 定义　设二维随机变量 (X,Y) 有期望 $\mathrm{E}(X)$,$\mathrm{E}(Y)$ 和非零方差 $\mathrm{V}(X)$,$\mathrm{V}(Y)$,则称量 $\dfrac{\mathrm{cov}(X,Y)}{\sqrt{\mathrm{V}(X)}\ \sqrt{\mathrm{V}(Y)}}$ 为 X 与 Y 的相关系数,记为 ρ_{XY},即

$$\rho_{XY} = \frac{\mathrm{cov}(X,Y)}{\sqrt{\mathrm{V}(X)}\ \sqrt{\mathrm{V}(Y)}}. \tag{5.8.7}$$

在相关系数的表达式中，分子、分母有相同的量纲，因此相关系数是一个无量纲的量. 它又可看成是协方差关于 $V(X)$、$V(Y)$ 的标准化，又称为标准协方差(下面说明).

$$|\rho_{XY}| \leqslant 1. \qquad \text{(证明略)} \tag{5.8.8}$$

2. 性质

有几个情况需要说明：

(1) $\rho_{XY}=0$，称 X,Y 不相关.

(2) $|\rho_{XY}|=1$，称 X,Y 完全线性相关.

ρ_{XY} 描述的相关性就是 X,Y 的线性相关性. $0<|\rho_{XY}|<1$ 时，其数值大小表示线性相关的程度. $\rho_{XY}>0$ 称为正相关，$\rho_{XY}<0$ 称为负相关.

例如对二维正态分布 $N(\mu_1,\mu_2,\sigma_1^2,\sigma_2^2,\rho)$，已经知道 $E(X)=\mu_1$，$E(Y)=\mu_2$，$V(X)=\sigma_1^2$，$V(Y)=\sigma_2^2$. 现在能求出

$$\mathrm{cov}(X,Y)=E(XY)-E(X)E(Y)=\int_{-\infty}^{+\infty}\int_{-\infty}^{+\infty}xyf(x,y)\mathrm{d}y\mathrm{d}x-\mu_1\mu_2$$

$$\text{(经计算)}=\rho\sigma_1\sigma_2,$$

因此得出

$$\rho_{XY}=\rho. \tag{5.8.9}$$

从这里看出，二维正态分布中的参数 ρ 就是 X 与 Y 的相关系数. 它表示 X,Y 之间的相关关系.

连同在 5.4 中所讲的，有下面几条重要结论. 在二维正态分布 $N(\mu_1,\mu_2,\sigma_1^2,\sigma_2^2,\rho)$ 中

(1) X,Y 不相关的充分必要条件是 $\rho=0$；

(2) X,Y 相互独立的充分必要条件是 $\rho=0$；

(3) X,Y 相互独立的充分必要条件是 X,Y 不相关.

上面(3) 只对二维正态分布成立，在其余分布中，不相关和独立是两个不同的概念.

3. 标准协方差

对随机变量 X,Y，分别进行标准化得出

$$X^*=\frac{X-E(X)}{\sqrt{V(X)}},\quad Y^*=\frac{Y-E(Y)}{\sqrt{V(Y)}},$$

$$\begin{aligned}\mathrm{cov}(X^*,Y^*)&=E(X^*Y^*)-E(X^*)E(Y^*)\\&=E\left(\frac{X-E(X)}{\sqrt{V(X)}}\cdot\frac{Y-E(Y)}{\sqrt{V(Y)}}\right)-0=\frac{E[X-E(X)][Y-E(Y)]}{\sqrt{V(X)}\sqrt{V(Y)}}.\end{aligned}$$

由定义则有

$$\mathrm{cov}(X^*,Y^*)=\rho_{XY}.$$

通常称 $\mathrm{cov}(X^*, Y^*)$ 为标准协方差. 从上式知道, X^*, Y^* 的协方差就是 X, Y 的相关系数. 相关系数又叫标准协方差.

例 5.8.1　设二维随机变量 (X,Y) 的联合密度函数为

$$f(x,y)=\begin{cases}8xy & 0\leqslant y\leqslant x,\quad 0\leqslant x\leqslant 1,\\ 0 & \text{其它}.\end{cases}$$

试求数学期望 $\mathrm{E}(X)$, $\mathrm{E}(Y)$, 方差 $\mathrm{V}(X)$, $\mathrm{V}(Y)$, 协方差 $\mathrm{cov}(X,Y)$, 相关系数 ρ_{XY}, 并求 $\mathrm{V}(5X-3Y)$.

解　这是一个基本题, 要熟练掌握解题的全过程. 本题中, 可以先求出边缘分布再求期望、方差, 也可以直接由联合分布求期望、方差. 这里采用后者计算.

先画出域的图形, 如图 5.10.

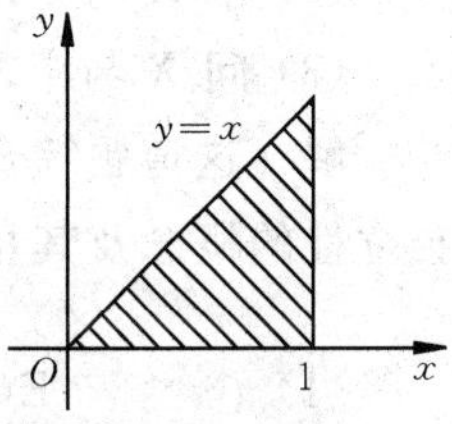

图　5.10

$$\mathrm{E}(X)=\int_0^1\left(\int_0^x x\cdot 8xy\,\mathrm{d}y\right)\mathrm{d}x=\frac{4}{5},$$

$$\mathrm{E}(Y)=\int_0^1\left(\int_0^x y\cdot 8xy\,\mathrm{d}y\right)\mathrm{d}x=\frac{8}{15},$$

$$\mathrm{V}(X)=\mathrm{E}(X^2)-\mathrm{E}^2(X),$$

$$\mathrm{V}(Y)=\mathrm{E}(Y^2)-\mathrm{E}^2(Y),$$

其中

$$\mathrm{E}(X^2)=\int_0^1\left(\int_0^x x^2\cdot 8xy\,\mathrm{d}y\right)\mathrm{d}x=\frac{2}{3},$$

$$\mathrm{E}(Y^2)=\int_0^1\left(\int_0^x y^2\cdot 8xy\,\mathrm{d}y\right)\mathrm{d}x=\frac{1}{3},$$

所以

$$\mathrm{V}(X)=\frac{2}{3}-\left(\frac{4}{5}\right)^2=\frac{2}{75}.$$

$$\mathrm{V}(Y)=\frac{1}{3}-\left(\frac{8}{15}\right)^2=\frac{11}{225}.$$

$$\mathrm{cov}(X,Y)=\mathrm{E}(XY)-\mathrm{E}(X)\mathrm{E}(Y),$$

其中

$$\mathrm{E}(XY)=\int_0^1\left(\int_0^x xy\cdot 8xy\,\mathrm{d}y\right)\mathrm{d}x=\frac{4}{9},$$

所以

$$\mathrm{cov}(X,Y)=\frac{4}{9}-\frac{4}{5}\times\frac{8}{15}=\frac{4}{225}.$$

$$\rho_{XY}=\frac{\mathrm{cov}(X,Y)}{\sqrt{\mathrm{V}(X)}\sqrt{\mathrm{V}(Y)}}=\frac{4/225}{\sqrt{2/75}\sqrt{11/225}}=\frac{2\sqrt{66}}{33}\approx 0.492.$$

$$\begin{aligned}V(5X-3Y) &= V(5X)+V(3Y)-2\mathrm{cov}(5X,3Y)\\ &= 5^2V(X)+3^2V(Y)-2\times5\times3\mathrm{cov}(X,Y)\\ &= 25\times\frac{2}{75}+9\times\frac{11}{225}-30\times\frac{4}{225}=\frac{43}{75}.\end{aligned}$$

例 5.8.2 设 X 的概率密度函数为

$$f(x)=\frac{1}{2}\mathrm{e}^{-|x|}\qquad x\in(-\infty,+\infty).$$

(1) 求 X 的期望 $E(X)$ 和方差 $V(X)$；

(2) 求 X 与 $|X|$ 的协方差和相关系数，并问 X 与 $|X|$ 是否相关？

(3) 问 X 与 $|X|$ 是否相互独立？说明理由.

解 这道题综合性较强，涉及到一维、二维随机变量数字特征的概念和计算、相关性、独立性的概念及其相互联系.

(1) $$E(X)=\int_{-\infty}^{+\infty}x\cdot\frac{1}{2}\mathrm{e}^{-|x|}\,\mathrm{d}x=0,\text{（奇函数在对称区间上积分为 0）}$$

$$\begin{aligned}V(X) &= E(X^2)-E^2(X)=E(X^2)\\ &= \int_{-\infty}^{+\infty}x^2\cdot\frac{1}{2}\mathrm{e}^{-|x|}\,\mathrm{d}x=2\int_0^{+\infty}\frac{1}{2}x^2\mathrm{e}^{-x}\,\mathrm{d}x=2.\end{aligned}$$

(2) $$\begin{aligned}\mathrm{cov}(X,|X|) &= E(X|X|)-E(X)E|X|=E(X|X|)\\ &= \int_{-\infty}^{+\infty}x|x|\frac{1}{2}\mathrm{e}^{-|x|}\,\mathrm{d}x=0.\text{（奇函数在对称区间上积分为 0）}\end{aligned}$$

$$\rho_{X|X|}=\frac{\mathrm{cov}(X,|X|)}{\sqrt{V(X)}\sqrt{V|X|}}=0.$$

所以 X 与 $|X|$ 不相关.

(3) 独立性不能由不相关来断定，要从独立性的定义判断.

对于任意给定的常数 $a>0$，显然事件 $\{X<a\}$ 包含事件 $\{|X|<a\}$，且 $P\{X<a\}<1$，$P\{|X|<a\}>0$，因此有

$$P\{X<a,|X|<a\}=P\{|X|<a\},$$

$$P\{X<a\}P\{|X|<a\}<P\{|X|<a\},$$

所以

$$P\{X<a,|X|<a\}\neq P\{X<a\}P\{|X|<a\}.$$

故 X 与 $|X|$ 不独立.

本题中,X 与 $|X|$ 不相关,X 与 $|X|$ 也不独立.这说明了“两随机变量不相关”与“两随机变量独立”这两个概念是不同的.

例 5.8.3　设 X,Y 相互独立,同服从正态分布 $N(0,\sigma^2)$,又 $\xi = aX + bY$,$\eta = aX - bY$.

(1) 求 ξ 与 η 的相关系数 ρ.

(2) 问 ξ,η 是否相关?是否独立?

(3) 当 ξ,η 相互独立时,求(ξ,η) 的联合密度函数.

解　本题是一个综合性很强的问题.涉及到很多概念.但是不要用太繁琐的计算,只要用期望、方差的性质、正态分布的有关性质就能很好的解决问题.

(1) $X \sim N(0,\sigma^2)$,　　$Y \sim N(0,\sigma^2)$,

$$\mathrm{E}(X) = \mathrm{E}(Y) = 0, \qquad \mathrm{V}(X) = \mathrm{V}(Y) = \sigma^2.$$

$$\mathrm{E}(\xi) = \mathrm{E}(aX + bY) = a\mathrm{E}(X) + b\mathrm{E}(Y) = 0,$$

$$\mathrm{E}(\eta) = \mathrm{E}(aX - bY) = a\mathrm{E}(X) - b\mathrm{E}(Y) = 0.$$

已知 X,Y 相互独立,所以 aX 与 bY 也相互独立.

故有

$$\mathrm{V}(\xi) = \mathrm{V}(aX + bY) = a^2\mathrm{V}(X) + b^2\mathrm{V}(Y) = (a^2 + b^2)\sigma^2,$$

$$\mathrm{V}(\eta) = \mathrm{V}(aX - bY) = a^2\mathrm{V}(X) + b^2\mathrm{V}(Y) = (a^2 + b^2)\sigma^2,$$

$$\begin{aligned}\mathrm{E}(\xi\eta) &= \mathrm{E}(a^2X^2 - b^2Y^2) = a^2\mathrm{E}(X^2) - b^2\mathrm{E}(Y^2)\\ &= a^2\mathrm{V}(X) - b^2\mathrm{V}(Y) = (a^2 - b^2)\sigma^2.\end{aligned}$$

所以
$$\rho_{\xi\eta} = \frac{\mathrm{E}(\xi\eta) - \mathrm{E}(\xi)\mathrm{E}(\eta)}{\sqrt{\mathrm{V}(\xi)\mathrm{V}(\eta)}} = \frac{(a^2 - b^2)\sigma^2}{(a^2 + b^2)\sigma^2} = \frac{a^2 - b^2}{a^2 + b^2}.$$

(2) 当 $|a| = |b|$ 时,$\rho_{\xi\eta} = 0$,ξ,η 不相关;当 $|a| \neq |b|$ 时,$\rho_{\xi\eta} \neq 0$,ξ,η 相关.

由于 X,Y 都服从正态分布,且相互独立,ξ、η 都是 X,Y 的线性组合,所以 ξ、η 都服从正态分布 $N(0,(a^2 + b^2)\sigma^2)$ 在正态分布中,不相关与独立是等价的,所以当 $|a| = |b|$ 时 ξ,η 是相互独立的. $|a| \neq |b|$ 时,ξ,η 是不独立的.

(3) 当 ξ,η 相互独立时,即 $a^2 = b^2$(都记为 a^2)时,$\xi \sim N(0,2a^2\sigma^2)$,$\eta \sim N(0,2a^2\sigma^2)$,

$$f_{\xi}(s) = \frac{1}{\sqrt{2\pi}\sqrt{2}\,|a|\,\sigma}\mathrm{e}^{-\frac{s^2}{2\times 2a^2\sigma^2}},$$

$$f_\eta(t)=\frac{1}{\sqrt{2\pi}\sqrt{2}\,|\,a\,|\,\sigma}\mathrm{e}^{-\frac{t^2}{2\times 2a^2\sigma^2}}.$$

所以
$$f_{\xi,\eta}(s,t)=f_\xi(s)f_\eta(t)=\frac{1}{4\pi a^2\sigma^2}\mathrm{e}^{-\frac{s^2+t^2}{4a^2\sigma^2}}.$$

例 5.8.4 设 A,B 为两随机事件，$P(A)>0,P(B)>0$，现定义随机变量 X,Y 如下：

$$X=\begin{cases}1 & \text{若 } A \text{ 发生},\\ 0 & \text{若 } A \text{ 不发生};\end{cases}\qquad Y=\begin{cases}1 & \text{若 } B \text{ 发生},\\ 0 & \text{若 } B \text{ 不发生}.\end{cases}$$

试证明：若 $\rho_{XY}=0$，则 X,Y 必定相互独立.

证明 分析：$\rho_{XY}=0$，说明 X,Y 不相关，一般说，不相关不一定独立. 本题中，由 X,Y 不相关，证明 X,Y 相互独立，肯定具备了相互独立的条件. 这个条件是什么呢？看下面的具体证明.

由 $\rho_{XY}=0$ 知 $\mathrm{cov}(X,Y)=0$，又 $\mathrm{cov}(X,Y)=\mathrm{E}(XY)-\mathrm{E}(X)\mathrm{E}(Y)$.
所以有

$$\mathrm{E}(XY)=\mathrm{E}(X)\mathrm{E}(Y). \tag{$*$}$$

因为 X,Y 都服从 $(0-1)$ 分布，(XY) 也服从 $(0-1)$ 分布，又根据 $(0-1)$ 分布的期望和 X，Y 的定义有

$$\mathrm{E}(X)=P\{X=1\}=P(A),$$

$$\mathrm{E}(Y)=P\{Y=1\}=P(B),$$

$$\mathrm{E}(XY)=P\{XY=1\}=P(AB).$$

再由（$*$）式得出

$$P\{XY=1\}=P\{X=1\}P\{Y=1\},$$

即
$$P\{X=1,Y=1\}=P\{X=1\}P\{Y=1\}. \qquad ①$$

故有
$$P(AB)=P(A)P(B).$$

这说明事件 A 与 B 是相互独立的. 由事件独立的性质知 A 与 $\overline{B}$，$\overline{A}$ 与 B，$\overline{A}$ 与 $\overline{B}$ 都是相互独立的，因此有

$$P(A\overline{B})=P(A)P(\overline{B}),$$

$$P(\overline{A}B)=P(\overline{A})P(B),$$

$$P(\overline{A}\,\overline{B}) = P(\overline{A})P(\overline{B}).$$

这 3 个等式正好分别对应着下面的 3 个等式

$$P\{X=1, Y=0\} = P\{X=1\}P\{Y=0\}, \quad ②$$

$$P\{X=0, Y=1\} = P\{X=0\}P\{Y=1\}, \quad ③$$

$$P\{X=0, Y=0\} = P\{X=0\}P\{Y=0\}. \quad ④$$

由 ①,②,③,④ 综合得出，对 $i=0,1, j=0,1$ 都有

$$P\{X=i, Y=j\} = P\{X=i\}P\{Y=j\}.$$

这就证明了 X 与 Y 是相互独立的.

评注　本题说明，在某些特定的条件下，不相关与独立是等价的.

5.9　随机变量的矩

矩的概念是从力学上引进的.在这里它是随机变量的各种数字特征的一种抽象.有了矩的概念，期望、方差、协方差可以统一归结为矩.矩，实际上就是随机变量及其各种函数的期望值.

在下面定义中，假设所用到各种期望都存在.

定义　设随机变量 X，$r \geqslant 0$ 为整数，则称

(1) $\mathrm{E}[X-\mathrm{E}(X)]^r$ 为 X 的 r 阶中心矩；(2) $\mathrm{E}(X^r)$ 为 X 的 r 阶原点矩.

定义　设二维随机变量(X,Y)，$r>0, l>0$ 为整数，则称

(1) $\mathrm{E}[(X-\mathrm{E}(X))]^r(Y-\mathrm{E}(Y))^l]$ 为 X、Y 的$(r+l)$ 阶中心混合矩；

(2) $\mathrm{E}(X^rY^l)$ 为 X、Y 的$(r+l)$ 阶原点混合矩.

根据这些定义，数学期望 $\mathrm{E}(X)$ 叫做 X 的一阶原点矩.方差 $\mathrm{V}(X)$ 叫做 X 的二阶中心矩，协方差 $\mathrm{cov}(X,Y)$ 叫做 X、Y 的二阶中心混合矩.

习　题　5

5.1　箱中有 12 件产品，其中有 2 件次品，从中任取 2 次，每次取 1 件，定义随机变量 X、Y 如下：

$$X=\begin{cases}1, & \text{第 1 次取出的是次品},\\ 0, & \text{第 1 次取出的是正品};\end{cases} \qquad Y=\begin{cases}1, & \text{第 2 次取出的是次品},\\ 0, & \text{第 2 次取出的是正品}.\end{cases}$$

试就下面两种情况写出(X,Y) 的联合分布律和边缘分布律，并问 X,Y 是否独立？

(1) 有 放回抽取;(2) 不放回抽取.

5.2 盒中装有3个黑球,2个红球,2个白球,从中任取4个,以 X 表示取到的黑球数,以 Y 表示取到的白球数,求 (X,Y) 的联合分布律、边缘分布律.

5.3 将一个硬币抛掷3次,以 X 表示3次中出现正面的次数,以 Y 表示出现正面次数与反面次数之差的绝对值,试求 (X,Y) 的联合分布律和边缘分布律.

5.4 设整数 n 在 $1,2,3\cdots,10$ 这10个数中等可能地取值. 记 X 是能整除 n 的正整数的个数,Y 是能整除 n 的素数的个数(注意:1不是素数),试写出 (X,Y) 的联合分布律

5.5 设随机变量 (X,Y) 的联合概率密度函数为

$$f(x,y)=\begin{cases}k(6-x-y) & 0<x<2,\quad 2<y<4,\\ 0 & \text{其它}.\end{cases}$$

(1) 确定常数 k; (2) 求 $P\{X\leqslant 1,Y\leqslant 3\}$;

(3) 求 $P\{X\leqslant 1.5\}$; (4) 求 $P\{X+Y\leqslant 4\}$.

5.6 设随机变量 (X,Y) 的概率密度函数为

$$f(x,y)=\begin{cases}cx^2y, & x^2\leqslant y\leqslant 1,\\ 0 & \text{其它}.\end{cases}$$

(1) 确定常数 c; (2) 求边缘密度函数;

(3) 判断 X,Y 是否相互独立.

5.7 已知 (X,Y) 的联合分布函数为

$$F(x,y)=\begin{cases}0 & x<0\text{ 或 }y<0,\\ xy & 0\leqslant x\leqslant 1,0\leqslant y\leqslant 1,\\ y & x>1,0\leqslant y\leqslant 1,\\ x & 0\leqslant x\leqslant 1,y>1,\\ 1 & x>1,y>1.\end{cases}$$

(1) 求 (X,Y) 的联合概率密度函数;

(2) 求 X,Y 的边缘分布函数和边缘密度函数;

(3) 判断 X,Y 是否相互独立.

5.8 设 (X,Y) 服从二维正态分布概率密度函数为

$$f(x,y)=\frac{1}{2\pi\times 10^2}\mathrm{e}^{-\frac{x^2+y^2}{2\times 10^2}}.$$

(1) 求 $P\{Y \geqslant X\}$；(2) 求 $P\{Y \geqslant |X|\}$；(3) 求 $P\{|Y| \geqslant |X|\}$.

5.9　已知(X,Y)的联合分布律为

$$P\{X=n,Y=m\}=\frac{e^{-14}(7.14)^m(6.86)^{n-m}}{m!(n-m)!}$$

$$n=0,1,2,\cdots \quad m=1,2,\cdots,n.$$

(1) 求边缘分布律；(2)求条件分布律.

5.10　已知(X,Y)的联合分布律为

$Y_{(j)}$ \ $X_{(i)}$	1	2	3
1	0	$\frac{1}{6}$	$\frac{1}{12}$
2	$\frac{1}{5}$	$\frac{1}{9}$	0
3	$\frac{2}{15}$	$\frac{1}{4}$	$\frac{1}{18}$

(1) 求边缘分布律；(2) 求条件分布律.

5.11　已知(X,Y)的联合分布律为

$Y_{(j)}$ \ $X_{(i)}$	1	2	3
2	0.10	0.20	0.10
4	0.15	0.30	0.15

(1) 求边缘分布律；(2) 求条件分布律；(3) 问 X,Y 是否相互独立？

5.12　雷达的圆形屏幕半径为 r，假设目标出现点(X,Y)在屏幕是均匀分布的，即联合密度函数为

$$f(x,y)=\begin{cases}\dfrac{1}{\pi r^2} & x^2+y^2\leqslant r^2,\\ 0 & \text{其它}.\end{cases}$$

(1) 求边缘密度函数；(2) 求条件密度函数.

5.13　设随机变量 X,Y 相互独立，$X\sim N(\mu,\sigma^2)$，Y 在$(-b,b)$上服从均匀分布，求(X,Y)的联合密度函数 $f(x,y)$ 和条件密度函数 $f_{Y|X}(y\mid x)$，$f_{X|Y}(x\mid y)$.

5.14　设 X,Y 相互独立，X 在$(0,1)$上服从均匀分布，Y 服从参数为$\lambda=\dfrac{1}{2}$的指数分布，即

$$f_Y(y)=\begin{cases}\frac{1}{2}e^{-\frac{y}{2}} & y>0,\\ 0 & y\leqslant 0.\end{cases}$$

(1) 求(X,Y)的联合密度函数;

(2) 设有关于t的二次方程$t^2+2Xt+Y=0$,求t有实根的概率.

5.15 设X,Y相互独立,分别服从参数为λ,μ的指数分布,即

$$f_X(x)=\begin{cases}\lambda e^{-\lambda x} & x>0,\\ 0 & x\leqslant 0,\end{cases}\qquad f_Y(y)=\begin{cases}\mu e^{-\mu y} & y>0,\\ 0 & y\leqslant 0.\end{cases}$$

引入随机变量Z

$$Z=\begin{cases}1 & \text{当 } X\leqslant Y \text{ 时},\\ 0 & \text{当 } X>Y \text{ 时}.\end{cases}$$

(1) 求(X,Y)的联合密度函数;

(2) 求Z的分布律和分布函数.

5.16 设(X,Y)的联合密度函数为

$$f(x,y)=\begin{cases}6(1+x+y)^{-4} & x>0,y>0,\\ 0 & \text{其它}.\end{cases}$$

(1) 判断X与Y是否独立?

(2) 设$Z=X+Y$,求Z的分布函数和概率密度函数.

5.17 设X服从$(0,1)$上的均匀分布,Y服从参数$\lambda=1$的指数分布,X,Y相互独立,$Z=X+Y$,求Z的概率密度函数.

5.18 某种商品一周的需要量T是一个随机变量,其概率密度函数为

$$f(t)=\begin{cases}te^{-t} & t>0,\\ 0 & t\leqslant 0.\end{cases}$$

设各周的需要量是相互独立的,试求(1)两周;(2)三周的需要量的概率密度函数.

5.19 设X,Y分别服从参数为λ_1,λ_2的指数分布,且相互独立,$Z=X+Y$,求Z的概率密度函数.

5.20 设X,Y相互独立,都服从$(0,2)$上的均匀分布,$Z=|X-Y|$,求Z的分布函数和概率密度函数.

5.21 设(X,Y)的概率密度函数为

$$f(x,y)=\begin{cases}2e^{-(x+2y)} & x>0,y>0,\\ 0 & \text{其它}.\end{cases}$$

$Z=X+2Y$,求 Z 的分布函数和概率密度函数,并求 $P(Z>2)$.

5.22　甲、乙两厂生产同类型的产品,它们的寿命分别为 X,Y 相互独立概率密度函数分别为(单位:小时)

$$f_X(x)=\frac{1}{32\times\sqrt{2\pi}}e^{-\frac{(x-160)^2}{2048}},\qquad -\infty<x<+\infty,$$

$$f_Y(y)=\begin{cases}\dfrac{100}{y^2} & y>100,\\ 0 & y\leqslant 100.\end{cases}$$

假设产品寿命达到 120h 才算合格,今从甲、乙两厂的产品中各取 1 件,问至少有 1 件不合格的概率是多少?

5.23　设 (X,Y) 的联合概率密度函数为

$$f(x,y)=\begin{cases}\dfrac{1}{4}(1+xy) & |x|<1,|y|<1,\\ 0 & \text{其它}.\end{cases}$$

试证明 X 与 Y 不独立,但 X^2 与 Y^2 相互独立.

5.24　设 (X,Y) 的密度函数为

$$f(x,y)=\begin{cases}12y^2 & 0\leqslant y\leqslant x\leqslant 1,\\ 0 & \text{其它}.\end{cases}$$

试求 $E(X),E(Y),E(XY),E(X^2+Y^2)$.

5.25　设 (X,Y) 在半径为 1 的圆内服从二维均匀分布,即概率密度函数为

$$f(x,y)=\begin{cases}\dfrac{1}{\pi} & x^2+y^2\leqslant 1,\\ 0 & \text{其它}.\end{cases}$$

试求 $E(X),E(Y),E(XY),\mathrm{cov}(X,Y),\rho_{XY}$,并讨论 X,Y 的相关性、独立性.

5.26　设只取正整数值的随机变量 X 的数学期望存在. 试证明:$\sum\limits_{k=1}^{+\infty}P\{X\geqslant k\}=E(X)$.

5.27　若 X,Y 都是只能取两个值的随机变量,称为 X,Y 都服从两点分布. 试证如果

它们不相关则必定相互独立.

5.28 若$\xi = aX + b$，$\eta = cY + d$，且a，c同号，试证明ξ，η的相关系数$\rho_{\xi\eta}$等于X，Y的相关系数ρ_{XY}.

5.29 设(X,Y)有概率密度函数

$$f(x,y) = \begin{cases} \frac{1}{8}(x+y) & 0 \leqslant x \leqslant 2, \quad 0 \leqslant y \leqslant 2, \\ 0 & \text{其它}. \end{cases}$$

试求$\mathrm{E}(X)$、$\mathrm{E}(Y)$、$\mathrm{cov}(X,Y)$、ρ_{XY}、$\mathrm{V}(X+Y)$.

5.30 已知3个随机变量X,Y,Z，$\mathrm{E}(X) = \mathrm{E}(Y) = 1$，$\mathrm{E}(Z) = -1$，$\mathrm{V}(X) = \mathrm{V}(Y) = \mathrm{V}(Z) = 1$，$\rho_{XY} = 0$，$\rho_{XZ} = \frac{1}{2}$，$\rho_{YZ} = -\frac{1}{2}$.

求$\mathrm{E}(X+Y+Z)$，$\mathrm{V}(X+Y+Z)$.

5.31 某自动机出次品的概率为2%，一旦出现次品马上进行校正，求两次校正间生产正品的平均数.

第6章　极限定理

极限定理是概率论中重要的理论，在概率论与数理统计中有着广泛的应用．它包括一系列的内容．最重要的有两个方面：

(1) 大数定律：包括一大类定律．它主要解决的问题是：在什么条件下，一个随机变量序列的算术平均值收敛到所希望的平均值(期望值)．

(2) 中心极限定理：包括一系列的定理．它主要解决的问题是：在什么条件下，大量的起微小作用的相互独立的随机变量之和的概率分布近似于正态分布．

6.1　大数定律

6.1.1　切比雪夫不等式

定理　设有随机变量 X，$E(X)=\mu$，$V(X)=\sigma^2$，则对任一实数 $\varepsilon>0$，恒有

$$P\{|X-\mu|\geqslant\varepsilon\}\leqslant\frac{\sigma^2}{\varepsilon^2}. \tag{6.1.1}$$

证明　考虑连续型随机变量的情况．设 X 有 $f(x)$，

$$P\{|X-\mu|\geqslant\varepsilon\}=\int_{|x-\mu|\geqslant\varepsilon}f(x)\mathrm{d}x,\left(\text{因}\left(\frac{x-\mu}{\varepsilon}\right)^2\geqslant1\right)$$

$$\leqslant\int_{|x-\mu|\geqslant\varepsilon}\left(\frac{x-\mu}{\varepsilon}\right)^2f(x)\mathrm{d}x\leqslant\frac{1}{\varepsilon^2}\int_{-\infty}^{+\infty}(x-\mu)^2f(x)\mathrm{d}x=\frac{\sigma^2}{\varepsilon^2}.$$

与(6.1.1)式等价的不等式为

$$P\{|X-\mu|<\varepsilon\}\geqslant1-\frac{\sigma^2}{\varepsilon^2}. \tag{6.1.2}$$

经常用的还有另外的形式

$$P\{|X-\mu|\geqslant k\sigma\}\leqslant\frac{1}{k^2}, \tag{6.1.3}$$

$$P\{|X-\mu|<k\sigma\}\geqslant1-\frac{1}{k^2}. \tag{6.1.4}$$

切比雪夫不等式是一个很重要的不等式,它既有理论价值,又有很重要的实际应用.

从切比雪夫不等式看出,只要知道随机变量的均值和方差,不必知道分布,就能求出随机变量值偏离均值的数值大于任意给定的正数 ε 的概率的上界.

下面叙述两个大数定律.这两个定律的证明都是用切比雪夫不等式.在这里就不证了.

6.1.2 切比雪夫大数定律

定理 设 $X_1,X_2,\cdots X_n,\cdots$ 是两两不相关的随机变量序列,$\mathrm{V}(X_i)\leqslant C(i=1,2,\cdots)$,则对任意的 $\varepsilon>0$,恒有

$$\lim_{n\to+\infty}P\left\{\left|\frac{1}{n}\sum_{i=1}^{n}X_i-\frac{1}{n}\sum_{i=1}^{n}\mathrm{E}(X_i)\right|<\varepsilon\right\}=1. \tag{6.1.5}$$

它的等价形式为

$$\lim_{n\to+\infty}P\left\{\left|\frac{1}{n}\sum_{i=1}^{n}X_i-\frac{1}{n}\sum_{i=1}^{n}\mathrm{E}(X_i)\right|\geqslant\varepsilon\right\}=0. \tag{6.1.6}$$

这个定理有一种特例,当 $\{X_i\}$ 为独立同分布序列时,有 $\mathrm{E}(X_i)=\mu,\frac{1}{n}\sum_{i=1}^{n}\mathrm{E}(X_i)=\mu$,故有

$$\lim_{n\to+\infty}P\left\{\left|\frac{1}{n}\sum_{i=1}^{n}X_i-\mu\right|<\varepsilon\right\}=1. \tag{6.1.7}$$

等价形式为

$$\lim_{n\to+\infty}P\left\{\left|\frac{1}{n}\sum_{i=1}^{n}X_i-\mu\right|\geqslant\varepsilon\right\}=0. \tag{6.1.8}$$

若记

$$\overline{X}=\frac{1}{n}\sum_{i=1}^{n}X_i.$$

则称 $\overline{X}$ 依概率收敛于 μ,记为 $\overline{X}\xrightarrow{P}\mu$.

6.1.3 伯努利大数定律

定理 设 μ_n 是 n 次独立重复试验中事件 A 出现的频数,在每次试验中都有 $P(A)=p$,则对任意的 $\varepsilon>0$,恒有

$$\lim_{n\to+\infty} P\left\{\left|\frac{\mu_n}{n}-p\right|\geqslant\varepsilon\right\}=0. \tag{6.1.9}$$

等价形式为

$$\lim_{n\to+\infty} P\left\{\left|\frac{\mu_n}{n}-p\right|<\varepsilon\right\}=1. \tag{6.1.10}$$

这里$\frac{\mu_n}{n}$是事件A出现的频率.由(6.1.10)说明频率与概率p可以任意接近.这就是概率的统计意义的理论根据.

6.2 中心极限定理

定理 设$X_1,X_2,\cdots,X_n,\cdots$为独立同分布序列,$\mathrm{E}(X_i)=\mu,\mathrm{V}(X_i)=\sigma^2(i=1,2,\cdots)$,则

$$\lim_{n\to+\infty} P\left\{\frac{\sum\limits_{i=1}^{n}X_i-n\mu}{\sqrt{n}\sigma}\leqslant x\right\}=\frac{1}{\sqrt{2\pi}}\int_{-\infty}^{x}\mathrm{e}^{-\frac{t^2}{2}}\mathrm{d}t=\Phi(x). \tag{6.2.1}$$

这里,若记

$$Z_n=\frac{\sum X_i-n\mu}{\sqrt{n}\sigma}, \tag{6.2.2}$$

则有$\mathrm{E}(Z_n)=0,\mathrm{V}(Z_n)=1$,即$Z_n$是标准化的随机变量.虽然不知道$Z_n$服从什么分布(不管它服从什么分布),但是当$n\to+\infty$时,$Z_n$的极限分布是标准正态分布$N(0,1)$,也就是说,当$n$充分大时,$Z_n$近似服从正态分布.

这个定理具有很高的理论价值.同时也具有非常重要的实践意义.

我们考虑n重伯努利试验.设μ_n是事件A的频数,$P(A)=p,\mu_n\sim B(n,p),\mathrm{E}(\mu_n)=np,\mathrm{V}(\mu_n)=npq$.取$Z_n=\frac{\mu_n-np}{\sqrt{npq}}$,$Z_n$是标准化的随机变量.

定理 (德摩哇-拉普拉斯)对n重伯努利试验,设$[a,b]$为任意区间,则

$$\lim_{n\to+\infty} P\{a<Z_n\leqslant b\}=\int_a^b\frac{1}{\sqrt{2\pi}}\mathrm{e}^{-\frac{x^2}{2}}\mathrm{d}x=\Phi(b)-\Phi(a). \tag{6.2.3}$$

这个定理的成立是很明显的.因为由前一个定理,应当有

$$\lim_{n\to+\infty} P\{Z_n\leqslant x\}=\Phi(x). \tag{6.2.4}$$

二项分布是在实践中最常用的分布之一.这个定理的实际意义是,对二项分布,经标准化后,当 n 很大时,它就近似服从标准正态分布 $N(0,1)$.因此有下面两个很实用的公式.若 $X \sim B(n,p)$,当 n 很大时有

$$P\{X \leqslant k\} \approx \Phi\left(\frac{k-np}{\sqrt{np(1-p)}}\right); \tag{6.2.5}$$

$$\begin{aligned} P\{X = k\} &\approx \frac{1}{\sqrt{np(1-p)}} \varphi\left(\frac{k-np}{\sqrt{np(1-p)}}\right) \\ &= \frac{1}{\sqrt{2\pi}\sqrt{np(1-p)}} \exp\left[-\frac{(k-np)^2}{2np(1-p)}\right]. \end{aligned} \tag{6.2.6}$$

后一个公式表明:当 n 很大时,二项分布的分布律可以近似用标准正态分布的密度函数的关系式来表示.

前面两个定理,都要求 $X_1, X_2, \cdots X_n$ 同分布,那是特殊的情况,一般情况下,$X_1, X_2, \cdots, X_n$ 分布不同.这时有一般的中心极限定理.

定理 设 $X_1, X_2, \cdots, X_n \cdots$ 为独立的随机变量序列,$\mathrm{E}(X_i) = \mu_i$,$\mathrm{V}(X_i) = \sigma_i^2$,如果(1) 存在 正数 M,使得 $\max|X_i| \leqslant M, (i = 1,2,\cdots)$;(2) $\sigma_i^2 < \infty$,即每个 X_i 都有有限方差,则

$$\lim_{n \to -\infty} P\left\{\frac{\sum_{i=1}^{n} X_i - \sum_{i=1}^{n} \mu_i}{\sqrt{\sum_{i=1}^{n} \sigma_i^2}} \leqslant x\right\} = \int_{-\infty}^{x} \frac{1}{\sqrt{2\pi}} e^{-\frac{t^2}{2}} dt = \Phi(x). \tag{6.2.7}$$

从这个定理知道,不管 X_i 是什么分布,也不管各个 X_i 的分布有什么不同,只要满足定理的条件,当 $n \to +\infty$ 时,$Z_n = \dfrac{\sum X_i - \sum \mu_i}{\sqrt{\sum \sigma_i^2}}$ 的极限分布就是标准正态分布 $N(0.1)$;当 n 充分大时,Z_n 近似服从标准正态分布 $N(0,1)$.这就完全说明了本节开头所提出的问题:大量起微小作用的相互独立的随机变量之和的概率分布近似于正态分布.

实践的经验表明,分布常常是近似正态的,中心极限定理对这种事实提供了很好的理论解释.

例 6.2.1 假设一批种子的良种率为 1/6,在其中任选 600 粒,求这 600 粒种子中,良种所占的比例值与 1/6 之差的绝对值不超过 0.02 的概率.

(1) 用切比雪夫不等式估计;(2) 用中心极限定理计算出近似值.

解 分析:设 X 表示任选的 600 粒种子中良种的粒数,则良种所占的比例值为 $\dfrac{X}{600}$,任选 1 粒种子为良种的概率为 1/6,记为 $p = \dfrac{1}{6}$,因此,X 服从参数 $n = 600, p = \dfrac{1}{6}$ 的二

项分布即 $X \sim B\left(600, \frac{1}{6}\right)$.

$$\mathrm{E}(X) = np = 600 \times \frac{1}{6} = 100,$$

$$\mathrm{V}(X) = np(1-p) = 600 \times \frac{1}{6} \times \frac{5}{6} = \frac{250}{3}.$$

问题所求为
$$P\left\{\left|\frac{X}{600} - \frac{1}{6}\right| \leqslant 0.02\right\} = ?$$

(1) 用切比雪夫不等式估计

$$P\left\{\left|\frac{X}{600} - \frac{1}{6}\right| \leqslant 0.02\right\} = P\{|X - 100| \leqslant 12\}$$

(应用不等式)
$$\geqslant 1 - \frac{V(X)}{12^2} = 1 - \frac{1}{144} \times \frac{250}{3} = 0.4213.$$

这个结果说明概率值不会小于 0.4213,具体值是多少不能说明.

(2) 用中心极限定理计算近似值.

这里 $n = 600$,可以认为是很大的,可以应用中心极限定理. 由于 $X \sim B\left(600, \frac{1}{6}\right)$,可应用拉普拉斯定理.

$$P\left\{\left|\frac{X}{600} - \frac{1}{6}\right| \leqslant 0.02\right\} = P\{|X - 100| \leqslant 12\}$$

(对 X 进行标准化)
$$= P\left\{\left|\frac{X - 100}{\sqrt{250/3}}\right| \leqslant \frac{12}{\sqrt{250/3}}\right\}$$

$$= P\{|X^*| \leqslant 1.3145\} \qquad \begin{pmatrix} X^* \sim N(0,1) \\ \text{近似} \end{pmatrix}$$

$$\approx \Phi(1.3145) - \Phi(-1.3145)$$

$$= 2\Phi(1.3145) - 1$$

$$\approx 2 \times 0.9057 - 1 = 0.8114.$$

说明:① 用切比雪夫不等式只能估计出概率值的界限,用中心极限定理能算出概率值的近似值,n 越大,精确度越高,本题中 $n = 600$,很大,精确度已足够高. 比较两个数值看出,切比雪夫不等式的估计是粗糙的.

② 用中心极限定理最关键的问题就是对随机变量进行标准化,这一点要切记!

例 6.2.2　调整某种仪表 200 台,调整无误的概率为 0,设调整过大或过小的概率都是$\frac{1}{2}$,问调整过大的仪表在 95 台到 105 台之间的概率是多少?

解 设 μ_n 是调整过大的台数,$\mu_n \sim B(n,p)$,$n=200$,$p=q=\frac{1}{2}$,$np=100$,$npq=50$,可以认为 $n=200$ 是较大的.应用拉普拉斯定理,有

$$\begin{aligned}P\{95 \leqslant \mu_n \leqslant 105\} &= P\left\{\frac{95-100}{\sqrt{50}} \leqslant \frac{\mu_n-100}{\sqrt{50}} \leqslant \frac{105-100}{\sqrt{50}}\right\} \\ &= P\{-0.7071 \leqslant Z_n \leqslant 0.7071\} \\ &\approx \Phi(0.7071)-\Phi(-0.7071) \\ &= 2\Phi(0.7071)-1 \\ &\approx 2\times 0.7601-1=0.5202.\end{aligned}$$

若直接用二项分布计算

$$\begin{aligned}P\{95 \leqslant \mu_n \leqslant 105\} &= \sum_{k=95}^{105} C_{200}^{k} \left(\frac{1}{2}\right)^{k}\left(\frac{1}{2}\right)^{200-k} \\ &= \sum_{k=95}^{105} C_{200}^{k} \left(\frac{1}{2}\right)^{200} \approx 0.5633.\end{aligned}$$

两者之间的绝对误差约为 0.04,相对误差约为 8%,这个误差不算太大,当然也不太小.其原因是 $n=200$,还不够大,n 再大些效果会更好些.中心极限定理在 n 很大时是相当准确的.

例 6.2.3 设在 n 次伯努利试验中,每次试验事件 A 出现的概率均为 0.70,要使事件 A 出现的频率在 0.68 到 0.72 之间的概率不小于 0.90,问至少要进行多少次试验?(1) 用切比雪夫不等式估计;(2) 用中心极限定理计算.

解 分析:设 μ_n 表示 n 次试验中事件 A 出现的次数,显然 $\mu_n \sim B(n,p)$,已知 $p=0.70$,$E(\mu_n)=np=0.70n$,$V(\mu_n)=np(1-p)=0.21n$,相应的频率为$\frac{\mu_n}{n}$,问题是要求出适当的 n,使得

$$P\left\{0.68<\frac{\mu_n}{n}<0.72\right\} \geqslant 0.90$$

(1) 用切比雪夫不等式估计

$$P\left\{0.68<\frac{\mu_n}{n}<0.72\right\}=P\{0.68n<\mu_n<0.72n\}$$

$$=P\{0.68n-0.70n<\mu_n-0.70n<0.72n-0.70n\}$$

$$=P\{|\mu_n-0.70n|<0.02n\}$$

（应用不等式）　$\geqslant 1-\dfrac{0.21n}{(0.02n)^2}=1-\dfrac{525}{n}.$

要使 $P\left\{0.68<\dfrac{\mu_n}{n}<0.72\right\}\geqslant 0.90$，只要 $1-\dfrac{525}{n}\geqslant 0.90$，解不等式，$n\geqslant 5250$，即至少要进行5250次试验才能满足题中要求.

(2) 用中心极限定理计算

$$P\left\{0.68<\frac{\mu_n}{n}<0.72\right\}$$

$$=P\{0.68n<\mu_n<0.72n\}$$

（对 μ_n 标准化）　$=P\left\{\dfrac{0.68n-0.70n}{\sqrt{0.21n}}<\dfrac{\mu_n-0.70n}{\sqrt{0.21n}}<\dfrac{0.72n-0.70n}{\sqrt{0.21n}}\right\}$

$$=P\{-0.0436\sqrt{n}<\mu_n^*<0.0436\sqrt{n}\}\qquad(\mu_n^*\sim N(0,1))$$

$$\approx\Phi(0.0436\sqrt{n})-\Phi(-0.0436\sqrt{n})$$

$$=2\Phi(0.0436\sqrt{n})-1.$$

要使 $P\left\{0.68<\dfrac{\mu_n}{n}<0.72\right\}\geqslant 0.90$，只要 $2\Phi(0.0436\sqrt{n})-1\geqslant 0.90$，即

$\Phi(0.0436\sqrt{n})\geqslant 0.95.$

反查表，只要 $0.0436\sqrt{n}\geqslant 1.645.$

解不等式，只要 $n\geqslant 1423.5$，取 $n\geqslant 1424$，即至少要做1424次试验才能达到题中要求.

比较两种方法得出的不同结果，可以看出，按切比雪夫不等式估计出的结果，要多做3826次试验，这将是多大的浪费啊！

例 6.2.4　设电话总机共有200个电话分机，若每个分机都有5％的时间使用外线．且是否使用外线相互独立．要保证每个用户有95％的把握接通外线，问总机至少要设置多少条外线？

解　设 X 为某时刻需使用外线的户数（分机数），显然 $X\sim B(200,0.05)$，即 $n=200$，$p=0.05$ 的二项分布.

$$\mathrm{E}(X)=np=10,\qquad \mathrm{V}(X)=np(1-p)=9.5.$$

设 k 为要设置的外线的条数，要保证每个要使用外线的用户能够使用上外线、必须有 $k \geqslant X$. 据题意应有

$$P\{X \leqslant k\} \geqslant 0.95.$$

这里 $n = 200$，较大，可使用中心极限定理，对 X 进行标准化有

$$P\{X \leqslant k\} = P\left\{\frac{X-10}{\sqrt{9.5}} \leqslant \frac{k-10}{\sqrt{9.5}}\right\}$$

$$= P\left\{X^* \leqslant \frac{k-10}{\sqrt{9.5}}\right\} \approx \Phi\left(\frac{k-10}{\sqrt{9.5}}\right) \geqslant 0.95.$$

经反查表，只要$\dfrac{k-10}{\sqrt{9.5}} \geqslant 1.645$，解出不等式，得 $k \geqslant 15.1$，取 $k \geqslant 16$. 即至少要设置 16 条外线，才能保证每个用户以 95% 的把握使用上外线.

例 6.2.5 一仪器同时收到50个信号 $W_i (i = 1, 2, \cdots, 50)$，设它们是相互独立的随机变量，且都在区间 $(0, 10)$ 上服从均匀分布. 记 $W = \sum_{i=1}^{50} W_i$. (1) 求 $P(W > 260)$；(2) 要使 $P(W > 260)$ 不超过 10%，问要收到多少个这样的信号才行？

解 (1) 因为 $W_i \sim U(0, 10)$，即服从 $(0, 10)$ 上的均匀分布，所以 $\mathrm{E}(W_i) = \dfrac{10}{2} = 5$，$\mathrm{V}(W_i) = \dfrac{10^2}{12} = \dfrac{25}{3}$. 又 $W = \sum_{i=1}^{50} W_i$，且 W_i 之间相互独立，所以 $\mathrm{E}(W) = 50 \times 5 = 250$，$\mathrm{V}(W) = 50 \times \dfrac{25}{3} = \dfrac{1250}{3}$. 这里 $n = 50$，较大，可以应用中心极限定理，所以有

$$P\{W > 260\} = 1 - P(W \leqslant 260)$$

(对 W 标准化)

$$= 1 - P\left\{\frac{W-250}{\sqrt{1250/3}} \leqslant \frac{260-250}{\sqrt{1250/3}}\right\}$$

$$\approx 1 - P(W^* \leqslant 0.4899) \qquad (W^* \sim N(0,1))$$

$$\approx 1 - \Phi(0.4899)$$

$$\approx 1 - 0.6879 = 0.3121.$$

(2) 设收到的信号为 n 个，$W = \sum_{i=1}^{n} W_i$，$\mathrm{E}(W) = 5n$，$\mathrm{V}(W) = \dfrac{25}{3}n$，$n$ 应该是较大的. 可应用中心极限定理.

据题意， $P\{W > 260\} \leqslant 0.1$， 现有

$$P\{W > 260\} = 1 - P\{W \leqslant 260\}$$

(对 W 标准化) $\qquad =1-P\left(\frac{W-5n}{\sqrt{25n/3}}\leqslant\frac{260-5n}{\sqrt{25n/3}}\right)$

$$=1-P\left(W^{*}\leqslant\frac{52-n}{\sqrt{n/3}}\right) \qquad W^{*}\sim N(0,1)\text{ 近似}$$

$$\approx 1-\Phi\left(\frac{52-n}{\sqrt{n/3}}\right).$$

要使 $P(W>260)\leqslant 0.1$,只要 $1-\Phi\left(\frac{52-n}{\sqrt{n/3}}\right)\leqslant 0.1$,即

$$\Phi\left(\frac{52-n}{\sqrt{n/3}}\right)\geqslant 0.9.$$

反查表,只要$\frac{52-n}{\sqrt{n/3}}\geqslant 1.281$,解不等式得出 $n\geqslant 57.6$,取 $n=58$,即至少要收到58个信号.

例 6.2.6 多次测量一个物理量,每次测量都产生一个随机误差 $\varepsilon_i(i=1,2,\cdots,n)$,假定 $\varepsilon_i\sim U(-1,1)$ 均匀分布,问 n 次测量值的算术平均值与真值的差的绝对值小于一个小正数 δ 的概率是多少?若 $n=100,\delta=0.1$,上述概率的近似值是多少?对 $\delta=0.1$,欲使上述概率值不小于 0.95.问至少要进行多少次测量?

解 设以 μ 表示物理量的真值,$X_i(i=1,2,\cdots,n)$ 表示测量值.据题意有

$$X_i=\mu+\varepsilon_i, \qquad \varepsilon_i\sim U(-1,1)\text{,均匀分布}.$$

$$\mathrm{E}(\varepsilon_i)=0, \qquad \mathrm{V}(\varepsilon_i)=\frac{2^2}{12}=\frac{1}{3}.$$

所以 $$\mathrm{E}(X_i)=\mu, \qquad \mathrm{V}(X_i)=\mathrm{V}(\varepsilon_i)=\frac{1}{3}.$$

记 $$X=\sum_{i=1}^{n}X_i,$$

$$\mathrm{E}(X)=\sum_{i=1}^{n}\mathrm{E}(X_i)=n\mu,\ \mathrm{V}(X)=\sum_{i=1}^{n}\mathrm{V}(X_i)=\frac{n}{3}.$$

n 次测量值的算术平均值为$\frac{1}{n}\sum_{i=1}^{n}X_i=\frac{X}{n}$,所以题中所求为

$$P\left\{\left|\frac{X}{n}-\mu\right|<\delta\right\}=P\{|X-n\mu|<n\delta\}$$

(对 X 标准化)
$$=P\left\{\left|\frac{X-n\mu}{\sqrt{n/3}}\right|<\frac{n\delta}{\sqrt{n/3}}\right\}$$
$$=P\{|X^*|<\sqrt{3n}\delta\} \qquad (X^*\sim N(0,1))$$
$$\approx\Phi(\sqrt{3n}\delta)-\Phi(\sqrt{3n}\delta)$$
$$=2\Phi(\sqrt{3n}\delta)-1.$$

若 $n=100, \delta=0.1$,则有
$$P\left\{\left|\frac{X}{100}-\mu\right|<0.1\right\}\approx 2\Phi(\sqrt{300}\times 0.1)-1$$
$$\approx 2\Phi(\sqrt{3})-1\approx 2\times 0.9584-1=0.9168.$$

欲使 $$P\left\{\left|\frac{X}{n}-\mu\right|<0.1\right\}\geqslant 0.95,$$

只要 $$2\Phi(\sqrt{3n}\times 0.1)-1\geqslant 0.95,$$

即 $$\Phi(\sqrt{3n}\times 0.1)\geqslant 0.975.$$

经过反查表,得出 $$\sqrt{3n}\times 0.1\geqslant 1.96.$$

所以(解不等式) $$n\geqslant 128.05, \qquad \text{取 } n\geqslant 129.$$

至少要进行 129 次测量.

例 6.2.7 设产品的废品率为 0.01,从中任取 500 件,求其中正好有 5 件废品的概率:

解 设 500 件中的废品数为 X,据题意 $X\sim B(500,0.01)$.

求 $P\{X=5\}$. 用三种方法计算:

(1) 用二项分布直接计算
$$P\{X=5\}=C_{500}^{5}\times(0.01)^5\times(0.99)^{495}\approx 0.1764.$$

(2) 用泊松分布近似,这里 $n=500, np=5$,记 $\lambda=5$.
$$P\{X=5\}\approx\frac{\lambda^5 e^{-\lambda}}{5!}=\frac{5^5 e^{-5}}{5!}\approx 0.1755.$$

(3) 用中心极限定理:这里 $E(X)=np=5, V(X)=np(1-p)=4.95$,
$$P\{X=5\}\approx\frac{1}{\sqrt{2\pi\times 4.95}}e^{-\frac{(5-5)^2}{2\times 4.95}}\approx 0.1793.$$

评注　在 n 很大的情况下，二项分布可以用泊松分布近似，也可以用标准正态分布近似. 本题中，用泊松分布近似所得的值 0.1755 比用标准正态分布近似所得的值 0.1793 更接近二项分布算得的值 0.1764. 原因是对用标准正态分布近似，$n = 500$ 还嫌不够大.

习　题　6

6.1　一部件由 10 段连接而成，每段长度是一个随机变量，它们之间相互独立，且服从同一分布，其数学期望为 2cm，均方差为 0.05cm，现规定部件长度为(20 ± 0.1)cm 时产品合格. 求产品合格的概率.

6.2　设各零件的重量都是随机变量，它们相互独立，且服从同一分布，数学期望为 0.5kg，均方差为 0.1kg，现有这种零件 5000 个. 求它们的总重量超过 2510kg 的概率.

6.3　某种计算器在进行加法运算时，将每个加数都舍入成最靠近它的整数. 设所有舍入误差都是独立的，且都在(−0.5,0.5) 上服从均匀分布.

(1) 若将 1500 个数相加，求误差总和的绝对值大于 15 的概率；

(2) 要使误差总和的绝对值小于 10 的概率不小于 0.90，最多允许多少个数相加？

6.4　有一批建筑用木柱，其中有 80% 的长度不小于 3m，现从这批木柱中随机地抽取 100 根，问其中至少有 30 根木柱的长度小于 3m 的概率是多少？

6.5　某系统由 100 个相互独立起作用的部件组成. 在整个运行期间每个部件损坏的概率为 0.1，假设至少有 85 个部件正常工作时，整个系统才能正常运行. 求整个系统正常运行的概率；若要使整个系统正常运行的概率达到 0.98，问每个部件在运行中保持完好的概率应达到多少？

6.6　n 个相互独立起作用的部件组成一个复杂系统. 每个部件正常工作的概率为 0.90，假设至少有 80% 的部件正常工作时，整个系统才能正常运行，问 n 至少为多少时，才能使整个系统正常运行的概率不低于 0.95？

6.7　据经验某种电子元件的寿命 T 服从均值为 100h 的指数分布，现随机地取 16 个，设它们的寿命相互独立，求这 16 个电子元件寿命的总和不少于 1920h 的概率.

6.8　设 $X_i (i = 1,2,\cdots,50)$ 是相互独立的随机变量，且都服从 $\lambda = 0.03$ 的泊松分布. 记 $X = \sum_{i=1}^{50} X_i$，求 X 不小于 3 的概率.

(1) 用泊松分布的性质计算；

(2) 用中心极限定理计算近似值.

第 7 章　数理统计的基本概念

数理统计是以概率论为理论基础的应用非常广泛的一个较新的数学分支.它的任务是:根据试验或观察得到的数据,对研究对象的客观规律性作出合理的估计与判断.

在客观实践中,由于各种条件的限制,不可能对研究对象的每一个都进行分析(有时也不必要对每一个都进行分析),只能对其中的一部分进行分析研究(这一部分简称为样本).从这一部分的研究结果,对整个研究对象作出判断.数理统计就是研究样本数据的搜集、整理、分析、推断的各种统计方法及其理论背景的一门新兴的数学学科.

数理统计主要研究两类问题:

(1) 试验的设计和研究:它研究如何合理有效地获得数据资料的方法,并对这些方法进行分析.

(2) 统计推断:它研究如何利用获得的数据资料对所关心的问题,作出尽可能精确、可靠的判断.

7.1　总体和样本

1. 总体和个体

研究对象的全体称为总体.组成总体的每个单元称为个体.实际问题中,人们对所研究的对象通常总是关心它的某个指标,如使用寿命、材料强度……,并把它看作是一个随机变量 X,因此总体就是要研究的随机变量 X 取值的全体.其中每一个就是一个个体.一般地说,总体是有限的.但为了研究问题的方便,常把总体看成是无限的,并当作连续型随机变量来处理.

2. 样本与样本值

样本:在总体 X 中抽取 n 个个体 $X_1, X_2, \cdots X_n$,这 n 个个体称为总体 X 的容量为 n 的样本,它构成一个 n 维随机变量.

样本值:对一次具体的抽取得到 n 个数值 x_1、x_2,$\cdots x_n$,这一组具体的数值叫样本值或叫样本的观察值.

简单随机样本:样本的选取若满足

(1) 每个个体 $X_i(i=1,2,\cdots,n)$ 都与总体 X 同分布;

(2) 各个体之间相互独立,

这样的样本称为简单随机样本.

设总体 X 的分布函数为 $F(x)$，概率密度函数为 $f(x)$，样本的联合分布函数为 $F^*(x_1,x_2,\cdots,x_n)$，联合概率密度函数为 $f^*(x_1,x_2,\cdots,x_n)$，对简单随机样本，有下面的性质：

$$F^*(x_1,x_2,\cdots,x_n)=F(x_1)F(x_2)\cdots F(x_n)=\prod_{i=1}^{n}F(x_i);\tag{7.1.1}$$

$$f^*(x_1,x_2,\cdots,x_n)=f(x_1)f(x_2)\cdots f(x_n)=\prod_{i=1}^{n}f(x_i).\tag{7.1.2}$$

3. 样本分布函数

将 n 个样本值按大小排成 $x_{(1)}\leqslant x_{(2)}\leqslant\cdots\leqslant x_{(n)}$ 的顺序，记 $F_n(x)$ 为不大于 x 的样本值出现的频率，则

$$F_n(x)=\begin{cases}0 & x<x_{(1)},\\ \dfrac{k}{n} & x_{(k)}\leqslant x<x_{(k-1)},\\ 1 & x\geqslant x_{(n)}.\end{cases}\tag{7.1.3}$$

称 $F_n(x)$ 为样本分布函数. 它等于在 n 次独立重复试验中，事件 $\{X\leqslant x\}$ 出现的频率. 它具有分布函数的一切性质.

格列汶科定理　设总体分布函数为 $F(x)$，样本分布函数为 $F_n(x)$，则

$$P[\lim_{n\to+\infty}\sup|F_n(x)-F(x)|=0]=1.\tag{7.1.4}$$

即当 $n\to+\infty$ 时，$F_n(x)$ 以概率 1 关于 x 均匀收敛于 $F(x)$. 它表明，当 n 很大时，可以用 $F_n(x)$ 近似代替 $F(x)$

$$F(x)\approx F_n(x).\tag{7.1.5}$$

这是能用样本推断总体的理论根据.

4. 样本的数字特征和样本矩

样本作为随机变量，它也有自己的数字特征和矩，这里介绍如下：

(1) 样本均值

$$\overline{X}=\frac{1}{n}\sum_{i=1}^{n}X_i.\tag{7.1.6}$$

(2) 样本方差

$$S^2=\frac{1}{n-1}\sum_{i=1}^{n}(X_i-\overline{X})^2.\tag{7.1.7}$$

样本的标准差

$$S=\sqrt{S^2}.$$

(3) 样本矩

① 样本的 k 阶原点矩 $$A_k = \frac{1}{n}\sum_{i=1}^{n} X_i^k. \tag{7.1.8}$$

② 样本的 k 阶中心矩 $$B_k = \frac{1}{n}\sum_{i=1}^{n}(X_i - \overline{X})^k. \tag{7.1.9}$$

显然 $$A_1 = \overline{X},\quad B_2 = \frac{n-1}{n}S^2. \tag{7.1.10}$$

以上这些量都是 X_i 的函数，是随机变量，样本观察值确定以后，他们的观察值分别为

$$\overline{x} = \frac{1}{n}\sum_{i=1}^{n} x_i,\quad s^2 = \frac{1}{n-1}\sum_{i=1}^{n}(x_i - \overline{x})^2,$$

$$a_k = \frac{1}{n}\sum_{i=1}^{n} x_i^k,\quad b_k = \frac{1}{n}\sum (x_i - \overline{x})^2.$$

样本的数字特征或矩与总体的数字特征或矩之间有着密切的关系，当样本容量 $n \to +\infty$ 时有下面的重要结论：

定理 样本均值依概率收敛于总体均值 E(X)，样本方差依概率收敛于总体方差 V(X). 样本矩依概率收敛于相应的总体矩.

5. 统计量

我们已经知道，样本是总体的代表. 通过样本能对总体作出某种判断. 但是如何用样本进行判断？通常是针对我们所关心的问题，构造成样本的某个函数，这个函数是一个随机变量.

定义 设 $X_1, X_2, \cdots, X_n$ 是总体 X 的样本，$g(X_1, X_2, \cdots, X_n)$ 是一个连续函数. 若此函数中不含任何未知参数，则称函数 $g(X_1, X_2, \cdots, X_n)$ 为一个统计量.

前面已经介绍的 $\overline{X}, S^2$ 都是统计量. 比如在正态总体 $N(\mu, \sigma^2)$ 中，若 μ, σ^2 为已知参数，则 $\frac{(\overline{X}-\mu)\sqrt{n}}{\sigma}, \frac{(n-1)S^2}{\sigma^2}$ 都是统计量. 当总体分布为已知时，统计量的分布总是可以求得的. 实践中，人们就是根据要解决的问题，构造合适的统计量. 通过对统计量的充分研究，从而对总体作出判断. 这中间，统计量的分布成为一个重要问题.

7.2 抽样分布

统计量的分布称为抽样分布. 求统计量的分布是数理统计的基本问题之一.

要确定统计量的分布，在一般情况下是困难的，但对于正态总体还是比较容易的. 今后我们着重讨论正态总体的情况. 这是有重要的实践意义的. 因为正态分布是最常见的分布，另一方面，即使不是正态分布，根据中心极限定理，当 n 很大时，也可用正态分布近似.

下面介绍几个常用的统计量的分布.

先介绍一个重要概念:分位点.

分位点:设统计量 U 服从某分布,如果对于 $\alpha(0<\alpha<1)$ 有 $P\{U>u_\alpha\}=\alpha$,则称 u_α 为该分布的上 α 分位点.

7.2.1 标准正态分布

设 $X\sim N(0,1)$,它的分位点记为 z_α,见图 7.1.

$$P\{X>z_\alpha\}=\alpha,$$

$$P\{X\leqslant z_\alpha\}=1-\alpha,$$

即

$$\Phi(z_\alpha)=1-\alpha,$$

反查标准正态分布即可查出 z_α.

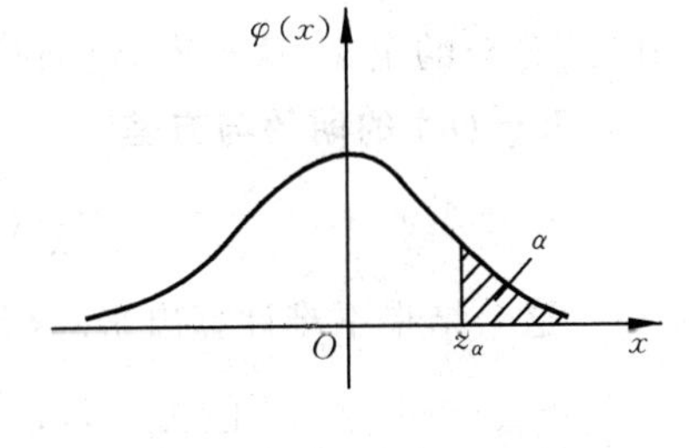

图 7.1

7.2.2 χ^2(卡方)分布

1. 定义 设总体 $X\sim N(0,1)$,$X_1,X_2,\cdots,X_n$ 是 X 的简单随机样本.统计量 χ^2 为

$$\chi^2=X_1^2+X_2^2+\cdots+X_n^2=\sum_{i=1}^{n}X_i^2,\quad X_i\sim N(0,1). \tag{7.2.1}$$

则称 χ^2 所服从的分布为自由度是 n 的 χ^2 分布,记作 $\chi^2\sim\chi^2(n)$.

它的概率密度函数为

$$f(x)=\begin{cases}\dfrac{1}{2^{\frac{n}{2}}\Gamma\left(\dfrac{n}{2}\right)}x^{\frac{n}{2}-1}\mathrm{e}^{-\frac{x}{2}} & x\geqslant 0,\\ 0 & x<0.\end{cases} \tag{7.2.2}$$

图形如图 7.2 所示.

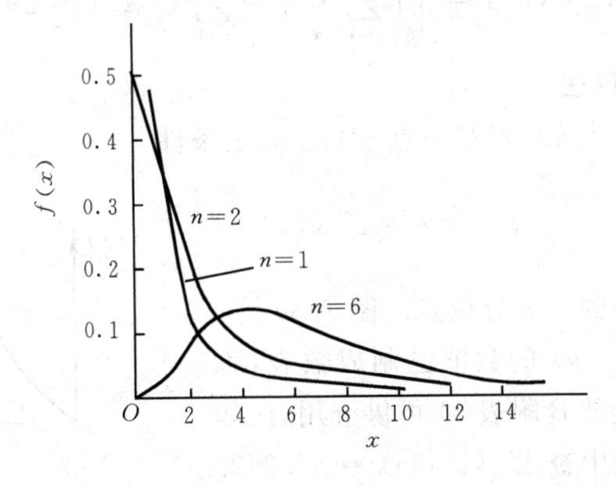

图 7.2

当 $n=1$ 时，$\chi^2(1)$ 分布又叫 Γ 分布.

当 $n=2$ 时，$\chi^2(2)$ 分布就是指数分布.

2. χ^2 分布的可加性定理 若 $\chi_1^2\sim\chi^2(n_1)$，$\chi_2^2\sim\chi^2(n_2)$，且互相独立，则

$$\chi_1^2+\chi_2^2\sim\chi^2(n_1+n_2). \tag{7.2.3}$$

由 χ^2 分布的定义，这很容易得到证明.

3. $\chi^2(n)$ 的期望与方差

$$E(\chi^2(n))=n,\quad V(\chi^2(n))=2n. \tag{7.2.4}$$

这个结果不难计算出来. 因此 $X\sim N(0,1)$，$X_i\sim N(0,1)$

$$E(X_i)=0,\quad V(X_i)=1,\qquad i=1,2,\cdots,n.$$

$$E(X_i^2)=V(X_i)=1,\qquad i=1,2,\cdots,n.$$

$$\begin{aligned}V(X_i^2)&=E(X_i^4)-[E(X_i^2)]^2\\&=E(X^4)-1\\&=\int_{-\infty}^{+\infty}x^4\cdot\frac{1}{\sqrt{2\pi}}e^{-\frac{x^2}{2}}\mathrm{d}x-1\\&=3-1=2.\qquad i=1,2,\cdots,n.\end{aligned}$$

所以

$$E(\chi^2(n))=E\left(\sum_{i=1}^n X_i^2\right)=\sum_{i=1}^n E(X_i^2)=n,$$

$$V(\chi^2(n))=V\left(\sum_{i=1}^n X_i^2\right)=\sum_{i=1}^n V(X_i^2)=2n.$$

4. $\chi^2(n)$ 分布表及用法

对给定的 $\alpha(0<\alpha<1)$，若有一点 $\chi_\alpha^2(n)$ 满足条件

$$P\{\chi^2>\chi_\alpha^2(n)\}=\int_{\chi_\alpha^2(n)}^{+\infty}f(x)\mathrm{d}x=\alpha. \tag{7.2.5}$$

则称此点为 $\chi^2(n)$ 分布的上 α 分位点.（图 7.3）

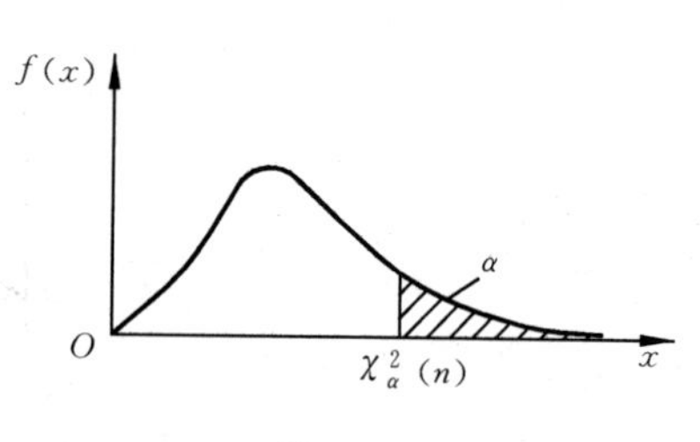

图 7.3

对于不同的 $\alpha,n,\chi_\alpha^2(n)$ 的数值已制成数表，称为 $\chi^2(n)$ 分布表.（见附录 B 附表 4）可供查用. 比如 $\alpha=0.01$，$n=35$，从表中查出 $\chi_{0.01}^2(35)=57.342$. 又如 $\chi_{0.05}^2(16)=26.296$.

一般的$\chi^2(n)$分布表只列到$n=45$. $n>45$时，可根据下面的近似公式算出$\chi^2_\alpha(n)$. 当n充分大时有

$$\chi^2_\alpha(n)\approx\frac{1}{2}(z_\alpha+\sqrt{2n-1})^2. \tag{7.2.6}$$

其中z_α为标准正态分布的上α分位点.

例如　求$\chi^2_{0.025}(50)$，这里$n=50,\alpha=0.025,z_\alpha=z_{0.025}=1.96$，根据(7.2.6)式有

$$\chi^2_{0.025}(50)\approx\frac{1}{2}(1.96+\sqrt{100-1})^2\approx 70.9226.$$

7.2.3 t分布

1. 定义　设$X\sim N(0,1),Y\sim\chi^2(n)$，且$X,Y$相互独立，记

$$T=\frac{X}{\sqrt{Y/n}} \tag{7.2.7}$$

则称T所服从的分布为自由度是n的t分布，记作$T\sim t(n)$.

它的概率密度函数为

$$f(t)=\frac{\Gamma\left(\frac{n+1}{2}\right)}{\sqrt{n\pi}\,\Gamma\left(\frac{n}{2}\right)}\left(1+\frac{t^2}{n}\right)^{-\frac{n-1}{2}}. \tag{7.2.8}$$

图形如图7.4所示.

$f(t)$是偶函数，图形关于$t=0$对称.

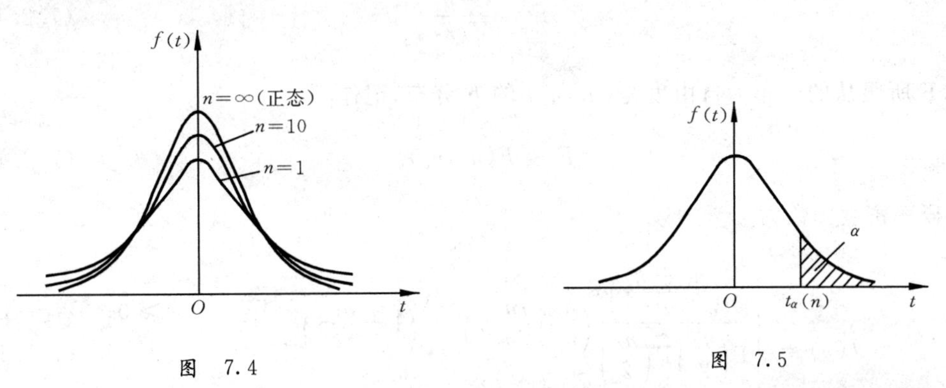

图 7.4　　　　图 7.5

可以证明

$$\lim_{n\to+\infty}f(t)-\frac{1}{\sqrt{2\pi}}e^{-\frac{t^2}{2}}=\varphi(t) \tag{7.2.9}$$

即 t 分布以 $N(0,1)$ 分布为极限分布，当 n 充分大时，t 分布近似 $N(0,1)$ 分布.

2. $t(n)$分布表及用法

对给定的 $\alpha(0<\alpha<1)$，若有一点 $t_\alpha(n)$ 满足条件

$$P\{T>t_\alpha(n)\}=\int_{t_\alpha(n)}^{+\infty}f(t)\mathrm{d}t=\alpha. \tag{7.2.10}$$

则称此点为 $t(n)$ 分布的上 α 分位点(如图 7.5).
由于 $f(t)$ 图形的对称性，有

$$t_{1-\alpha}(n)=-t_\alpha(n). \tag{7.2.11}$$

对不同的 α，n，$t_\alpha(n)$ 的数值已制成数表，称为 $t(n)$ 分布表(见附录 B 附表 3)可供查用. 例如 $t_{0.10}(20)=1.3253$ 而 $t_{0.90}(20)=-t_{0.10}(20)=-1.3253$.

表中所列 n 最大为 45，当 $n>45$ 时，就用 $N(0,1)$ 分布近似.

$$t_\alpha(n)\approx z_\alpha. \tag{7.2.12}$$

其中 z_α 为 $N(0,1)$ 分布的上 α 分位点.

例如 $t_{0.025}(60)\approx z_{0.025}\approx 1.96$.

7.2.4 F 分布

这是两个随机变量之比的分布问题.

1. 定义 设 $U\sim\chi^2(n_1)$，$V\sim\chi^2(n_2)$，且 U，V 相互独立，记

$$F=\frac{U/n_1}{V/n_2}. \tag{7.2.13}$$

则称 F 所服从的分布为自由度是(n_1,n_2) 的 F 分布，记作

$$F\sim F(n_1,n_2). \tag{7.2.14}$$

它的概率密度函数为

$$f(y)=\begin{cases}\dfrac{\Gamma\left(\dfrac{n_1+n_2}{2}\right)}{\Gamma\left(\dfrac{n_1}{2}\right)\Gamma\left(\dfrac{n_2}{2}\right)}\left(\dfrac{n_1}{n_2}\right)\left(\dfrac{n_1}{n_2}y\right)^{\frac{n_1}{2}-1}\left(1+\dfrac{n_1}{n_2}y\right)^{-\frac{n_1+n_2}{2}} & y\geqslant 0,\\ 0 & y<0.\end{cases} \tag{7.2.15}$$

$f(y)$ 的图形如图 7.6.

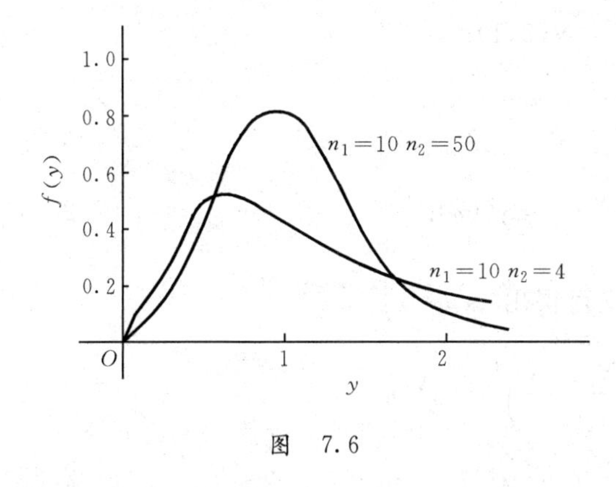

图　7.6

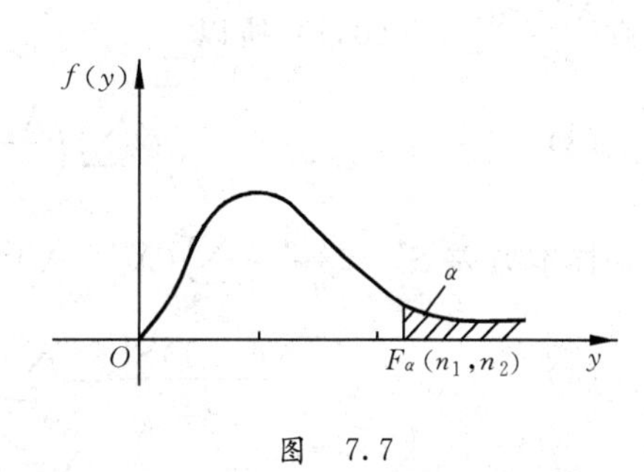

图　7.7

性质：

(1) 若 $X \sim F(n_1,n_2)$，则 $\dfrac{1}{X} \sim F(n_2,n_1)$；　　(7.2.16)

(2) $F_{1-\alpha}(n_1,n_2)=\dfrac{1}{F_\alpha(n_2,n_1)}$.　　(7.2.17)

2. F 分布表及用法

对给定的 $\alpha(0<\alpha<1)$，若有一点 $F_\alpha(n_1,n_2)$ 满足条件

$$P\{F>F_\alpha(n_1,n_2)\}=\int_{F_\alpha(n_1,n_2)}^{+\infty} f(y)\mathrm{d}y=\alpha. \tag{7.2.18}$$

则称 $F_\alpha(n_1,n_2)$ 为 $F(n_1,n_2)$ 分布的上 α 分位点(如图 7.7).

对不同的 $\alpha,n_1,n_2,F_\alpha(n_1,n_2)$ 的数值已制成数表，叫 $F(n_1,n_2)$ 分布表(见附录 B 附表 5)，可供查用，比如 $F_{0.05}(12,15)=2.48$.

$F(n_1,n_2)$ 表中所给的 α 都是很小的数. 如 0.10，0.05，0.001 等等，当 α 较大时，比如 $\alpha=0.95$，表中查不出，这时根据性质(2)，(7.2.17) 式，有 $F_\alpha(n_1,n_2)=\dfrac{1}{F_{1-\alpha}(n_2,n_1)}$. $(1-\alpha)$ 很小，$F_{1-\alpha}(n_2,n_1)$ 可查表. 比如 $F_{0.95}(15,12)=\dfrac{1}{F_{0.05}(12,15)}\doteq\dfrac{1}{2.48}\approx 0.403$.

7.2.5　几个重要统计量的分布

设 $X\sim N(\mu,\sigma^2)$，$X_1,X_2,\cdots,X_n$ 为简单随机样本. 显然 $X_i\sim N(\mu,\sigma^2)$，从而得出样本均值 $\overline{X}$ 的分布为

(1)
$$\overline{X}=\frac{1}{n}\sum_{i=1}^{n}X_i\sim N\left(\mu,\frac{\sigma^2}{n}\right). \tag{7.2.19}$$

进而得出

(2)
$$\frac{\overline{X}-\mu}{\sigma/\sqrt{n}} \sim N(0,1). \tag{7.2.20}$$

又有$\dfrac{X_i-\mu}{\sigma} \sim N(0,1)$，所以

(3)
$$\sum_{i=1}^{n}\left(\frac{X_i-\mu}{\sigma}\right)^2 \sim \chi^2(n). \tag{7.2.21}$$

已知样本方差 $S^2=\dfrac{1}{n-1}\sum\limits_{i=1}^{n}(X_i-\overline{X})^2$，又可得出

(4)
$$\frac{(n-1)S^2}{\sigma^2}=\sum_{i=1}^{n}\left(\frac{X_i-\overline{X}}{\sigma}\right)^2 \sim \chi^2(n-1). \tag{7.2.22}$$

(5)
$$\frac{\overline{X}-\mu}{S/\sqrt{n}} \sim t(n-1). \tag{7.2.23}$$

设 $X\sim N(\mu_1,\sigma^2)$，$Y\sim N(\mu_2,\sigma^2)$，X,Y 相互独立，它们的样本分别为 $X_1,X_2,\cdots,X_{n_1}$；$Y_1,Y_2,\cdots,Y_{n_2}$，$\overline{X}=\dfrac{1}{n_1}\sum\limits_{i=1}^{n_1}X_i$，$\overline{Y}=\dfrac{1}{n_2}\sum\limits_{j=1}^{n_2}Y_j$，则有

(6)
$$\overline{X}-\overline{Y} \sim N\left(\mu_1-\mu_2,\left(\frac{1}{n_1}+\frac{1}{n_2}\right)\sigma^2\right); \tag{7.2.24}$$

$$\frac{(\overline{X}-\overline{Y})-(\mu_1-\mu_2)}{\sigma\sqrt{\dfrac{1}{n_1}+\dfrac{1}{n_2}}} \sim N(0,1). \tag{7.2.25}$$

若 $S_1^2=\dfrac{1}{n_1-1}\sum\limits_{i=1}^{n_1}(X_i-\overline{X})^2$，$S_2^2=\dfrac{1}{n_2-1}\sum\limits_{j=1}^{n_2}(Y_j-\overline{Y})^2$，则有

(7)
$$\frac{(\overline{X}-\overline{Y})-(\mu_1-\mu_2)}{S_w\sqrt{\dfrac{1}{n_1}+\dfrac{1}{n_2}}} \sim t(n_1+n_2-2); \tag{7.2.26}$$

其中
$$S_w^2=\frac{(n_1-1)S_1^2+(n_2-1)S_2^2}{n_1+n_2-2}. \tag{7.2.27}$$

(8)
$$\frac{S_1^2}{S_2^2} \sim F(n_1-1,n_2-1). \tag{7.2.28}$$

例 7.2.1 设总体 $X\sim N(\mu,\sigma^2)$，$X_1,X_2,\cdots,X_n$ 为简单随机样本，$\overline{X}$ 为样本均值，S^2 为样本方差.

(1) 求 $P\left\{(\overline{X}-\mu)^2 \leqslant \dfrac{\sigma^2}{n}\right\}$；

(2) 如果 n 很大，求 $P\left\{(\overline{X}-\mu)^2 \leqslant \dfrac{2S^2}{n}\right\}$；

(3) 若 $n=6$，求 $P\left\{(\overline{X}-\mu)^2 \leqslant \dfrac{2S^2}{3}\right\}$.

解　(1) 因有$\dfrac{\overline{X}-\mu}{\sigma/\sqrt{n}} \sim n(0,1)$，所以

$$P\left\{(\overline{X}-\mu)^2 \leqslant \frac{\sigma^2}{n}\right\} = P\left\{|\overline{X}-\mu| \leqslant \frac{\sigma}{\sqrt{n}}\right\}$$

$$= P\left\{\left|\frac{\overline{X}-\mu}{\sigma/\sqrt{n}}\right| \leqslant 1\right\} = \Phi(1)-\Phi(-1)$$

$$= 2\Phi(1)-1 \approx 2\times 0.8413-1 = 0.6826.$$

(2) 因有$\dfrac{\overline{X}-\mu}{S/\sqrt{n}} \sim t(n-1)$，当 n 很大时，$\dfrac{\overline{X}-\mu}{S/\sqrt{n}} \sim N(0,1)$.

$$P\left\{(\overline{X}-\mu)^2 \leqslant \frac{2S^2}{n}\right\} = P\left\{|\overline{X}-\mu| \leqslant \frac{\sqrt{2}S}{\sqrt{n}}\right\}$$

$$= P\left\{\left|\frac{\overline{X}-\mu}{S/\sqrt{n}}\right| \leqslant \sqrt{2}\right\} \quad (\text{因为 } n \text{ 很大})$$

$$\approx \Phi(\sqrt{2})-\Phi(-\sqrt{2}) = 2\Phi(\sqrt{2})-1$$

$$\approx 2\Phi(1.414)-1 \approx 2\times 0.9213-1 = 0.8426.$$

(3) $n=6$　$\dfrac{\overline{X}-\mu}{S/\sqrt{6}} \sim t(5)$.

$$P\left\{(\overline{X}-\mu)^2 \leqslant \frac{2S^2}{3}\right\} = P\left\{(\overline{X}-\mu)^2 \leqslant \frac{4S^2}{6}\right\} = P\left\{|\overline{X}-\mu| \leqslant \frac{2S}{\sqrt{6}}\right\}$$

$$= P\left\{\left|\frac{\overline{X}-\mu}{S/\sqrt{6}}\right| \leqslant 2\right\} \qquad \left(\text{记 } T = \frac{\overline{X}-\mu}{S/\sqrt{6}} \sim t(5)\right)$$

$$= P\{T > -2\} - P\{T > 2\} \qquad (\text{记 } t_\alpha(5) = 2, t_{1-\alpha}(5) = -2)$$

$$= P\{T > t_{1-\alpha}(5)\} - P\{T > t_\alpha(5)\}$$

$$= 1-\alpha-\alpha = 1-2\alpha.$$

其中 $t_\alpha(5) = 2$，反查 t 分布表得 $\alpha \approx 0.05$.

所以
$$P\left\{(\overline{X}-\mu)^2 \leqslant \frac{2S^2}{3}\right\} \approx 1-2\times 0.05 = 0.90.$$

例 7.2.2　设总体 $X \sim N(0,1)$，$X_1, X_2, \cdots, X_n$ 为简单随机样本，试问下列统计量各服从什么分布？

(1) $\dfrac{X_1-X_2}{(X_3^2+X_4^2)^{\frac{1}{2}}}$; (2) $\dfrac{\sqrt{n-1}X_1}{\sqrt{\sum\limits_{i=2}^{n}X_i^2}}$; (3) $\left(\dfrac{n}{3}-1\right)\sum\limits_{i=1}^{3}X_i^2/\sum\limits_{i=4}^{n}X_i^2$.

解 (1) 因为 $X_i \sim N(0,1) \quad i=1,2,\cdots,n$.

所以 $(X_1-X_2)\sim N(0,2)$, $\dfrac{X_1-X_2}{\sqrt{2}}\sim N(0,1)$, $X_3^2+X_4^2\sim\chi^2(2)$.

故

$$\frac{X_1-X_2}{(X_3^2+X_4^2)^{\frac{1}{2}}}=\frac{(X_1-X_2)/\sqrt{2}}{\sqrt{\dfrac{X_3^2+X_4^2}{2}}}\sim t(2).$$

(2) 因为

$$X_1\sim N(0,1),\sum_{i=2}^{n}X_i^2\sim\chi^2(n-1).$$

所以

$$\frac{\sqrt{n-1}X_1}{\sqrt{\sum\limits_{i=1}^{n}X_i^2}}=\frac{X_1}{\sqrt{\sum\limits_{i=2}^{n}X_i^2/n-1}}\sim t(n-1).$$

(3) 因为

$$\sum_{i=1}^{3}X_i^2\sim\chi^2(3),\sum_{i=4}^{n}X_i^2\sim\chi^2(n-3),$$

所以

$$\left(\frac{n}{3}-1\right)\sum_{i=1}^{3}X_i^2\Big/\sum_{i=4}^{n}X_i^2=\frac{\sum\limits_{i=1}^{3}X_i^2/3}{\sum\limits_{i=4}^{n}X_i^2/n-3}\sim F(3,n-3).$$

例 7.2.3 设 $X_1,X_2,\cdots,X_n$ 是正整总体 $X\sim N(\mu,\sigma^2)$ 的简单随机样本,$\overline{X}$ 是样本均值,并记

$$S_1^2=\frac{1}{n-1}\sum_{i=1}^{n}(X_i-X)^2,\qquad S_2^2=\frac{1}{n}\sum_{i=1}^{n}(X_i-\overline{X})^2,$$

$$S_3^2=\frac{1}{n-1}\sum_{i=1}^{n}(X_i-\mu)^2,\qquad S_4^2=\frac{1}{n}\sum_{i=1}^{n}(X_i-\mu)^2.$$

现有以下 4 个统计量(μ 作为已知参数)

(1) $T_1=\dfrac{\overline{X}-\mu}{S_1/\sqrt{n-1}}$, (2) $T_2=\dfrac{\overline{X}-\mu}{S_2/\sqrt{n-1}}$,

(3) $T_3=\dfrac{\overline{X}-\mu}{S_3/\sqrt{n}}$, (4) $T_4=\dfrac{\overline{X}-\mu}{S_4/\sqrt{n}}$.

试问哪一个统计量服从自由度为$(n-1)$ 的 t 分布?

解 分析:因为服从 $t(n-1)$ 分布的统计量中包含样本方差,而 S_3^2,S_4^2 都不是样本方

差，因此，T_3，T_4 都应当排除. 又 S_1^2 是样本方差，根据 $t(n-1)$ 分布的定义，应该是 $\frac{\overline{X}-\mu}{S_1/\sqrt{n}} \sim t(n-1)$. 而 $S_1/\sqrt{n} = S_2/\sqrt{n-1}$，所以

$$\frac{\overline{X}-\mu}{S_2/\sqrt{n-1}} \sim t(n-1).$$

故(2) 中的 T_2 是服从 $t(n-1)$ 分布的统计量.

例 7.2.4　若 $T \sim t(n)$ 分布，问 T^2 服从什么分布？

解：　因为 $T \sim t(n)$ 分布，可认为

$$T = \frac{U}{\sqrt{V/n}}, \text{其中 } U \sim N(0,1), V \sim \chi^2(n).$$

$$T^2 = \frac{U^2}{V/n}, U^2 \sim \chi^2(1).$$

$$T^2 = \frac{U^2/1}{V/n} \sim F(1,n).$$

故 T^2 服从自由度为$(1,n)$ 的 F 分布.

例 7.2.5　设总体 $X \sim N(\mu, 4^2)$，$X_1, X_2, \cdots, X_{10}$ 是 $n=10$ 的简单随机样本，S^2 为样本方差，已知 $P\{S^2 > a\} = 0.1$，求 a.

解　因为 $n=10$，$n-1=9$，$\sigma^2=4^2$　所以 $\frac{9S^2}{4^2} \sim \chi^2(9)$

又　$P\{S^2 > a\} = P\left\{\frac{9S^2}{4^2} > \frac{9a}{4^2}\right\} = 0.1$，

所以
$$\frac{9a}{4^2} = \chi^2_{0.1}(9) \underset{\text{查表}}{\approx} 14.684.$$

故
$$a \approx 14.684 \times \frac{16}{9} \approx 26.105.$$

例 7.2.6　已知两总体 X，Y 相互独立，$X \sim N(20,3)$，$Y \sim N(20,5)$. 分别从 X，Y 中取出 $n_1 = 10$，$n_2 = 25$ 的简单随机样本. $\overline{X}$，$\overline{Y}$ 分别为 X，Y 的样本均值，求 $P\{|\overline{X}-\overline{Y}| > 0.3\}$

解　因为 $X \sim N(20,3)$，$Y \sim N(20,5)$，且相互独立，所以　$\overline{X} \sim N\left(20, \frac{3}{10}\right)$，$\overline{Y} \sim N\left(20, \frac{5}{25}\right)$，

$$(\overline{X}-\overline{Y}) \sim N\left(0, \frac{3}{10} + \frac{5}{25}\right) = N(0, 0.5).$$

$$P\{|\overline{X}-\overline{Y}|>0.3\}=1-P\{|\overline{X}-\overline{Y}|\leqslant 0.3\}$$

(对$(\overline{X}-\overline{Y})$标准化)
$$=1-P\left\{\left|\frac{\overline{X}-\overline{Y}}{\sqrt{0.5}}\right|\leqslant\frac{0.3}{\sqrt{0.5}}\right\}$$
$$=1-P\{|(\overline{X}-\overline{Y})^{*}|\leqslant 0.4243\}\quad((\overline{X}-\overline{Y})^{*}\sim N(0,1))$$
$$=1-[\Phi(0.4243)-\Phi(-0.4243)]$$
$$=2[1-\Phi(0.4243)]\approx 2(1-0.6643)=0.6714.$$

习 题 7

7.1 设总体 $X\sim N(52,6.3^2)$，从中随机地抽取 $n=36$ 的样本. 求样本均值落在区间$(50.8,53.8)$内的概率.

7.2 设总体 $X\sim N(12,4)$，$X_1,X_2,\cdots,X_5$ 为简单随机样本，求样本均值与总体均值之差的绝对值大于1的概率.

7.3 设总体 $X\sim N(0,0.09)$，从中抽取 $n=10$ 的简单随机样本，求 $P\left\{\sum_{i=1}^{10}X_i^2>1.44\right\}$.

7.4 设总体 $X\sim N(\mu,\sigma^2)$，$X_1,X_2,\cdots,X_n$ 为简单随机样本，$\overline{X}$ 为样本均值，S^2 为样本方差.

(1) 问 $U=n\left(\frac{\overline{X}-\mu}{\sigma}\right)^2$ 服从什么分布?

(2) 问 $V=n\left(\frac{\overline{X}-\mu}{S}\right)^2$ 服从什么分布?

7.5 设总体 $X\sim N(4,4)$，$X_1,X_2,\cdots,X_{10}$ 为 $n=10$ 的简单随机样本，$\overline{X}$ 为样本均值，S 为样本标准差.

(1) 求 $P\{S>2.9\}$;

(2) 若 $S=2.5$，求 $P(\overline{X}>6.5)$.

7.6 设总体 $X\sim N(\mu_1,\sigma^2)$，$Y\sim N(\mu_2,\sigma^2)$ 且相互独立，从 X,Y 中分别抽取 $n_1=10$，$n_2=15$ 的简单随机样本，它们的样本方差分别为 S_1^2,S_2^2，求 $P(S_1^2-4S_2^2>0)$.

第8章　参数估计

参数估计是统计推断的基本问题之一.在很多实际问题中,我们知道总体的分布,但不知道分布的参数.因此需要对未知的参数作出估计,这就是参数估计问题.这里主要有两类估计:一类是点估计,另一类是区间估计.

8.1　参数的点估计

点估计的主要任务是通过样本求出总体参数的估计值.这里至关重要的是求参数的估计量.有了合适的估计量,估计值就自然解决了.主要内容包括下面四个方面:

(1) 制定求估计量的一般方法;

(2) 制定评定估计量优良性的种种合理准则;

(3) 在某种特定的准则下,寻求最优估计量;

(4) 证明某一特定的估计量在某种准则下具有最优性.

点估计的作法:设总体 X 的分布为已知.但其中的参数 θ 为未知,对总体进行随机抽样,用样本 $X_1,X_2,\cdots,X_n$ 构造合适的统计量作为参数 θ 的估计量,记作

$$\hat{\theta} = g(X_1,X_2,\cdots,X_n). \tag{8.1.1}$$

若一次抽取的样本值为 $x_1,x_2,\cdots,x_n$,则 $\hat{\theta} = g(x_1,x_2,\cdots,x_n)$ 就是 θ 的估计值.

常用的点估计方法有矩法,极大似然法,下面分别介绍.

8.1.1　矩法

随机变量 X 矩的概念在第1章4.4中已介绍过,在这里可以把它称为总体 X 的矩.样本矩用下面的式子来定义

设 $X_1,X_2,\cdots,X_n$ 为总体 X 的样本,由第7章(7.1.8),(7.1.9)知

$$A_k = \frac{1}{n}\sum_{i=1}^{n} X_i^k$$

为样本的 k 阶原点矩.

$$B_k = \frac{1}{n}\sum_{i=1}^{n} (X_i - \overline{X})^k$$

为样本的 k 阶中心矩.

矩法就是用样本矩作为相应的总体矩的估计量.

具体作法如下:

设总体 X 的分布函数中包含 m 个未知参数 $\theta_1,\theta_2,\cdots,\theta_m$. 总体 X 的 k 阶矩 $\upsilon_k=\mathrm{E}(X^k)$ 存在. $k=1,2,\cdots,m$. 以样本矩 A_k 作为总体矩 υ_k 的估计,即

$$\upsilon_k(\theta_1,\theta_2,\cdots,\theta_m)=\frac{1}{n}\sum_{i=1}^{n}X_i^k \qquad k=1,2,\cdots,m. \tag{8.1.2}$$

这是由 m 个方程构成的方程组,从中可以解出 $\theta_1,\theta_2,\cdots,\theta_m$. 它们都是用样本表示的. 记为 $\hat{\theta}_k(X_1,X_2,\cdots,X_n)$, $k=1,2,\cdots,m$. $\hat{\theta}_k$ 就是总体参数 θ_k 的估计量. 此估计量称为矩估计量. 对一次具体抽取的样本值 $x_1,x_2,\cdots,x_n$, $\hat{\theta}_k(x_1,x_2,\cdots,x_n)$ 叫 θ_k 的矩估计值.

例 8.1.1 设某总体 X 有期望 $\mathrm{E}(X)=\mu$. 方差 $\mathrm{V}(X)=\sigma^2$,其值未知. $X_1,X_2,\cdots,X_n$ 为样本. 求 μ 和 σ^2 的矩估计量.

解 这里 $\upsilon_1=\mathrm{E}(X)=\mu$, $\upsilon_2=\mathrm{E}(X^2)=\mathrm{V}(X)+\mathrm{E}^2(X)=\sigma^2+\mu^2$,而 $A_1=\frac{1}{n}\sum_{i=1}^{n}X_i$, $A_2=\frac{1}{n}\sum_{i=1}^{n}X_i^2$,由矩法估计得

$$\begin{cases}\dfrac{1}{n}\sum\limits_{i=1}^{n}X_i=\mu,\\[2ex] \dfrac{1}{n}\sum\limits_{i=1}^{n}X_i^2=\sigma^2+\mu^2.\end{cases}$$

由此解出

$$\hat{\mu}=\frac{1}{n}\sum_{i=1}^{n}X_i=\overline{X}, \tag{8.1.3}$$

$$\hat{\sigma}^2=\frac{1}{n}\sum_{i=1}^{n}X_i^2-\overline{X}^2=\frac{1}{n}\sum_{i=1}^{n}(X_i-\overline{X})^2. \tag{8.1.4}$$

从这里看出,不管 X 服从什么分布,样本均值 $\overline{X}$ 都是总体 X 的期望 $\mathrm{E}(X)$ 的矩估计量,样本的二阶中心矩都是总体 X 的方差 $\mathrm{V}(X)$ 的矩估计量.

另外样本方差 $S^2=\frac{1}{n-1}\sum_{i=1}^{n}(X_i-\overline{X})^2$ 也可作为总体方差 $\mathrm{V}(X)=\sigma^2$ 的估计量,即

$$\hat{\sigma}^2=S^2=\frac{1}{n-1}\sum_{i=1}^{n}(X_i-\overline{X})^2. \tag{8.1.5}$$

例 8.1.2 设总体 $X\sim U(0,\theta)$ 均匀分布,其中 θ 为未知参数, $X_1,X_2,\cdots,X_n$ 为简单随机样本,求 θ 的矩估计量.

解　均匀分布 $U(0,\theta)$ 的密度函数为

$$f(x;\theta)=\begin{cases}\dfrac{1}{\theta} & 0<x<\theta,\\ 0 & \text{其它}.\end{cases}$$

已知
$$\mu=\mathrm{E}(X)=\frac{\theta}{2},\sigma^2=\mathrm{V}(X)=\frac{\theta^2}{12},$$

法 1:从期望考虑,用矩法. $\hat{\mu}=\overline{X}$,所以 $\dfrac{\hat{\theta}}{2}=\overline{X}$, $\hat{\theta}=2\overline{X}$.

法 2:从方差考虑,用矩法. $\hat{\sigma}^2=B_2=\dfrac{1}{n}\sum(X_i-\overline{X})^2$

所以
$$\frac{\hat{\theta}^2}{12}=B_2.$$

$$\hat{\theta}=\sqrt{12B_2}=\sqrt{\frac{12}{n}\sum_{i=1}^{n}(X_i-\overline{X})^2}.$$

法 3:从方差考虑,样本方差 $S^2=\dfrac{1}{n-1}\sum_{i=1}^{n}(X_i-\overline{X})^2$ 也可作为 σ^2 的估计量. 即 $\hat{\sigma}^2=S^2$, 所以 $\dfrac{\hat{\theta}^2}{12}=S^2$,

$$\hat{\theta}=\sqrt{12S^2}=\sqrt{\frac{12}{n-1}\sum_{i=1}^{n}(X_i-\overline{X})^2}.$$

评注　这里一个参数 θ 有 3 个估计量,最常用的是法 1 得出的 $\hat{\theta}=2\overline{X}$.

例 8.1.3　已知总体 X 的密度函数为

$$f(x;\theta)=\begin{cases}\theta x^{\theta-1} & 0<x<1,\\ 0 & \text{其它}.\end{cases}\quad \theta>0.$$

$X_1,X_2,\cdots,X_n$ 为简单随机样本,求 θ 的矩估计量.

解　因为 $\mu=\mathrm{E}(X)=\int_0^1 x\theta x^{\theta-1}\mathrm{d}x=\int_0^1\theta x^{\theta}\mathrm{d}x=\dfrac{\theta}{\theta+1}$,由矩法 $\hat{\mu}=\overline{X}$,所以 $\widehat{\left(\dfrac{\theta}{\theta+1}\right)}=\overline{X}$,即 $\dfrac{\hat{\theta}}{\hat{\theta}+1}=\overline{X}$,解此方程得出

$$\hat{\theta}=\frac{\overline{X}}{1-\overline{X}}.$$

由于用二阶矩估计 θ 太复杂,这里不再采用,一般说来能用一阶矩估计的就不用二阶矩.

例 8.1.4　已知总体 X 的密度函数为

$$f(x;\theta,\beta)=\begin{cases}\dfrac{1}{\sqrt{\theta}}e^{-\frac{x-\beta}{\sqrt{\theta}}} & x\geqslant\beta, \\ 0 & \text{其它}.\end{cases}\quad \theta>0.$$

其中 θ,β 为未知参数，$X_1,X_2,\cdots,X_n$ 为简单随机样本，求 θ 和 β 的矩估计量.

解　这里要估计的参数有两个：θ 和 β，必须求两个矩：

$$\mu=E(X)=\int_{\beta}^{+\infty}\frac{x}{\sqrt{\theta}}e^{-\frac{x-\beta}{\sqrt{\theta}}}dx=\beta+\sqrt{\theta}.$$

$$\begin{aligned}\sigma^2=V(X)&=E(X^2)-E^2(X)\\&=\int_{\beta}^{+\infty}\frac{x^2}{\sqrt{\theta}}e^{-\frac{x-\beta}{\sqrt{\theta}}}dx-(\beta+\sqrt{\theta})^2\\&=2\theta+2\sqrt{\theta}\beta+\beta^2-(\beta^2+2\sqrt{\theta}\beta+\theta)=\theta.\end{aligned}$$

由矩法应有

$$\begin{cases}\widehat{(\beta+\sqrt{\theta})}=\overline{X}\\ \hat{\theta}=B_2=\dfrac{1}{n}\sum\limits_{i=1}^{n}(X_i-\overline{X})^2.\end{cases}$$

解这个联立方程，得出 θ,β 的矩估计量为

$$\hat{\theta}=B_2=\frac{1}{n}\sum_{i=1}^{n}(X_i-\overline{X})^2,$$

$$\hat{\beta}=\overline{X}-\sqrt{B_2}=\overline{X}-\sqrt{\frac{1}{n}\sum_{i=1}^{n}(X_i-\overline{X})^2}.$$

8.1.2　极大似然法

设连续型总体 X 的概率密度函数为 $f(x;\theta)$，θ 是未知的参数. 样本 $X_1,X_2,\cdots,X_n$ 的联合概率密度函数为 $f^*(x_1,x_2,\cdots,x_n;\theta)$，因为是简单随机样本，所以有

$$f^*(x_1,x_2,\cdots,x_n;\theta)=\prod_{i=1}^{n}f(x_i;\theta).\tag{8.1.6}$$

对于样本的一组观察值 $x_1,x_2,\cdots,x_n$，它是 θ 的函数记为

$$L(\theta)=L(x_1,x_2,\cdots,x_n;\theta)=\prod_{i=1}^{n}f(x_i;\theta). \tag{8.1.7}$$

称 $L(\theta)$ 为 θ 的似然函数.

极大似然法就是选取这样一个参数值 $\hat{\theta}$ 作为参数 θ 的估计值:这个 $\hat{\theta}$ 使得样本落在观察值 $(x_1,x_2,\cdots,x_n)$ 的邻域里的概率 $\prod_{i=1}^{n}f(x_i;\theta)\mathrm{d}x_i$ 达到最大,对固定的 $(x_1,x_2,\cdots,x_n)$ 就是选取 $\hat{\theta}$,使 $\prod_{i=1}^{n}f(x_i;\theta)$ 达到最大,即使 $L(\theta)$ 达到最大.

定义 对固定的样本值 $(x_1,x_2,\cdots,x_n)$,若有 $\hat{\theta}(x_1,x_2,\cdots,x_n)$ 使得

$$L(x_1,x_2,\cdots,x_n;\hat{\theta})=\max L(x_1,x_2,\cdots,x_n;\theta). \tag{8.1.8}$$

则称 $\hat{\theta}$ 是参数 θ 的极大似然估计值. 相应的 $\hat{\theta}(X_1,X_2,\cdots,X_n)$ 是参数 θ 的极大似然估计量.

求极大似然估计的方法:

根据数学分析的知识,对 θ 的可微函数 $L(\theta)$,要使 $L(\theta)$ 取得最大值必然满足 $\frac{\mathrm{d}L}{\mathrm{d}\theta}=0$,由此解出的 θ 即为 $\hat{\theta}$. 因为 $\ln L$ 是单调函数. 在 $\ln L(\theta)$ 有极值的条件下,$L(\theta)$ 与 $\ln L(\theta)$ 在同一个 θ 处取得极值,因此极大似然估计 $\hat{\theta}$ 可由

$$\frac{\mathrm{d}\ln L(\theta)}{\mathrm{d}\theta}=0 \tag{8.1.9}$$

求出. 一般说来,解这个方程比较容易.

归纳起来,求极大似然估计的具体步骤为

(1) 由总体 X 的密度函数 $f(x;\theta)$,写出似然函数

$$L(x_1,x_2,\cdots,x_n;\theta)=\prod_{i=1}^{n}f(x_i;\theta);$$

(2) 写出 $\ln L$;

(3) 求出 $\frac{\mathrm{d}\ln L}{\mathrm{d}\theta}$,并令其为 0,解出 θ,即为 $\hat{\theta}$.

对离散型总体 X,用分布律 $p\{x;\theta\}$ 代替 $f(x;\theta)$,做法和连续型总体一样.

对总体分布中含多个未知数的情况,似然函数 L 是这些参数的函数 $L(x_1,x_2,\cdots,x_n;\theta_1,\theta_2,\cdots,\theta_k)$,只要分别求出 $\frac{\partial\ \ln L}{\partial\ \theta_i}$,并令其为 0,解出 θ_i 即为 $\hat{\theta}_i$.

例 8.1.5 设 X 服从指数分布

$$f(x)=\begin{cases}\lambda \mathrm{e}^{-\lambda x} & x>0,\\ 0 & x\leqslant 0.\end{cases}\qquad(\lambda>0).$$

$x_1,x_2,\cdots,x_n$ 为 X 的一组样本值,求 λ 的极大似然估计.

解 似然函数 $L(x_1,x_2,\cdots,x_n;\lambda)=\prod_{i=1}^{n}\lambda e^{-\lambda x_i}=\lambda^n e^{-\lambda\sum_{i=1}^{n}x_i}$,

$$\ln L=n\ln\lambda-\lambda\sum_{i=1}^{n}x_i,$$

$$\frac{d\ln L}{d\lambda}=\frac{n}{\lambda}-\sum_{i=1}^{n}x_i\overset{令}{=}0,$$

解出
$$\lambda=\frac{n}{\sum_{i=1}^{n}x_i}=\frac{1}{\bar{x}},其中\ \bar{x}=\frac{1}{n}\sum_{i=1}^{n}x_i.$$

相应地有极大似然估计量为

$$\hat{\lambda}=\frac{1}{\bar{X}}.$$

例 8.1.6 设 $X\sim N(\mu,\sigma^2)$,$x_1,x_2,\cdots,x_n$ 为一组样本值,求参数 μ,σ^2 的极大似然估计.

解 似然函数 $L(x_1,x_2,\cdots,x_n;\mu,\sigma^2)=\prod_{i=1}^{n}\frac{1}{\sqrt{2\pi}\sigma}e^{-\frac{(x_i-\mu)^2}{2\sigma^2}}$

即
$$L=\frac{1}{(\sqrt{2\pi}\sigma)^n}\exp\left[-\frac{1}{2\sigma^2}\sum_{i=1}^{n}(x_i-\mu)^2\right],$$

$$\ln L=-\frac{n}{2}\ln(2\pi\sigma^2)-\frac{1}{2\sigma^2}\sum_{i=1}^{n}(x_i-\mu)^2,$$

分别对 μ,σ^2 求偏导数,并令其为 0

$$\begin{cases}\dfrac{\partial\ \ln L}{\partial\mu}=\dfrac{1}{\sigma^2}\sum_{i=1}^{n}(x_i-\mu)\overset{令}{=}0,\\[2ex]\dfrac{\partial\ \ln L}{\partial\ \sigma^2}=-\dfrac{n}{2}\dfrac{1}{\sigma^2}+\dfrac{1}{2\sigma^4}\sum_{i=1}^{n}(x_i-\mu)^2\overset{令}{=}0.\end{cases}$$

解出

$$\mu=\frac{1}{n}\sum_{i=1}^{n}x_i=\bar{x},\qquad\sigma^2=\frac{1}{n}\sum_{i=1}^{n}(x_i-\bar{x})^2.$$

相应的极大似然估计量为

$$\hat{\mu}=\overline{X},\qquad \hat{\sigma}^2=\frac{1}{n}\sum_{i=1}^{n}(X_i-\overline{X})^2.$$

即 $\hat{\mu}$ 是样本均值，$\hat{\sigma}^2$ 是样本的二阶中心矩. 与矩估计量相同.

8.1.3　估计量优良性的评定标准

参数的估计量不是参数本身，它可由不同的方法求得，或人为地选择不同的样本函数作为参数的估计量，因此，一个参数的估计量可能不止一个. 比如总体 X 的方差 $V(X)=\sigma^2$，它的矩估计量和极大似然估计量都是 $\hat{\sigma}^2=\frac{1}{n}\sum_{i=1}^{n}(X_i-\overline{X})^2$，但在实用上，经常用样本方差 S^2 作为 σ^2 的估计量，即 $\hat{\sigma}^2=\frac{1}{n-1}\sum_{i=1}^{n}(X_i-\overline{X})^2$，这样，$\sigma^2$ 就有了两个估计量. 我们不禁要问这两个估计量哪个好呢？要说哪个好，就要有一定的标准. 通常采用的标准有三种：无偏性、有效性、一致性.

1. 无偏性

定义　设 $\hat{\theta}$ 是 θ 的估计量，若 $E(\hat{\theta})=\theta$，则称 $\hat{\theta}$ 是 θ 的无偏估计量.

例 8.1.7　设总体 X 有 $E(X)=\mu, V(X)=\sigma^2, X_1, X_2, \cdots, X_n$ 为简单随机样本，记 $\overline{X}=\frac{1}{n}\sum_{i=1}^{n}X_i, S^2=\frac{1}{n-1}\sum_{i=1}^{n}(X_i-\overline{X})^2, S_*^2=\frac{1}{n}\sum_{i=1}^{n}(X_i-\overline{X})^2$，若取 $\hat{\mu}=\overline{X}, \hat{\sigma}^2=S^2$，$\hat{\sigma}^2=S_*^2$，试说明它们的无偏性.

解　(1) $\hat{\mu}=\overline{X}$　是 μ 的无偏估计量. 因为

$$E(\hat{\mu})=E(\overline{X})=\frac{1}{n}\sum_{i=1}^{n}E(X_i)=\frac{1}{n}\sum_{i=1}^{n}\mu=\mu.$$

(2) $\hat{\sigma}^2=S^2$ 是 σ^2 的无偏估计量，因为

$$S^2=\frac{1}{n-1}\sum_{i=1}^{n}(X_i-\overline{X})^2=\frac{1}{n-1}\sum_{i=1}^{n}(X_i^2-2X_i\overline{X}+\overline{X}^2)$$

$$=\frac{1}{n-1}\left(\sum_{i=1}^{n}X_i^2-n\overline{X}^2\right),$$

又

$$E(X_i^2)=V(X_i)+E^2(X_i)=\sigma^2+\mu^2,$$

$$E(\overline{X}^2)=V(\overline{X})+E^2(\overline{X})=\frac{\sigma^2}{n}+\mu^2,$$

故

$$E(S^2)=\frac{1}{n-1}\sum_{i=1}^{n}E(X_i^2)-\frac{n}{n-1}E(\overline{X}^2)$$

$$= \frac{n}{n-1}(\sigma^2 + \mu^2) - \frac{n}{n-1}\left(\frac{\sigma^2}{n} + \mu\right)$$

$$= \frac{n-1}{n-1}\sigma^2 = \sigma^2.$$

(3) $\hat{\sigma} = S_*^2$ 不是 σ^2 的无偏估计量，因为 $S_*^2 = \frac{n-1}{n}S^2$

$$\mathrm{E}(S_*^2) = \frac{n-1}{n}\mathrm{E}(S^2) = \frac{n-1}{n}\sigma^2 \neq \sigma^2.$$

若不是无偏估计量，就叫有偏估计量.

从无偏性考虑，总是选择 S^2 作为 σ^2 的估计量.

例 8.1.8 已知总体 X 服从瑞利分布，其密度函数为

$$f(x;\theta) = \begin{cases} \frac{x}{\theta}\mathrm{e}^{-\frac{x^2}{2\theta}} & x > 0, \\ 0 & x \leqslant 0. \end{cases} \quad \theta > 0 \text{ 为未知参数.}$$

$X_1, X_2, \cdots, X_n$ 为简单随机样本. 求 θ 的极大似然估计量，并问这个估计量是不是 θ 的无偏估计量？

解 似然函数为

$$L(x_1, x_2, \cdots, x_n; \theta) = \prod_{i=1}^{n} \frac{x_i}{\theta}\mathrm{e}^{-\frac{x_i^2}{2\theta}} = \left(\prod_{i=1}^{n} x_i\right)\frac{1}{\theta^n}\mathrm{e}^{-\frac{1}{2\theta}\sum_{i=1}^{n}x_i^2},$$

$$\ln L = \ln\left(\prod_{i=1}^{n} x_i\right) - n\ln\theta - \frac{1}{2\theta}\sum_{i=1}^{n} x_i^2,$$

$$\frac{\mathrm{d}\ln L}{\mathrm{d}\theta} = -\frac{n}{\theta} + \frac{1}{2\theta^2}\sum_{i=1}^{n} x_i^2 \overset{\text{令}}{=} 0.$$

解出 $$\theta = \frac{1}{2n}\sum_{i=1}^{n} x_i^2.$$

所以 θ 的极大似然估计量为

$$\hat{\theta} = \frac{1}{2n}\sum_{i=1}^{n} X_i^2.$$

下面计算 $\mathrm{E}(\hat{\theta})$

$$\mathrm{E}(\hat{\theta}) = \frac{1}{2n}\sum_{i=1}^{n}\mathrm{E}(X_i^2) = \frac{1}{2n}\sum_{i=1}^{n}\mathrm{E}(X^2),$$

这里，
$$E(X^2) = \int_0^{+\infty} \frac{x^3}{\theta} e^{-\frac{x^2}{2\theta}} dx \xlongequal{\text{经计算}} 2\theta,$$

所以
$$E(\hat{\theta}) = \frac{1}{2n} \sum_{i=1}^{n} 2\theta = \frac{1}{2n} 2n\theta = \theta.$$

故这个 $\hat{\theta}$ 是 θ 的无偏估计量.

2. 有效性

定义　设 $\hat{\theta}_1, \hat{\theta}_2$ 都是 θ 的无偏估计量，若

$$V(\hat{\theta}_1) < V(\hat{\theta}_2).$$

则称 $\hat{\theta}_1$ 比 $\hat{\theta}_2$ 有效.

有效性是在期望值相等的条件下考虑方差，方差小的估计量，有效性好.

估计量 $\hat{\theta}$ 的方差 $V(\hat{\theta})$ 有一个非 0 的下界，即

$$V(\hat{\theta}) \geqslant \delta > 0.$$

可以证明

$$\delta = \frac{1}{nE\left[\frac{\partial}{\partial \theta} \ln f(X;\theta)\right]^2}. \tag{8.1.10}$$

这个 δ 是方差的下界，简称为方差界. 方差界依赖于总体的密度函数 $f(x;\theta)$ 或分布律及样本容量 n，若 $V(\hat{\theta}) = \delta$，则称 $\hat{\theta}$ 为 θ 的达到方差界的无偏估计量，可以证明：$\hat{\mu} = \overline{X}, \hat{\sigma}^2 = S^2$ 分别是 μ, σ^2 的达到方差界的无偏估计量.

3. 一致性

估计量的无偏性和有效性都是在样本容量 n 固定的情况下考虑的，当 n 增大时，估计量会怎样变化也是我们关心的问题.

定义　设 $\hat{\theta}$ 是 θ 的估计量，若对任意正数 $\varepsilon > 0$，

$$\lim_{n \to +\infty} P\{ |\hat{\theta} - \theta| < \varepsilon \} = 1$$

恒成立. 则称 $\hat{\theta}$ 是 θ 的一致估计量.

一致估计量 $\hat{\theta}$ 依概率收敛于 θ. 由大数定律知 $\hat{\mu} = \overline{X}$ 是 μ 的一致估计量. 还可以证明，S^2, S_*^2 都是 σ^2 的一致估计量.

8.2　参数的区间估计

区间估计就是根据样本求出未知参数的估计区间，并使这个区间包含未知参数的可

靠程度达到预定的要求.

定义　设总体 X 的分布中有未知参数 θ，由样本 $X_1,X_2,\cdots,X_n$ 确定两个统计量 $\underline{\theta}(X_1,X_2,\cdots,X_n)$、$\bar{\theta}(X_1,X_2,\cdots,X_n)$，如果对于给定的 $\alpha(0<\alpha<1)$ 有 $P\{\underline{\theta}<\theta<\bar{\theta}\}=1-\alpha$，则称随机区间 $(\underline{\theta},\bar{\theta})$ 为 θ 的 $(1-\alpha)$ 置信区间. $(1-\alpha)$ 叫置信度，$\underline{\theta}$ 叫置信下限，$\bar{\theta}$ 叫置信上限.

区间估计就是求置信区间 $(\underline{\theta},\bar{\theta})$，

求置信区间的一般方法如下：

(1) 构造合适的包含待估参数 θ 的统计量 U，U 的分布应当是已知的.

(2) 给定置信度 $1-\alpha$，按照 $P\{U_1<U<U_2\}=1-\alpha$，并使 U_1，U_2 满足

$$\left.\begin{aligned}&P\{U<U_1\}=\frac{\alpha}{2}\quad 即\quad P\{U>U_1\}=1-\frac{\alpha}{2},\\&P\{U>U_2\}=\frac{\alpha}{2}.\end{aligned}\right\}\tag{8.2.1}$$

求出 U_1、U_2.

(3) 将 $P\{U_1<U<U_2\}=1-\alpha$，换算成 $P\{\underline{\theta}<\theta<\bar{\theta}\}=1-\alpha$，这里的 $(\underline{\theta},\bar{\theta})$ 即为 θ 的置信度为 $(1-\alpha)$ 的置信区间.

注意：这里的 U_2 就是 U 的分布的上 $\frac{\alpha}{2}$ 分位点(图 8.1a)，若 $f(u)$ 为偶函数，则 $U_1=-U_2=-U_{\frac{\alpha}{2}}$(图 8.1b)，即有

$$P\{|U|>U_{\frac{\alpha}{2}}\}=\alpha.\tag{8.2.2}$$

称 $U_{\frac{\alpha}{2}}$ 为 U 的分布的双侧 $\frac{\alpha}{2}$ 分位点.

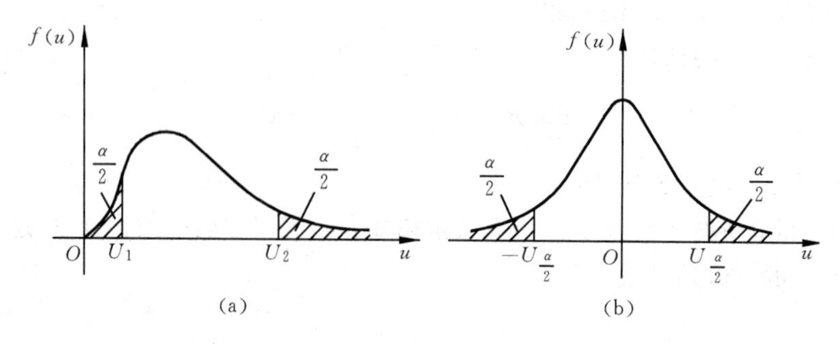

图　8.1

8.2.1　正态总体数学期望的区间估计

总体 $X \sim N(\mu,\sigma^2)$，$\mathrm{E}(X)=\mu$，$\mathrm{V}(X)=\sigma^2$，

样本为 $X_1,X_2,\cdots,X_n$，$X_i \sim N(\mu,\sigma^2)$，$i=1,2,\cdots,n$

$$\overline{X}=\frac{1}{n}\sum_{i=1}^{n}X_i,\quad \overline{X}\sim N\left(\mu,\frac{\sigma^2}{n}\right),\quad \mathrm{E}(\overline{X})=\mu,\quad \mathrm{V}(\overline{X})=\frac{\sigma^2}{n}.$$

分两种情况求 μ 的置信区间

1. 方差 $\boldsymbol{\sigma^2}$ 已知

(1) 构造统计量 $Z=\dfrac{\overline{X}-\mu}{\sigma/\sqrt{n}}$，显然 $Z\sim N(0,1)$.

(2) 给定置信度为 $1-\alpha$，应有

$$P(-z_{\frac{\alpha}{2}}<Z<z_{\frac{\alpha}{2}})=1-\alpha.\tag{8.2.3}$$

$z_{\frac{\alpha}{2}}$ 是正态分布 $N(0,1)$ 的上 $\dfrac{\alpha}{2}$ 分位点，可查表得出.

(3) 由(8.2.3)，经换算得到

$$P\left(\overline{X}-z_{\frac{\alpha}{2}}\frac{\sigma}{\sqrt{n}}<\mu<\overline{X}+z_{\frac{\alpha}{2}}\frac{\sigma}{\sqrt{n}}\right)=1-\alpha.\tag{8.2.4}$$

从而得出 μ 的 $1-\alpha$ 置信区间为

$$(\underline{\mu},\bar{\mu})=(\overline{X}-\delta,\overline{X}+\delta),\quad 其中\ \delta=z_{\frac{\alpha}{2}}\frac{\sigma}{\sqrt{n}}.\tag{8.2.5}$$

对一次抽样的样本值，得出具体的样本均值 $\bar{x}$，从而得出一个确定的置信区间

$$(\underline{\mu},\bar{\mu})=(\bar{x}-\delta,\bar{x}+\delta),\quad \delta=z_{\frac{\alpha}{2}}\frac{\sigma}{\sqrt{n}}.\tag{8.2.6}$$

2. 方差 $\boldsymbol{\sigma^2}$ 未知

在这种情况下，用样本方差 S^2 代替 σ^2.

(1) 构造统计量

$$T=\frac{\overline{X}-\mu}{S/\sqrt{n}}.$$

由(7.2.23)知，$T\sim t(n-1)$.

(2) 给定置信度为 $1-\alpha$，应有(见图 8.2，将 n 换成 $n-1$)

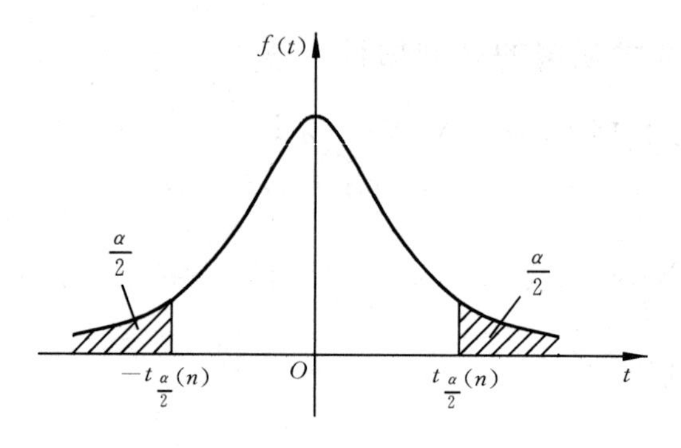

图 8.2

$$P\left(-t_{\frac{\alpha}{2}}(n-1) < T < t_{\frac{\alpha}{2}}(n-1)\right) = 1-\alpha. \quad (8.2.7)$$

$t_{\frac{\alpha}{2}}(n-1)$ 是 $t(n-1)$ 分布的上$\frac{\alpha}{2}$ 分位点,可查表得出.

(3) 由(8.2.7),经换算得到

$$P\left(\overline{X} - t_{\frac{\alpha}{2}}(n-1)\frac{S}{\sqrt{n}} < T < \overline{X} + t_{\frac{\alpha}{2}}(n-1)\frac{S}{\sqrt{n}}\right) = 1-\alpha. \quad (8.2.8)$$

从而得出 μ 的 $1-\alpha$ 置信区间为

$$(\underline{\mu},\overline{\mu}) = (\overline{X}-\delta,\overline{X}+\delta), \quad 其中\ \delta = t_{\frac{\alpha}{2}}(n-1)\frac{S}{\sqrt{n}}. \quad (8.2.9)$$

对一次抽样的样本值有

$$(\underline{\mu},\overline{\mu}) = (\overline{x}-\delta,\overline{x}+\delta), \quad 其中\ \delta = t_{\frac{\alpha}{2}}(n-1)\frac{s}{\sqrt{n}}. \quad (8.2.10)$$

例 8.2.1 设某车间生产的某种零件长度 $X \sim N(\mu、\sigma^2)$,从一批这样的零件中随机地抽取 9 件,测得长度值为 49.7,50.6,51.8,52.4,48.8,51.1,51.2,51.0,51.5 mm

求这批零件平均长度的 95% 的置信区间.

(1) $\sigma^2 = 1.5^2$;　　(2)σ^2 未知.

解 因为 $1-\alpha = 0.95$,所以 $\alpha = 0.05$,$\frac{\alpha}{2} = 0.025$,$n = 9$.

(1) $\sigma^2 = 1.5^2$,

$$(\underline{\mu},\overline{\mu}) = (\overline{x}-\delta,\overline{x}+\delta),\delta = z_{0.025}\frac{\sigma}{\sqrt{n}}.$$

求出　$\bar{x} = \frac{1}{9}(49.7 + \cdots + 51.2) = 50.9(\text{mm})$，

查出　$z_{0.025} = 1.96$，

算出　$\delta = z_{0.025}\frac{\sigma}{\sqrt{n}} = 1.96 \times \frac{1.5}{\sqrt{9}} = 0.98$，

故

$$(\underline{\mu}, \bar{\mu}) = (50.9 - 0.98, 50.9 + 0.98) = (49.92, 51.88).$$

(2) σ^2 未知

$$(\underline{\mu}, \bar{\mu}) = (\bar{x} - \delta, \bar{x} + \delta), \qquad \delta = t_{0.025}(n-1)\frac{s}{\sqrt{n}}.$$

求出　$s = 1.09$，

查出　$t_{0.025}(8) = 2.306$，

算出　$\delta = t_{0.025}(n-1)\frac{s}{\sqrt{n}} = 2.306 \times \frac{1.09}{\sqrt{9}} = 0.84.$

故

$$(\underline{\mu}, \bar{\mu}) = (50.9 - 0.84, 50.9 + 0.84) = (50.06, 51.74).$$

8.2.2　正态总体方差的区间估计

1. 数学期望 μ 已知

$$X \sim N(\mu, \sigma^2), \quad X_i \sim N(\mu, \sigma^2), \quad \frac{X_i - \mu}{\sigma} \sim N(0,1).$$

(1) 构造统计量

$$\chi^2 = \sum_{i=1}^{n}\left(\frac{X_i - \mu}{\sigma}\right)^2.$$

由(7.2.21)知 $\chi^2 \sim \chi^2(n)$.

(2) 给定置信度$(1-\alpha)$，应有(见图 8.3).

$$P\{\chi^2_{1-\frac{\alpha}{2}}(n) < \chi^2 < \chi^2_{\frac{\alpha}{2}}(n)\} = 1 - \alpha. \qquad (8.2.11)$$

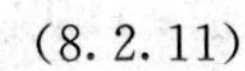

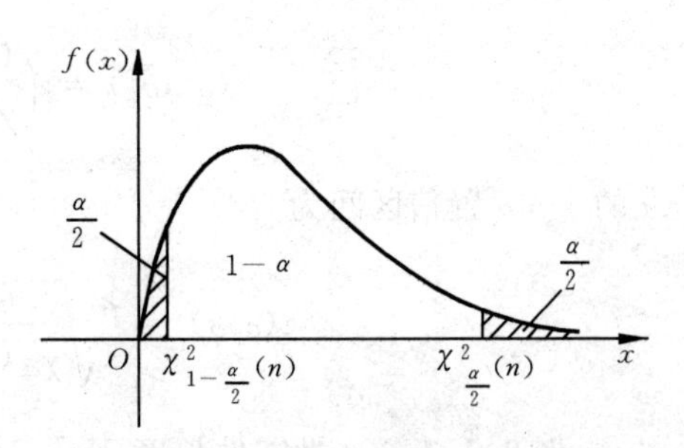

图　8.3

(3) 由(8.2.11)经换算得到

$$P\left\{\frac{\sum_{i=1}^{n}(X_i-\mu)^2}{\chi^2_{\frac{\alpha}{2}}(n)}<\sigma^2<\frac{\sum_{i=1}^{n}(X_i-\mu)^2}{\chi^2_{1-\frac{\alpha}{2}}(n)}\right\}=1-\alpha. \tag{8.2.12}$$

从而得到 σ^2 的 $1-\alpha$ 置信区间为

$$(\underline{\sigma}^2,\bar{\sigma}^2)=\left[\frac{\sum_{i=1}^{n}(X_i-\mu)^2}{\chi^2_{\frac{\alpha}{2}}(n)},\frac{\sum_{i=1}^{n}(X_i-\mu)^2}{\chi^2_{1-\frac{\alpha}{2}}(n)}\right]. \tag{8.2.13}$$

σ 的 $1-\alpha$ 置信区间为

$$(\underline{\sigma},\bar{\sigma})=\left[\sqrt{\frac{\sum_{i=1}^{n}(X_i-\mu)^2}{\chi^2_{\frac{\alpha}{2}}(n)}},\sqrt{\frac{\sum_{i=1}^{n}(X_i-\mu)^2}{\chi^2_{1-\frac{\alpha}{2}}(n)}}\right]. \tag{8.2.14}$$

对于一次抽取,代入具体的样本值,得出确定的置信区间.

2. 数学期望 μ 未知

用 $\overline{X}$ 代替 μ,用 $(n-1)S^2$ 代替 $\sum_{i=1}^{n}(X_i-\mu)^2$.

构造统计量(仍用 χ^2 记号)

$$\chi^2=\frac{(n-1)S^2}{\sigma^2}.$$

由(7.2.22)知,这里 $\chi^2\sim\chi^2(n-1)$,自由度为 $n-1$,以下作法与 μ 已知的情况完全一样,从而得出 σ^2 的 $1-\alpha$ 置信区间为

$$(\underline{\sigma}^2,\bar{\sigma}^2)=\left(\frac{(n-1)S^2}{\chi^2_{\frac{\alpha}{2}}(n-1)},\frac{(n-1)S^2}{\chi^2_{1-\frac{\alpha}{2}}(n-1)}\right). \tag{8.2.15}$$

σ 的 $1-\alpha$ 置信区间为

$$(\underline{\sigma},\bar{\sigma})=\left[\sqrt{\frac{n-1}{\chi^2_{\frac{\alpha}{2}}(n-1)}}S,\sqrt{\frac{n-1}{\chi^2_{1-\frac{\alpha}{2}}(n-1)}}S\right]. \tag{8.2.16}$$

例 8.2.2 一批零件长度 $X\sim N(\mu,\sigma^2)$,从这批零件中随机地抽取 10 件,测得长度值为(单位 mm)49.7,50.9,50.6,51.8,52.4,48,8,51.1,51.0,51.5,51.2.求这批零件长

度总体方差 σ^2 的 90% 的置信区间

解　这是总体均值 μ 未知的情况，$n=10$，

$$\bar{x}=\frac{1}{10}(49.7+50.9+\cdots+51.2)=50.9,$$

$$(n-1)S^2=(49.7-50.9)^2+\cdots+(51.2-50.9)^2\approx 10.693,$$

$$1-\alpha=0.90,\quad \alpha=0.10,\quad \frac{\alpha}{2}=0.05,\quad n-1=9.$$

查 χ^2 分布表得

$$\chi^2_{0.05}(9)=16.919,\qquad \chi^2_{0.95}(9)=3.325,$$

$$\frac{(n-1)s^2}{\chi^2_{\frac{\alpha}{2}}(n-1)}=\frac{10.693}{16.916}=0.632,\qquad \frac{(n-1)s^2}{\chi^2_{1-\frac{\alpha}{2}}(n-1)}=\frac{10.693}{3.325}=3.216.$$

σ^2 的置信区间为

$$(\underline{\sigma}^2,\bar{\sigma}^2)=(0.632,3.216).$$

8.2.3　两正态总体期望差的区间估计

设有两个正态总体 X,Y，相互独立，$X\sim N(\mu_1,\sigma_1^2)$，$Y\sim N(\mu_2,\sigma_2^2)$，$E(X)=\mu$，$E(Y)=\mu_2$，$\mu_1-\mu_2$ 为期望差.

$X_1,X_2,\cdots,X_{n_1}$ 是 X 的样本，$Y_1,Y_2,\cdots,Y_{n_2}$ 是 Y 的样本.

$\overline{X}=\frac{1}{n_1}\sum_{i=1}^{n_1}X_i$，$\overline{Y}=\frac{1}{n_2}\sum_{j=1}^{n_2}Y_j$ 分别是 X,Y 的样本均值.

$\overline{X}-\overline{Y}$ 是 $\mu_1-\mu_2$ 的点估计量.

$$\overline{X}-\overline{Y}\sim N\left(\mu_1-\mu_2,\frac{\sigma_1^2}{n_1}+\frac{\sigma_2^2}{n_2}\right)\tag{8.2.17}$$

$\mu_1-\mu_2$ 的置信区间分三种情况.

1. σ_1^2,σ_2^2 均为已知

(1) 构造统计量 $Z=\dfrac{(\overline{X}-\overline{Y})-(\mu_1-\mu_2)}{\sqrt{\dfrac{\sigma_1^2}{n_1}+\dfrac{\sigma_2^2}{n_2}}}\sim N(0,1).$　(8.2.18)

(2) 对置信度 $1-\alpha$，有

$$P\left(-z_{\frac{\alpha}{2}}<Z<z_{\frac{\alpha}{2}}\right)=1-\alpha.\tag{8.2.19}$$

(3) 经变换得出 $\mu_1-\mu_2$ 的置信区间为

$$(\underline{\mu_1-\mu_2},\overline{\mu_1-\mu_2})=(\overline{X}-\overline{Y}-\delta,\overline{X}-\overline{Y}+\delta),\text{其中 }\delta=z_{\frac{\alpha}{2}}\sqrt{\frac{\sigma_1^2}{n_1}+\frac{\sigma_2^2}{n_2}}. \tag{8.2.20}$$

2. σ_1^2,σ_2^2 均未知,但 $\sigma_1^2=\sigma_2^2=\sigma^2$

(1) 构造统计量

$$T=\frac{(\overline{X}-\overline{Y})-(\mu_1-\mu_2)}{S_\omega\sqrt{\frac{1}{n_1}+\frac{1}{n_2}}},\quad S_\omega^2=\frac{(n_1-1)S_1^2+(n_2-1)S_2^2}{n_1+n_2-2}.$$

S_1^2、S_2^2 分别为 X,Y 的样本方差.

由(7.2.26)知 $T\sim t(n_1+n_2-2)$

(2) 对置信度 $1-\alpha$ 有

$$P\{-t_{\frac{\alpha}{2}}<T<t_{\frac{\alpha}{2}}\}=1-\alpha. \tag{8.2.21}$$

(3) 经变换得出 $\mu_1-\mu_2$ 的置信区间为

$$(\underline{\mu_1-\mu_2},\overline{\mu_1-\mu_2})=(\overline{X}-\overline{Y}-\delta,\overline{X}-\overline{Y}+\delta),\text{其中 }\delta=t_{\frac{\alpha}{2}}S_\omega\sqrt{\frac{1}{n_1}+\frac{1}{n_2}}. \tag{8.2.22}$$

3. σ_1^2、σ_2^2 均未知,但 n_1,n_2 很大(一般说大于50)这时用 S_1^2,S_2^2 代替 σ_1^2,σ_2^2,和 σ_1^2,σ_2^2 已知的情况一样处理,$\mu_1-\mu_2$ 的置信区间和(8.2.20)类似,有

$$(\underline{\mu_1-\mu_2},\overline{\mu_1-\mu_2})=(\overline{X}-\overline{Y}-\delta,\overline{X}-\overline{Y}+\delta),\text{其中 }\delta=z_{\frac{\alpha}{2}}\sqrt{\frac{S_1^2}{n_1}+\frac{S_2^2}{n_2}}. \tag{8.2.23}$$

例 8.2.3 某车间用两台型号相同的机器生产同一种产品,欲比较两台机器产品的长度.机器 A 的产品长度 $X\sim N(\mu_1,\sigma_1^2)$,机器 B 的产品长度 $Y\sim N(\mu_2,\sigma_2^2)$,由实践经验可认为 $\sigma_1^2=\sigma_2^2$.现从 A 的产品中抽取10件,测出长度值,求得长度的平均值 $\overline{x}=49.83$cm,标准差 $s_1=1.09$cm,从 B 的产品中抽取15件,求得长度平均值 $\overline{y}=5024$cm,标准差 $s_2=1.18$cm,求两总体均值差 $\mu_1-\mu_2$ 的95%的置信区间.

解 这里可认为 X,Y 相互独立,且都服从正态分布,方差相等,可用(8.2.22)式求均

值差的置信区间，置信度 $1-\alpha=0.95$，$\alpha=0.05$，$\frac{\alpha}{2}=0.025$，$n_1=10$，$n_2=15$，$n_1+n_2-2=23$，查表得 $t_{0.025}(23)=2.0687$.

$$s_\omega^2=\frac{(n_1-1)s_1^2+(n_2-1)s_2^2}{n_1+n_2-2}=\frac{9\times 1.09^2+14\times 1.18^2}{23}\approx 1.3125, s_\omega\approx 1.1456,$$

$$\delta=t_{\frac{\alpha}{2}}s_\omega\sqrt{\frac{1}{n_1}+\frac{1}{n_2}}=2.0687\times 1.1456\sqrt{\frac{1}{10}+\frac{1}{15}}\approx 0.9675,$$

$$\bar{x}-\bar{y}=-0.41,$$

$$\underline{\mu_1-\mu_2}=-0.41-0.9675=-1.3775,$$

$$\overline{\mu_1-\mu_2}=-0.41+0.9675=0.5575.$$

所以两总体 X,Y 均值差 $\mu_1-\mu_2$ 的 95% 的置信区间为 $(-1.38,0.56)$.

8.2.4　两正态总体方差比的区间估计

设两正态总体 X,Y 相互独立，$X\sim N(\mu_1,\sigma_1^2)$，$Y\sim N(\mu_2,\sigma_2^2)$，我们只考虑 μ_1,μ_2 都是未知的情况下，方差比 $\frac{\sigma_1^2}{\sigma_2^2}$ 的区间估计问题.

X 的样本容量为 n_1，样本方差为 S_1^2，Y 的样本容量为 n_2，样本方差为 S_2^2. 由 (7.2.22) 知

$$\frac{(n_1-1)S_1^2}{\sigma_1^2}\sim\chi^2(n_1-1), \frac{(n_2-1)S_2^2}{\sigma_2^2}\sim\chi^2(n_2-1).$$

(1) 构造统计量

$$F=\frac{\frac{(n_1-1)S_1^2}{\sigma_1^2}\Big/n_1-1}{\frac{(n_2-1)S_2^2}{\sigma_2^2}\Big/n_2-1}=\frac{S_1^2/S_2^2}{\sigma_1^2/\sigma_2^2}. \tag{8.2.24}$$

由 F 分布的定义知(见(7.2.13)，(7.2.14))

$$F\sim F(n_1-1,n_2-1). \tag{8.2.25}$$

(2) 给定置信度 $1-\alpha$，有(见图 8.4).

$$P\left\{F_{1-\frac{\alpha}{2}}(n_1-1,n_2-1)<\frac{S_1^2/S_2^2}{\sigma_1^2/\sigma_2^2}<F_{\frac{\alpha}{2}}(n_1-1,n_2-1)\right\}=1-\alpha. \tag{8.2.26}$$

(3) 经变换得

$$P\left\{\frac{S_1^2/S_2^2}{F_{\frac{\alpha}{2}}(n_1-1,n_2-1)}<\frac{\sigma_1^2}{\sigma_2^2}<\frac{S_1^2/S_2^2}{F_{1-\frac{\alpha}{2}}(n_1-1,n_2-1)}\right\}=1-\alpha. \qquad (8.2.27)$$

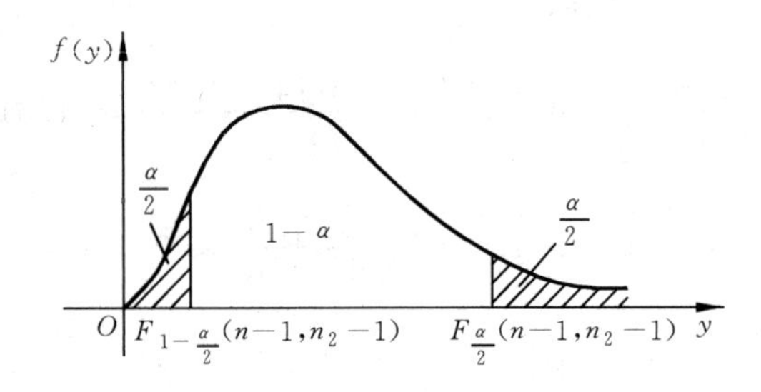

图 8.4

注意到

$$\frac{1}{F_{1-\frac{\alpha}{2}}(n_1-1,n_2-1)}=F_{\frac{\alpha}{2}}(n_2-1,n_1-1).$$

所以 σ_1^2/σ_2^2 的 $1-\alpha$ 置信区间为

$$\left(\frac{S_1^2/S_2^2}{F_{\frac{\alpha}{2}}(n_1-1,n_2-1)},\frac{S_1^2}{S_2^2}F_{\frac{\alpha}{2}}(n_2-1,n_1-1)\right). \qquad (8.2.28)$$

例 8.2.4 考虑例 8.2.3,求两总体方差比 σ_1^2/σ_2^2 的 0.90 的置信区间(μ,μ_2 都未知).

解 这里 $1-\alpha=0.90,\alpha=0.10,\frac{\alpha}{2}=0.05,n_1-1=9,n_2-1=14$,查表得 $F_{0.05}(9,14)=2.65,F_{0.05}(14,9)\approx F_{0.05}(15,9)=3.01,\frac{S_1^2}{S_2^2}=\frac{1.09^2}{1.18^2}=0.853$,由(8.2.28)式,得 $\frac{\sigma_1^2}{\sigma_2^2}$ 的 0.90 的置信区间为 $\left(\frac{0.853}{2.65},0.853\times 3.01\right)$,即(0.32,2.57).

8.2.5 (0—1) 分布参数 *p* 的区间估计

设总体 $X\sim(0-1)$ 分布,$P\{X=1\}=p,P\{X=0\}=1-p$,求 p 的置信区间. $E(X)=p,V(X)=p(1-p)$. 取样本 $X_1,X_2,\cdots,X_n,X_i\sim(0-1)$ 分布,$\left(\sum_{i=1}^n X_i\right)\sim B(n,p)$ 二项分布,$E\left(\sum_{i=1}^n X_i\right)=np,V\left(\sum_{i=1}^n X_i\right)=np(1-p)$,当 n 很大时,由中心极限定理知

$$\frac{\sum_{i=1}^n X_i-np}{\sqrt{np(1-p)}}\overset{\text{近似}}{\sim}N(0,1),$$

即
$$\frac{\sqrt{n}(\overline{X}-p)}{\sqrt{p(1-p)}} \overset{\text{近似}}{\sim} N(0,1).$$

(1) 选统计量　$Z=\sqrt{\dfrac{n}{p\{1-p\}}}(\overline{X}-p)\sim N(0,1).$　(8.2.29)

(2) 对置信度 $1-\alpha$,有　$P\{|Z|<z_{\frac{\alpha}{2}}\}=1-\alpha.$　(8.2.30)

(3) 对(8.2.29)式分母中的 $p(1-p)$ 用 $\overline{X}(1-\overline{X})$ 近似,将(8.2.30)式变换成

$$P\left\{\overline{X}-z_{\frac{\alpha}{2}}\sqrt{\frac{\overline{X}(1-\overline{X})}{n}}<p<\overline{X}+z_{\frac{\alpha}{2}}\sqrt{\frac{\overline{X}(1-\overline{X})}{n}}\right\}=1-\alpha. \quad (8.2.31)$$

所以,p 的 $1-\alpha$ 置信区间为

$$(\underline{p},\overline{p})=\left(\overline{X}-z_{\frac{\alpha}{2}}\sqrt{\frac{\overline{X}(1-\overline{X})}{n}},\overline{X}+z_{\frac{\alpha}{2}}\sqrt{\frac{\overline{X}(1-\overline{X})}{n}}\right). \quad (8.2.32)$$

注意　这种方法中要求 n 充分大,一般应大于 50.

例 8.2.5　在一大批产品中取 100 件,经检验有 92 件正品,若记这批产品的正品率为 p,求 p 的 0.95 的置信区间.

解　这里正品率 p 就是(0－1)分布中的参数 p,$n=100$,算得上充分大. $1-\alpha=0.95$,$\alpha=0.05$,$\dfrac{\alpha}{2}=0.025$,$z_{0.025}=1.96$,样本中平均正品率 $\overline{x}=92/100=0.92$. 根据(8.2.32)式有

$$\overline{p}=\overline{x}+z_{\frac{\alpha}{2}}\sqrt{\overline{x}(1-\overline{x})/n}=0.92+1.96\sqrt{0.92\times0.08/100}=0.97,$$

$$\overline{p}=\overline{x}-z_{\frac{\alpha}{2}}\sqrt{\overline{x}(1-\overline{x})/n}=0.92-1.96\sqrt{0.92\times0.08/100}=0.87.$$

所以 p 的 0.95 的置信区间为(0.87,0.97).

8.2.6　单侧置信区间

在实际问题中,对参数 θ 进行区间估计时,有时只需要考虑置信下限 $\underline{\theta}$,不考虑置信上限,置信区间为$(\underline{\theta},+\infty)$;或者只需要考虑置信上限 $\overline{\theta}$,不考虑置信下限,置信区间为$(-\infty,\overline{\theta})$. 若置信度为 $1-\alpha$,前者满足

$$P\{\underline{\theta}<\theta<+\infty\}=1-\alpha; \quad (8.2.33)$$

后者满足
$$P\{-\infty<\theta<\overline{\theta}\}=1-\alpha. \quad (8.2.34)$$

这就是单侧置信区间问题.

求置信度为 $1-\alpha$ 的单侧置信区间可通过求置信度为 $1-2\alpha$ 的双侧置信区间来解决.

由(8.2.33),可得

$$P\{\theta<\underline{\theta}\}=\alpha. \tag{8.2.35}$$

由(8.2.34),可得

$$P\{\theta>\overline{\theta}\}=\alpha. \tag{8.2.36}$$

所以由(8.2.35)和(8.2.36)可得

$$P\{\underline{\theta}<\theta<\overline{\theta}\}=1-2\alpha. \tag{8.2.37}$$

这里的$(\underline{\theta},\overline{\theta})$就是$\theta$的置信度为$1-2\alpha$的双测置信区间,双侧置信区间的求法在前面已经介绍过,不再重述.

总之,欲求置信度为 $1-\alpha$ 的单侧置信区间$(\underline{\theta},+\infty)$或$(-\infty,\overline{\theta})$,可以先求置信度为 $1-2\alpha$ 的双侧置信区间$(\underline{\theta},\overline{\theta})$,由$(\underline{\theta},\overline{\theta})$自然就得出两个单侧置信区间$(-\infty,\overline{\theta})$和$(\underline{\theta},+\infty)$. 根据需要,取其中的一个,就是置信度为 $1-\alpha$ 的单侧置信区间. 比如 $X\sim N(\mu,\sigma^2)$,σ^2 已知,求 μ 的置信度为 $1-\alpha$ 的单侧置信区间$(\underline{\mu},+\infty)$或$(-\infty,\overline{\mu})$,和以前一样,选统计量 $Z=\dfrac{\overline{X}-\mu}{\sigma/\sqrt{n}}\sim N(0,1)$,对给出的 $1-\alpha$,考虑 $1-2\alpha$,有 $P(|Z|<z_\alpha)=1-2\alpha$,由此得出 μ 的$(1-2\alpha)$双侧置信区间为$(\underline{\mu},\overline{\mu})=\left(\overline{X}-z_\alpha\dfrac{\sigma}{\sqrt{n}},\overline{X}+z_\alpha\dfrac{\sigma}{\sqrt{n}}\right)$.

所以 μ 的置信度为 $1-\alpha$ 的两个单侧置信区间分别为

$$(\underline{\mu},+\infty)=\left(\overline{X}-z_\alpha\frac{\sigma}{\sqrt{n}},+\infty\right);$$

$$(-\infty,\overline{\mu})=\left(-\infty,\overline{X}+z_\alpha\frac{\sigma}{\sqrt{n}}\right).$$

例 8.2.6 从一批灯泡中随机地抽取 5 个做寿命试验,测得寿命值(单位:h)为

150,105,125,250,280

假设灯泡寿命 $T\sim N(\mu,\sigma^2)$,求灯泡寿命均值的置信度为 0.95 的单侧置信下限.

解

$$\overline{x}=\frac{1}{5}(150+105+125+250+280)=182,$$

$$S^2=\frac{1}{4}\sum_{i=1}^{5}(x_i-182)^2=6107.5,$$

$$1-\alpha=0.95,\alpha=0.05,1-2\alpha=0.90,$$

$$t_\alpha(n-1)=t_{0.05}(4)=2.1318.$$

根据 μ 的区间估计公式，置信度为 0.90 的双侧置信区间为

$$(\underline{\mu},\bar{\mu})=(\bar{x}-\delta,\bar{x}+\delta),$$

$$\delta=t_\alpha(n-1)\frac{s}{\sqrt{n}}=t_{0.05}(4)\times\frac{s}{\sqrt{n}}=2.1318\times\frac{\sqrt{6107.5}}{\sqrt{5}}\approx 74.5.$$

所以 $$\underline{\mu}=\bar{x}-\delta=182-74.5=107.5.$$

这就是置信度为 0.95 的单侧置信下限.

习　题　8

8.1　设总体 X 的密度函数为

$$f(x)=\begin{cases}\theta C^\theta x^{-(\theta+1)} & x>C,\\ 0 & x\leqslant C.\end{cases}\quad C>0 \text{ 为已知}, \theta>1.$$

$X_1,X_2,\cdots,X_n$ 为简单随机样本，(1) 求 θ 的矩估计量；(2) 求 θ 的极大似然估计量.

8.2　设总体 $X\sim B(m,p)$，即参数为 m,p 的二项分布，p 为未知参数，$X_1,X_2,\cdots,X_n$ 为简单随机样本.

(1) 求 p 的矩估计量；

(2) 求 p 的极大似然估计量；

(3) 上面求出的估计量是不是无偏估计量？

8.3　设总体 X 的密度函数为

$$f(x)=\begin{cases}\lambda(x-10)\mathrm{e}^{-\frac{\lambda}{2}(x-10)^2} & x>10,\\ 0 & x\leqslant 10,\end{cases}\quad \lambda \text{ 为未知参数}.$$

X_1,X_2,X_3,X_4 为简单随机样本，27，25，35，29 为一组样本值，

(1) 求 λ 的极大似然估计量；

(2) 根据样本值，求出极大似然估计值；

(3) 在(2) 的情况下，求 $P\{X\leqslant 30\}$

8.4　设总体 X 的密度函数为

$$f(x)=\begin{cases}\lambda\alpha x^{\alpha-1}e^{-\lambda x^{\alpha}} & x>0,\\ 0 & x\leqslant 0.\end{cases}$$

其中 $\alpha>0$ 是已知常数，$\lambda>0$ 是未知参数，$X_1,X_2,\cdots,X_n$ 为简单随机样本，求 λ 的极大似然估计量.

8.5　已知总体 X 的密度函数为

$$f(x)=\begin{cases}e^{-(x-\theta)} & x>\theta,\\ 0 & x\leqslant\theta.\end{cases}\qquad \theta \text{ 为未知参数.}$$

$X_1,X_2,\cdots,X_n$ 为简单随机样本，求 θ 的极大似然估计量.

8.6　设某种清漆的 9 个样品，其干燥时间(单位:h) 分别为

6.0,5.7,5.8,6.5,7.0,6.3,5.6,6.1,5.0.

设干燥时间总体 $T\sim N(\mu,\sigma^2)$，就下面两种情况求 μ 的置信度为 0.95 的双侧置信区间.

(1) $\sigma=0.6$(h)；　(2) σ 未知.

8.7　就 8.6 题中的两种情况求 μ 的置信度为 0.95 的单侧置信上限.

8.8　随机地取某种炮弹 9 发做试验.求得炮口速度的样本标准差 $S=11$(m/s)，设炮口速度服从正态分布 $N(\mu,\sigma^2)$，求炮口速度的均方差 σ 的置信度为 0.95 的双侧置信区间.

8.9　现有两批导线，随机地从 A 批导线中抽取 4 根，从 B 批导线中抽取 5 根，测得电阻(Ω) 值为

A 批:0.143,0.142,0.143,0.137；

B 批:0.140,0.142,0.136,0.138,0.140.

设两组导线电阻总体分别服从正态分布 $N(\mu,\sigma^2)$，$N(\mu_2,\sigma^2)$，方差相等，两样本相互独立，试求期望差$(\mu_1-\mu_2)$ 的置信度为 0.95 的双侧置信区间.

8.10　在题 8.9 中，求$(\mu_1-\mu_2)$ 的置信度为 0.95 的单侧置信下限.

8.11　研究两种燃料的燃烧率，设两者分别服从正态分布 $N(\mu_1,0.05^2)$，$N(\mu_2,0.05^2)$，取样本容量 $n_1=n_2=20$ 的两组独立样本，求得燃烧率的样本均值分别为 18,24，求两种燃料燃烧率总体均值差$(\mu_1-\mu_2)$ 的置信度为 0.99 的双侧置信区间.

8.12　两化验员甲、乙各自独立地用相同的方法对某种聚合物的含氯量各做 10 次测量，分别求得测定值的样本方差为 $s_1^2=0.5419$，$s_2^2=0.6065$，设测定值总体，分别服从正态分布 $N(\mu_1,\sigma_1^2)$，$N(\mu_2,\sigma_2^2)$，试求方差比(σ_1^2/σ_2^2) 的置信度为 0.95 的双侧置信区间.

第9章 假设检验

9.1 基本概念

和参数估计比较,假设检验是另一类重要的统计推断问题.为了解总体的某些性质,首先做出某种假设,然后根据样本去检验这种假设是否合理,经检验后若假设合理就接受这个假设.否则就拒绝这个假设.

假设检验问题的解决办法是

(1) 明确所要处理的问题,答案只能为"是","不是";

(2) 取得样本,同时要知道样本的分布;

(3) 把"是"转化到样本分布上得到一个命题,称为假设;

(4) 根据样本值,按照一定的规则,作出接受或拒绝假设的决定.回到原问题就是回答了"是"或"不是".

这里所说的"规则",就是经常要用到的小概率原理:小概率事件在一次试验中几乎不会发生.

小概率值记为α,称为检验水平,或叫显著性水平.α的大小根据实践确定,不同的问题对α有不同的要求,精度要求越高,α的值就越小.一般$\alpha = 0.01, 0.05$.

以上是解决一般的假设检验问题的基本思路和原则.这一节我们要介绍的是参数的假设检验问题.也就是在总体分布已知的情况下,对其参数作假设检验.根据上述原则,这类问题的具体做法可按下列步骤进行.

(1) 根据问题的要求给出原假设(或叫零假设)H_0,同时给出对立假设(或叫备择假设)H_1;

(2) 在H_0成立的前提下,选择合适的检验统计量,这个统计量应包含要检验的参数,同时它的分布应该是知道的;

(3) 根据要求给出显著性水平α,按照对立假设H_1和检验统计量的分布,写出小概率事件及其概率表达式;

(4) 由样本值计算出需要的数值并查出必要的常数值;

(5) 判断小概率事件是否发生,综合(3)、(4)就可看出.根据小概率原理,若小概率事件在一次试验中发生,就认为原假设H_0不合理,就拒绝H_0(接受H_1),若小概率事件未发生,就认为原假设H_0合理,接受H_0.

例9.1.1 某车间用一台包装机包装精盐.额定标准每袋净重500g.设包装机包装出

的盐每袋重 $X \sim N(\mu,\sigma^2)$，某天随机地抽取 9 袋，秤得净重为(单位:g)

497,506,518,524,488,511,510,515,512.　问包装机工作是否正常?

这就是典型的假设检验问题.这里的答案是“正常”或“不正常”.什么叫正常:如何检验为正常?这就有一系列的工作要做.按照前面所讲的基本思路和原则及具体步骤，再根据本问题的特点，就能得到解决.下面我们就正态总体情况先来说明参数的假设检验问题的解决方法，然后再解决这个问题.

9.2 正态总体数学期望的假设检验

设 $X \sim N(\mu,\sigma^2)$，样本为 $X_1, X_2, \cdots, X_n$.样本均值为 $\overline{X} = \frac{1}{n}\sum_{i=1}^{n} X_i$，$\overline{X} \sim N\left(\mu, \frac{\sigma^2}{n}\right)$，样本方差为 $S^2 = \frac{1}{n-1}\sum_{i=1}^{n}(X_i - \overline{X})^2$，对 μ 进行假设检验分两种情况，一是方差 σ^2 已知，一是 σ^2 未知.

1. 方差 σ^2 已知，检验 μ

(1) 给出原假设 $H_0: \mu = \mu_0$，对立假设 $H_1: \mu \neq \mu_0$

(2) 在 $H_0: \mu = \mu_0$ 成立的条件下，选统计量

$$U = \frac{\overline{X} - \mu_0}{\sigma/\sqrt{n}} \sim N(0,1)$$

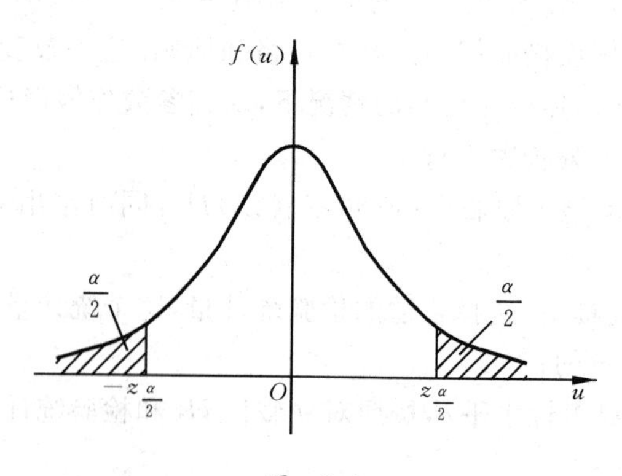

图 9.1

(3) 对给定的显著性水平 α，根据对立假设 H_1 和统计量 U 的分布(见图 9.1)，小概率事件为 $|U| > z_{\frac{\alpha}{2}}$，它的概率表达式为

$$P\{|U| > z_{\frac{\alpha}{2}}\} = \alpha. \tag{9.2.1}$$

(4) 由样本值算出样本均值 $\bar{x}$,从而算出统计量 U 的值 u,并查出 $z_{\frac{\alpha}{2}}$.

(5) 判断小概率事件 $|U|>z_{\frac{\alpha}{2}}$ 是否出现.

若 $|u|>z_{\frac{\alpha}{2}}$,即小概率事件出现,就拒绝 H_0;

若 $|u|<z_{\frac{\alpha}{2}}$,即小概率事件没出现,就接受 H_0.

以上所说的检验法通常叫做 U 检验法.

例 9.2.1　即前面的例 9.1.1,现在来解它.在这里,首先要把“机器工作正常”的含义明确一下,我们认为若包装出的每袋重量符合额定标准:$\mu_0=500\text{g}$,就算机器工作正常.补充条件,若 $\sigma=15\text{g}$,本题解法如下:

(1) 原假设 $H_0,\mu=\mu_0=500\text{g}$;

对立假设 $H_1:\mu\neq\mu_0$.

(2) 选统计量　$U=\dfrac{\overline{X}-\mu_0}{\sigma/\sqrt{n}}\sim N(0,1)$.

(3) 给出 $\alpha=0.05$,　$P\{|U|>z_{0.025}\}=0.05$.

(4) 由样本算出 $\bar{x}=509\text{g},u=1.8$,查出 $z_{0.025}=1.96$.

(5) 判断:这里 $u=1.8<z_{0.025}=1.96$,小概率事件未发生,故接受原假设 $H_0:\mu=\mu_0=500\text{g}$,认为包装机工作正常.

下面介绍接受域,拒绝域的概念.

前面已经说过,若 $|u|<z_{\frac{\alpha}{2}}$,即 $u\in(-z_{\frac{\alpha}{2}},z_{\frac{\alpha}{2}})$ 时,接受 H_0,因此开区间

$$(-z_{\frac{\alpha}{2}},z_{\frac{\alpha}{2}}) \tag{9.2.2}$$

叫做 H_0 的关于 U 的接受域,而开区间

$$(-\infty,-z_{\frac{\alpha}{2}}),(z_{\frac{\alpha}{2}},+\infty) \tag{9.2.3}$$

叫做 H_0 的关于 U 的拒绝域.

对 $\overline{X}$ 来说,前面的 $|u|<z_{\frac{\alpha}{2}}$ 即 $\bar{x}\in\left(\mu_0-z_{\frac{\alpha}{2}}\dfrac{\sigma}{\sqrt{n}},\mu_0+z_{\frac{\alpha}{2}}\dfrac{\sigma}{\sqrt{n}}\right)$,这时接受 H_0,因此开区间

$$\left(\mu_0-z_{\frac{\alpha}{2}}\frac{\sigma}{\sqrt{n}},\mu_0+z_{\frac{\alpha}{2}}\frac{\sigma}{\sqrt{n}}\right) \tag{9.2.4}$$

叫做 H_0 的关于 $\overline{X}$ 的接受域,开区间

$$\left(-\infty,\mu_0-z_{\frac{\alpha}{2}}\frac{\sigma}{\sqrt{n}}\right)\text{和}\left(\mu_0+z_{\frac{\alpha}{2}}\frac{\sigma}{\sqrt{n}},+\infty\right) \tag{9.2.5}$$

叫做 H_0 的关于 $\overline{X}$ 的拒绝域.

接受域和拒绝域的连接点 $z=\pm z_{\frac{\alpha}{2}}$，即

$$\bar{x}=\mu_0\pm z_{\frac{\alpha}{2}}\frac{\sigma}{\sqrt{n}} \tag{9.2.6}$$

叫做临界点.

对例 9.2.1，按(9.2.4)、(9.2.5) 分别算出 H_0 的关于 $\overline{X}$ 的接受域为(490.2,509.8)，拒绝域为(0,409.2)和(509.8，$+\infty$)，而 $\bar{x}=509$ 恰在接受域之内，故接受 H_0.

2. 方差 σ^2 未知，检验 μ

这种情况下，要用样本方差 S^2 代替 σ^2，即用 S 代替 σ.

(1) 给出原假设 $H_0:\mu=\mu_0$，对立假设 $H_1:\mu\neq\mu_0$.

(2) 在 $H_0:\mu=\mu_0$ 成立的条件下，选统计量

$$T=\frac{\overline{X}-\mu_0}{S/\sqrt{n}}\sim t(n-1).$$

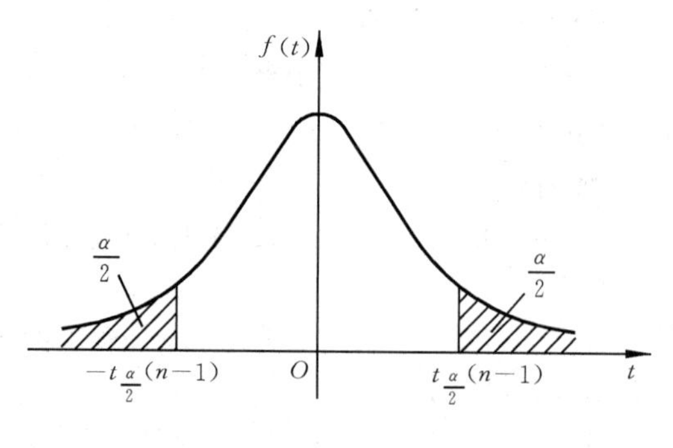

图 9.2

(3) 对给定的显著性水平 α，根据对立假设 H_1 和统计量 T 的分布(见图 9.2)，小概率事件为 $|T|>t_{\frac{\alpha}{2}}(n-1)$，它的概率表达式为

$$P(|T|>t_{\frac{\alpha}{2}})=\alpha. \tag{9.2.7}$$

(4) 由样本值算出 $\bar{x},s^2$，从而算出统计量 T 的值 t，查出 $t_{\frac{\alpha}{2}}(n-1)$.

(5) 判断：若 $|t|>t_{\frac{\alpha}{2}}(n-1)$，拒绝 H_0；

若 $|t|<t_{\frac{\alpha}{2}}(n-1)$，接受 H_0.

从接受域、拒绝域来考虑则有：H_0 的关于 T 的接受域为

$$(-t_{\frac{\alpha}{2}},t_{\frac{\alpha}{2}}), \tag{9.2.8}$$

拒绝域为

$$(-\infty, -t_{\frac{\alpha}{2}}) \text{和} (t_{\frac{\alpha}{2}}, +\infty). \tag{9.2.9}$$

对 $\overline{X}$ 来说，H_0 的接受域为

$$\left(\mu_0 - t_{\frac{\alpha}{2}} \frac{s}{\sqrt{n}}, \mu_0 + t_{\frac{\alpha}{2}} \frac{s}{\sqrt{n}}\right), \tag{9.2.10}$$

拒绝域为

$$\left(-\infty, \mu_0 - t_{\frac{\alpha}{2}} \frac{s}{\sqrt{n}}\right) \text{和} \left(\mu_0 + t_{\frac{\alpha}{2}} \frac{s}{\sqrt{n}}, +\infty\right). \tag{9.2.11}$$

临界点为

$$t = \pm t_{\frac{\alpha}{2}}, \qquad \bar{x} = \mu_0 \pm t_{\frac{\alpha}{2}} \frac{s}{\sqrt{n}}. \tag{9.2.12}$$

这种检验法称为 T 检验法.

例 9.2.2　在例 9.1.1 中，若 σ 未知，则要用 T 检验法.

解　(1) 原假设 $H_0: \mu = \mu_0 = 500$，对立假设 $H_1: \mu \neq \mu_0$.

(2) 选统计量 $T = \dfrac{\overline{X} - \mu_0}{S/\sqrt{n}} \sim t(n-1)$.

(3) 给出 $\alpha = 0.05$，有 $P\{|T| > t_{\frac{\alpha}{2}}(n-1)\} = \alpha$.

(4) $\bar{x} = 509, s^2 = 118.75, s = 10.9, n-1 = 8, t = 2.477$，查出 $t_{0.025}(8) = 2.306$.

(5) 判断：这里 $t = 2.477 > 2.306 = t_{0.025}(8)$，小概率事件发生，故拒绝 H_0，接受 H_1：$\mu \neq \mu_0$，机器工作不正常.

若从接受域来考虑，本题中按式(9.2.10)求得 H_0 的关于 $\overline{X}$ 的接受域为(491.6，508.4). 而 $\bar{x} = 509$，不在接受域内，故拒绝 H_0.

以上所说的检验问题为 $H_0: \mu = \mu_0, H_1: \mu \neq \mu_0$，这里包括两种情况 $\mu > \mu_0$ 和 $\mu < \mu_0$，称为双侧检验. 在实际问题有时需要进行的是 $H_1: \mu > \mu_0$ 或是 $H_1: \mu < \mu_0$，这是单侧检验问题.

3. 单侧检验

以 σ^2 已知，检验均值 μ 的情况为例. 先说右侧检验问题.

(1) 给出原假设 $H_0: \mu = \mu_0$，备择假设 $H_1: \mu > \mu_0$；

(2) 选统计量　$U = \dfrac{\overline{X} - \mu_0}{\sigma/\sqrt{n}} \sim N(0,1)$；

(3) 对给定的显著性水平 α 根据 H_1 和 U 的分布(见图 9.3)小概率事件为 $U > z_\alpha$，它的概率表达式为

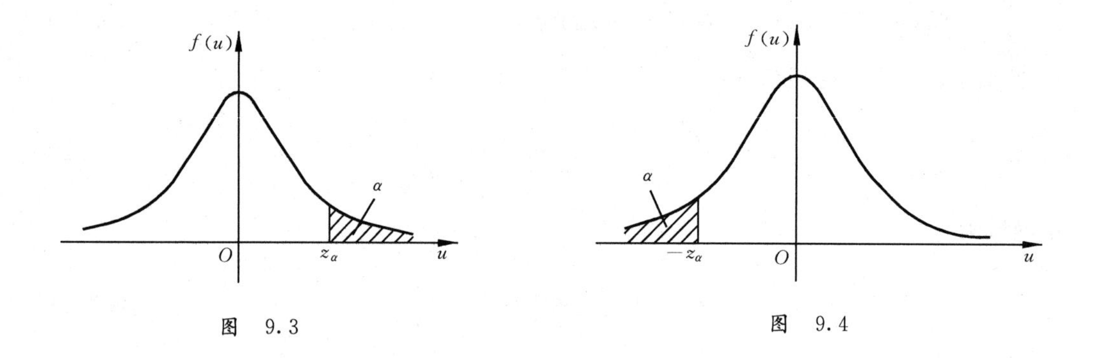

图 9.3　　　　图 9.4

$$P\{U > z_\alpha\} = \alpha; \tag{9.2.13}$$

(4) 算出 $\bar{x}, u$，查出 z_α；

(5) 判断：若 $u > z_\alpha$，小概率事件出现，拒绝 H_0，接受 H_1，即 $\mu > \mu_0$. 若 $u < z_\alpha$，小概率事件未出现，接受 H_0.

在这里，H_0 的关于 $\bar{X}$ 的拒绝域为 $\left(\mu_0 + z_\alpha \dfrac{\sigma}{\sqrt{n}}, +\infty\right)$，这就是右侧检验问题.

下面简单说明左侧检验问题.

(1) $H_0: \mu = \mu_0$，　$H_1: \mu < \mu_0$；

(2) 选统计量　$U = \dfrac{\bar{X} - \mu_0}{\sigma/\sqrt{n}} \sim N(0,1)$；

(3) 对给定的显著性水平 α，小概率事件为 $U < -z_\alpha$（见图 9.4）概率表达式为

$$P\{U < -z_\alpha\} = \alpha;$$

(4) 算出 $\bar{x}, u$，查出 z_α；

(5) 判断：若 $u < -z_\alpha$，小概率事件出现，拒绝 H_0，接受 $H_1: \mu < \mu_0$. 若 $u > -z_\alpha$，小概率事件未出现，接受 H_0.

例 9.2.3　在例 9.1.1 中，假定 $\sigma = 15$g，给出 $\alpha = 0.05$，问包装出的精盐每袋重量是否大于额定标准 500g?

解　这里问是否大于 500g?备择假设应为 $\mu > \mu_0 = 500$g. 是右侧检验问题.

(1) 原假设 $H_0: \mu = \mu_0 = 500$g，备择假设 $H_1: \mu > \mu_0$；

(2) 统计量　$U = \dfrac{\bar{X} - \mu_0}{\sigma/\sqrt{n}} \sim N(0,1)$；

(3) $\alpha = 0.05, P\{U > z_{0.05}\} = 0.05$；

(4) $\bar{x} = 509$g，$\mu = 1.8$，查出 $z_{0.05} = 1.645$；

(5) 判断：$u = 1.8 > 1.645$，小概率事件出现，拒绝 H_0，接受 $H_1: \mu > \mu_0$. 可认为重量

大于额定标准.

例 9.2.4　现规定某种食品的每 100g 中维生素 C(V_C) 的含量不得少于 21mg,设 V_C 含量的测定值总体 X 服从正态分布 $N(\mu,\sigma^2)$,现从这批食品中随机地抽取 17 个样品,测得每 100g 食品中 V_C 的含量(单位:mg) 为

16,22,21,20,23,21,19,15,13,23,17,20,29,18,22,16,25.

试以 $\alpha=0.025$ 的检验水平,检验该批食品的含量是否合格?

解　本题是在 σ^2 未知的情况下,均值 μ 的假设检验问题. 因为要求"V_C 的含量不得少于 21mg",因此这里是单侧检验,且是左侧检验问题.

$H_0:\mu=\mu_0=21\text{mg}$　　$H_1:\mu<\mu_0$(注意:为什么这样设 H_1?)

取统计量

$$T=\frac{\overline{X}-\mu_0}{S/\sqrt{n}}\sim t(n-1).$$

H_0 的关于 $\overline{X}$ 的拒绝域为

$$\left(-\infty,\mu_0-t_\alpha(n-1)\frac{S}{\sqrt{n}}\right).$$

在这里算得

$$\bar{x}=\frac{1}{17}(16+22+\cdots+16+25)=20;$$

$$s^2=\frac{1}{16}[(16-20)^2+\cdots+(25-20)^2]\approx 15.88;$$

$$s=3.98;$$

查表得　　$t_{0.025}(16)=2.1199.$

所以　　$\mu_0-t_\alpha(n-1)\dfrac{s}{\sqrt{n}}=21-2.1199\times\dfrac{3.98}{\sqrt{17}}\approx 21-2.046\approx 18.95.$

由此看出,$\bar{x}=20$ 不在拒绝域(0,18.95)之内,故接受 H_0,也就是拒绝 H_1,说明每 100g 食品 V_C 的含量不少于 21mg,产品合格.

注意　(1) 本题中所说左侧检验的拒绝域为 $\left(-\infty,\mu_0-t_\alpha(n-1)\dfrac{S}{\sqrt{n}}\right)$ 这是一般情况,具体到 V_C 的含量,它不可能为负值,故说拒绝域为(0,18.95).

(2) 单侧假设检验是容易犯错误的,本题容易犯两个错误:

① 作假设 H_1 时发生错误. 有人认为:"V_C 含量不能少于 21mg",那就应该设 H_1 为

$\mu > 21$，这是不对的.

② 题中设 $H:\mu < 21$(这是对的)，求得 $\bar{x} = 20$，有人认为 $\bar{x} = 20 < 21$，就拒绝了 H_0，接受了 H_1，说产品不合格，这也是不对的.

(3) 在单侧检验中如何正确地做出备择假设 H_1，的确有一定的困难.要解决这个困难，最重要的当然应该是准确地理解问题中所提的要求，从而做出正确的备择假设 H_1.但是当你实在没把握时，有一个鉴定方法能帮助你确定 H_1.

鉴定方法是:先做出某个 H_1(大于或小于).如果最后不管出现哪个情况(拒绝 H_0 或接受 H_0)都能对所要解决的问题做出明确的回答，就说明所作的假设 H_1 是对的，否则就是不对的.

比如在本题中，做 $H_1:\mu < 21$，问题已经解决，这是对的.假若做 H_1 为 $\mu > 21$.① 如果拒绝 H_0，接受 H_1，说明 $\mu > 21$，当然 V_C 含量不少于 21，这时能明确回答，产品合格.② 如果接受 H_0，就拒绝了 H_1，这时只说明 μ 不大于 21，它是小于 21 还是不小于 21 呢，就说不清了.因此不能明确回答产品是否合格.这就说明在本题中做"假设 $H_1:\mu > 21$" 是不对的.

例 9.2.5 某厂生产一种金属线，抗拉强度的测定值总体 $X \sim N(\mu,\sigma^2)$，且知 $\mu = 105.6 \times 10^7$ Pa，现经过改进，生产了一批新的金属线，从中随机地抽取 10 根做试验，测出抗拉强度值，并算得平均值 $\bar{x} = 106.3 \times 10^7$ Pa，标准差 $s = 0.8 \times 10^7$ Pa.问这批新线的抗拉强度是否比原来的金属线的抗拉强度高($\alpha = 0.05$)?

解 这是在 σ^2 未知的情况下，均值 μ 的单侧检验问题，并且把 $\mu = 105.6 \times 10^7$ Pa 作为均值的校准值 μ_0.根据问题的要求，可知这是右侧检验问题.

原假设 $H_0:\mu = \mu_0 = 105.6 \times 10^7$ Pa， $H_1:\mu > \mu_0$.

选统计量

$$T = \frac{\overline{X} - \mu_0}{S/\sqrt{n}} \sim t(n-1).$$

H_0 的关于 $\overline{X}$ 的拒绝域为

$$\left(\mu_0 + t_\alpha(n-1)\frac{S}{\sqrt{n}} + \infty\right).$$

这里 $n = 10, n-1 = 9, s = 0.8, t_\alpha(n-1) = t_{0.05}(9) \approx 1.8331$.
所以有

$$105.6 + 1.8331 \times \frac{0.8}{\sqrt{10}} \approx 105.6 + 0.4637 \approx 106.1.$$

拒绝域为$(106.1, +\infty)$.因为 $\bar{x} = 106.3 \in (106.1, +\infty)$，即 $\bar{x}$ 在 H_0 的拒绝域内，所以拒绝 H_0，接受 $H_1:\mu > \mu_0$，说明新线的抗拉强度比原来金属线的抗拉强度高.

9.3　正态总体方差的假设检验

1. 期望 μ 已知，检验 σ^2

(1) 原假设 $H_0:\sigma^2=\sigma_0^2$，对立假设 $H_1:\sigma^2\neq\sigma_0^2$；

(2) 在 H_0 成立的条件下，选统计量(见(7.2.21))

$$\kappa^2=\sum_{i=1}^{n}\left(\frac{X_i-\mu}{\sigma_0}\right)^2\sim\chi^2(n);$$

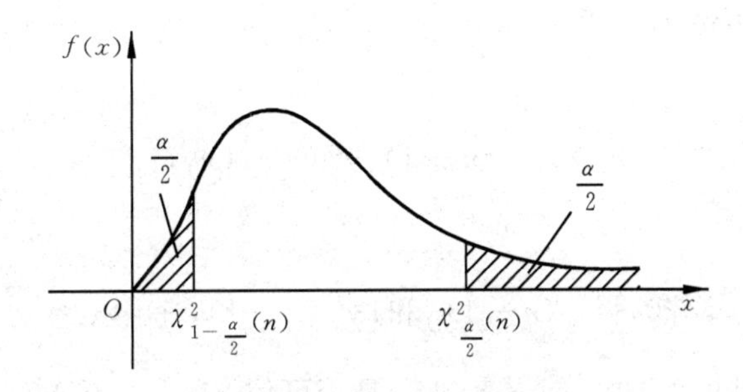

图　9.5

(3) 对给定的显著性水平 α，根据 H_1 和统计量的分布(见图 9.5)知，小概率事件为 $\{0<\kappa^2<\chi^2_{\frac{\alpha}{2}}(n)\cup\chi^2_{\frac{\alpha}{2}}(n)<\kappa^2<+\infty\}$ 它的概率表达式为

$$P\{0<\kappa^2<\chi^2_{1-\frac{\alpha}{2}}(n)\cup\chi^2_{\frac{\alpha}{2}}(n)<\kappa^2<+\infty\}=\alpha;\qquad(9.3.1)$$

(4) 由样本值算出 κ^2 值，查表得 $\chi^2_{\frac{\alpha}{2}}(n),\chi^2_{1-\frac{\alpha}{2}}(n)$；

(5) 判断：若 $\kappa^2<\chi^2_{1-\frac{\alpha}{2}}(n)$ 或 $\kappa^2>\chi^2_{\frac{\alpha}{2}}(n)$ 则拒绝 H_0；

若 $\chi^2_{1-\frac{\alpha}{2}}(n)<\kappa^2<\chi^2_{\frac{\alpha}{2}}(n)$，则接受 H_0.

从这里看出，H_0 的拒绝域为

$$(0,\chi^2_{1-\frac{\alpha}{2}}(n))\text{和}(\chi^2_{\frac{\alpha}{2}}(n),+\infty),\qquad(9.3.2)$$

接受域为

$$(\chi^2_{1-\frac{\alpha}{2}}(n),\chi^2_{\frac{\alpha}{2}}(n)).\qquad(9.3.3)$$

2. 期望 μ 未知，检验 σ^2

在这里用 $\overline{X}$ 代替 μ.

(1) 原假设 $H_0:\sigma^2=\sigma_0^2$，对立假设 $H_1:\sigma^2\neq\sigma_0^2$；

(2) 在 H_0 成立的条件下,选统计量

$$\kappa^2 = \frac{(n-1)S^2}{\sigma_0^2} \sim \chi^2(n-1);$$

(3) 对给定的显著性水平 α,小概率事件的概率表达式为

$$P\{0 < \kappa^2 < \chi^2_{1-\frac{\alpha}{2}}(n-1)\} \cup \chi^2_{\frac{\alpha}{2}}(n-1) < \kappa^2 < +\infty) = \alpha; \tag{9.3.4}$$

(4) 算出 s^2, κ^2,查出 $\chi^2_{\frac{\alpha}{2}}(n-1), \chi^2_{1-\frac{\alpha}{2}}(n-1)$;

(5) 判断:若 $\chi^2_{1-\frac{\alpha}{2}}(n-1) < \kappa^2 < \chi^2_{\frac{\alpha}{2}}(n-1)$ 则接受 H_0;若 $0 < \kappa^2 < \chi^2_{1-\frac{\alpha}{2}}(n-1)$ 或 $\chi^2_{\frac{\alpha}{2}}(n-1) < \kappa^2$,则拒绝 H_0,接受 H_1.

H_0 的接受域为

$$(\chi^2_{1-\frac{\alpha}{2}}(n-1), \chi^2_{\frac{\alpha}{2}}(n-1)), \tag{9.3.5}$$

拒绝域为

$$(0, \chi^2_{1-\frac{\alpha}{2}}(n-1)) \text{和} (\chi^2_{\frac{\alpha}{2}}(n-1), +\infty). \tag{9.3.6}$$

例 9.3.1 在例 9.2.1 中,问 $\sigma^2 = 15^2$ 是否可信?($\alpha = 0.05$)

解 已知 $\mu = 500\text{g}, H_0: \sigma^2 = \sigma_0^2 = 15^2, H_1: \sigma^2 \neq \sigma_0^2$.

选统计量 $\kappa^2 = \sum_{i=1}^{n}\left(\frac{X_i - \mu}{\sigma_0}\right)^2 \sim \chi^2(n)$, $n = 9$, $\frac{\alpha}{2} = 0.025$.

H_0 的拒绝域为 $(0, \chi^2_{0.975}(9))$ 和 $(\chi^2_{0.025}(9), +\infty)$.

查出 $\chi^2_{0.975}(9) = 2.700, \chi^2_{0.025}(9) = 19.023$.

由样本值求得 $\kappa^2 = \frac{1}{15^2}(3^2 + 6^2 + 18^2 + 24^2 + 12^2 + 11^2 + 10^2 + 15^2 + 12^2) = 7.462$.

因为 $2.700 < 7.462 < 19.023$,故接受 H_0,$\sigma^2 = 15^2$ 是可信的.

3. 单侧检验

以 μ 已知情况为例说明.

右侧检验:$H_0: \sigma^2 = \sigma_0^2$, $H_1: \sigma^2 > \sigma_0^2$;

统计量 $\chi^2 = \sum_{i=1}^{n}\left(\frac{X_i - \mu}{\sigma_0}\right)^2 \sim \chi^2(n)$.

对给定的 α,小概率事件为 $\chi^2 > \chi^2_\alpha(n)$,(见图 9.6(a)),查出 $\chi^2_\alpha(n)$,H_0 的拒绝域为

$$(\chi^2_\alpha(n), +\infty), \tag{9.3.7}$$

接受域为

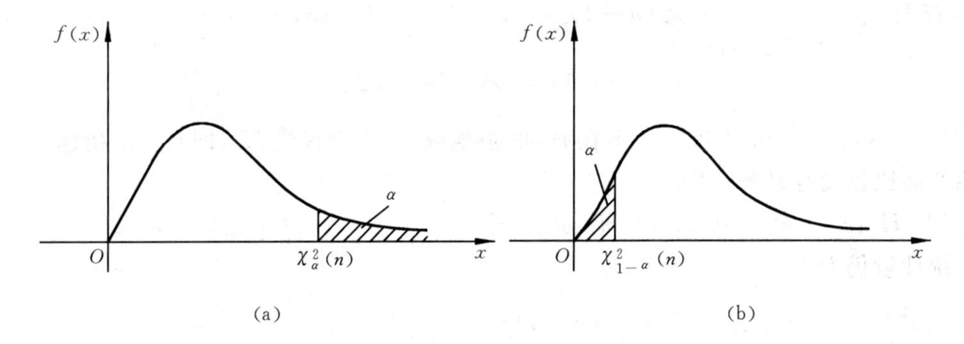

图　9.6

$$(0,\chi_\alpha^2(n)). \tag{9.3.8}$$

左侧检验：$H_0:\sigma^2=\sigma_0^2$，　$H_1:\sigma^2<\sigma_0^2$.

统计量同上，对给定的α，小概率事件为$\chi^2<\chi_{1-\alpha}^2(n)$（见图 9.6(b)），查出$\chi_{1-\alpha}^2(n)$，$H_0$的拒绝域为

$$(0,\chi_{1-\alpha}^2(n)), \tag{9.3.9}$$

接受域为

$$(\chi_{1-\alpha}^2(n),+\infty). \tag{9.3.10}$$

例 9.3.2　在正常的生产条件下，某产品的测试指标总体$X\sim N(\mu_0,\sigma_0^2)$，其中$\sigma_0=0.23$. 后来改变了生产工艺，出了新产品. 假设新产品的测试指标总体仍为X，且知$X\sim N(\mu,\sigma^2)$. 从新产品中随机地抽取 10 件，测得样本值为$x_1,x_2,\cdots,x_{10}$，算得样本标准差$s=0.33$. 试在检验水平$\alpha=0.05$的情况下检验：

(1) 方差σ^2有没有显著变化？　　(2) 方差σ^2是否变大？

解　这是正态总体在μ未知的情况下，方差σ^2的假设检验问题. (1) 是双侧检验，(2) 是单侧检验问题.

(1) $H_0:\sigma^2=\sigma_0^2=0.23^2$；　$H_1:\sigma^2\neq\sigma_0^2$.

选统计量

$$\kappa^2=\frac{(n-1)s^2}{\sigma_0^2}\sim\chi^2(n-1).$$

H_0的拒绝域为$(0,\chi_{1-\frac{\alpha}{2}}^2(n-1))$或$(\chi_{\frac{\alpha}{2}}^2(n-1),+\infty)$. 算得

$$\kappa^2=\frac{9\times(0.33)^2}{(0.23)^2}\approx 18.527.$$

查表 $$\chi^2_{\frac{\alpha}{2}}(n-1)=\chi^2_{0.025}(9)\approx 19.023,$$

$$\chi^2_{1-\frac{\alpha}{2}}(n-1)=\chi^2_{0.975}(9)\approx 2.7.$$

由于 $2.7<\kappa^2<19.023$，即 κ^2 不在 H_0 的拒绝域内，所以接受 H_0，即新产品指标的方差与原产品比较没有显著变化.

(2) $H_0:\sigma^2=\sigma_0^2=0.23^2$， $H_1:\sigma^2>\sigma_0^2$；

统计量仍为

$$\kappa^2=\frac{(n-1)S^2}{\sigma_0^2}\sim\chi^2(n-1).$$

H_0 的拒绝域为 $(\chi^2_\alpha(n-1),+\infty)$.

κ^2 值仍为 18.527，查表得 $\chi^2_\alpha(n-1)=\chi^2_{0.05}(9)\approx 16.919$. 由于 $\kappa^2=18.527>16.919$，κ^2 在 H_0 的拒绝域内，故拒绝 H_0，接受 H_1，说明新产品指标的方差比原产品指标的方差显著地变大.

评注 本题中(1)，(2) 两种情况下的结论好像是矛盾的：(1) 中说没有显著地变化. (2) 中说显著地变大. 这是为什么呢？因为任何一个假设检验都是在一定的检验水平 α 下进行的，对同一个 α，不同的假设有着不同的拒绝域(或接受域). 由于(1)，(2) 是不同的假设检验问题，拒绝域不同，因此，同一个 κ^2 值，不在(1) 的拒绝域内却在(2) 的拒绝域内，这就没什么可奇怪的了.

9.4 两正态总体期望差的假设检验

设总体 $X\sim N(\mu_1,\sigma_1^2)$，$Y\sim N(\mu_2,\sigma_2^2)$，相互独立. $\mu_1-\mu_2$ 为 X，Y 的期望差，X 的样本为 $X_1,X_2,\cdots,X_{n_1}$，Y 的样本为 $Y_1,Y_2,\cdots,Y_{n_2}$，$\overline{X}$，$\overline{Y}$ 分别是 X，Y 的样本均值.

讨论下面三种情况.

1. σ_1^2、σ_2^2 均为已知

(1) $H_0:\mu_1-\mu_2=\delta_0$， $H_1:\mu_1-\mu_2\neq\delta_0$（$\delta_0$ 为常数）；

(2) 选统计量 $U=\dfrac{\overline{X}-\overline{Y}-\delta_0}{\sqrt{\dfrac{\sigma_1^2}{n_1}+\dfrac{\sigma_2^2}{n_2}}}\sim N(0,1)$；

(3) 对给定的 α，小概率事件为 $|U|>z_{\frac{\alpha}{2}}$；

(4) H_0 的拒绝域为

$$(-\infty,-z_{\frac{\alpha}{2}})\text{ 和 }(z_{\frac{\alpha}{2}},+\infty). \tag{9.4.1}$$

接受域为$(-z_{\frac{\alpha}{2}},z_{\frac{\alpha}{2}})$.

若考虑$\bar{x},\bar{y}$,则H_0的拒绝域为

$$\left(-\infty,\delta_0-z_{\frac{\alpha}{2}}\sqrt{\frac{\sigma_1^2}{n_1}+\frac{\sigma_2^2}{n_2}}\right)\text{和}\left(\delta_0+z_{\frac{\alpha}{2}}\sqrt{\frac{\sigma_1^2}{n_1}+\frac{\sigma_2^2}{n_2}},+\infty\right). \tag{9.4.2}$$

接受域为
$$\left(\delta_0-z_{\frac{\alpha}{2}}\sqrt{\frac{\sigma_1^2}{n_1}+\frac{\sigma_2^2}{n_2}},\delta_0+z_{\frac{\alpha}{2}}\sqrt{\frac{\sigma_1^2}{n_1}+\frac{\sigma_2^2}{n_2}}\right). \tag{9.4.3}$$

对右侧检验,$H_1:\mu_1-\mu_2>\delta_0$,$(H_0:\mu_1-\mu_2=\delta_0)$,$H_0$的拒绝域为

$$\left(\delta_0+z_\alpha\sqrt{\frac{\sigma_1^2}{n_1}+\frac{\sigma_2^2}{n_2}},+\infty\right). \tag{9.4.4}$$

对左侧检验,$H_1:\mu_1-\mu_2<\delta_0$,H_0的拒绝域为

$$\left(-\infty,\delta_0-z_\alpha\sqrt{\frac{\sigma_1^2}{n_1}+\frac{\sigma_2^2}{n_2}}\right). \tag{9.4.5}$$

2. σ_1^2,σ_2^2 均未知,但 $\sigma_1^2=\sigma_2^2=\sigma^2$

(1) $H_0:\mu_1-\mu_2=\delta_0$,　　$H_1:\mu_1-\mu_2\neq\delta_0$;

(2) 选统计量 $T=\dfrac{\overline{X}-\overline{Y}-\delta_0}{S_\omega\sqrt{\dfrac{1}{n_1}+\dfrac{1}{n_2}}}\sim t(n_1+n_2-2)$;

(3) 对给定的α,小概率事件为$|T|>t_{\frac{\alpha}{2}}(n_1+n_2-2)$;

(4) H_0的拒绝域为

$$(-\infty,-t_{\frac{\alpha}{2}}(n_1+n_2-2))\text{和}(t_{\frac{\alpha}{2}}(n_1+n_2-2),+\infty); \tag{9.4.6}$$

接受域为
$$(-t_{\frac{\alpha}{2}},t_{\frac{\alpha}{2}}). \tag{9.4.7}$$

若考虑$\bar{x},\bar{y}$,且记$\kappa_{\frac{\alpha}{2}}=t_{\frac{\alpha}{2}}(n_1+n_2-2)S_\omega\sqrt{\dfrac{1}{n_1}+\dfrac{1}{n_2}}$,则$H_0$的拒绝域为

$$(-\infty,\delta_0-\kappa_{\frac{\alpha}{2}})\text{和}(\delta_0+\kappa_{\frac{\alpha}{2}},+\infty). \tag{9.4.8}$$

接受域为
$$(\delta_0-\kappa_{\frac{\alpha}{2}},\delta_0+\kappa_{\frac{\alpha}{2}}). \tag{9.4.9}$$

3. σ_1^2、σ_2^2 均未知,但 n_1,n_2 都很大

(1) $H_0:\mu_1-\mu_2=\delta_0$,　$H_1:\mu_1-\mu_2\neq\delta_0$;

(2) 选统计量　$U=\dfrac{\overline{X}-\overline{Y}-\delta_0}{\sqrt{\dfrac{S_1^2}{n_1}+\dfrac{S_2^2}{n_2}}}\sim N(0,1)$;

(3) 对给定的 α，H_0 的拒绝域为

$$(-\infty, \delta_0 - \kappa_{\frac{\alpha}{2}}) \text{和} (\delta_0 + \kappa_{\frac{\alpha}{2}}, +\infty). \tag{9.4.10}$$

这里 $\kappa_{\frac{\alpha}{2}} = z_{\frac{\alpha}{2}} \sqrt{\frac{S_1^2}{n_1} + \frac{S_2^2}{n_2}}$.

例 9.4.1 两箱中分别装有甲、乙两厂生产的产品，欲比较它们的重量. 甲厂产品重量 $X \sim N(\mu_1, \sigma_1^2)$，乙厂产品重量 $Y \sim N(\mu_2, \sigma_2^2)$，设 $\sigma_1^2 = \sigma_2^2$，从 X 中抽取 10 件，测得重量的平均值 $\bar{x} = 4.95$(kg)，标准差 $s_1 = 0.07$(kg). 从 Y 中抽取 15 件，测得重量的平均值 $\bar{y} = 5.02$(kg)，标准差 $s_2 = 0.12$(kg)，试检验两者平均重量有无显著差别?($\alpha = 0.05$)

解 可认为 X, Y 相互独立. $H_0: \mu_1 - \mu_2 = 0$，$H_1: \mu_1 - \mu_2 \neq 0$，由于 $\sigma_1^2 = \sigma_2^2$，选统计量 $T = \dfrac{\bar{X} - \bar{Y} - 0}{S_\omega \sqrt{\frac{1}{n_1} + \frac{1}{n_2}}} \sim t(n_1 + n_2 - 2)$.

$n_1 = 10, n_2 = 15, s_\omega^2 = \dfrac{(n_1 - 1)s_1^2 + (n_2 - 1)s_2^2}{n_1 + n_2 - 2} = \dfrac{9 \times 0.07^2 + 14 \times 0.12^2}{23} = 0.0107$,

$s_\omega = 0.1034$, $t = -1.6583$, 查得 $t_{0.025}(23) = 2.8073$.

H_0 的拒绝域为 $(-\infty, -t_{0.025}(23))$ 和 $(t_{0.025}(23), +\infty)$ 即 $(-\infty, -2.8073)$ 和 $(2.8073, +\infty)$，显然 $t = -1.6583$ 不在拒绝域内，故接受 $H_0: \mu_1 - \mu_2 = 0$，即 $\mu_1 = \mu_2$ 两者平均重量无显著差别.

9.5 两正态总体方差比的假设检验

设 $X \sim N(\mu, \sigma_1^2)$，$Y \sim N(\mu_2, \sigma_2^2)$. 相互独立，$\dfrac{\sigma_1^2}{\sigma_2^2}$ 为方差比.

1. μ_1, μ_2 已知

(1) $H_0: \dfrac{\sigma_1^2}{\sigma_2^2} = 1$，即 $\sigma_1^2 = \sigma_2^2$，$H_1: \sigma_1^2 \neq \sigma_2^2$.

因为 $\sum\limits_{i=1}^{n_1} \left(\dfrac{X_i - \mu_1}{\sigma_2}\right)^2 \sim \chi^2(n_1)$，$\sum\limits_{j=1}^{n_2} \left(\dfrac{Y_j - \mu_2}{\sigma_2}\right)^2 \sim \chi^2(n_2)$.

由 F 分布的定义(见 7.2.13 式)

$$F = \frac{\dfrac{1}{n_1} \sum\limits_{i=1}^{n_1} \left(\dfrac{X_i - \mu_1}{\sigma_i}\right)^2}{\dfrac{1}{n_2} \sum\limits_{j=1}^{n_2} \left(\dfrac{Y_j - \mu_2}{\sigma_2}\right)^2} \sim F(n_1, n_2).$$

(2) 在 H_0 成立的条件下，选统计量

$$F=\frac{\frac{1}{n_1}\sum_{i=1}^{n}(X_i-\mu_1)^2}{\frac{1}{n_2}\sum_{j=1}^{n_2}(Y_j-\mu_2)^2}\sim F(n_1,n_2).$$

(3) 对给定的 α,小概率事件为(见图 9.7)

$$\{0<F<F_{1-\frac{\alpha}{2}}(n_1,n_2)\cup F_{\frac{\alpha}{2}}(n_1,n_2)<F<+\infty\}.$$

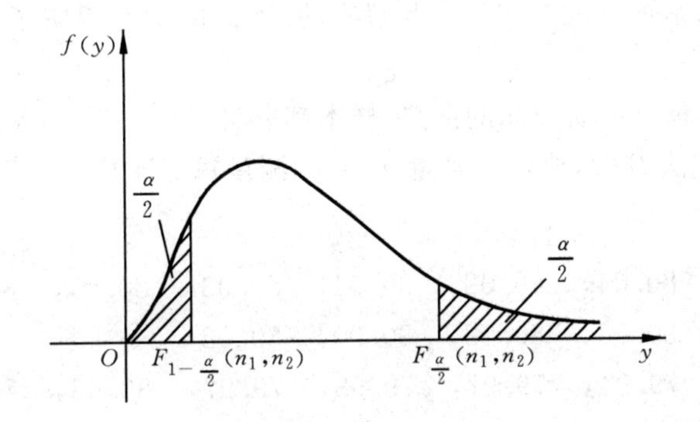

图 9.7

(4) H_0 的拒绝域为

$$(0,F_{1-\frac{\alpha}{2}}(n_1,n_2))\text{和}(F_{\frac{\alpha}{2}}(n_1,n_2),+\infty);\tag{9.5.1}$$

接受域为

$$(F_{1-\frac{\alpha}{2}}(n_1,n_2),F_{\frac{\alpha}{2}}(n_1,n_2)).\tag{9.5.2}$$

2. μ_1,μ_2 未知

(1) $H_0:\sigma_1^2=\sigma_2^2$, $\quad H_1:\sigma_1^2\neq\sigma_2^2$;

(2) 在 H_0 下,选统计量

$$F=\frac{S_1^2}{S_2^2}\sim F(n_1-1,n_2-1);$$

(3) 对给定的 α,得 H_0 的拒绝域为

$$(0,F_{1-\frac{\alpha}{2}}(n_1-1,n_2-1))\text{和}(F_{\frac{\alpha}{2}}(n_1-1,n_2-1),+\infty);\tag{9.5.3}$$

接受域为

$$(F_{1-\frac{\alpha}{2}}(n_1-1,n_2-1),F_{\frac{\alpha}{2}}(n_1-1,n_2-1)).\tag{9.5.4}$$

例 9.5.1 在例 9.4.1 中,甲、乙两厂产品重量的方差有没有显著差异?$\alpha=0.05$.

解 $H_0:\sigma_1^2=\sigma_2^2,H_1:\sigma_1^2\neq\sigma_2^2,n_1=10,n_2=15$.

$$F-\frac{S_1^2}{S_2^2}\sim F(9,14).$$

H_0 的拒绝域为$(0,F_{0.975}(9,14))$和$(F_{0.025}(9,14),+\infty)$ 查出 $F_{0.025}(9,14)=3.21$. $F_{0.975}(9,14)=\dfrac{1}{F_{0.025}(14,9)}\approx\dfrac{1}{3.77}=0.265$，即 H_0 的拒绝域为$(0,0.265)$和$(3.21,+\infty)$ 算出 $F=\dfrac{S_1^2}{S_2^2}=\dfrac{0.07^2}{0.12^2}=0.340$，不在拒绝域内，故接受 H_0，即两厂产品重量的方差没有显著差异. 因此，在例 9.4.1 中假设 $\sigma_1^2=\sigma_2^2$ 是合理的.

前面在例 9.4.1 和例 9.5.1 中分别解决了两正态总体的期望差和方差比的假设检验问题. 在实际问题中，是把这两个问题一起解决的. 下面的例题说明了解决这个问题的一般过程.

例 9.5.2 用两种方法研究冰的潜热，样本都取自 -0.72℃ 的冰. 用方法 A 做，取样本容量 $n_1=13$，用方法 B 做，取样本容量 $n_2=8$，测量每克冰从 -0.72℃ 变 0℃ 的水，其中热量的变化数据为

方法 A：79.98， 80.04， 80.02， 80.04， 80.03， 80.04， 80.03， 79.97，
80.05， 80.03， 80.02， 80.00， 80.02

方法 B：80.02， 79.94， 79.97， 79.98， 79.97， 80.03， 79.95， 79.97，

假设两种方法测得数据总体都服从正态分布. 试问：

(1) 两种方法测量总体的方差是否相等?$(\alpha=0.05)$

(2) 两种方法测量总体的均值是否相等?$(\alpha=0.05)$

解 设两种方法 A、B 的测量总体分别为 $X\sim N(\mu_1,\sigma_1^2)$，$Y\sim N(\mu_2,\sigma_2^2)$.

(1) 在 μ_1,μ_2 未知的情况下，检验两总体的方差比.

$$H_0:\sigma_1^2=\sigma_2^2\left(\text{即}\frac{\sigma_1^2}{\sigma_2^2}=1\right),\quad H_1:\sigma_1^2\neq\sigma_2^2.$$

因 μ_1,μ_2 未知，故选统计量(注意到 $\sigma_1^2=\sigma_2^2$)

$$F=\frac{S_1^2}{S_2^2}\sim F(n_1-1,n_2-1).$$

H_0 的拒绝域为

$$(0,F_{1-\frac{\alpha}{2}}(n_1-1,n_2-1))\text{或}(F_{\frac{\alpha}{2}}(n_1-1,n_2-1),+\infty).$$

现计算有关数值

$$\bar{x}=\frac{1}{13}(79.98+\cdots+80.02)\approx 80.02,$$

$$s_1^2=\frac{1}{12}[(79.98-80.02)^2+\cdots]\approx 5.75\times 10^{-4},$$

$$\bar{y}=\frac{1}{8}(80.02+\cdots+79.97)\approx 79.98,$$

$$s_2^2=\frac{1}{7}[(80.02-79.98)^2+\cdots]\approx 9.86\times 10^{-4},$$

$$F=\frac{s_1^2}{s_2^2}=\frac{5.75\times 10^{-4}}{9.86\times 10^{-4}}\approx 0.5842.$$

查表得　$F_{\frac{\alpha}{2}}(n_1-1,n_2-1)=F_{0.025}(12,7)\approx 4.67$,

$$F_{1-\frac{\alpha}{2}}(n_1-1,n_2-1)=F_{0.975}(12,7)-\frac{1}{F_{0.025}(7,12)}\approx\frac{1}{3.61}\approx 0.277$$

因为 $0.277<0.5842<4.67$,所以 F 值不在 H_0 的拒绝域内而在 H_0 的接受域内,故接受 H_0 说明两测试总体的方差相等.

(2) 在 σ_1^2,σ_2^2 未知的情况下,检验两正态总体的期望差

$$H_0:\mu_1=\mu_2(\text{即 }\mu_1-\mu_2=0)\qquad H_1:\mu_1\neq\mu_2.$$

由(1)中的结果知　$\sigma_1^2=\sigma_2^2$,所以选统计量

$$T=\frac{\bar{X}-\bar{Y}}{S_\omega\sqrt{\frac{1}{n_1}+\frac{1}{n_2}}}\sim t(n_1+n_2-2).$$

其中
$$S_\omega^2=\frac{(n_1-1)S_1^2+(n_2-1)S_2^2}{n_1+n_2-2}.$$

H_0 的拒绝域为

$$|T|>t_{\frac{\alpha}{2}}(n_1+n_2-2).$$

计算有关数值

$$s_\omega^2=\frac{12\times 5.75\times 10^{-4}+7\times 9.86\times 10^{-4}}{13+8-2}\approx 7.26\times 10^{-4},$$

$$s_\omega\approx 2.7\times 10^{-2},$$

$$|t|=\frac{80.02-79.98}{2.7\times 10^{-2}\sqrt{\frac{1}{13}+\frac{1}{8}}}\approx 3.2969.$$

查表得 $t_{0.025}(19)=2.093$.

因为3.2969＞2.093，在 H_0 的拒绝域内，所以拒绝 H_0 接受 H_1，说明两种方法的测量总体的均值不相等.

现在归纳总结列表说明正态总体参数的假设检验问题(见表 9.1). 要注意双侧假设检验与单侧(左侧或右侧)假设检验的不同点.

表 9.1 正态总体参数的假设检验(检验水平 α)

	原假设 H_0	H_0 下的检验统计量及分布	备择假设 H_1	H_0 的拒绝域
1	$\mu=\mu_0$ (σ^2 已知)	$U=\dfrac{\overline{X}-\mu_0}{\sigma/\sqrt{n}}\sim N(0,1)$	$\mu\neq\mu_0$ $\mu>\mu_0$ $\mu<\mu_0$	$\lvert U\rvert>z_{\frac{\alpha}{2}}$　$\overline{X}>\mu_0+z_{\frac{\alpha}{2}}\dfrac{\sigma}{\sqrt{n}}$ 或 $\overline{X}<\mu_0-z_{\frac{\alpha}{2}}\dfrac{\sigma}{\sqrt{n}}$ $U>z_\alpha$　$\overline{X}>\mu_0+z_\alpha\dfrac{\sigma}{\sqrt{n}}$ $U<-z_\alpha$　$\overline{X}<\mu_0-z_\alpha\dfrac{\sigma}{\sqrt{n}}$
2	$\mu=\mu_0$ (σ^2 未知)	$T=\dfrac{\overline{X}-\mu_0}{S/\sqrt{n}}\sim t(n-1)$	$\mu\neq\mu_0$ $\mu>\mu_0$ $\mu<\mu_0$	$\lvert T\rvert>t_{\frac{\alpha}{2}}(n-1)$　$\overline{X}>\mu_0+t_{\frac{\alpha}{2}}(n-1)\dfrac{S}{\sqrt{n}}$ 或 $\overline{X}<\mu_0-t_{\frac{\alpha}{2}}(n-1)\dfrac{S}{\sqrt{n}}$ $T>t_\alpha(n-1)$　$\overline{X}>\mu_0+t_\alpha(n-1)\dfrac{S}{\sqrt{n}}$ $T<-t_\alpha(n-1)$　$\overline{X}<\mu_0-t_\alpha(n-1)\dfrac{S}{\sqrt{n}}$
3	$\mu_1-\mu_2=\delta$ (σ_1^2,σ_2^2 已知)	$U=\dfrac{\overline{X}-\overline{Y}-\delta}{\sqrt{\dfrac{\sigma_1^2}{n_1}+\dfrac{\sigma_2^2}{n_2}}}\sim N(0,1)$	$\mu_1-\mu_2\neq\delta$ $\mu_1-\mu_2>\delta$ $\mu_1-\mu_2<\delta$	$\lvert U\rvert>z_{\frac{\alpha}{2}}$ $U>z_\alpha$ $U<-z_\alpha$
4	$\mu_1-\mu_2=\delta$ (σ_1^2,σ_2^2 未知 n_1,n_2 很大)	$U=\dfrac{\overline{X}-\overline{Y}-\delta}{\sqrt{\dfrac{S_1^2}{n_1}+\dfrac{S_2^2}{n_2}}}\sim N(0,1)$	$\mu_1-\mu_2\neq\delta$ $\mu_1-\mu_2>\delta$ $\mu_1-\mu_2<\delta$	$\lvert U\rvert>z_{\frac{\alpha}{2}}$ $U>z_\alpha$ $U<-z_\alpha$
5	$\mu_1-\mu_2=\delta$ (σ_1^2,σ_2^2 未知 $\sigma_1^2=\sigma_2^2$)	$T=\dfrac{\overline{X}-\overline{Y}-\delta}{S_\omega\sqrt{\dfrac{1}{n_1}+\dfrac{1}{n_2}}}$ $\sim t(n_1+n_2-2)$ $S_\omega^2=\dfrac{(n_1-1)S_1^2+(n_2-1)S_2^2}{n_1+n_2-2}$	$\mu_1-\mu_2\neq\delta$ $\mu_1-\mu_2>\delta$ $\mu_1-\mu_2<\delta$	$\lvert T\rvert>t_{\frac{\alpha}{2}}(n_1+n_2-2)$ $T>t_\alpha(n_1+n_2-2)$ $T<-t_\alpha(n_1+n_2-2)$

续表

	原假设 H_0	H_0 下的检验统计量及分布	备择假设 H_1	H_0 的拒绝域
6	$\sigma^2=\sigma_0^2$ (μ 已知)	$\kappa^2=\sum\limits_{i=1}^{n}\left(\frac{X_i-\mu}{\sigma_0}\right)^2\sim\chi^2(n)$	$\sigma^2\neq\sigma_0^2$ $\sigma^2>\sigma_0^2$ $\sigma^2<\sigma_0^2$	$\kappa^2>\chi^2_{\frac{\alpha}{2}}(n)$ 或 $\kappa^2<\chi^2_{1-\frac{\alpha}{2}}(n)$ $\kappa^2>\chi^2_{\alpha}(n)$ $\kappa^2<\chi^2_{1-\alpha}(n)$
7	$\sigma^2=\sigma_0^2$ (μ 未知)	$\kappa^2=\frac{(n-1)S^2}{\sigma_0^2}\sim\chi^2(n-1)$	$\sigma^2\neq\sigma_0^2$ $\sigma^2>\sigma_0^2$ $\sigma^2<\sigma_0^2$	$\kappa^2>\chi^2_{\frac{\alpha}{2}}(n-1)$ 或 $\kappa^2<\chi^2_{1-\frac{\alpha}{2}}(n-1)$ $\kappa^2>\chi^2_{\alpha}(n-1)$ $\kappa^2<\chi^2_{1-\alpha}(n-1)$
8	$\sigma_1^2=\sigma_2^2$ (μ_1,μ_2 未知)	$F=\frac{S_1^2}{S_2^2}\sim F(n_1-1,n_2-1)$	$\sigma_1^2\neq\sigma_2^2$ $\sigma_1^2>\sigma_2^2$ $\sigma_1^2<\sigma_2^2$	$F>F_{\frac{\alpha}{2}}(n_1-1,n_2-1)$ 或 $F<F_{1-\frac{\alpha}{2}}(n_1-1,n_2-1)$ $F>F_{\alpha}(n_1-1,n_2-1)$ $F<F_{1-\alpha}(n_1-1,n_2-1)$

9.6　两种类型的错误

假设检验问题的结果如何是由样本值决定的，由于样本的随机性，会出现两种类型的错误.

(1) H_0 是正确的，但检验结果却拒绝了 H_0，这种错误叫“弃真”. 又叫第 Ⅰ 类错误.

(2) H_0 是不正确的，但检验结果却接受了 H_0，这种错误叫“取伪”. 又叫第 Ⅱ 类错误.

这两类错误是不可避免的. 问题是要知道这两类错误各有多大？如何控制这两类错误？以正态总体 $X\sim N(\mu,\sigma^2)$，方差 σ^2 已知，检验期望 μ 的问题为例说明.

原假设 $H_0:\mu=\mu_0$，对立假设 $\mu\neq\mu_0$，比如 $\mu=\mu_1$.

统计量　$U=\dfrac{\overline{X}-\mu_0}{\sigma/\sqrt{n}}\sim N(0,1)$.

对给出的显著性水平 α，H_0 的接受域为

$$\left(\mu_0-z_{\frac{\alpha}{2}}\frac{\sigma}{\sqrt{n}},\mu_0+z_{\frac{\alpha}{2}}\frac{\sigma}{\sqrt{n}}\right),\tag{9.6.1}$$

拒绝域为

$$\left(-\infty,\mu_0-z_{\frac{\alpha}{2}}\frac{\sigma}{\sqrt{n}}\right)\text{和}\left(\mu_0+z_{\frac{\alpha}{2}}\frac{\sigma}{\sqrt{n}},+\infty\right).\tag{9.6.2}$$

(1) 在 $H_0:\mu=\mu_0$ 正确的情况下，$\bar{x}$ 落在 $(-\infty,+\infty)$ 上的每一点都是可能的. 但我们的结论是：若 $\bar{x}$ 落在 H_0 的拒绝域内，就拒绝 H_0，这时就把本来正确的东西给丢弃了，这就犯了"弃真"的错误. 它的概率应当是 $P\{拒绝 H_0 \mid H_0:\mu=\mu_0 正确\}=P\{\bar{x}\in H_0 的拒绝域\}=\alpha$(见图 9.8).

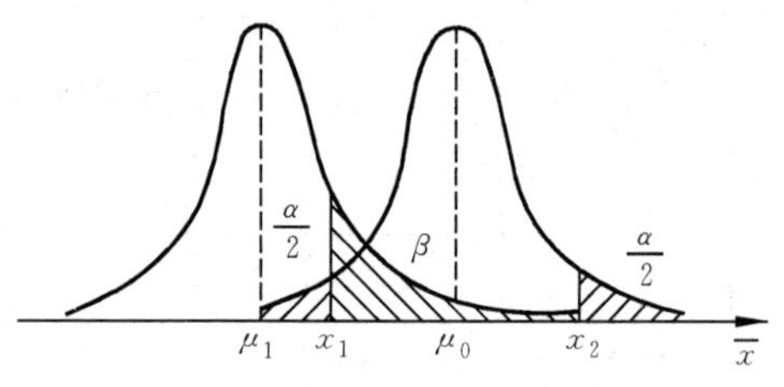

图　9.8

(2) 假定 $H_0:\mu=\mu_0$ 不正确，$H_1:\mu=\mu_1<\mu_0$ 正确，而我们的结论是：若 $\bar{x}$ 落在 H_0 的接受域内，就接受 H_0，这就犯了"取伪"的错误. 它的概率记作 β，β 值应当是在 $\mu=\mu_1$ 的前提下，$\bar{x}$ 落在 H_0 的接受域内的概率值，即

$$
\begin{aligned}
\beta &= P\{接受 H_0 \mid \mu=\mu_1 正确\} \\
&= \int_{x_1}^{x_2} \frac{1}{\sqrt{2\pi}\sigma/\sqrt{n}} \mathrm{e}^{-\frac{(\bar{x}-\mu_1)^2}{2\sigma^2/n}} \mathrm{d}\bar{x} \quad \left(令 \frac{\bar{x}-\mu_1}{\sigma/\sqrt{n}}=t\right) \\
&= \int_{\frac{x_1-\mu_1}{\sigma/\sqrt{n}}}^{\frac{x_2-\mu_1}{\sigma/\sqrt{n}}} \frac{1}{\sqrt{2\pi}} \mathrm{e}^{-\frac{t^2}{2}} \mathrm{d}t \\
&= \Phi\left(\frac{(x_2-\mu_1)\sqrt{n}}{\sigma}\right)-\Phi\left(\frac{(x_1-\mu_1)\sqrt{n}}{\sigma}\right).
\end{aligned}
\tag{9.6.3}
$$

这两类错误都是人们不希望有的，但又都是客观存在的，不能忽视. 有几个问题需要说明：

① 要使弃真错误减小，取伪错误必然会增大；

② 要使取伪错误减小，弃真错误必然会增大；

③ 若要两种错误都有所减小，必须加大样本容量 n；

④ 犯第 Ⅰ 类错误的概率 α 给定以后，犯第 Ⅱ 类错误的概率 β 依赖于样本容量的选择.

实际问题中，我们希望两类错误都能得到适当的控制，一般多是控制第 Ⅰ 类错误的概率到适当程度而不管第 Ⅱ 类错误的大小，这种检验叫显著性检验.

例 9.6.1　设某指标总体 $X\sim N(\mu,\sigma^2)$，已知 $\sigma=3.6$. 对 μ 作双侧假设检验.

$$H_0:\mu=\mu_0,\qquad H_1:\mu\neq\mu_0,\mu=\mu_1.$$

若取接受域为(67,69). 试就下列几种情况，求犯两类错误的概率.

(1) $\mu_0=68$，　$\mu_1=70$，　$n=36$；

(2) $\mu_0=68$，　$\mu_1=70$，　$n=64$；

(3) $\mu_0=68$，　$\mu_1=68.5$，　$n=64$.

解　本题是在 σ^2 已知的情况下，期望 μ 的假设检验问题，统计量为

$$U = \frac{\overline{X} - \mu_0}{\sigma/\sqrt{n}} \sim N(0,1).$$

H_0 的接受域为(67,69)，拒绝域$(-\infty,67)$ 或$(69,+\infty)$.

(1)　$\alpha = P\{弃真\} = P\{拒绝\ H_0 \mid H_0\ 正确\}$

$= P\{\overline{X} < 67 \mid \mu = \mu_0 = 68\} + P\{\overline{X} > 69 \mid \mu = \mu_0 = 68\}$

(对 $\overline{X}$ 标准化)　$= P\left\{\frac{\overline{X} - 68}{3.6/\sqrt{36}} < \frac{67 - 68}{3.6/\sqrt{36}}\right\} + P\left\{\frac{\overline{X} - 68}{3.6/\sqrt{36}} > \frac{69 - 68}{3.6/\sqrt{36}}\right\}$

$= P\{U < -1.67\} + P\{U > 1.67\}$

$\approx \Phi(-1.67) + 1 - \Phi(1.67)$

$= 2 - 2\Phi(1.67) \approx 2(1 - 0.9525) = 0.095.$

$\beta = P\{取伪\} = P\{接受\ H_0 \mid H_0\ 不正确, H_1\ 正确\}$

$= P\{67 < \overline{X} < 69 \mid \mu = \mu_1 = 70\}$

(对 $\overline{X}$ 标准化)　$= P\left\{\frac{67 - 70}{3.6/\sqrt{36}} < \frac{\overline{X} - 70}{3.6/\sqrt{36}} < \frac{69 - 70}{3.6/\sqrt{36}}\right\}$

$= P\{-5 < \overline{X}^* < (-1.67) = \Phi(-1.67) - \Phi(-5)\}$

$\approx \Phi(-1.67) \approx 0.0475.$

从所得的数值看出 $\beta = \frac{1}{2}\alpha$.

(2) 和(1)类似，只是这里 $n = 64$.

$\alpha = P\{弃真\} = P\{拒绝\ H_0 \mid H_0\ 正确\}$

$= P\{\overline{X} < 67 \mid \mu = \mu_0 = 68\} + P\{\overline{X} > 69 \mid \mu = \mu_0 = 68\}$

$= P\left\{\frac{\overline{X} - 68}{3.6/\sqrt{64}} < \frac{67 - 68}{3.6/\sqrt{64}}\right\} + P\left\{\frac{\overline{X} - 68}{3.6/\sqrt{64}} > \frac{69 - 68}{3.6/\sqrt{64}}\right\}$

$= P\{U < -2.222\} + P\{U > 2.222\}$

$= \Phi(-2.222) + 1 - \Phi(2.222)$

$= 2 - 2\Phi(2.222) \approx 0.0264.$

$\beta = P\{取伪\} = P\{接受\ H_0 \mid H_0\ 不正确, H_1\ 正确\}$

$= P\{67 < \overline{X} < 69 \mid \mu = \mu_1 = 70\}$

$$= P\left\{\frac{67-70}{3.6/\sqrt{64}} < \frac{\overline{X}-70}{3.6/\sqrt{64}} < \frac{69-70}{3.6/\sqrt{64}}\right\}$$

$$= P\{-6.67 < \overline{X}^* < -2.22\}$$

$$\approx \Phi(-2.22) \approx 0.0132.$$

评注 和(1)中的结果比较,α、β都有减少,这是因为$n=64$比$n=36$大的缘故.但仍有$\beta\approx\frac{1}{2}\alpha$.

(3) 这里α与(2)中的α相同,仍有$\alpha\approx 0.0264$.

$$\beta = P\{\text{取伪}\} = P\{\text{接受 } H_0 \mid H_0 \text{ 不正确}, H_1 \text{ 正确}\}$$

$$= P\{67 < \overline{X} < 69 \mid \mu = \mu_1 = 68.5\}$$

$$= P\left\{\frac{67-68.5}{3.6/\sqrt{64}} < \frac{\overline{X}-68.5}{3.6/\sqrt{64}} < \frac{69-68.5}{3.6/\sqrt{64}}\right\}$$

$$= P\{-3.33 < \overline{X}^* < 1.11\} = \Phi(1.11) - \Phi(-3.33)$$

$$\approx \Phi(1.11) \approx 0.8665.$$

这里β的数值很大,其原因是$\mu_0=68$与$\mu_1=68.5$相差太小,可分辨性差,加大了犯取伪错误的可能性.

9.7 非正态总体参数的假设检验

在实际问题中,有时会遇到总体不服从正态分布,甚至不知道总体服从什么分布的情况.这时,要对参数进行假设检验就不能采用前面介绍的方法.

下面先介绍在实践中常用的两个概念:

小样本:样本容量较小,一般$n<50$都认为是小样本,在总体服从正态分布的情况下,一般都可采用小样本.前面介绍的各种统计量的分布和应用都是在小样本的情况下进行的.

大样本:样本容量较大,一般应大于50,甚至大于100.大样本用于总体不服从正态分布或不知道服从什么分布的情况.在大样本的情况下,因为n很大,根据中心极限定理,不管总体服从什么分布,样本均值都近似服从正态分布.这样,就和正态总体情况下处理问题的方法一样,来解决参数的假设检验问题.

由大样本的特点知道,实践中若总体不服从正态分布或不知道总体服从什么分布,我们可采用大容量的样本,然后按正态分布处理.

例 9.7.1　某车间承担了生产额定抗拉强度为 105×10^7 Pa 的合金线的任务. 从该车间生产出的合金线成品中随机地抽出 100 根,测得抗拉强度的均值 $\bar{x}=104.5\times10^7$ Pa,标准差为 $s=1.8\times10^7$ Pa. 问这批合金线是否符合标准? $\alpha=0.05$.

解　原假设 $H_0:\mu=\mu_0=105$,　　$H_1:\mu<\mu_0$.

选统计量 $T=\dfrac{\overline{X}-\mu_0}{S/\sqrt{n}}$,因为 $n=100$,算大样本,所以近似地 $T\sim N(0,1)$. 对 $\alpha=0.05$, H_0 的拒绝域为 $T<-z_\alpha$,查得 $z_\alpha=z_{0.05}=1.645$,求出 $t=\dfrac{(104.5-105)\times10}{1.8}=-2.778<\ 1.645$, 拒绝 H_0,接受 H_1, $\mu<\mu_0$. 这批合金线不符合标准.

例 9.7.2　设有一大批产品,从中任取 100 件,经检验有正品 92 件,问能不能说这批产品的正品率高于 90%? $\alpha=0.05$.

解　这是(0—1)分布总体的参数 p 的假设检验问题. $X_i\sim(0-1)$ 分布. $i=1,2,\cdots,100$, $\mathrm{E}(X_i)=p$, $\mathrm{V}(X_i)=p(1-p)$, $\overline{X}=\dfrac{1}{100}\sum\limits_{i=1}^{100}X_i$, $\mathrm{E}(\overline{X})=p$, $\mathrm{V}(\overline{X})=\dfrac{p(1-p)}{100}$,这里 $\bar{x}=\dfrac{92}{100}=0.92$.

原假设　$H_0:p=p_0=0.90$　　$H_1:p>p_0$.

选统计量　$U=\dfrac{\overline{X}-p_0}{\sqrt{p_0(1-p_0)/n}}\sim N(0,1)$(因为 $n=100$ 很大,由中心极限定理可知近似服从标准正态分布)

H_0 的拒绝域为 $U>z_\alpha$.

算出　$$u=\frac{0.92-0.90}{\sqrt{0.9\times0.1/100}}\approx0.6667.$$

查出　$$z_\alpha=z_{0.05}=1.645.$$

因为　$0.6667<1.645$　即 $u<z_\alpha$,不在拒绝域内故接受 H_0,拒绝 H_1,不能说正品率高于 90%.

9.8　非参数检验

在实际问题中,有时不知道总体的分布,需要对总体分布进行假设检验. 这种假设检验不是对参数的,称为非参数检验.

下面介绍总体分布函数的假设检验.

9.8.1　χ^2 检验法

根据样本提供的材料,经过初步分析,作出推测,提出假设,然后对假设进行检验.

设总体 X 的实际分布函数为 $F(x)$，它是未知的.从样本值推测出的可能的总体 X 的分布函数为 $F^*(x)$.并称 $F^*(x)$ 为 X 的理论分布函数.然后对 $F^*(x)$ 进行检验.

具体检验方法如下：

(1) 将 n 个样本值按大小顺序排列并等分成 k 个组(每个组内的样本点数不要小于 5 个)，用 m_i 表示在第 i 个区间 $[t_{i-1},t_i]$ 上的样本点个数，$\frac{m_i}{n}$ 为频率，画出频率的直方图，从直方图估出总体 X 的分布，定出 X 的分布函数 $F^*(x)$.

原假设　$H_0: F(x)=F^*(x)$.

设　$\hat{p}_i = P\{t_{i-1} < X \leqslant t_i\}$，在 H_0 成立的条件下，有

$$\hat{p}_i = F^*(t_i) - F^*(t_{i-1}). \tag{9.8.1}$$

研究 $\frac{m_i}{n}$ 与 $\hat{p}_i$ 的差异程度.或说是 m_i 与 np_i 的差异程度.

(2) 选统计量

$$\chi^2 = \sum_{i=1}^{m}\left(\frac{m_i - np_i}{np_i}\right)^2 = -\frac{1}{n}\sum\frac{m_i^2}{p_i} - n. \tag{9.8.2}$$

皮尔逊证明了当 $n\to+\infty$ 时，χ^2 的极限分布是 $\chi^2(m-r-1)$ 分布，其中 r 是 $F^*(x)$ 中待估参数的个数.当 n 充分大时，(一般 $n\geqslant 50$) 就按 $\chi^2(m-r-1)$ 分布处理.

(3) 对给定的 α，小概率事件的概率表达式为

$$P\{\chi^2 > \chi^2_\alpha(m-r-1)\} = \alpha. \tag{9.8.3}$$

(4) 由样本值求出 χ^2 值，查出 $\chi^2_\alpha(m-r-1)$ 的值.

(5) 判断：若 $\chi^2 > \chi^2_\alpha(m-r-1)$，小概率事件出现，则拒绝 H_0，若 $\chi^2 < \chi^2_\alpha(m-r-1)$，则接受 H_0.

例 9.8.1　从某厂生产的一种型号的铆钉中随机地抽取 120 个，测得其直径的数据如下(注：因数据太多，只列出一部分，单位为 mm)

13.40，13.9，…，13.14*，…，13.69*，…，13.31，13.38.

(其中 13.14 是最小值，13.69 是最大值)

试分析这种铆钉的直径 X 服从什么分布?并进行假设检验($\alpha=0.05$).

解　题中所列的数值是铆钉直径 X 的容量为 $n=120$ 的样本观察值(未全列出)，要对这些数值进行整理分析找出规律，一般按下列步骤进行：

(1) 找出最大值、最小值，确定样本值的取值范围，在这里

$$\min\{x_1,x_2,\cdots,x_{120}\} = 13.14 = a;$$

$$\max\{x_1,x_2,\cdots,x_{120}\} = 13.69 = b.$$

定出区间$[a,b]$，区间长度为 $b-a=0.55$.

(2) 确定分组数 k，把$[a,b]$再分成 k 个小区间，使得每个小区间上至少有 1 个样本值. 组数 k 与样本容量 n 之间有一个经验规律：

$n\leqslant 20$　　取 $k=5\sim 6$；

$n=20\sim 60$　　取 $k=6\sim 8$；

$n=60\sim 100$　　取 $k=8\sim 10$；

$n=100\sim 500$　　取 $k=10\sim 20$.

本题中 $n=120$，取 $k=10$（也可取大些的 k，但 $k=10$ 便于计算）

(3) 定组距

$$\Delta x=\frac{b-a}{k}.$$

但这不是死的，可灵活掌握. 本题中，按上式计算为

$$\Delta x=\frac{13.69-13.14}{10}=0.055.$$

为方便可取 $\Delta x=0.06$. 这样一来，整个区间长度变成 $0.06\times 10=0.6$，比 0.55 多出 0.05，可以把多出的这一部分平分到两端，也可以一端多一些，一端少一些. 本题中取为$[a-0.01,b+0.04]$即为$[13.13,13.73]$，再把它分成 10 个小区间. 即为

$$[13.13,13.19],(13.19,13.25],\cdots,(13.67,13.73].$$

(4) 列出样本观察值的分组频率分布表（见表 9.2).

表　9.2

组　界　限	组中间数 x_i	样本值频数 m_i	频率 $f_i=\frac{m_i}{n}$
13.13 ～ 13.69	13.16	1	0.0083
13.19 ～ 13.25	13.22	5	0.0417
13.25 ～ 13.31	13.28	13	0.1083
13.31 ～ 13.37	13.34	14	0.1167
13.37 ～ 13.43	13.40	27	0.2250
13.43 ～ 13.49	13.46	25	0.2083
13.49 ～ 13.55	13.52	19	0.1584
13.55 ～ 13.61	13.58	10	0.0833
13.61 ～ 13.67	13.64	5	0.0417
13.67 ～ 13.73	13.70	1	0.0083
$\sum$		120	1.0000

(5) 画出直方图(见图 9.9)

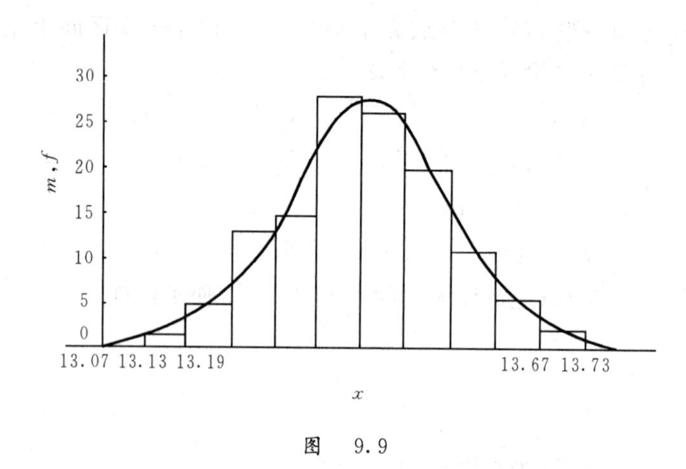

图 9.9

(6) 估计分布　在图 9.9 中,根据直方图顺势画出一条光滑曲线,它的形状很像正态分布的概率密度曲线,我们初步认为总体 X 服从正态分布.

(7) 进行假设检验

$$H_0: X \sim N(\mu, \sigma^2).$$

这里参数 μ, σ^2 都不知道,首先要用点估计的方法算出 μ 和 σ^2 的无偏估计量的估计值为

$$\hat{\mu} = \bar{x} = 13.43, \qquad \hat{\sigma}^2 = s^2 = (0.11)^2.$$

在 H_0 成立的条件下,概率密度函数为

$$f(x) \approx \frac{1}{\sqrt{2\pi} \times 0.11} \mathrm{e}^{-\frac{(x-13.43)^2}{2(0.11)^2}}$$

据此由(9.8.1)式可求出 X 落在下面各区间上的概率值 $\hat{p}_i = F^*(t_i) - F^*(t_{i-1}) = \Phi\left(\frac{t_i - 13.43}{0.11}\right) - \Phi\left(\frac{t_{i-1} - 13.43}{0.11}\right)$ 列在表 9.3 中.(注意　两端的小区间有所合并,使每个小区间上样本值的个数不少于 5)

在 H_0 成立的条件下,选统计量

$$\chi^2 = \sum_{i=1}^{k} \frac{(m_i - n\hat{p}_i)^2}{n\hat{p}_i} \sim \chi^2(k - r - 1).$$

本题中,区间个数 $k = 8$,参数 μ, σ^2 个数 $r = 2$,所以有

$$\chi^2 \sim \chi^2(5).$$

表　9.3

区　间(t_{i-1},t_i)	频　数 m_i	概　率 $\hat{p}_i$
$(-\infty,13.25]$	6	0.05
$(13.25,13.31]$	13	0.09
$(13.31,13.37]$	14	0.15
$(13.37,13.43]$	27	0.21
$(13.43,13.49]$	25	0.21
$(13.49,13.55]$	19	0.15
$(13.55,13.61]$	10	0.09
$(13.61,+\infty)$	6	0.05
$\sum$	120	1.0000

H_0 的拒绝域为 $\chi^2 > \chi^2_\alpha(5)$.$(\alpha = 0.05)$ 代入样本值算出 $\chi^2 = 1.83$,查表得 $\chi^2_{0.05}(5) = 11.071$,这里 $1.83 < 11.071$,χ^2 值没有落在 H_0 的拒绝域内,故接受 H_0,认为 $X \sim N(\mu, \sigma^2)$,近似为 $X \sim N(13.43,(0.11)^2)$.

9.8.2　科尔莫戈罗夫检验法

和 χ^2 检验中的情况一样,假设有 $F(x)$,$F^*(x)$,并假设样本分布函数为 $F_n(x)$(见(7.1.3)).

由格列汶科定理,(见(7.1.4)),$F_n(x)$ 以概率 1 均匀收敛于 $F(x)$,当 n 很大时,$F(x) \approx F_n(x)$.(见(7.1.5))

科尔莫戈罗夫检验方法如下:

(1) 原假设 H_0:$F(x) = F^*(x)$.

利用 $|F_n(x) - F^*(x)|$ 对 H_0 进行检验.

若 $|F_n(x) - F^*(x)|$ 的值不大,则接受 H_0,若 $|F_n(x) - F^*(x)|$ 的值过大,则拒绝 H_0.

(2) 取统计量

$$D_n = \sup_{x \in (-\infty,+\infty)} |F_n(x) - F^*(x)|. \tag{9.8.4}$$

并称 D_n 为 $F_n(x)$ 与 $F^*(x)$ 的差异度.D_n 是一个随机变量,它有自己的分布.柯尔莫哥洛夫证明了:若 X 是连续型随机变量,对任意常数 λ,记 $F(\lambda) = P\{\sqrt{n}D_n \leqslant \lambda\}$,则

$$\lim_{n\to+\infty} F(\lambda) = \sum_{k=-\infty}^{\infty}(-1)^k e^{-2\kappa^2\lambda^2} = Q(\lambda). \tag{9.8.5}$$

$Q(\lambda)$ 的值已被列成数表,供查用.由此得出,当 n 充分大时

$$F(\lambda) \approx Q(\lambda),\text{即 } P(\sqrt{n}D_n \leqslant \lambda) \approx Q(\lambda). \tag{9.8.6}$$

(3) 对给定的 α,写出小概率事件的概率表达式

$$P\{\sqrt{n}D_n > \lambda_\alpha\} = \alpha. \tag{9.8.7}$$

(4) 查 $Q(\lambda)$ 数表,能求得 λ_α.方法如下:因为

$$Q(\lambda_\alpha) = P\{\sqrt{n}D_n \leqslant \lambda_\alpha\} = 1 - P(\sqrt{n}D_n > \lambda_\alpha) = 1 - \alpha.$$

所以,λ_α 是对应于 $Q(\lambda) = 1 - \alpha$ 的 λ.

根据样本值和 $F_n(x)$,$F^*(x)$,求出 $\sqrt{n}d_n$.

(5) 判断:若 $\sqrt{n}d_n > \lambda_\alpha$,则拒绝 H_0,若 $\sqrt{n}d_n < \lambda_\alpha$ 则接受 H_0.

例 9.8.2 为确定总体 X 的分布,取容量 $n = 20$ 的样本测得样本值如下

0.54 0.81 0.87 0.21 0.31 0.40 0.46 0.17 0.62 0.63

0.78 0.99 0.71 0.14 0.12 0.64 0.51 0.68 0.65 0.60

试判断总体 X 在区间(0,1)上是否服从均匀分布?($\alpha = 0.05$)

解 若在(0,1)上服从均匀分布,则有理论分布

$$f^*(x) = \begin{cases} 1 & x \in (0,1), \\ 0 & \text{其它}; \end{cases}$$

$$F^*(x) = \begin{cases} 0 & x \leqslant 0, \\ x & 0 < x < 1, \\ 1 & x \geqslant 1. \end{cases}$$

现将样本值按由小到大的顺序列于表 9.4 中.

由样本得经验分布函数为

$$F_n(x_k) = \frac{k}{n}, k = 1,2,\cdots,20, n = 20.$$

$F_n(x_k)$,$F^*(x_k)$ 的数值以及它们的差值都列在表 9.4 中.

表　9.4

序　号	x_k	$F_n(x_k)$	$F^*(x_k)$	$F_n(x_k)-F^*(x_k)$
1	0.12	0.05	0.12	−0.07
2	0.14	0.10	0.14	−0.04
3	0.17	0.15	0.17	−0.02
4	0.21	0.20	0.21	−0.01
5	0.31	0.25	0.31	−0.06
6	0.40	0.30	0.40	−0.10
7	0.46	0.35	0.46	−0.11
8	0.50	0.40	0.50	−0.10
9	0.51	0.45	0.51	−0.06
10	0.54	0.50	0.54	−0.04
11	0.60	0.55	0.60	−0.05
12	0.62	0.60	0.62	−0.02
13	0.63	0.65	0.63	0.02
14	0.64	0.70	0.64	0.06
15	0.68	0.75	0.68	0.07
16	0.71	0.80	0.71	0.09
17	0.78	0.85	0.78	0.07
18	0.81	0.90	0.81	0.09
19	0.87	0.95	0.87	0.08
20	0.99	1.00	0.99	0.01

现对 $F^*(x)$ 进行检验.

(1) 原假设 $H_0:F(x)=F^*(x)$；

(2) 在 H_0 成立的条件下，取统计量

$$D_n=\sup_{x\in(-\infty,+\infty)}|F_n(x)-F^*(x)|=\max_{1\leqslant k\leqslant n}|F_n(x_k)-F^*(x_k)|;$$

(3) 对给定的 $\alpha=0.05$，$P(\sqrt{n}D_n>\lambda_{0.05})=0.05$；

(4) 查 $Q(\lambda)$ 表，$Q(\lambda_{0.05})=0.95$，$\lambda_{0.05}=1.36$，从表 9.4 中看出 $d_n=\max|F_n(x_k)-F^*(x_k)|=0.11$；

(5) 判断：$\sqrt{n}d_n=\sqrt{20}\times 0.11=0.49<\lambda_{0.05}=1.36$，所以接受 $H_0:F(x)=F^*(x)$，即 X 在 $(0,1)$ 上服从均匀分布.

习　题　9

9.1　假定某厂生产一种钢索，其断裂强度 $X(10^5\,\text{Pa})$ 服从正态分布 $N(\mu,40^2)$，从中抽取容量为 9 的样本，测得断裂强度值为

793，782，795，802，797，775，768，798，809

据此样本值能否认为这批钢索的平均断裂强度为 $800 \times 10^5 \mathrm{Pa}$?($\alpha = 0.05$)

9.2　某砖厂生产的砖的抗断强度 $X(10^5 \mathrm{Pa})$ 服从正态分布，设方差 $\sigma^2 = 1.21$，从产品中随机地抽取 6 块，测得抗断强度值为

$$32.66, 29.86, 31.74, 30.15, 32.88, 31.05$$

试检验这批砖的平均抗断强度是否为 $32.50 \times 10^5 \mathrm{Pa}$?($\alpha = 0.05$)

9.3　某地区从 1975 年新生的女孩中随机地抽取 20 个，测量体重，算得这 20 个女孩的平均体重为 3160g，样本标准差为 300g，而根据 1975 年以前的统计资料知，新生女孩的平均体重为 3140g，问 1975 年的新生女孩与以前的新生女孩比较，平均体重有无显著差异?假定新生女孩体重服从正态分布，给出 $\alpha = 0.05$.

9.4　5 名测量人员彼此独立测量同一块土地，分别测得其面积为(km^2)

$$1.27, 1.24, 1.20, 1.29, 1.23.$$

设测量值服从正态分布，由样本值能否说明这块土地的面积不超过 $1.25\mathrm{km}^2$?($\alpha = 0.05$)

9.5　现要求一种元件的使用寿命不得低于 1000h，今从一批这种元件中随机地抽取 25 件，测定寿命，算得寿命的平均值为 950h，已知该种元件的寿命 $X \sim N(\mu, \sigma^2)$，且知 $\sigma = 100$，试在检验水平 $\alpha = 0.05$ 的条件下，确定这批元件是否合格?

9.6　机器包装精盐，假设每袋盐的净重服从正态分布规定每袋盐的标准重量为 500g，标准差不得超过 10g，某天开工后，从装好的各袋中随机地抽取 9 袋，测得其净重(单位:g) 为

$$497, 507, 510, 475, 484, 488, 524, 491, 515.$$

问这时包装机工作是否正常?($\alpha = 0.05$)

9.7　某炼铁厂的铁水含碳量 X 在正常情况下服从正态分布 $N(4.55, (0.108)^2)$，现对工艺进行了某些改进，从改进后生产的铁水中随机地抽取 5 炉，测得含碳量数值为

$$4.421, 4.152, 4.357, 4.287, 4.383.$$

据此是否可以认为新工艺生产的铁水的质量比原来的有所提高?($\alpha = 0.05$)

9.8　某厂生产的铜丝，要求其拉断力的方差不超过 $16(\mathrm{kg})^2$，今从某日生产的铜丝中随机地抽取 9 根，测得其拉断力为(单位:kg)

$$289, 286, 285, 284, 286, 285, 286, 298, 292.$$

设拉断力总体服从正态分布，问该日生产的铜丝的拉断力的方差是否合乎标准?($\alpha = 0.05$)

9.9　某种溶液中要求水份的标准差低于 0.04%，现取 10 个测定值，求得样本均值 $\bar{x} = 0.452\%$，样本标准差 $s = 0.037\%$，设被测总体 $X \sim N(\mu, \sigma^2)$，问这种溶液中水份含量是否合乎标准?($\alpha = 0.05$)

9.10　设对某正态总体 $X \sim N(\mu, \sigma^2)$ 的均值 μ 进行假设检验. $H_0: \mu = \mu_0$, $H_1: \mu > \mu_0$，已知 $\sigma = 300$，取样本容量 $n = 25$，取 H_0 的接受域为 $(-\infty, 995)$.

(1) 若 $\mu_0 = 900$,求犯第一类错误(弃真)的概率 α;

(2) 若 H_0 不正确,$\mu = \mu_1 = 1070$ 正确.问此时犯第二类错误(取伪)的概率 β 是多少?

(3) 若要使犯第一类错误的概率减少到(1)中 α 的一半,问样本容量应增大到多少?

9.11 某厂使用两种不同的原料 A,B 生产同一类型产品,各在一周内的产品中取样进行分析比较.取使用原料 A 生产的产品的样品 220 件,测得平均重量 $\bar{x}_A = 2.46\text{kg}$,样本标准差 $s_A = 0.57\text{kg}$;取使用原料 B 生产的产品的样品 205 件,测得平均重量 $\bar{x}_B = 2.55\text{kg}$,样本标准差 $s_B = 0.48\text{kg}$.设两总体分别服从 $N(\mu_1, \sigma^2)$,$N(\mu_2, \sigma^2)$,两样本独立.问使用原料 A 与使用原料 B 生产的产品的平均重量有无显著差别?($\alpha = 0.05$)

9.12 现有两箱灯泡今从第一箱中取 9 只测试,算得平均寿命为 1532h,标准差为 423h;从第二箱中取 18 只测试,算得平均寿命为 1412h,标准差为 380h.设两箱灯泡寿命都服从正态分布,且方差相等,问是否可以认为这两箱灯泡是同一批生产的?($\alpha = 0.05$)

第10章　方差分析

在实践中，影响一个事物的因素往往是很多的，人们总是要通过试验，观察各种因素的影响，例如，不同型号的机器，不同的原材料，不同的技术人员以及不同的操作方法等等，对产品的产量、性能都会有影响. 当然有的因素影响大，有的因素影响小，有的因素可以控制，有的因素不能控制. 如果从多种可控因素中找出主要因素，通过对主要因素的控制、调整，提高产品的产量、性能，这是人们所希望的，解决这个问题的有效的方法之一就是方差分析.

前面提到的产品的产量、性能等称为试验指标，它们受因素的影响. 因素的不同状态称为水平，一个因素可采取多个水平. 不同的因素、不同的水平可以看作是不同的总体. 通过观测可以得到试验指标的数据，这些数据可以看成是从不同总体中得到的样本数值，利用这些数据可以分析不同因素、不同水平对试验指标影响的大小. 为便于说明问题，我们先从最简单的一个因素的情况说起.

10.1　单因素试验的方差分析

设单因素 A 有 a 个水平 $A_1, A_2, \cdots, A_a$，在水平 $A_i (i = 1, 2, \cdots, a)$ 下，进行 n_i 次独立试验，得到试验指标的观察值列于表 10.1.

表　10.1

	1	2	$\cdots$	n
A_1	x_{11}	x_{12}	$\cdots$	x_{1n_1}
A_2	x_{21}	x_{22}	$\cdots$	x_{2n_2}
$\vdots$	$\vdots$	$\vdots$	$\cdots$	$\vdots$
A_i	x_{i1}	x_{i2}	$\cdots$	x_{in_i}
$\vdots$	$\vdots$	$\vdots$	$\cdots$	$\vdots$
A_a	x_{a1}	x_{a2}	$\cdots$	x_{in_a}

我们假定在各个水平 $A_i (i = 1, 2, \cdots, a)$ 下的样本为 $X_{i1}, X_{i2}, \cdots, X_{in_i}$，它们来自具有相同方差 σ^2、均值分别为 μ_i 的正态总体 $X_i \sim N(\mu_i, \sigma^2)$，其中 μ_i, σ^2 均为未知，并且不同水平 A_i 下的样本之间相互独立.

我们取下面的线性统计模型

$$\left.\begin{aligned}&x_{ij}=\mu_i+\varepsilon_{ij},\quad i=1,2,\cdots,a;\quad j=1,2,\cdots,n_i\\&\varepsilon_{ij}\sim N(0,\sigma^2),\quad \text{各 } \varepsilon_{ij} \text{ 相互独立}\end{aligned}\right\}\tag{10.1.1}$$

其中

$$\mu=\frac{1}{n}\sum_{i=1}^{a}n_i\mu_i.\tag{10.1.2}$$

为总平均值， $n=\sum_{i=1}^{a}n_i$， ε_{ij} 为随机误差.令

$$\delta_i=\mu_i-\mu\tag{10.1.3}$$

为第 i 个水平 A_i 的效应，$\sum_{i=1}^{a}n_i\delta_i=0$. 则(10.1.1) 变成

$$\left.\begin{aligned}&x_{ij}=\mu+\delta_i+\varepsilon_{ij}\qquad i=1,2,\cdots,a;\quad j=1,2,\cdots,n_i\\&\varepsilon_{ij}\sim N(0,\sigma^2)\end{aligned}\right\}\tag{10.1.1$'$}$$

方差分析的任务就是检验线性统计模型(10.1.1) 中 a 个总体 $N(\mu_i,\sigma^2)$ 中的各 μ_i 的相等性，即有

$$\begin{aligned}&\text{原假设 } H_0:\quad \mu_1=\mu_2=\cdots=\mu_a,\\&\text{对立假设 } H_1:\quad \mu_i\neq\mu_j,\quad \text{至少有一对这样的 } i,j.\end{aligned}\tag{10.1.4}$$

也就是下面的等价假设：

$$\begin{aligned}&H_0:\quad \delta_1=\delta_2=\cdots=\delta_a=0,\\&H_1:\delta_i\neq 0\qquad \text{至少有一个 } i.\end{aligned}\tag{10.1.4$'$}$$

检验这种假设的适当的程序就是方差分析.

1. 总平方和的分解

记在水平 A_i 下的样本均值为

$$\bar{x}_{i\cdot}=\frac{1}{n_i}\sum_{j=1}^{n_i}x_{ij}.\tag{10.1.5}$$

样本数据的总平均值为

$$\bar{x}=\frac{1}{n}\sum_{i=1}^{a}\sum_{j=1}^{n_i}x_{ij}.\tag{10.1.6}$$

总离差平方和为

$$S_T = \sum_{i=1}^{a}\sum_{j=1}^{n_i}(x_{ij} - \bar{x})^2. \tag{10.1.7}$$

将 S_T 改写并分解得

$$\begin{aligned} S_T &= \sum_{i=1}^{a}\sum_{j=1}^{n_i}[(\bar{x}_{i\cdot} - \bar{x}) + (x_{ij} - \bar{x}_{i\cdot})]^2 \\ &= \sum_{i=1}^{a}\sum_{j=1}^{n_i}(\bar{x}_{i\cdot} - \bar{x})^2 + \sum_{i=1}^{a}\sum_{j=1}^{n_i}(x_{ij} - \bar{x}_{i\cdot})^2 + 2\sum_{i=1}^{a}\sum_{j=1}^{n_i}(\bar{x}_{i\cdot} - \bar{x})(x_{ij} - \bar{x}_{i\cdot}). \end{aligned}$$

上面展开式中的第三项为 0,因为

$$\begin{aligned} 2\sum_{i=1}^{a}\sum_{j=1}^{n_i}(\bar{x}_{i\cdot} - \bar{x})(x_{ij} - \bar{x}_{i\cdot}) &= 2\sum_{i=1}^{a}(\bar{x}_{i\cdot} - \bar{x})\sum_{j=1}^{n_i}(x_{ij} - \bar{x}_{i\cdot}) \\ &= 2\sum_{i=1}^{a}(\bar{x}_{i\cdot} - \bar{x})(\sum_{j=1}^{n_i}x_{ij} - n_i\bar{x}_{i\cdot}) = 0. \end{aligned}$$

若记

$$S_A = \sum_{i=1}^{a}\sum_{j=1}^{n_i}(\bar{x}_{i\cdot} - \bar{x})^2, \tag{10.1.8}$$

$$S_E = \sum_{i=1}^{a}\sum_{j=1}^{n_i}(x_{ij} - \bar{x}_{i\cdot})^2. \tag{10.1.9}$$

则有

$$S_T = S_A + S_E. \tag{10.1.10}$$

这里 S_T 表示全部试验数据与总平均值之间的差异,又叫总变差. S_A 表示在 A_i 水平下的样本均值与总平均值之间的差异,叫因素 A_i 效应的平方和,又叫组间差. S_E 表示在 A_i 水平下的样本均值与样本值之间的差异,它是由随机误差引起的,叫误差平方和,又叫组内差. (10.1.10) 式表示 S_T 等于 S_A 与 S_E 之和. 这就完成了总平方和的分解.

2. 统计分析

由(10.1.1)可知

$$x_{ij} \sim N(\mu_i, \sigma^2). \tag{10.1.11}$$

将 S_T 改写为下面的形式

$$S_T = \sum_{i=1}^{a}\sum_{j=1}^{n_i}(x_{ij} - \bar{x})^2 = (n-1)S^2. \tag{10.1.12}$$

这里 S^2 是样本方差,即

$$S^2=\frac{1}{n-1}\sum_{i=1}^{a}\sum_{j=1}^{n_i}(x_{ij}-\bar{x})^2.$$

考虑到

$$\frac{S_T}{\sigma^2}=\frac{(n-1)s^2}{\sigma^2}\sim\chi^2(n-1).\qquad(10.1.13)$$

从这里知道 S_T 的自由度为$(n-1)$.

将 S_E 改写为下面的形式

$$S_E=\sum_{i=1}^{a}\sum_{j=1}^{n_i}(x_{ij}-\bar{x}_{i\cdot})^2=\sum_{i=1}^{a}(n_i-1)S_i^2.\qquad(10.1.14)$$

这里 S_i^2 是在 A_i 水平下的样本方差，即

$$S_i^2=\frac{1}{n_i-1}\sum_{j=1}^{n_i}(x_{ij}-\bar{x}_{i\cdot})^2.\qquad(10.1.15)$$

因为

$$\frac{(n_i-1)S_i^2}{\sigma^2}\sim\chi^2(n_i-1),\qquad(10.1.16)$$

再由 χ^2 分布的可加性知

$$\frac{S_E}{\sigma^2}=\sum_{i=1}^{a}\frac{(n_i-1)S_i^2}{\sigma^2}\sim\chi^2\left(\sum_{i=1}^{a}(n_i-1)\right),\qquad(10.1.17)$$

即

$$\frac{S_E}{\sigma^2}\sim\chi^2(n-a).\qquad(10.1.18)$$

由此可知 S_E 的自由度为$(n-a)$，并且有

$$E\left(\frac{S_E}{\sigma^2}\right)=n-a.\qquad(10.1.19)$$

即有

$$E(S_E)=(n-a)\sigma^2,\qquad(10.1.20)$$

或说

$$E\left(\frac{S_E}{n-a}\right)=\sigma^2.\qquad(10.1.21)$$

由(10.1.8)知

$$S_A = \sum_{i=1}^{a}\sum_{j=1}^{n_i}(\bar{x}_{i\cdot} - \bar{x})^2 = \sum_{i=1}^{a} n_i(\bar{x}_{i\cdot} - \bar{x})^2,$$

$$S_A = \sum_{i=1}^{a} n_i\bar{x}_{i\cdot}^2 - n\bar{x}^2. \tag{10.1.22}$$

由(10.1.2),(10.1.6),(10.1.11)和 x_{ij} 之间的独立性可知

$$\bar{x}_{i\cdot} \sim N\left(\mu_i, \frac{\sigma^2}{n_i}\right), \tag{10.1.23}$$

$$\bar{x} \sim N\left(\mu, \frac{\sigma^2}{n}\right). \tag{10.1.24}$$

所以 $E(\bar{x}_{i\cdot}) = \mu_i$, $V(\bar{x}_{i\cdot}) = \frac{\sigma^2}{n_i}$; $E(\bar{x}) = \mu$, $V(\bar{x}) = \frac{\sigma^2}{n}$.

再由 $E(\bar{x}_{i\cdot}^2) = V(\bar{x}_{i\cdot}) + E^2(\bar{x}_{i\cdot})$, $E(\bar{x}^2) = V(\bar{x}) + E^2(\bar{x})$ 得

$$E(S_A) = E\left[\sum_{i=1}^{a} n_i\bar{x}_{i\cdot}^2 - n\bar{x}^2\right] = \sum_{i=1}^{a} n_i E(\bar{x}_{i\cdot}^2) - nE(\bar{x}^2)$$

$$= \sum_{i=1}^{a} n_i\left[\frac{\sigma^2}{n_i} + \mu_i^2\right] - n\left(\frac{\sigma^2}{n} + \mu^2\right) = a\sigma^2 + \sum_{i=1}^{a} n_i(\mu + \delta_i)^2 - \sigma^2 - n\mu^2$$

$$= (a-1)\sigma^2 + \sum_{i=1}^{a} n_i\mu^2 + 2\mu\sum_{i=1}^{a} n_i\delta_i + \sum_{i=1}^{a} n_i\delta_i^2 - n\mu^2.$$

由于 $\sum_{i=1}^{a} n_i = n$, $\sum_{i=1}^{a} n_i\delta_i = 0$,所以得出

$$E(S_A) = (a-1)\sigma^2 + \sum_{i=1}^{a} n_i\delta_i^2. \tag{10.1.25}$$

在 $H_0: \delta_i = 0$ 成立的条件下

$$E(S_A) = (a-1)\sigma^2, \tag{10.1.26}$$

$$E\left(\frac{S_A}{a-1}\right) = \sigma^2. \tag{10.1.27}$$

因为 S_A 与 S_E 相互独立(证明略),再由(10.1.10),(10.1.13),(10.1.18)和 χ^2 分布的加法性质可得出

$$\frac{S_A}{\sigma^2} \sim \chi^2(a-1). \tag{10.1.28}$$

并得出 S_A 的自由度为$(a-1)$.

记

$$MS_A = \frac{S_A}{a-1}, \tag{10.1.29}$$

$$MS_E = \frac{S_E}{n-a}, \tag{10.1.30}$$

并分别叫做 S_A，S_E 的均方. 由(10.1.21) 可知，MS_E 是 σ^2 的无偏估计，当 H_0 成立时，由(10.1.27) 可知，MS_A 也是 σ^2 的无偏估计.

在 H_0 成立的条件下，取统计量

$$F = \frac{\dfrac{S_A}{\sigma^2}\Big/(a-1)}{\dfrac{S_E}{\sigma^2}\Big/(n-a)} \sim F(a-1, n-a),$$

即

$$F = \frac{MS_A}{MS_E} \sim F(a-1, n-a). \tag{10.1.31}$$

对于给出的 α，查出 $F_\alpha(a-1,\ n-a)$ 的值，由样本值计算出 S_A，S_E，从而算出 F 值. 由(10.1.25) 式看出，若 H_0 不成立，即 $\delta_i \neq 0$(至少一个 i)，S_A 偏大，导致 F 偏大，因此，判断如下：若 $F > F_\alpha(a-1,\ n-a)$，则拒绝 H_0；若 $F < F_\alpha(a-1,\ n-a)$，则接受 H_0.

为了计算的方便，通常采用下面的简便计算方式. 记

$$x_{i\cdot} = \sum_{j=1}^{n_i} x_{ij},\ i = 1,2,\cdots,a, \quad x_{\cdot\cdot} = \sum_{i=1}^{a}\sum_{j=1}^{n_i} x_{ij}.$$

$$\left.\begin{aligned} S_T &= \sum_{i=1}^{a}\sum_{j=1}^{n_i} x_{ij}^2 - \frac{x_{\cdot\cdot}^2}{n} \\ S_A &= \sum_{i=1}^{a} \frac{x_{i\cdot}^2}{n_i} - \frac{x_{\cdot\cdot}^2}{n} \\ S_E &= S_T - S_A \end{aligned}\right\}. \tag{10.1.32}$$

将上面的分析过程和结果，列成一个简洁的表格，能给解决问题带来方便，这个表叫做单因素方差分析表，如表 10.2.

表 10.2

方差来源	平方和	自由度	均　方	F 比
因素 A	S_A	$a-1$	$MS_A=\dfrac{S_A}{a-1}$	$F=\dfrac{MS_A}{MS_E}$
误差 E	S_E	$n-a$	$MS_E=\dfrac{S_E}{n-a}$	
总和 T	S_T	$n-1$		

例 10.1.1 人造纤维的抗拉强度是否受掺入其中的棉花的百分比的影响是有疑问的.现确定棉花百分比的 5 个水平:15%,20%,25%,30%,35%.每个水平中测 5 个抗拉强度的值,列于下表,问抗拉强度是否受掺入棉花百分比的影响?($\alpha=0.01$)

表 10.3

棉花的百分比(i)	抗拉强度观察值(j)					
	1	2	3	4	5	$x_{i\cdot}$
15	7	7	15	11	9	49
20	12	17	12	18	18	77
25	14	18	18	19	19	88
30	19	25	22	19	23	108
35	7	10	11	15	11	54

$$x_{\cdot\cdot}=\sum_{i=1}^{5}\sum_{j=1}^{5}x_{ij}=376.$$

解 设抗拉强度为

$$x_{ij}=\mu_i+\varepsilon_{ij},\quad i,j=1,2,3,4,5.$$

原假设 H_0:　　$\mu_1=\mu_2=\mu_3=\mu_4=\mu_5$,

对立假设 H_1:　　$\mu_i\neq\mu_j$ 至少有一对 i,j.

这里 $a=5, n_i=5$, $(i=1,2,\cdots,5)$, $n=25$.

$$S_T = \sum_{i=1}^{5}\sum_{j=1}^{5} x_{ij}^2 - \frac{x_{\cdot\cdot}^2}{n} = 7^2 + 7^2 + \cdots + 11^2 - \frac{376^2}{25} = 636.96.$$

$$S_A = \sum_{i=1}^{5} \frac{x_{i\cdot}^2}{n_i} - \frac{x_{\cdot\cdot}^2}{n} = \frac{1}{5}(49^2 + \cdots + 54^2) - \frac{376^2}{25} = 475.76.$$

$$S_E = S_T - S_A = 636.96 - 475.76 = 161.20.$$

S_T, S_A, S_E 的自由度分别为 24,4,20.

$$MS_A - \frac{475.76}{4} = 118.94, \qquad MS_E = \frac{161.20}{20} = 8.06.$$

例 10.1.1 的方差分析表为表 10.4.

表　10.4

方差来源	平方和	自由度	均　方	F　比
因素 A	475.76	4	118.94	$\frac{118.94}{8.06}=14.76$
误差 E	161.20	20	8.06	
总和 T	636.96	24		

已给出 $\alpha = 0.01$,查表得 $F_\alpha(a-1, n-a) = F_{0.01}(4,20) = 4.43$.

这里 $F = 14.76 > 4.43 = F_{0.01}(4,20)$,故拒绝原假设 H_0,接受 $H_1: \mu_i \neq \mu_j$.

说明棉花的百分比对人造纤维的抗拉强度有影响.

10.2　双因素试验的方差分析

多因素试验中最简单的是双因素试验. 在双因素试验中,每个因素对试验都有各自单独的影响,同时还存在着两者联合的影响,这种联合影响叫交互作用. 为了考虑问题的方便,我们先考虑无交互作用的情况. 如果交互作用的影响很小,也可按无交互作用看待.

10.2.1　无交互作用的方差分析

设两因素 A、B,A 有 a 个水平:$A_1, A_2, \cdots, A_a$,B 有 b 个水平,$B_1, B_2, \cdots, B_b$,在每一个组合水平(A_i, B_j)下,做一次试验(无重复试验)得出试验指标的观察值,列于表 10.5.

表 10.5

因素 B(j) / 因素 A(i)	B_1	B_2	…	B_j	…	B_b	$x_{i\cdot}$
A_1	x_{11}	x_{12}	…	x_{1j}	…	x_{1b}	$x_{1\cdot}$
A_2	x_{21}	x_{22}	…	x_{2j}	…	x_{2b}	$x_{2\cdot}$
⋮	⋮	⋮	…	⋮	…	⋮	⋮
A_i	x_{i1}	x_{i2}	…	x_{ij}	…	x_{ib}	$x_{i\cdot}$
⋮	⋮	⋮	…	⋮	…	⋮	⋮
A_a	x_{a1}	x_{a2}	…	x_{aj}	…	x_{ab}	$x_{a\cdot}$
$x_{\cdot j}$	$x_{\cdot 1}$	$x_{\cdot 2}$	…	$x_{\cdot j}$	…	$x_{\cdot b}$	$x_{\cdot\cdot}$

设 $x_{ij} \sim N(\mu_{ij},\sigma^2)$，各 x_{ij} 相互独立，$i=1,2,\cdots,a,\quad j=1,2,\cdots,b.$

取线性统计模型

$$\left.\begin{array}{ll} x_{ij}=\mu_{ij}+\varepsilon_{ij}, & i=1,2,\cdots,a, j=1,2,\cdots,b \\ \varepsilon_{ij}\sim N(0,\sigma^2), & \text{各 } \varepsilon_{ij} \text{ 相互独立} \end{array}\right\}. \tag{10.2.1}$$

若记

$$\mu_{ij}=\mu+\alpha_i+\beta_j, \tag{10.2.2}$$

其中

$$\mu=\frac{1}{ab}\sum_{i=1}^{a}\sum_{j=1}^{b}x_{ij}. \tag{10.2.3}$$

α_i 称为因素 A 的 A_i 水平的效应，β_j 称为因素 B 的 B_j 水平的效应

$$\sum_{i=1}^{a}\alpha_i=0,\quad \sum_{j=1}^{b}\beta_j=0. \tag{10.2.4}$$

这样(10.2.1)变成下面的线性模型

$$\left.\begin{array}{l} x_{ij}=\mu+\alpha_i+\beta_j+\varepsilon_{ij},\quad i=1,2,\cdots,a,\quad j=1,2,\cdots,b \\ \varepsilon_{ij}\sim N(0,\sigma^2),\quad \text{各 } \varepsilon_{ij} \text{ 相互独立} \\ \sum_{i=1}^{a}\alpha_i=0,\quad \sum_{j=1}^{b}\beta_j=0 \end{array}\right\}. \tag{10.2.5}$$

其中 $\mu,\alpha_i,\beta_j,\sigma^2$ 都是未知参数.

对这个线性模型,我们检验如下的假设

$$\left.\begin{array}{ll}H_{A0}: & \alpha_1=\alpha_2=\cdots=\alpha_a=0\\ H_{A1}: & \alpha_i\neq 0\quad \text{至少一个 } i\end{array}\right\}, \tag{10.2.6}$$

$$\left.\begin{array}{ll}H_{B0}: & \beta_1=\beta_2=\cdots=\beta_b=0\\ H_{B1}: & \beta_j\neq 0\quad \text{至少一个 } j\end{array}\right\}. \tag{10.2.7}$$

1. 总平方和的分解

记在水平 A_i 下的样本均值为

$$\bar{x}_{i\cdot}=\frac{1}{b}\sum_{j=1}^{b}x_{ij}, \tag{10.2.8}$$

在水平 B_j 下的样本均值为

$$\bar{x}_{\cdot j}=\frac{1}{a}\sum_{i=1}^{a}x_{ij}, \tag{10.2.9}$$

样本数据的总平均值为

$$\bar{x}=\frac{1}{ab}\sum_{i=1}^{a}\sum_{j=1}^{b}x_{ij}, \tag{10.2.10}$$

总离差平方和为

$$S_T=\sum_{i=1}^{a}\sum_{j=1}^{b}(x_{ij}-\bar{x})^2. \tag{10.2.11}$$

将 S_T 改写并分解得

$$S_T=\sum_{i=1}^{a}\sum_{j=1}^{b}\left[(\bar{x}_{i\cdot}-\bar{x})+(\bar{x}_{\cdot j}-\bar{x})+(x_{ij}-\bar{x}_{i\cdot}-\bar{x}_{\cdot j}+\bar{x})\right]^2$$

$$=\sum_{i=1}^{a}\sum_{j=1}^{b}(\bar{x}_{i\cdot}-\bar{x})^2+\sum_{i=1}^{a}\sum_{j=1}^{b}(\bar{x}_{\cdot j}-\bar{x})^2+\sum_{i=1}^{a}\sum_{j=1}^{b}(x_{ij}-\bar{x}_{i\cdot}-\bar{x}_{\cdot j}+\bar{x})^2$$

(因三个交互乘积的和项为 0)

$$=b\sum_{i=1}^{a}(\bar{x}_{i\cdot}-\bar{x})^2+a\sum_{j=1}^{b}(\bar{x}_{\cdot j}-\bar{x})^2+\sum_{i=1}^{a}\sum_{j=1}^{b}(x_{ij}-\bar{x}_{i\cdot}-\bar{x}_{\cdot j}+\bar{x})^2.$$

记为

$$S_T = S_A + S_B + S_E. \tag{10.2.12}$$

这就是总平方和的分解式,其中

$$S_A = b\sum_{i=1}^{a}(\overline{x}_{i\cdot} - \overline{x})^2, \tag{10.2.13}$$

$$S_B = a\sum_{j=1}^{b}(\overline{x}_{\cdot j} - \overline{x})^2, \tag{10.2.14}$$

$$S_E = \sum_{i=1}^{a}\sum_{j=1}^{b}(x_{ij} - \overline{x}_{i\cdot} - \overline{x}_{\cdot j} + \overline{x})^2. \tag{10.2.15}$$

S_A、S_B 分别为因素 A、因素 B 效应的平方和,S_E 为误差平方和.

2. 统计分析

和单因素的分析类似,这里,S_T 的自由度为$(ab-1)$,S_A 的自由度为$(a-1)$,S_E 的自由度则为$(ab-1)-(a-1)-(b-1)=(a-1)(b-1)$.

相应地有均方值

$$\left.\begin{aligned} MS_A &= \frac{S_A}{a-1} \\ MS_B &= \frac{S_B}{b-1} \\ MS_E &= \frac{S_E}{(a-1)(b-1)} \end{aligned}\right\}. \tag{10.2.16}$$

它们的期望值为

$$\left.\begin{aligned} E(MS_A) &= \sigma^2 + \frac{b}{a-1}\sum_{i=1}^{a}\alpha_i^2 \\ E(MS_B) &= \sigma^2 + \frac{a}{b-1}\sum_{j=1}^{b}\beta_j^2 \\ E(MS_E) &= \sigma^2 \end{aligned}\right\}. \tag{10.2.17}$$

当原假设 H_0 都成立时,$E(MS_A)$,$E(MS_B)$,$E(MS_E)$ 都是 σ^2 的无偏估计量.

在 H_0 都成立的条件下

$$\frac{S_A}{\sigma^2} \sim \chi^2(a-1), \quad \frac{S_B}{\sigma^2} \sim \chi^2(b-1), \tag{10.2.18}$$

$$\frac{S_E}{\sigma^2} \sim \chi^2((a-1)(b-1)). \tag{10.2.19}$$

取统计量

$$F_1 = \frac{\dfrac{S_A}{\sigma^2}\Big/(a-1)}{\dfrac{S_E}{\sigma^2}(a-1)(b-1)} \sim F(a-1,(a-1)(b-1)),$$

即

$$F_1 = \frac{MS_A}{MS_E} \sim F(a-1,(a-1)(b-1)). \tag{10.2.20}$$

$$F_2 = \frac{\dfrac{S_B}{\sigma^2}\Big/(b-1)}{\dfrac{S_E}{\sigma^2}\Big/(a-1)(b-1)} \sim F(b-1,(a-1)(b-1)),$$

即

$$F_2 = \frac{MS_B}{MS_E} \sim F(b-1,(a-1)(b-1)), \tag{10.2.21}$$

由样本值可计算出 F_1, F_2 的值

对给出的 α 值，可查出 $F_\alpha(a-1,(a-1)(b-1))$，$F_\alpha(b-1,(a-1)(b-1))$.

如果 $F_1 > F_\alpha(a-1,(a-1)(b-1))$，则拒绝 H_{A0}，否则，就接受 H_{A0}.

如果 $F_2 > F_\alpha(b-1,(a-1)(b-1))$，则拒绝 H_{B0}，否则，就接受 H_{B0}.

为计算方便，采用下面的算式

$$\left.\begin{aligned}
S_T &= \sum_{i=1}^{a}\sum_{j=1}^{b} x_{ij}^2 - \frac{x_{\cdot\cdot}^2}{ab} \\
S_A &= \sum_{i=1}^{a} \frac{x_{i\cdot}^2}{b} - \frac{x_{\cdot\cdot}^2}{ab} \\
S_B &= \sum_{j=1}^{b} \frac{x_{\cdot j}^2}{a} - \frac{x_{\cdot\cdot}^2}{ab} \\
S_E &= S_T - S_A - S_B
\end{aligned}\right\}. \tag{10.2.22}$$

双因素无交互作用方差分析表如表10.6.

表 10.6

方差来源	平方和	自由度	均　方	F 比
因素 A	S_A	$a-1$	$MS_A=\dfrac{S_A}{a-1}$	$F_1=\dfrac{MS_A}{MS_E}$
因素 B	S_B	$b-1$	$MS_B=\dfrac{S_B}{b-1}$	$F_2=\dfrac{MS_B}{MS_E}$
误差 E	S_E	$(a-1)(b-1)$	$MS_E=\dfrac{S_E}{(a-1)(b-1)}$	
总和 T	S_T	$ab-1$		

例 10.2.1 使用 4 种燃料，3 种推进器作火箭射程试验，每一种组合情况做一次试验得火箭射程(单位：海里)列在表 10.7.

表 10.7

i \ j	B_1	B_2	B_3	$x_{i\cdot}$
A_1	582	562	653	1797
A_2	491	541	516	1548
A_3	601	709	392	1702
A_4	758	582	487	1827
$x_{\cdot j}$	2432	2394	2048	$6874=x_{\cdot\cdot}$

试分析各种燃料(A_i)与各种推进器(B_j)对火箭射程有无显著影响？($\alpha=0.05$)

解 这是双因素试验，不考虑交互作用. 设火箭射程为

$$x_{ij}=\mu+\alpha_i+\beta_j+\varepsilon_{ij}, \qquad i=1,2,3,4, \quad j=1,2,3.$$

原假设 $H_{A0}:\alpha_1=\alpha_2=\alpha_3=\alpha_4=0$,

$H_{B0}:\beta_1=\beta_2=\beta_3=0$.

对立假设 $H_{A1}:\alpha_i\neq 0$，至少一个 i,

$H_{B1}:\beta_j\neq 0$，至少一个 j.

这里 $a=4,b=3,ab=12$.

$$S_T=\sum_{i=1}^{4}\sum_{j=1}^{3}x_{ij}^2-\frac{x_{\cdot\cdot}^2}{12}=582^2+\cdots+487^2-\frac{6874^2}{12}=111342,$$

$$S_A=\sum_{i=1}^{4}\frac{x_{i\cdot}^2}{3}-\frac{x_{\cdot\cdot}^2}{12}=\frac{1}{3}(1797^2+1548^2+1702^2+1827^2)-\frac{6874^2}{12}=15759,$$

$$S_B = \sum_{j=1}^{3} \frac{x_{\cdot j}^2}{4} - \frac{x_{\cdot\cdot}^2}{12} = \frac{1}{4}(2432^2 + 2394^2 + 2048^2) - \frac{6874^2}{12} = 22385,$$

$$S_E = S_T - S_A - S_B = 111342 - 15759 - 22385 = 73198.$$

S_T, S_A, S_B, S_E 的自由度分别为 11,3,2,6.

火箭射程方差分析表为表 10.8.

表 10.8

方差来源	平方和	自由度	均　方	F 比
燃料 A	15759	3	5253	0.43
推进器 B	22385	2	11192.5	0.92
误差 E	73198	6	12199.7	
总和 T	111342	11		

给出的 $\alpha = 0.05$,查出 $F_{0.05}(3,6) = 4.76$,$F_{0.05}(2,6) = 5.14$,因为 $F_1 = 0.43 < 4.76$,$F_2 = 0.92 < 5.14$,所以接受原假设 H_{A0}、H_{B0},故不同的燃料、不同的推进器对火箭射程均无显著影响.

说明:这个例子中所得的结论,好像与常理不符.这里所说的燃料推进器指的是现有的试验用的几种,并不指另外任意的燃料和推进器.

10.2.2　有交互作用的方差分析

设两因素 A、B,A 有 a 个水平:$A_1, A_2, \cdots, A_a$,B 有 b 个水平:$B_1, B_2, \cdots, B_b$,为研究交互作用的影响,在每一种组合水平(A_i, B_j)下重复做 n 次($n \geqslant 2$)试验,每个观察值记为 x_{ijk},结果如表 10.9.

表 10.9

i \ j	B_1	B_2	$\cdots$	B_b
A_1	x_{111}　x_{112}　$\cdots$　x_{11n}	x_{121}　x_{122}　$\cdots$　x_{12n}	$\cdots$	x_{1b1}　x_{1b2}　$\cdots$　x_{1bn}
A_2	x_{211}　x_{212}　$\cdots$　x_{21n}	x_{221}　x_{222}　$\cdots$　x_{22n}	$\cdots$	x_{2b1}　x_{2b2}　$\cdots$　x_{2bn}
$\vdots$	………	………	$\cdots$	………
A_a	x_{a11}　x_{a12}　$\cdots$　x_{a1n}	x_{a21}　x_{a22}　$\cdots$　x_{a2n}	$\cdots$	x_{ab1}　x_{ab2}　$\cdots$　x_{abn}

设 $x_{ijk} \sim N(\mu_{ij},\sigma^2)$， $i=1,2,\cdots,a$， $j=1,2,\cdots,b$， $k=1,2,\cdots,n$，各 x_{ijk} 相互独立.

并设

$$\mu_{ij}=\mu+\alpha_i+\beta_j+\gamma_{ij}. \tag{10.2.23}$$

μ 为总平均值，α_i 为水平 A_i 的效应，β_j 为水平 B_j 的效应，γ_{ij} 为水平 A_i 和水平 B_j 的交互效应，显然有

$$\sum_{i=1}^{a}\alpha_i=0,\quad \sum_{j=1}^{b}\beta_j=0,\quad \sum_{i=1}^{a}\gamma_{ij}=0,\quad \sum_{j=1}^{b}\gamma_{ij}=0.$$

这样就有下面的统计模型：

$$\left.\begin{array}{l} x_{ijk}=\mu+\alpha_i+\beta_j+\gamma_{ij}+\varepsilon_{ijk} \\ \varepsilon_{ijk}\sim N(0,\sigma^2),\text{各 } \varepsilon_{ijk} \text{ 相互独立} \\ i=1,2,\cdots,a,\quad j=1,2,\cdots,b,\quad k=1,2,\cdots,n. \\ \sum\limits_{i=1}^{a}\alpha_i=0,\quad \sum\limits_{j=1}^{b}\beta_j=0,\quad \sum\limits_{i=1}^{a}\gamma_{ij}=0,\quad \sum\limits_{j=1}^{b}\gamma_{ij}=0, \end{array}\right\}. \tag{10.2.24}$$

其中 $\mu,\alpha_i,\beta_j,\gamma_{ij}$ 和 σ^2 都是未知参数.

对于这个模型我们检验下面的假设

$$\left.\begin{array}{ll} H_{A0}: & \alpha_1=\alpha_2=\cdots=\alpha_a=0 \\ H_{A1}: & \alpha_i\neq 0 \quad \text{至少一个 } i \end{array}\right\}, \tag{10.2.25}$$

$$\left.\begin{array}{ll} H_{B0}: & \beta_1=\beta_2=\cdots=\beta_b=0 \\ H_{B1}: & \beta_j\neq 0 \quad \text{至少一个 } j \end{array}\right\}, \tag{10.2.26}$$

$$\left.\begin{array}{ll} H_{AB0}: & \gamma_{ij}=0 \quad i=1,2,\cdots,a \quad j=1,2,\cdots,b \\ H_{AB1}: & \gamma_{ij}\neq 0 \quad \text{至少一对 } i,j \end{array}\right\}. \tag{10.2.27}$$

1. 总平方和的分解

记

$$\bar{x}=\frac{x_{\cdots}}{abn}=\frac{1}{abn}\sum_{i=1}^{a}\sum_{j=1}^{b}\sum_{k=1}^{n}x_{ijk}.$$

$$\bar{x}_{ij\cdot}=\frac{1}{n}x_{ij\cdot}=\frac{1}{n}\sum_{k=1}^{n}x_{ijk},\quad i=1,2,\cdots,a,\quad j=1,2,\cdots,b.$$

$$\bar{x}_{i\cdot\cdot}=\frac{1}{bn}x_{i\cdot\cdot}=\frac{1}{bn}\sum_{j=1}^{b}\sum_{k=1}^{n}x_{ijk},\quad i=1,2,\cdots,a.$$

$$\bar{x}_{\cdot j \cdot} = \frac{1}{an} x_{\cdot j \cdot} = \frac{1}{an} \sum_{i=1}^{a} \sum_{k=1}^{n} x_{ijk}, \quad j = 1, 2, \cdots, b.$$

$$S_T = \sum_{i=1}^{a} \sum_{j=1}^{b} \sum_{k=1}^{n} (x_{ijk} - \bar{x})^2$$

将 S_T 改写并分解

$$S_T = \sum_{i=1}^{a} \sum_{j=1}^{b} \sum_{k=1}^{n} [(\bar{x}_{i\cdot\cdot} - \bar{x}) + (\bar{x}_{\cdot j\cdot} - \bar{x}) + (\bar{x}_{ij\cdot} - \bar{x}_{i\cdot\cdot} - \bar{x}_{\cdot j\cdot} + \bar{x}) + (x_{ijk} - \bar{x}_{ij\cdot})]^2$$

$$= bn \sum_{i=1}^{a} (\bar{x}_{i\cdot\cdot} - \bar{x})^2 + an \sum_{j=1}^{b} (\bar{x}_{\cdot j\cdot} - x)^2$$

$$+ n \sum_{i=1}^{a} \sum_{j=1}^{b} (\bar{x}_{ij\cdot} - \bar{x}_{i\cdot\cdot} - \bar{x}_{\cdot j\cdot} + \bar{x})^2 + \sum_{i=1}^{a} \sum_{j=1}^{b} \sum_{k=1}^{n} (x_{ijk} - \bar{x}_{ij\cdot})^2.$$

简记为

$$S_T = S_A + S_B + S_{A\times B} + S_E. \tag{10.2.28}$$

其中

$$S_A = bn \sum_{i=1}^{a} (\bar{x}_{i\cdot\cdot} - \bar{x})^2, \tag{10.2.29}$$

$$S_B = an \sum_{j=1}^{b} (\bar{x}_{\cdot j\cdot} - \bar{x})^2, \tag{10.2.30}$$

$$S_{A\times B} = n \sum_{i=1}^{a} \sum_{j=1}^{b} (\bar{x}_{ij\cdot} - \bar{x}_{i\cdot\cdot} - \bar{x}_{\cdot j\cdot} + \bar{x})^2, \tag{10.2.31}$$

$$S_E = \sum_{i=1}^{a} \sum_{j=1}^{b} \sum_{k=1}^{n} (x_{ijk} - \bar{x}_{ij\cdot})^2. \tag{10.2.32}$$

S_A，S_B 分别为因素 A、因素 B 的效应平方和，$S_{A\times B}$ 为因素 A、B 的交互效应平方和，S_E 为误差平方和.

2. 统计分析

首先，这里 S_T 的自由度为 $(abn-1)$，S_A，S_B 的自由度分别为 $(a-1)$，$(b-1)$，$S_{A\times B}$ 的自由度为 $(a-1)(b-1)$，S_E 的自由度为 $(abn-1)-(a-1)-(b-1)-(a-1)(b-1) = ab(n-1)$.

相应地有下列均方值

$$\left.\begin{aligned} MS_A &= \frac{S_A}{a-1} \\ MS_B &= \frac{S_B}{b-1} \\ MS_{A\times B} &= \frac{S_{A\times B}}{(a-1)(b-1)} \\ MS_E &= \frac{S_E}{ab(n-1)} \end{aligned}\right\}. \tag{10.2.33}$$

它们的期望值分别为

$$\left.\begin{aligned} E(MS_A) &= \sigma^2 + \frac{bn}{a-1}\sum_{i=1}^{a}\alpha_i^2 \\ E(MS_B) &= \sigma^2 + \frac{an}{b-1}\sum_{j=1}^{b}\beta_j^2 \\ E(MS_{A\times B}) &= \sigma^2 + \frac{n}{(a-1)(b-1)}\sum_{i=1}^{a}\sum_{j=1}^{b}\gamma_{ij}^2 \\ E(MS_E) &= \sigma^2 \end{aligned}\right\} \tag{10.2.34}$$

当原假设各个 H_0 都成立时，MS_A，MS_B，$MS_{A\times B}$，MS_E 都是 σ^2 的无偏估计量.

当 H_{A0} 成立时，取统计量

$$F_1 = \frac{MS_A}{MS_E} \sim F(a-1,\ ab(n-1));$$

当 H_{B0} 成立时，取统计量

$$F_2 = \frac{MS_B}{MS_E} \sim F(b-1,\ ab(n-1));$$

当 H_{AB0} 成立时，取统计量

$$F_3 = \frac{MS_{A\times B}}{MS_E} \sim F((a-1)(b-1),\ ab(n-1)).$$

由样本值，分别求出 F_1，F_2，F_3，对给定的 α 分别查出

$F_\alpha(a-1,\ ab(n-1))$；$F_\alpha(b-1,\ ab(n-1))$；$F_\alpha((a-1)(b-1),\ ab(n-1))$.

作如下判断：

如果 $F_1 > F_\alpha(a-1,\ ab(n-1))$，则拒绝 H_{A0}，因素 A 有显著影响.

如果 $F_2 > F_\alpha(b-1,\ ab(n-1))$，则拒绝 H_{B0}，因素 B 有显著影响.

如果 $F_3 > F_\alpha((a-1)(b-1),\ ab(n-1))$，则拒绝 H_{AB0}，交互作用 $A\times B$ 有显著影响.

常用下面的计算公式

$$\left.\begin{aligned}
S_T &= \sum_{i=1}^{a}\sum_{j=1}^{b}\sum_{k=1}^{n} x_{ijk}^2 - \frac{x_{\cdots}^2}{abn} \\
S_A &= \frac{1}{bn}\sum_{i=1}^{a} x_{i\cdot\cdot}^2 - \frac{x_{\cdots}^2}{abn} \\
S_B &= \frac{1}{an}\sum_{j=1}^{b} x_{\cdot j\cdot}^2 - \frac{x_{\cdots}^2}{abn} \\
S_{A\times B} &= \frac{1}{n}\sum_{i=1}^{a}\sum_{j=1}^{b} x_{ij\cdot}^2 - \frac{x_{\cdots}^2}{abn} - S_A - S_B \\
S_E &= S_T - S_A - S_B - S_{A\times B}
\end{aligned}\right\} \tag{10.2.35}$$

双因素有交互作用方差分析表如表 10.10.

表　10.10

方差来源	平方和	自由度	均　方	F　比
因素 A	S_A	$a-1$	MS_A	$F_1 = MS_A/MS_E$
因素 B	S_B	$b-1$	MS_B	$F_2 = MS_B/MS_E$
交互作用 $A\times B$	$S_{A\times B}$	$(a-1)(b-1)$	$MS_{A\times B}$	$F_3 = MS_{A\times B}/MS_E$
误差 E	S_E	$ab(n-1)$	MS_E	
总和 T	S_T	$abn-1$		

例 10.2.2　对例 10.2.1 中燃料(A) 和推进器(B) 的每种组合(A_i, A_j) 做试验两次得火箭射程如表 10.11 所示,试分析燃料(A),推进器(B) 和它们的交互作用($A\times B$) 对火箭的射程有没有显著影响?($\alpha = 0.05$)

表　10.11

i \ j	B_1	B_2	B_3	$x_{i\cdot\cdot}$
A_1	582　526	562　412	653　608	3343
A_2	491　428	541　505	516　484	2965
A_3	601　583	709　732	392　407	3424
A_4	758　715	582　510	487　414	3466
$x_{\cdot j\cdot}$	4684	4553	3961	$13198 = x_{\cdots}$

解 这是双因素考虑交互作用的试验.

设火箭射程为

$$x_{ijk} = \mu + \alpha_i + \beta_j + \gamma_{ij} + \varepsilon_{ijk}, \quad i = 1,2,3,4, \quad j = 1,2,3, \quad k = 1,2.$$

原假设 H_{A0}: $\alpha_1 = \alpha_2 = \alpha_3 = \alpha_4 = 0$,

H_{B0}: $\beta_1 = \beta_2 = \beta_3 = 0$,

H_{AB0}: $\gamma_{ij} = 0$, $i = 1,2,3,4$, $j = 1,2,3$.

备择假设 H_{A1}: $\alpha_i \neq 0$ 至少一个 i,

H_{B1}: $\beta_j \neq 0$ 至少一个 j,

H_{AB1}: $\gamma_{ij} \neq 0$ 至少一对 i,j.

这里 $a = 4, b = 3, n = 2, abn = 24$,利用(10.2.35)计算公式有

$$S_T = 582^2 + 526^2 + \cdots + 487^2 + 414^2 - \frac{13198^2}{24} = 263830,$$

$$S_A = \frac{1}{6}(3343^2 + \cdots + 3466^2) - \frac{13198^2}{24} = 26168,$$

$$S_B = \frac{1}{8}(4684^2 + 4553^2 + 3961^2) - \frac{13198^2}{24} = 37098,$$

$$S_{A\times B} = \frac{1}{2}[(582 + 526)^2 + \cdots + (487 + 414)^2]$$

$$- \frac{13198^2}{24} - 26168 - 37098 = 176869,$$

$$S_E = 263830 - 26168 - 37098 - 176869 = 23695.$$

火箭射程方差分析表如表 10.12.

表 10.12

方差来源	平方和	自由度	均　方	F　比
因素 A	26168	3	8723	$F_1 = 4.42$
因素 B	37098	2	18549	$F_2 = 9.39$
交互作用 $A\times B$	176869	6	29478	$F_3 = 15.93$
误差 E	23695	12	1975	
总和 T	263830	23		

对已给的 $\alpha = 0.05$,查表得

$$F_{0.05}(3,12)=3.49,\quad F_{0.05}(2,12)=3.89,\quad F_{0.05}(6,12)=3.00.$$

因 $F_1=4.42>3.49,\quad F_2=9.39>3.89,\quad F_3=15.93>3.00.$

所以我们拒绝原假设 H_{A0},H_{B0},H_{AB0}，说明燃料、推进器和它们的交互作用对火箭射程都有显著影响，尤其以交互作用的影响更为显著.

习　题　10

10.1　设有 3 台机器生产规格相同的铝合金薄板.现从生产出的薄板中各取 5 块，测出厚度值，如表 10.13.

表　10.13　　mm

机器(i)	厚度测量值				
Ⅰ	2.36	2.38	2.48	2.45	2.43
Ⅱ	2.57	2.53	2.55	2.54	2.61
Ⅲ	2.58	2.64	2.59	2.67	2.62

设各测量值服从同方差的正态分布，试分析各机器生产的薄板厚度有无显著差异($\alpha=0.05$)?

10.2　考察温度对某种产品的成品率的影响.选定 5 种不同的温度，每种温度下做 3 次试验测得结果如表 10.14.

表　10.14

温度/℃	40	45	50	55	60
成品率/%	91.42	92.75	96.03	85.14	85.14
	92.37	94.61	95.41	83.21	87.21
	89.50	90.17	92.06	87.90	81.33

设各种温度下成品率总体服从同方差的正态分布，试分析温度对成品率有无显著影响($\alpha=0.05$)?

10.3　考察 4 种不同类型的电路对计算器的响应时间的影响，测得数据如表 10.15.

表　10.15　　ms

电路类型	响应时间				
Ⅰ	19	22	20	18	15
Ⅱ	20	21	33	27	40
Ⅲ	16	15	18	26	17
Ⅳ	18	22	19		

设各测量值总体服从同方差的正态分布,试分析各类型电路对响应时间有无显著影响($\alpha=0.05$)?

10.4 设有一熟练工人,用4种不同的机器在6种不同的运转速度下生产同一种零件.各自记录1小时内生产的零件数,列在表10.16中.

表 10.16

机器 \ 速度	1	2	3	4	5	6
1	42.5	39.3	39.6	39.9	42.9	43.6
2	39.5	40.1	40.5	42.3	42.5	43.1
3	40.2	40.5	41.3	43.4	44.9	45.1
4	41.3	42.2	43.5	44.2	45.9	42.3

(小数点后的数是根据最后1个零件完成的程度定出的)

设各水平搭配下产量总体服从同方差的正态分布,试分析机器、运转速度对产量有无显著影响($\alpha=0.05$)?

10.5 取3种不同的导弹系统,4种不同类型的推进器,对某种燃料进行燃烧试验.每种组合下重复试验2次,测得燃烧速度的数值如表10.17所示.

表 10.17

导弹系统 \ 推进器	B_1	B_2	B_3	
A_1	34.0,32.7	30.1,32.8	29.8,26.7	29.0,28.9
A_2	32.0,33.2	30.2,29.8	28.7,28.1	27.6,27.8
A_3	28.4,29.3	27.3,28.9	29.7,27.3	28.8,29.1

设各水平搭配下燃烧速度总体服从同方差的正态分布,试分析导弹系统、推进器类型以及它们的交互作用对燃烧速度有无显著影响($\alpha=0.05$)?

第 11 章　回归分析

回归分析是描述数据处理方法的一门应用学科，它是统计学者常用的工具，它理论完善，计算方法灵活巧妙，无论从事理论研究还是从事应用的统计学者对此都很感兴趣. 本章对回归分析的基础知识和应用作简单介绍.

11.1　一元线性回归

变量之间的各种关系是客观世界中普遍存在的关系. 这些关系大致分为两类：一类是确定性关系，即变量之间的关系可以用精确的函数关系来表达，如球体积 V 与球直径 d 之间的关系为 $V=\frac{1}{6}\pi d^3$. 另一类是非确定性关系，称为相关关系，如人的身高与体重的关系，血压与年龄的关系，农作物产量与降雨量之间的关系等等，都是相关关系，回归分析就是研究相关关系的一种数学工具. 它提供了变量之间关系的一种近似表达，即经验公式. 经验公式还可用来达到预测和控制的目的. 下面只讨论随机变量 Y 与普通变量 x 之间的关系.

11.1.1　一元正态线性回归模型

设随机变量 Y，对于 x 的每一个值，Y 都有它自己的分布，若 $E(Y)$ 存在，则它一定是 x 的函数，记为 $\mu(x)$，$\mu(x)$ 叫做 Y 关于 x 的回归. $\mu(x)$ 的值可以通过样本进行估计，对于 x 的一组值 $x_1,x_2,\cdots,x_n$，作独立试验，对 Y 得出 n 个观察结果 $y_1,y_2,\cdots,y_n$. 即有 n 对观察结果：

$$(x_1,y_1),(x_2,y_2),\cdots,(x_i,y_i),\cdots,(x_n,y_n) \tag{11.1.1}$$

这 n 对结果就是容量为 n 的样本，我们要解决的问题是如何利用样本估计 $\mu(x)$，在这里，首先要推测 $\mu(x)$ 的形式. 在有些问题中，可以从有关的知识知道 $\mu(x)$ 的形式，这是很好的，如果做不到这点，通常的办法是根据观察值(11.1.1)，在直角坐标系中描出相应的点，这种图叫散点图，从散点图可以粗略地看出 y 与 x 的关系，从而推测出 $\mu(x)$ 的形式，从这种形式出发，再做进一步的分析.

例 11.1.1　为研究某一化学反应过程中温度 x 对产品得率 Y 的影响. 测得数据如下：

温度 x/℃	100	110	120	130	140	150	160	170	180	190
得率 Y/%	45	51	54	61	66	70	74	78	85	89

求 Y 关于 x 的回归 $\mu(x)$.

解 先画出散点图,见图 11.1.

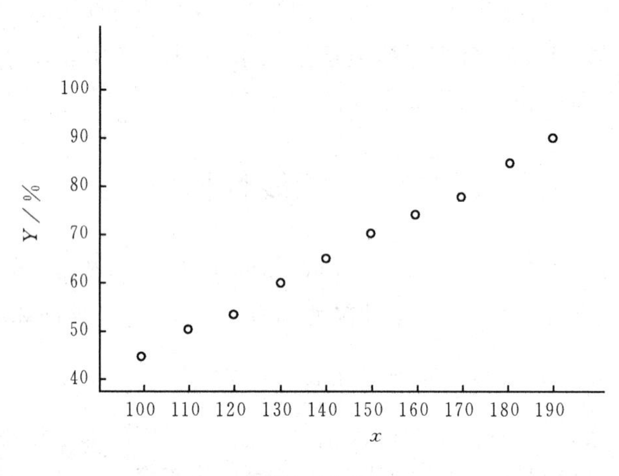

图 11.1

从图看出,$\mu(x)$ 大致是线性函数,即应为 $a+bx$ 的形式. 下面先进行一般的讨论,然后再解这个例题.

利用样本估计 $\mu(x)$ 的问题称为求 Y 关于 x 的回归问题,若 $\mu(x)$ 为线性函数,即 $\mu(x)=a+bx$,这时,估计 $\mu(x)$ 的问题称为一元线性回归问题.

假设对于 x 在某个区间内的每一个值有

$$Y \sim N(a+bx,\sigma^2).$$

其中 a,b,σ^2 都是未知参数. 对 Y 作正态假设,也就是要讨论下面的线性模型

$$Y=a+bx+\varepsilon,\quad \varepsilon \sim N(0,\sigma^2). \tag{11.1.2}$$

(11.1.2) 叫做一元正态线性回归模型. 我们只讨论这种问题.

由样本通过一定的方法可得到(11.1.2)中 a、b 的估计 $\hat{a}$,$\hat{b}$,对于给定的 x,我们取 $\hat{y}=\hat{a}+\hat{b}x$ 作为 $\mu(x)=a+bx$ 的估计,我们称方程 $\hat{y}=\hat{a}+\hat{b}x$ 为 Y 关于 x 的线性回归方程,其图形称为回归直线.

11.1.2 最小二乘估计

对样本 $(x_1,y_1),(x_2,y_2),\cdots,(x_i,y_i),\cdots,(x_n,y_n)$,由 (11.1.2) 知

$$\left.\begin{array}{ll} y_i = a + bx_i + \varepsilon_i, & i = 1,2,\cdots,n \\ \varepsilon_i \sim N(0,\sigma^2) & \text{各 } \varepsilon_i \text{ 相互独立} \end{array}\right\}. \tag{11.1.3}$$

考虑 a、b 的函数

$$Q(a,b) = \sum_{i=1}^{n}(y_i - a - bx_i)^2. \tag{11.1.4}$$

用最小二乘法估计 a,b,使 $Q(\hat{a},\hat{b}) = \min Q(a,b)$.

分别取 Q 关于 a,b 的偏导数,并令其为 0,有

$$\left.\begin{array}{l} \dfrac{\partial Q}{\partial a} = -2\sum_{i=1}^{n}(y_i - a - bx_i) = 0 \\ \dfrac{\partial Q}{\partial b} = -2\sum(y_i - a - bx_i)x_i = 0 \end{array}\right\}, \tag{11.1.5}$$

得出方程组

$$\left.\begin{array}{l} na + (\sum_{i=1}^{n}x_i)b = \sum_{i=1}^{n}y_i \\ (\sum_{i=1}^{n}x_i)a + (\sum_{i=1}^{n}x_i^{\,2})b = \sum_{i=1}^{n}x_iy_i \end{array}\right\}. \tag{11.1.6}$$

(11.1.6)式叫做正规方程组.

由于 $\bar{x} = \frac{1}{n}\sum_{i=1}^{n}x_i$, $\bar{y} = \frac{1}{n}\sum_{i=1}^{n}y_i$,(11.1.6)式可改写为

$$\left.\begin{array}{l} a + \bar{x}b = \bar{y} \\ n\bar{x}a + (\sum_{i=1}^{n}x_i^2)b = \sum_{i=1}^{n}x_iy_i \end{array}\right\}. \tag{11.1.6$'$}$$

因为 x_i 不全相同,方程组的系数行列式不为 0,即

$$\begin{vmatrix} 1 & \bar{x} \\ n\bar{x} & \sum_{i=1}^{n}x_i^2 \end{vmatrix} = \sum_{i=1}^{n}x_i^2 - n\bar{x}^2 = \sum_{i=1}^{n}(x_i - \bar{x})^2 \neq 0.$$

所以方程组有唯一的一组解,解出 a,b,即为 $\hat{a},\hat{b}$.

$$\left.\begin{array}{l} \hat{b} = \dfrac{\sum_{i=1}^{n}x_iy_i - n\bar{x}\bar{y}}{\sum_{i=1}^{n}x_i^2 - n\bar{x}^2} \\ \hat{a} = \bar{y} - \bar{x}\hat{b} \end{array}\right\}. \tag{11.1.7}$$

由于

$$\left.\begin{aligned}\sum_{i=1}^{n}x_iy_i-n\bar{x}\bar{y}&=\sum_{i=1}^{n}(x_i-\bar{x})(y_i-\bar{y})\triangleq S_{xy}\\ \sum_{i=1}^{n}x_i^2-n\bar{x}^2&=\sum_{i=1}^{n}(x_i-\bar{x})^2\triangleq S_{xx}\end{aligned}\right\}. \tag{11.1.8}$$

(11.1.7)可改写为

$$\left.\begin{aligned}\hat{b}&=\frac{S_{xy}}{S_{xx}}\\ \hat{a}&=\bar{y}-\bar{x}\hat{b}\end{aligned}\right\}. \tag{11.1.9}$$

其中 S_{xy},S_{xx} 按(11.1.8) 式计算.

所求线性回归方程为

$$\hat{y}=\hat{a}+\hat{b}x. \tag{11.1.10}$$

若取 $\bar{y}=\hat{a}+\hat{b}\bar{x}$,即 $\hat{a}=\bar{y}-\hat{b}\bar{x}$,代入(11.1.10),得

$$\hat{y}-\bar{y}=\hat{b}(x-\bar{x}). \tag{11.1.11}$$

(11.1.11) 表明,对于一组样本观察值,回归直线通过散点图的几何中心$(\bar{x},\bar{y})$.

例 11.1.2 假若例 11.1.1 中随机变量 Y 满足(11.1.2) 所述的条件,求 Y 关于 x 的回归方程.

解 这里 $n=10$,为求线性回归方程,对所需要的计算列成表 11.1.

表 11.1

i	x_i	y_i	x_i^2	y_i^2	x_iy_i
1	100	45	10000	2025	4500
2	110	51	12100	2601	5610
3	120	54	14400	2916	6480
4	130	61	16900	3721	7930
5	140	66	19600	4356	9240
6	150	70	22500	4900	10500
7	160	74	25600	5476	11840
8	170	78	28900	6084	13260
9	180	85	32400	7225	15300
10	190	89	36100	7921	16910
$\sum$	1450	673	218500	47225	101570

$$\bar{x} = \frac{1}{10} \times 1450 = 145, \quad \bar{y} = \frac{1}{10} \times 637 = 67.3.$$

由(11.1.8)式得

$$S_{xx} = \sum_{i=1}^{n} x_i^2 - n\bar{x}^2 = 218500 - 10 \times (145)^2 = 8250,$$

$$S_{xy} = \sum_{i=1}^{n} x_i y_i - n\bar{x} \cdot \bar{y} = 101570 - 10 \times 145 \times 67.3 = 3985.$$

由(11.1.9)式得

$$\hat{b} = \frac{S_{xy}}{S_{xx}} = \frac{3985}{8250} = 0.483,$$

$$\hat{a} = \bar{y} - \bar{x}\hat{b} = 67.3 - 145 \times 0.483 = -2.735.$$

所以得回归直线方程为

$$\hat{y} = -2.735 + 0.483x.$$

或写成另一种形式

$$\hat{y} = 67.3 + 0.483(x - 145).$$

11.1.3　σ^2 的点估计

对每一个 x_i，由回归方程(11.1.10)有 $\hat{y}_i \triangleq \hat{a} + \hat{b}x_i$，称 $y_i - \hat{y}_i$ 为 x_i 处的残差. 并称平方和

$$Q_e = \sum_{i=1}^{n} (y_i - \hat{y}_i)^2 = \sum_{i=1}^{n} (y_i - \hat{a} - \hat{b}x_i)^2 \tag{11.1.12}$$

为残差平方和(图 11.2).

可以证明(略)

$$\frac{Q_e}{\sigma^2} \sim \chi^2(n-2). \tag{11.1.13}$$

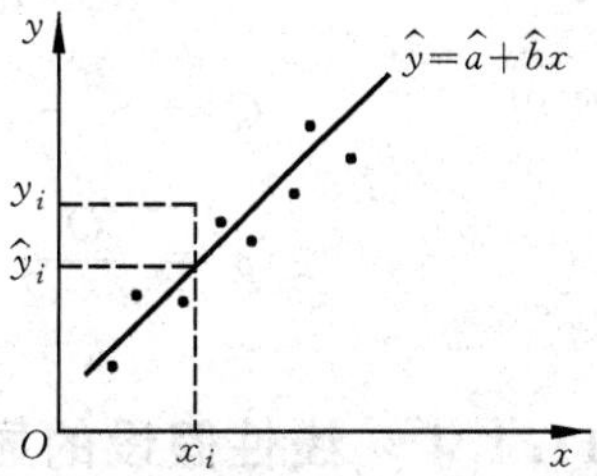

于是有

$$\mathrm{E}\left(\frac{Q_e}{\sigma^2}\right) = n - 2, \quad \text{即 } \mathrm{E}\left(\frac{Q_e}{n-2}\right) = \sigma^2. \tag{11.1.14}$$

图 11.2

由此可知

$$\hat{\sigma}^2 = \frac{Q_e}{n-2} \tag{11.1.15}$$

是 σ^2 的无偏估计.

为了计算上的方便,我们将 Q_e 作如下变形,得到一个简单的计算公式:

$$Q_e = \sum_{i=1}^{n}(y_i - \hat{y}_i)^2 = \sum_{i=1}^{n}[(y_i - \bar{y}) - (\hat{y}_i - \bar{y})]^2 \qquad \text{由(11.1.11)知}$$

$$= \sum_{i=1}^{n}[(y_i - \bar{y}) - \hat{b}(x_i - \bar{x})]^2$$

$$= \sum_{i=1}^{n}(y_i - \bar{y})^2 - 2\hat{b}\sum_{i=1}^{n}(y_i - \bar{y})(x_i - \bar{x}) + (\hat{b})^2\sum_{i=1}^{n}(x_i - \bar{x})^2$$

$$= S_{yy} - 2\hat{b}S_{xy} + (\hat{b})^2 S_{xx}.$$

由(11.1.9)知 $S_{xy} = \hat{b}S_{xx}$,所以有

$$Q_e = S_{yy} - (\hat{b})^2 S_{xx}. \tag{11.1.16}$$

例 11.1.3 对例 11.1.2 求 σ^2 的无偏估计量的值.

解

$$S_{yy} = \sum_{i=1}^{n}(y_i - \bar{y})^2 = \sum_{i=1}^{n} y_i^2 - n\bar{y}^2.$$

表 11.1 中已经算出 $\sum_{i=1}^{10} y_i^2 = 47225$,$\bar{y} = \frac{1}{10}\sum_{i=1}^{10} y_i = 67.3$.

所以 $S_{yy} = 47225 - 10 \times (67.3)^2 = 1932.1$.

又 $S_{xx} = 8250$,$\hat{b} = 0.483$.

所以 $Q_e = S_{yy} - (\hat{b})^2 S_{xx} = 1932.1 - (0.483)^2 \times 8250 = 7.466$,

$$\hat{\sigma}^2 = \frac{Q_e}{n-2} = \frac{7.47}{8} = 0.934.$$

11.1.4 线性假设的显著性检验(T 检验法)

前面的问题是在线性假设 $y = a + bx + \varepsilon$ 的前提下,求出线性回归方程 $\hat{y} = \hat{a} + \hat{b}x$. 这个线性回归方程有没有实用价值需要经过检验才能确定. 这里所说的检验应当是对线

性假设进行检验，问题的实质是，线性系数 b 不应当为 0，（若 $b=0$，y 不依赖于 x）我们需要检验下面的假设：

$$\left.\begin{array}{ll}\text{原假设} & H_0:\ b=0 \\ \text{备择假设} & H_1:\ b\neq 0\end{array}\right\}. \tag{11.1.17}$$

由(11.1.13)，(11.1.15)知

$$\frac{(n-2)\hat{\sigma}^2}{\sigma^2}=\frac{Q_e}{\sigma^2}\sim\chi^2(n-2). \tag{11.1.18}$$

可以证明(不证)

$$\hat{b}\sim N(b,\sigma^2/S_{xx}). \tag{11.1.19}$$

对 $\hat{b}$ 进行标准化有

$$\frac{\hat{b}-b}{\sqrt{\sigma^2/S_{xx}}}\sim N(0,1). \tag{11.1.20}$$

且 $\hat{b}$ 与 Q_e 相互独立，根据 t 分布的定义，有

$$\left(\frac{\hat{b}-b}{\sqrt{\sigma^2/S_{xx}}}\middle/\sqrt{\frac{(n-2)\hat{\sigma}^2}{\sigma^2}/(n-2)}\right)\sim t(n-2), \tag{11.1.21}$$

即

$$\frac{\hat{b}-b}{\hat{\sigma}}\sqrt{S_{xx}}\sim t(n-2). \tag{11.1.22}$$

这里 $\hat{\sigma}=\sqrt{\hat{\sigma}^2}$.

在 H_0 成立时，取统计量为

$$T=\frac{\hat{b}}{\hat{\sigma}}\sqrt{S_{xx}}\sim t(n-2). \tag{11.1.23}$$

给定显著性水平 α，H_0 的拒绝域为

$$|t|=\frac{\hat{b}}{\hat{\sigma}}\sqrt{S_{xx}}>t_{\frac{\alpha}{2}}(n-2). \tag{11.1.24}$$

计算出 $|t|$ 的值，查出 $t_{\frac{\alpha}{2}}(n-2)$，若满足(11.1.24)，则拒绝 H_0，否则就接受 H_0. 拒绝 H_0，意味着回归效果是显著的，接受 H_0，说明回归效果是不显著的.

在回归效果显著的情况下，常常需要对回归系数作区间估计. 由(11.1.21) 式可推出 b 的置信度为 $1-\alpha$ 的置信区间为

$$(\underline{b},\bar{b})=\left(\hat{b}-t_{\frac{\alpha}{2}}(n-2)\frac{\hat{\sigma}}{\sqrt{S_{xx}}},\quad \hat{b}+t_{\frac{\alpha}{2}}(n-2)\frac{\hat{\sigma}}{\sqrt{S_{xx}}}\right). \tag{11.1.25}$$

例 11.1.4 检验例 11.1.2 中的回归效果是否显著($\alpha=0.05$)?若显著,求出 b 的置信度为 0.95 的置信区间.

解 由例 11.1.2,例 11.1.3 已求出 $\hat{b}=0.483, S_{xx}=8250, \hat{\sigma}^2=0.934$.

求出 $|t|=\frac{\hat{b}}{\hat{\sigma}}\sqrt{S_{xx}}=\frac{0.483}{\sqrt{0.934}}\sqrt{8250}=45.394.$

又 $\frac{\alpha}{2}=0.025, n-2=8$,查出 $t_{0.025}(8)=2.306$.

这里 $45.394>2.306$,即 $|t|$ 值在 H_0 的拒绝域内,故拒绝 H_0,说明回归效果是显著的.

由(11.1.25)式知 b 的置信度为 $0.95(\alpha=0.05)$ 的置信区间为

$$\begin{aligned}(\underline{b},\bar{b})&=\left(0.483-2.306\times\sqrt{\frac{0.934}{8250}},\quad 0.483+2.306\times\sqrt{\frac{0.934}{8250}}\right)\\&=(0.483-0.025,\quad 0.483+0.025).\end{aligned}$$

所以 $(\underline{b},\bar{b})=(0.458, 0.508)$.

11.1.5 线性回归的方差分析(*F* 检验法)

考虑到 $y_i-\bar{y}=(\hat{y}_i-\bar{y})+(y_i-\hat{y}_i)$,

$$\begin{aligned}S_{yy}&=\sum_{i=1}^{n}(y_i-\bar{y})^2\\&=\sum_{i=1}^{n}(\hat{y}_i-\bar{y})^2+\sum_{i=1}^{n}(y_i-\hat{y}_i)^2+2\sum_{i=1}^{n}(\hat{y}_i-\bar{y})(y_i-\hat{y}_i).\end{aligned}$$

这里第三项为 0,第二项为残差平方和 Q_e,第一项称为回归平方和,并记为 $S_{回}$. 所以有

$$S_{yy}=S_{回}+Q_e. \tag{11.1.26}$$

与(11.1.16)比较知

$$S_{回}=(\hat{b})^2S_{xx}. \tag{11.1.27}$$

S_{yy} 的自由度为 $n-1$,Q_e 的自由度为 $n-2$,所以,$S_{回}$ 的自由度为 1.

$$\frac{S_{回}}{\sigma^2}\sim\chi^2(1)\quad \frac{Q_e}{\sigma^2}\sim\chi^2(n-2). \tag{11.1.28}$$

$$\frac{\frac{S_{回}}{\sigma^2}/1}{\frac{Q_e}{\sigma^2}/n-2} \sim F(1,n-2),$$

即

$$\frac{S_{回}}{Q_e/n-2} \sim F(1,n-2). \quad (11.1.29)$$

对原假设 $H_0: b=0$，对立假设 $H_1: b \neq 0$.

选统计量

$$F=\frac{S_{回}}{Q_e/n-2} \sim F(1,n-2).$$

列出方差分析表如表 11.2.

表　11.2

方差来源	平方和	自由度	均方	F 比
回归	$S_{回}$	1	$S_{回}/1$	$\frac{S_{回}}{Q_e/n-2}$
残差	Q_e	$n-2$	$Q_e/n-2$	
总和	S_{yy}	$n-1$		

对检验水平 α，查表查出 $F_\alpha(1,n-2)$，计算出 F 值.

若 $F > F_\alpha(1,n-2)$，则拒绝 H_0，说明回归效果显著；

若 $F < F_\alpha(1,n-2)$，则接受 H_0，说明回归效果不显著.

例 11.1.5　对前例作方差分析，检验回归效果($\alpha=0.01$).

解　在例 11.1.2 中已算出 $S_{xx}=8250, \hat{b}=0.483$，所以

$$S_{回}=(\hat{b})^2 S_{xx}=(0.483)^2 \times 8250 \approx 1924.6.$$

在例 11.1.3 中，已求出 $S_{yy}=1932.1$.　$Q_e=7.466 \approx 7.5$.

S_{yy} 的自由度为 9，Q_e 的自由度为 8.

列方差分析表(表 11.3).

表　11.3

方差来源	平方和	自由度	均方	F 比	显著性
回　归	1924.6	1	1924.6	2047.4	* *
残　差	7.5	8	0.94		
总　和	1932.1	9			

对 $\alpha = 0.01$,查出 $F_{0.01}(1,8) = 11.26$. 因为 $2047.4 \gg 11.26$. 所以回归效果是非常显著的(记为 $**$).

从例 11.1.4 和例 11.1.5 看到,对同一个问题用 T 检验法和 F 检验法所得结果是一致的,事实上,将(11.1.15)、(11.1.23)、(11.1.27)、(11.1.29) 各式联系起来,不难看出 $F = T^2$.

11.1.6 利用回归方程进行预报(预测)

在我们讨论的回归问题中,$\hat{Y}$ 是随机变量,x 是普通变量,对于给定的 x,Y 的取值是随机的,回归方程 $\hat{y} = \hat{a} + \hat{b}x$ 是 Y 对 x 依赖关系的一个估计. 对给定的 x 值,用回归方程确定 Y 的值,这就叫预报.

1. 点预报

设回归方程为 $\hat{y} = \hat{a} + \hat{b}x$. 任给 $x = x_0$,用 $\hat{a} + \hat{b}x_0$ 作 Y 的预报值,记为 $\hat{y}_0 = \hat{a} + \hat{b}x_0$,这就叫点预报. 例如在例 11.1.2 中,回归方程为 $\hat{y} = -2.745 + 0.483x$,若给定 $x_0 = 140$(℃),得到 Y 的预报值为 $\hat{y}_0 = -2.735 + 0.483 \times 140 = 65.245$,这时的 Y 的测量值为 66,看来差别并不太大. 说明回归效果是较好的.

2. 区间预报

点预报的实际意义并不大,真正有实用价值的是区间预报. 区间预报就是对指定的 $x = x_0$,Y 的取值有一个置信度为 $(1-\alpha)$ 的范围,即置信区间,称为预报区间.

设在 $x = x_0$ 点对随机变量 Y 的观察结果为 y_0,由(11.1.2) 知

$$y_0 = a + bx_0 + \varepsilon_0, \quad \varepsilon_0 \sim N(0, \sigma^2). \tag{11.1.30}$$

由此可知

$$y_0 \sim N(a + bx_0, \sigma^2). \tag{11.1.31}$$

在 $x = x_0$ 点,$y_0 = a + bx_0 + \varepsilon_0$ 的预报值为

$$\hat{y}_0 = \hat{a} + \hat{b}x_0.$$

可以证明(不证)

$$\hat{y}_0 \sim N\left(a + bx_0, \left[\frac{1}{n} + \frac{(x_0 - \bar{x})^2}{S_{xx}}\right]\sigma^2\right). \tag{11.1.32}$$

因为 y_0、$\hat{y}_0$ 都是 $y_1, y_2, \cdots, y_n$ 的线性组合,所以 y_0、$\hat{y}_0$ 相互独立,由(11.1.31),(11.1.32)得

$$y_0 - \hat{y}_0 \sim N\left(0, \left[1 + \frac{1}{n} + \frac{(x_0 - \bar{x})^2}{S_{xx}}\right]\sigma^2\right).$$

经标准化并记为 U 得

$$\frac{y_0 - \hat{y}_0}{\sigma\sqrt{1 + \frac{1}{n} + \frac{(x_0 - \bar{x})^2}{S_{xx}}}} = U \sim N(0,1). \tag{11.1.33}$$

由(11.1.18)知(记为 V)

$$V = \frac{(n-2)\hat{\sigma}^2}{\sigma^2} \sim \chi^2(n-2).$$

且 $y_0, \hat{y}_0, \hat{\sigma}^2$ 相互独立,再由 t 分布的定义,知

$$T = \frac{U}{\sqrt{V/n-2}} \sim t(n-2),$$

即

$$T = \frac{y_0 - \hat{y}_0}{\hat{\sigma}\sqrt{1 + \frac{1}{n} + \frac{(x_0 - \bar{x})^2}{S_{xx}}}} \sim t(n-2). \tag{11.1.34}$$

对于给定的置信度$(1-\alpha)$,有

$$P\{|T| < t_{\frac{\alpha}{2}}(n-2)\} = 1-\alpha,$$

即

$$P\{\hat{y}_0 - \delta(x_0) < y_0 < \hat{y}_0 + \delta(x_0)\} = 1-\alpha. \tag{11.1.35}$$

其中

$$\delta(x_0) = t_{\frac{\alpha}{2}}(n-2)\hat{\sigma}\sqrt{1 + \frac{1}{n} + \frac{(x_0 - \bar{x})^2}{S_{xx}}}. \tag{11.1.36}$$

由此得出:y_0 的置信度为$(1-\alpha)$的预报区间为

$$(\hat{y}_0 - \delta(x_0),\ \hat{y}_0 + \delta(x_0)). \tag{11.1.37}$$

由(11.1.37)知,预报区间的长度为 $2\delta(x_0)$ 再由(11.1.36)看出,对给定的样本值及置信度$(1-\alpha)$,x_0 愈靠近 $\bar{x}$,$(x_0-\bar{x})^2$ 就愈小,即 $\delta(x_0)$ 愈小,预报区间的长度就愈小,当 $x_0 = \bar{x}$ 时,达到最小.

对于任意 x,根据样本观察值可作出两条曲线

$$y_1(x) = \hat{y}(x) - \delta(x),$$

$$y_2(x) = \hat{y}(x) + \delta(x). \tag{11.1.38}$$

这两条曲线把回归直线

$$\hat{y}=\hat{a}+\hat{b}x$$

夹在中间,形成一条宽窄不等的带域,这个带域在 $x=\bar{x}$ 处最窄(见图 11.3).

例 11.1.6 求例 11.1.1 中温度 $x_0=145$℃ 时得率 y_0 的预报值和预报区间,$\alpha=0.05$.

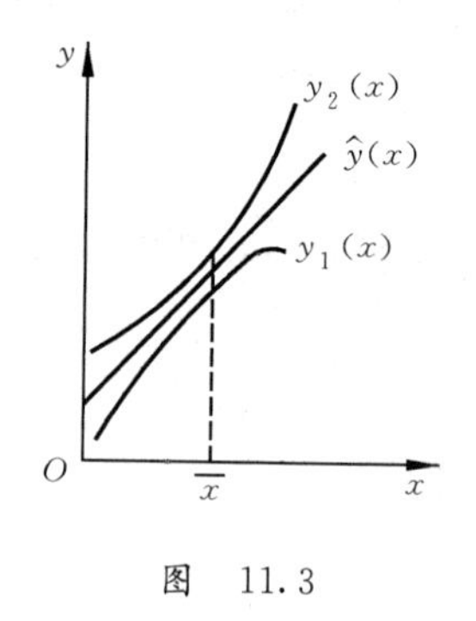

图 11.3

解 在 $x_0=145$ 处的预报值为 $\hat{y}_0=-2.735+0.483\times145=67.296$,

$t_{\frac{\alpha}{2}}(n-2)=t_{0.025}(8)=2.306$,$\bar{x}=145$,$x_0-\bar{x}=0$,$\hat{\sigma}=\sqrt{0.934}=0.966$,由(11.1.36)得

$$\delta(x_0)=\delta(145)=2.306\times0.966\sqrt{1+\frac{1}{10}}=2.336.$$

预报区间为$(67.296-2.336,\ 67.296+2.336)=(64.96,69.63)$.

对这组样本值和给定的 $\alpha=0.05$,这个预报区间是最小的预报区间.

在常用的回归问题中,样本容量 n 一般都很大,若取 x_0 在 $\bar{x}$ 附近,则 $\sqrt{1+\frac{1}{n}+\frac{(x_0-\bar{x})^2}{S_{xx}}}\approx1$,$t_{\frac{\alpha}{2}}(n-2)\approx z_{\frac{\alpha}{2}}$,于是 y_0 的置信度为$(1-\alpha)$的预报区间近似地为

$$(\hat{y}_0-\hat{\sigma}z_{\frac{\alpha}{2}},\ \hat{y}_0+\hat{\sigma}z_{\frac{\alpha}{2}}).\tag{11.1.39}$$

特别是若取 $1-\alpha=0.95$,$z_{\frac{\alpha}{2}}=z_{0.025}=1.96\approx2$,故得 y_0 的置信度为 0.95 的预报区间近似地为

$$(\hat{y}_0-2\hat{\sigma},\hat{y}_0+2\hat{\sigma}).\tag{11.1.40}$$

若取 $1-\alpha=0.997$,$z_{\frac{\alpha}{2}}=z_{0.0015}=2.97\approx3$,预报区间近似地为

$$(\hat{y}_0-3\hat{\sigma},\ \hat{y}_0+3\hat{\sigma}).\tag{11.1.41}$$

11.1.7 控制问题

控制问题是预报的反问题,它考虑的问题是:"如果要求(或希望)观察值 y 在某一范围内取值,问 x 应控制在什么范围内?

说得具体一点是:要求 y 以置信度$(1-\alpha)$在(y_1',y_2')内取值(见图 11.4),x 控制在(x_1',x_2')内,使其中的 x 所对应的观察值 y 满足

$$P(y_1'<y<y_2')\geqslant1-\alpha.\tag{11.1.42}$$

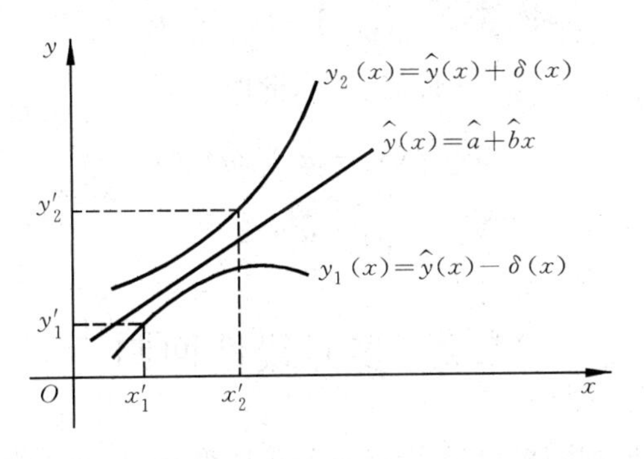

图　11.4

解决方法如下.

1. 一般情况

参照图 11.4 根据式(11.1.36)、式(11.1.38) 对给出的 $y_1' < y_2'$ 和置信度 $1-\alpha$,有下面两式

$$y_1' = \hat{a} + \hat{b}x - t_{\frac{\alpha}{2}}(n-2) \cdot \hat{\sigma}\sqrt{1 + \frac{1}{n} + \frac{(x-\bar{x})^2}{S_{xx}}}, \tag{11.1.43}$$

$$y_2' = \hat{a} + \hat{b}x + t_{\frac{\alpha}{2}}(n-2) \cdot \hat{\sigma}\sqrt{1 + \frac{1}{n} + \frac{(x-\bar{x})^2}{S_{xx}}}. \tag{11.1.44}$$

即

$$(y_1' - \hat{a} - \hat{b}x)^2 = t_{\frac{\alpha}{2}}^2(n-2)\hat{\sigma}^2\left[1 + \frac{1}{n} + \frac{(x-\bar{x})^2}{S_{xx}}\right], \tag{11.1.45}$$

$$(y_2' - \hat{a} - \hat{b}x)^2 = t_{\frac{\alpha}{2}}^2(n-2) \cdot \hat{\sigma}^2\left[1 + \frac{1}{n} + \frac{(x-\bar{x})^2}{S_{xx}}\right]. \tag{11.1.46}$$

从(11.1.45) 中解出 x 即为 x_1',从(11.1.46) 中解出 x 即为 x_2',由此得出 x 应控制在区间(x_1', x_2') 之内.

2. 特殊情况

当 n 很大时,$t_{\frac{\alpha}{2}}(n-2) \approx z_{\frac{\alpha}{2}}$,又估计 x 在 $\bar{x}$ 附近,所以 $1 + \frac{1}{n} + \frac{(x-\bar{x})^2}{S_{xx}} \approx 1$. 这时式(11.1.43),式(11.1.44) 变成

$$y_1' = \hat{a} + \hat{b}x - z_{\frac{\alpha}{2}}\hat{\sigma}, \tag{11.1.47}$$

$$y_2' = \hat{a} + \hat{b}x + z_{\frac{\alpha}{2}}\hat{\sigma}. \tag{11.1.48}$$

解出

$$x_1' = (y_1' - \hat{a} + z_{\frac{\alpha}{2}}\hat{\sigma})/\hat{b}, \tag{11.1.49}$$

$$x_2' = (y_2' - \hat{a} - z_{\frac{\alpha}{2}}\hat{\sigma})/\hat{b}. \tag{11.1.50}$$

当 $\alpha = 0.05$ 时，$z_{\frac{\alpha}{2}} = z_{0.025} \approx 1.96 \approx 2$，此时

$$x_1' \approx (y_1' - \hat{a} + 2\hat{\sigma})/\hat{b}, \tag{11.1.51}$$

$$x_2' \approx (y_2' - \hat{a} - 2\hat{\sigma})/\hat{b}. \tag{11.1.52}$$

11.2 多元线性回归

在实际问题中经常遇到随机变量 Y 与多个普通变量 $x_1, x_2, \cdots, x_k (k \geqslant 2)$ 有关的情况. 对于自变量 $x_1, x_2, \cdots, x_k$ 的一组确定的值 Y 有它的分布，如果 $E(Y)$ 存在，它一定是 $x_1, x_2, \cdots, x_k$ 的函数，记为 $\mu(x_1, x_2, \cdots, x_k)$，求 $\mu(x_1, x_2, \cdots, x_k)$ 的问题就是多元回归问题.

11.2.1 多元线性回归方程

下面我们只讨论多元线性回归模型

$$\left.\begin{aligned} & y = b_0 + b_1 x_1 + b_2 x_2 + \cdots + b_k x_k + \varepsilon \\ & \varepsilon \sim N(0, \sigma^2) \end{aligned}\right\}. \tag{11.2.1}$$

其中 $b_0, b_1, b_2, \cdots, b_k, \sigma^2$ 都是未知参数.

$$(x_{11}, x_{21}, \cdots, x_{k1}, y_1), \cdots, (x_{1n}, x_{2n}, \cdots, x_{kn}, y_n) \tag{11.2.2}$$

是一个样本. 和一元线性回归类似，我们用最小二乘法估计参数 $b_0, b_1, b_2, \cdots, b_k$.

考虑函数

$$Q(b_0, b_1, b_2, \cdots, b_k) = \sum_{i=1}^{n} (y_i - b_0 - b_1 x_{1i} - b_2 x_{2i} - \cdots - b_k x_{ki})^2. \tag{11.2.3}$$

使 $Q(\hat{b}_0, \hat{b}_1, \hat{b}_2, \cdots, \hat{b}_k) = \min Q(b_0, b_1, b_2, \cdots, b_k)$.

分别求 Q 关于 $b_0, b_1, b_2, \cdots, b_k$ 的偏导数，并令其为 0.

$$\left.\begin{aligned} & \frac{\partial Q}{\partial b_0} = -2\sum_{i=1}^{n}(y_i - b_0 - b_1 x_{1i} - b_2 x_{2i} - \cdots - b_k x_{ki}) = 0 \\ & \frac{\partial Q}{\partial b_1} = -2\sum_{i=1}^{n}(y_i - b_0 - b_1 x_{1i} - b_2 x_{2i} - \cdots - b_k x_{ki}) x_{1i} = 0 \\ & \cdots\cdots\cdots\cdots\cdots\cdots \\ & \frac{\partial Q}{\partial b_k} = -2\sum_{i=1}^{n}(y_i - b_0 - b_1 x_{1i} - b_2 x_{2i} - \cdots - b_k x_{ki}) x_{ki} = 0 \end{aligned}\right\}. \tag{11.2.4}$$

(11.2.4)式的等价形式为

$$\left.\begin{array}{l}
b_0 n+b_1\sum_{i=1}^n x_{1i}+b_2\sum_{i=1}^n x_{2i}+\cdots+b_k\sum_{i=1}^n x_{ki}=\sum_{i=1}^n y_i\\
b_0\sum_{i=1}^n x_{1i}+b_1\sum_{i=1}^n x_{1i}^2+b_2\sum_{i=1}^n x_{1i}x_{2i}+\cdots+b_k\sum_{i=1}^n x_{1i}x_{ki}=\sum_{i=1}^n x_{1i}y_i\\
\cdots\cdots\cdots\cdots\\
b_0\sum_{i=1}^n x_{ki}+b_1\sum_{i=1}^n x_{1i}x_{ki}+b_2\sum_{i=1}^n x_{2i}x_{ki}+\cdots+b_k\sum_{i=1}^n x_{ki}^2=\sum_{i=1}^n x_{ki}y_i
\end{array}\right\}. \tag{11.2.5}$$

(11.2.5)式称为正规方程组.

我们采用矩阵运算方法解正规方程组,先引入矩阵

$$X=\begin{bmatrix}1 & x_{11} & x_{21} & \cdots & x_{k1}\\ 1 & x_{12} & x_{22} & \cdots & x_{k2}\\ \cdots & \cdots & \cdots & \cdots & \cdots\\ 1 & x_{1n} & x_{2n} & \cdots & x_{kn}\end{bmatrix},$$

$$Y=\begin{bmatrix}y_1\\ y_2\\ \vdots\\ y_n\end{bmatrix},\quad B=\begin{bmatrix}b_0\\ b_1\\ \vdots\\ b_k\end{bmatrix}.$$

这样,根据矩阵的运算规则,(11.2.5)式可以表示为矩阵形式:

$$X^{\mathrm{T}}XB=X^{\mathrm{T}}Y \quad (X^{\mathrm{T}}\text{ 为 }X\text{ 的转置矩阵}). \tag{11.2.6}$$

假设$(X^{\mathrm{T}}X)^{-1}$存在,在(11.2.6)式两边同左乘$(X^{\mathrm{T}}X)^{-1}$则得

$$B=(X^{\mathrm{T}}X)^{-1}X^{\mathrm{T}}Y. \tag{11.2.7}$$

这就是 B 的估计 $\hat{B}$,即

$$(\hat{b}_0,\hat{b}_1,\cdots,\hat{b}_k)^{\mathrm{T}}=(X^{\mathrm{T}}X)^{-1}X^{\mathrm{T}}Y. \tag{11.2.8}$$

方程

$$\hat{y}=\hat{b}_0+\hat{b}_1x_1+\cdots+\hat{b}_kx_k \tag{11.2.9}$$

称为 k 元线性回归方程.

11.2.2 σ^2 的点估计

和一元线性回归类似有(见(11.1.25))

$$S_{yy} = S_{回} + Q_e$$

在 k 元线性回归中有

$$\frac{Q_e}{\sigma^2} \sim \chi^2(n-k-1). \tag{11.2.10}$$

$$\mathrm{E}\left(\frac{Q_e}{\sigma^2}\right) = n-k-1. \tag{11.2.11}$$

$$\mathrm{E}\left(\frac{Q_e}{n-k-1}\right) = \sigma^2. \tag{11.2.12}$$

所以 σ^2 的无偏估计量为

$$\hat{\sigma}^2 = \frac{Q_e}{n-k-1}. \tag{11.2.13}$$

11.2.3 多元线性回归的显著性检验(F 检验法)

原假设 $H_0: b_1 = b_2 = \cdots = b_k = 0$.

对立假设 $H_1: b_i \neq 0$ 至少有一个 i.

因为 $S_{回}$ 的自由度为 k, $\frac{S_{回}}{\sigma^2} \sim \chi^2(k)$. (11.2.14)

选统计量 $F = \frac{S_{回}/k}{Q_e/n-k-1} \sim F(k, n-k-1)$. (11.2.15)

算出 F 值,对给出的 α,查出 $F_\alpha(k, n-k-1)$.

若 $F > F_\alpha(k, n-k-1)$,则拒绝 H_0,接受 H_1,回归效果显著;

若 $F < F_\alpha(k, n-k-1)$,则接受 H_0,回归效果不显著.

11.2.4 因素主次的判别

在实际工作中,我们经常关心,在 Y 对 $x_1, x_2, \cdots, x_k$ 的线性回归中,哪些因素(自变量 x_i 中)是重要的,哪些是不太重要的?怎么来衡量某个特定的因素 x_j 的重要性呢?

我们知道,回归平方和 $S_{回}$ 描述了全体自变量 $x_1, x_2, \cdots, x_k$ 对 Y 的总的影响,为了研究某个 x_j 的作用,先把 x_j 从 k 个自变量中扣除下来,只考虑$(k-1)$个自变量的影响,作这$(k-1)$个自变量的回归平方和,记为 $S_{回(j)}$,并记

$$u_j = S_{回} - S_{回(j)}. \tag{11.2.16}$$

并称 u_j 为在 $x_1, x_2, \cdots, x_k$ 中 x_j 的偏回归平方和，用它来衡量在 Y 对 $x_1, x_2, \cdots, x_k$ 的线性回归中 x_j 的作用的大小，作如下假设.

原假设 $H_0: b_j = 0$.　对立假设 $H_1: b_j \neq 0$.

由于 u_j 的自由度为 1，且 $\frac{u_j}{\sigma^2} \sim \chi^2(1)$.　(11.2.17)

选统计量

$$F_j = \frac{u_j/1}{Q_e/(n-k-1)} \sim F(1, n-k-1). \tag{11.2.18}$$

算出 F_j 的值，对给出的 α，查出 $F_\alpha(1, n-k-1)$.

若 $F_j > F_\alpha(1, n-k-1)$，则拒绝 H_0，说明变量 x_j 的影响是显著的；

若 $F_j < F_\alpha(1, n-k-1)$，则接受 H_0，说明 x_j 的影响是不显著的，可以从回归方程中去掉 x_j，变成 $(k-1)$ 元线性回归方程.

11.3　非线性回归化为线性回归

在实际问题中，有些随机变量 Y 与普通变量 x 之间并不存在线性关系，这时可用回归曲线 $y = f(x)$ 来描述. 在许多情形下，通过适当的变换，可将其转化为线性回归问题.

具体做法如下：

(1) 根据样本数据，在直角坐标系中画出散点图；

(2) 根据散点图，推测出 Y 与 x 之间的函数关系；

(3) 选择适当的变换，使之变成线性关系.

(4) 用线性回归方法求出线性回归方程；

(5) 返回到原来的函数关系，得到要求的回归方程.

下面介绍一些常见的可化为线性方程的曲线方程及其图形，并给出化为线性关系的变换公式.

1. 双曲线：　$\frac{1}{y} = a + \frac{b}{x}$（图 11.5）.

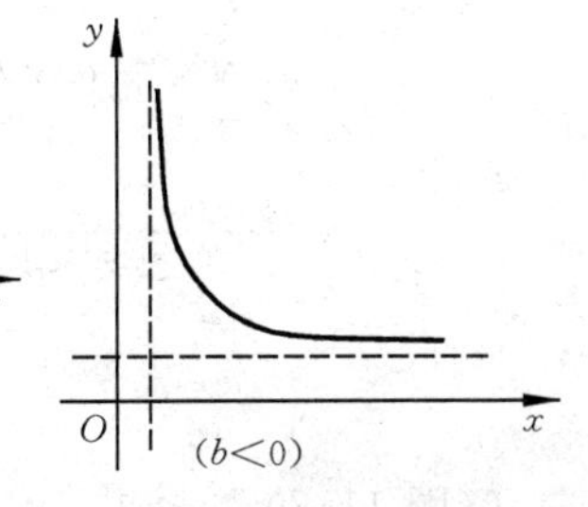

图　11.5

令 $y^* = \frac{1}{y}, x^* = \frac{1}{x}$，则得线性方程

$$y^* = a + bx^*.$$

将样本数据 (x_i, y_i) 变成 (x_i^*, y_i^*) $i = 1,2,\cdots,n$，按线性回归法确定 a,b. 得出线性回归方程

$$\hat{y}^* = \hat{a} + \hat{b}x^*.$$

返回原关系即为

$$\frac{1}{\hat{y}} = \hat{a} + \hat{b}\,\frac{1}{x}.$$

这里 $\hat{y} = \frac{1}{\hat{y}^*}$.

2. 幂函数：$y = cx^b, c > 0, x > 0$（图 11.6）.

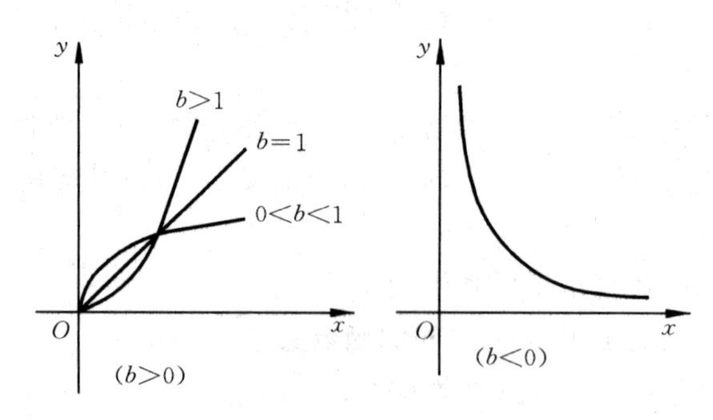

图 11.6

取对数得 $\ln y = \ln c + b\ln x$.

令 $y^* = \ln y, a = \ln c, x^* = \ln x$，则得线性方程

$$y^* = a + bx^*$$

按线性回归法确定 a,b，得出线性回归方程

$$\hat{y}^* = \hat{a} + \hat{b}x^*.$$

返回原关系即为

$$\hat{y} = \hat{c}x^{\hat{b}}.$$

这里 $\hat{y} = e^{\hat{y}^*}, \hat{c} = e^{\hat{a}}$.

3. 指数函数

(1) $y = ce^{bx}, c > 0$（图 11.7）.

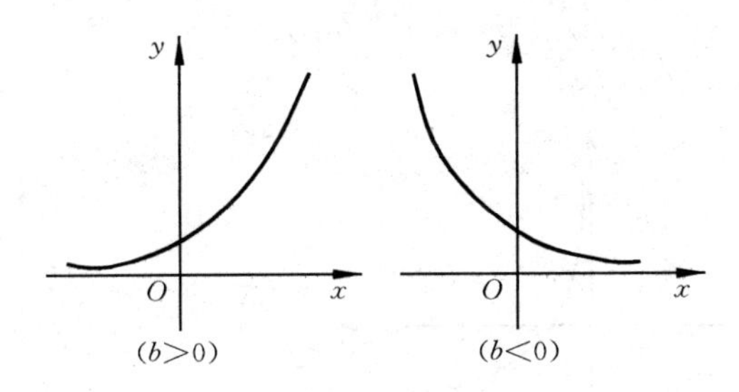

图　11.7

取对数　$\ln y = \ln c + bx$. 令

$$y^* = \ln y, a = \ln c, x^* = x,$$

则有
$$\hat{y}^* = \hat{a} + \hat{b}x^*.$$

返回原关系为
$$\hat{y} = \hat{c}e^{\hat{b}x}.$$

(2)　$y = ce^{\frac{b}{x}}, c > 0$(图 11.8).

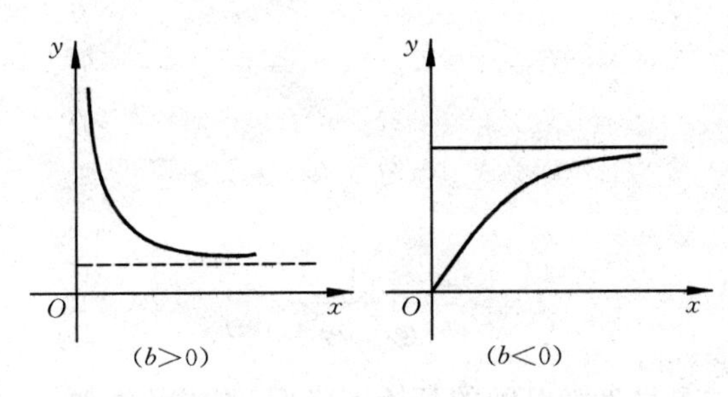

图　11.8

取对数　$\ln y = \ln c + b/x$. 令

$$y^* = \ln y,\ a = \ln c,\ x^* = \frac{1}{x}.$$

则有
$$\hat{y}^* = \hat{a} + \hat{b}x^*$$

返回原关系有
$$\hat{y} = \hat{c}e^{\frac{\hat{b}}{x}}.$$

4. 对数函数　$y = a + b\ln x$(图 11.9).

令　$y^* = y,\ x^* = \ln x$. 则有

$$\hat{y}^* = \hat{a} + \hat{b}x^*.$$

返回原关系有

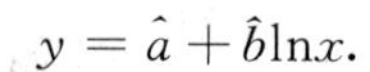

$$y=\hat{a}+\hat{b}\ln x.$$

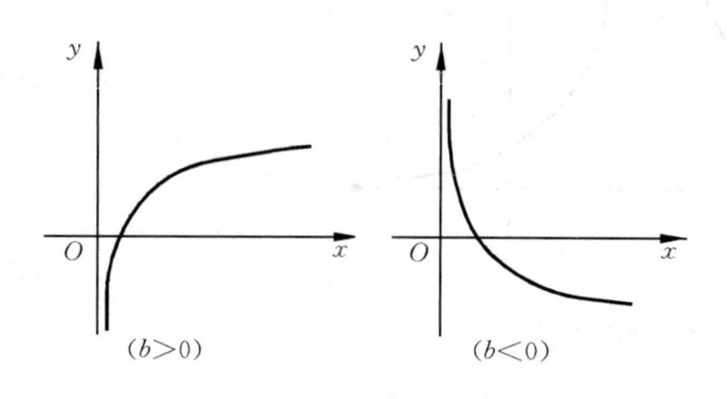

图　11.9

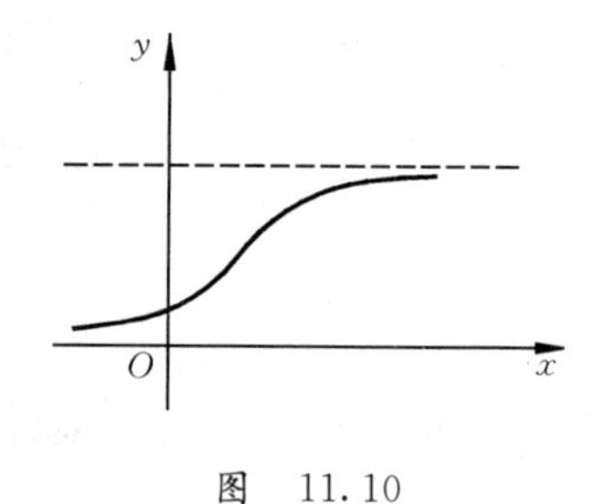

图　11.10

5. S 型曲线　$y=\dfrac{1}{a+b\mathrm{e}^{-x}}$(图 11.10).

这里
$$\frac{1}{y}=a+b\mathrm{e}^{-x}.$$

令
$$y^{*}=\frac{1}{y},\quad x^{*}=\mathrm{e}^{-x}.$$

则有
$$\hat{y}^{*}=\hat{a}+\hat{b}x^{*}.$$

返回原关系有
$$\hat{y}=\frac{1}{\hat{a}+\hat{b}\mathrm{e}^{-x}}.$$

例 11.3.1　机器的可靠度随时间的延续而降低,测得数据如下

时间 t	1	2	3	4	5	6	7	8	9	10	11	12	13
可靠度 z/%	87	78.7	71.2	64.4	58.2	52.6	47.5	42.9	38.8	35.1	31.7	28.6	25.8

求 Z 关于 t 的回归方程.

解　画散点图如图 11.11.

从图上看,z 与 t 大致是指数函数关系,设
$$z=c\mathrm{e}^{bt}.$$

取对数成为
$$\ln z=\ln c+bt.$$

令 $y=\ln z$　$a=\ln c$　$x=t$　则有
$$y=a+bx.$$

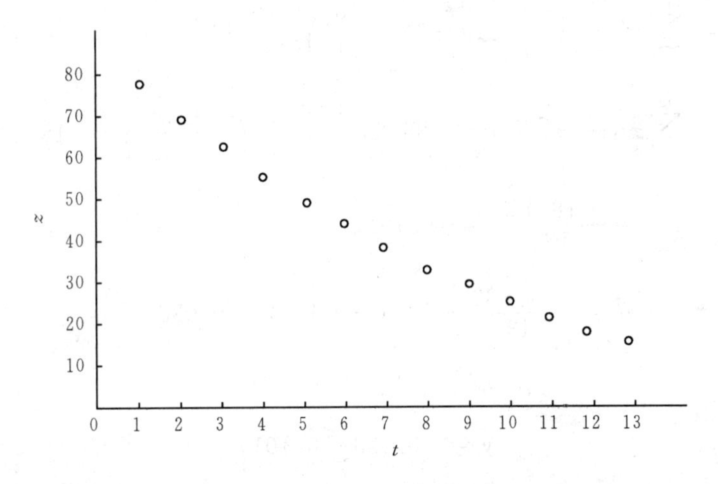

图 11.11

按线性回归方法求 a,b.

表 11.4

i	$x_i=t_i$	x_i^2	$z_i(\%)$	$y_i=\ln z_i$	y_i^2	x_iy_i
1	1	1	87	−0.139	0.019	−0.139
2	2	4	78.7	−0.240	0.058	−0.480
3	3	9	71.2	−0.340	0.116	−1.020
4	4	16	64.4	−0.440	0.194	−1.760
5	5	25	58.2	−0.541	0.293	−2.705
6	6	36	52.6	−0.642	0.412	−3.852
7	7	49	47.5	−0.744	0.555	−5.208
8	8	64	42.9	−0.846	0.716	−6.768
9	9	81	38.8	−0.947	0.897	−8.523
10	10	100	35.1	−1.047	1.096	−10.470
11	11	121	31.7	−1.149	1.320	−12.639
12	12	144	28.6	−1.252	1.568	−15.024
13	13	169	25.8	−1.355	1.836	−17.615
$\sum$	91	819		−9.682	9.080	−86.203

计算中所需的数值列于表 11.4,由此可得

$$S_{xx}=\sum_{i=1}^{13}x_i^2-n\bar{x}^2=819-13\times\left(\frac{91}{13}\right)^2=182,$$

$$S_{xy}=\sum_{i=1}^{13}x_iy_i-n\bar{x}\cdot\bar{y}=-86.203-91\times\left(\frac{-9.682}{13}\right)=-18.429.$$

$$\hat{b}=\frac{S_{xy}}{S_{xx}}=\frac{-18.429}{182}=-0.101,$$

$$\hat{a}=\bar{y}-\bar{x}\hat{b}=\frac{-9.682}{13}-7\times(-0.101)=0.038.$$

所以

$$y=-0.038-0.101x$$

转换成原关系为

$$z=0.963\mathrm{e}^{-0.101t}$$

习 题 11

11.1 一种物质吸附另一种物质的能力与温度有关. 在不同温度下吸附的重量 Y，测得结果列于表 11.5 中. 设对于给定的 x，Y 为正态变量，方差与 x 无关.

表 11.5

x_i/℃	1.5	1.8	2.4	3.0	3.5	3.9	4.4	4.8	5.0
y_i/mg	4.8	5.7	7.0	8.3	10.9	12.4	13.1	13.6	15.3

试求吸附量 Y 关于温度 x 的一元回归方程.

11.2 合成纤维抽丝工段第一导丝盘的速度是影响丝的质量的重要参数，今发现它和电流的周波有密切关系，生产中测量数据如表 11.6.

表 11.6

电流周波(x)	49.2	50.0	49.3	49.0	49.0	49.5	49.8	49.9	50.2	50.2
导丝盘速度(y)	16.7	17.0	16.8	16.6	16.7	16.8	16.9	17.0	17.0	17.1

设对周波 x，速度 Y 是正态变量，方差与 x 无关，求速度 Y 关于周波 x 的一元回归方程，并对回归方程进行显著性检验，求出 $x_0=50.5$ 处 y 的预报值 $\hat{y}_0$ 和预报区间($\alpha=0.05$).

11.3 流经某地区的一条河的径流量 Y 与该地区降雨量 x 之间有关，多次测得数据列于表 11.7 中.

表 11.7

x_i	110	184	145	122	165	143	78	129	62	130	168
y_i	25	81	36	33	70	54	20	44	1.4	41	75

设径流量 Y 是正态变量,方差与 x 无关,求 Y 关于 x 的一元回归方程,并求 σ^2 的估计值,求 $x_0=155$ 时 Y 的预报值 $\hat{y}_0$ 及预报区间($\alpha=0.05$).

11.4 某种化工产品的得率 Y 与反应温度 x_1,反应时间 x_2 及某反应物的浓度 x_3 有关,设对于给定的 x_1,x_2,x_3 得率 Y 服从正态分布,且方差与 x_1,x_2,x_3 无关,今得测试结果如表 11.8 所示,其中 x_1,x_2,x_3 均为 2 水平且均以编码形式表达.

表 11.8

x_1	−1	−1	−1	−1	1	1	1	1
x_2	−1	−1	1	1	−1	−1	1	1
x_3	−1	1	−1	1	−1	1	−1	1
得率	7.6	10.3	9.2	10.2	8.4	11.1	9.8	12.6

(1) 设 $\mu(x_1,x_2,x_3)=b_0+b_1x_1+b_2x_2+b_3x_3$,求 Y 的多元线性回归方程;

(2) 若认为反应时间不影响得率,即认为 $\mu(x_1,x_2,x_3)=\beta_0+\beta_1x_1+\beta_3x_3$,求 Y 的多元线性回归方程.

11.5 对某种添加剂的不同浓度之下的合金,测它的抗压强度各做 3 次试验,测得数据如表 11.9 所示.

表 11.9

浓度 x	10.0	15.0	20.0	25.0	30.0
抗压强度 y	25.2	29.8	31.2	31.7	29.4
	27.3	31.1	32.6	30.1	30.8
	28.7	27.8	29.7	32.3	32.8

(1) 作散点图;

(2) 以模型 $y=b_0+b_1x+b_2x^2+\varepsilon,\varepsilon\sim N(0,\sigma^2)$ 拟合数据,其中 b_0,b_1,b_2,σ^2 与 x 无关,求回归方程 $\hat{y}=\hat{b}_0+\hat{b}_1x+\hat{b}_2x^2$.

第 12 章　正交试验设计

在生产实践中，试制新产品、改革工艺、寻求好的生产条件等等，这些都需要先做试验. 而试验总要花费时间，消耗人力、物力，因此人们总希望做试验的次数尽量少，而得到的结果尽可能的好. 要达到这个目的，就必须事先对试验作合理的安排，也就是要进行试验设计.

实际问题是复杂的，对试验有影响的因素往往是多方面的. 我们要考察各因素对试验影响的情况. 在多因素、多水平试验中，如果对每个因素的每个水平都互相搭配进行全面试验，需要做的试验次数就会很多. 比如对两个 7 水平的因素，如果两因素的各个水平都互相搭配进行全面试验，要做 $7^2=49$ 次试验，而 3 个 7 水平的因素要进行全面试验，要做 $7^3=343$ 次试验，对 6 个 7 水平的因素，进行全面试验就要做 $7^6=117649$ 次试验. 做这么多次试验，要花费大量的人力、物力，还要用相当长的时间，显然是非常困难的. 有时，由于时间过长，条件改变，还会使试验失效. 人们在长期的实践中发现，要得到理想的结果，并不需要进行全面试验，即使因素个数水平都不太多，也不必做全面试验. 尤其对那些试验费用很高，或是具有破坏性的试验，更不要做全面试验. 我们应当在不影响试验效果的前提下，尽可能地减少试验次数. 正交试验设计就是解决这个问题的有效方法. 正交试验设计的主要工具是正交表，用正交表安排试验是一种较好的方法，在实践中已得到广泛的应用.

12.1　正交表及其用法

正交表是一种特制的表格. 这里介绍表的记号、特点及用法. 下面以 $L_9(3^4)$ 为例来说明，这个正交表的格式如表 12.1.

表　12.1

试验号 \ 列号	1	2	3	4
1	1	1	1	1
2	1	2	2	2
3	1	3	3	3
4	2	1	2	3
5	2	2	3	1
6	2	3	1	2
7	3	1	3	2
8	3	2	1	3
9	3	3	2	1

$L_9(3^4)$ 是什么意思呢?字母 L 表示正交表;数字 9 表示这张表共有 9 行,说明用这张表来安排试验要做 9 次试验,数字 4 表示这张表共有 4 列,说明用这张表最多可安排 4 个因素;数字 3 表示在表中主体部分只出现 1、2、3 三个数字,它们分别代表因素的 3 个水平,说明各因素都是 3 个水平的. 一般的正交表记为 $L_n(m^k)$,n 是表的行数,也就是要安排的试验次数;k 是表中列数,表示最多可安排因素的个数;m 是各因素的水平数.

常见的正交表中,2 水平的有 $L_4(2^3)$,$L_8(2^7)$,$L_{12}(2^{11})$,$L_{16}(2^{15})$ 等,这几张表中的数字 2 表示各因素都是 2 水平的;试验要做的次数分别为 4,8,12,16;最多可安排的因素分别为 3,7,11,15. 3 水平的正交表有 $L_9(3^4)$,$L_{27}(3^{13})$,这两张表中的数字 3 表示各因素都是 3 水平的,要做的试验次数分别为 9,27;最多可安排的因素分别为 4,13. 还有 4 水平的正交表如 $L_{15}(4^5)$,5 水平的正交表如 $L_{25}(5^6)$,等等. 详细情况见书后的附表.

正交表有下面两条重要性质:

(1) 每列中不同数字出现的次数是相等的,如 $L_9(3^4)$,每列中不同的数字是 1,2,3,它们各出现 3 次;

(2) 在任意两列中,将同一行的两个数字看成有序数对时,每种数对出现的次数是相等的,如 $L_9(3^4)$,有序数对共有 9 个:(1,1),(1,2),(1,3),(2,1),(2,2),(2,3),(3,1),(3,2),(3,3),它们各出现 1 次.

由于正交表有这两条性质,我们说,用它来安排试验时,各因素的各种水平的搭配是均衡的,这是正交表的优点.

下面通过具体例子来说明如何用正交表进行试验设计.

例 12.1.1　某炼铁厂为了提高铁水温度,需要通过试验选择最好的生产方案. 经初步分析,主要有 3 个因素影响铁水温度,它们是焦比、风压和底焦高度,每个因素都考虑 3 个水平,具体情况如表 12.2. 问对这 3 个因素的 3 个水平如何安排,才能获得最高的铁水温度?

表　12.2

因素 / 水平	焦　比　A	风　压 B/133Pa	底焦高度 C/m
1 水平	1∶16	170	1.2
2 水平	1∶18	230	1.5
3 水平	1∶14	200	1.3

解　在这个问题中,人们关心的是铁水温度,我们称它为试验指标. 如何安排试验才能获得最高的铁水温度,这只有通过试验才能解决. 这里有 3 个因素,每个因素有 3 个水平,是一个 3 因素 3 水平的问题. 如果每个因素的每个水平都互相搭配着进行全面试验,必须做试验 $3^3=27$ 次,我们把所有可能的搭配试验编号写出,列在表 12.3 中.

表　12.3

序　号	A	B	C	序　号	A	B	C
1	1(水平)	1(水平)	1(水平)	15	2	2	3
2	1	1	2	16	2	3	1
3	1	1	3	17	2	3	2
4	1	2	1	18	2	3	3
5	1	2	2	19	3	1	1
6	1	2	3	20	3	1	2
7	1	3	1	21	3	1	3
8	1	3	2	22	3	2	1
9	1	3	3	23	3	2	2
10	2	1	1	24	3	2	3
11	2	1	2	25	3	3	1
12	2	1	3	26	3	3	2
13	2	2	1	27	3	3	3
14	2	2	2				

进行 27 次试验要花很多时间,耗费不少的人力、物力,我们想减少试验次数,但又不能影响试验的效果,因此,我们不能随便地减少试验,应当把有代表性的搭配保留下来.为此,我们按 $L_3(3^4)$ 表(表 12.1)中前 3 列的情况从 27 个试验中选出 9 个,它们的序号分别为 1,5,9,11,15,16,21,22,26,将这 9 个试验按新的编号 1—9 写出来,正好是正交表 $L_9(3^4)$ 的前 3 列,如表 12.4.

表　12.4

因素 / 编号	A	B	C
1	1	1	1
2	1	2	2
3	1	3	3
4	2	1	2
5	2	2	3
6	2	3	1
7	3	1	3
8	3	2	1
9	3	3	2

由前面对正交表 $L_9(3^4)$ 的分析可知,这 9 个试验中各因素的每个水平的搭配都是均衡的.每个因素的每个水平都做了 3 次试验;每两个因素的每一种水平搭配都做了 1 次试

验. 从这 9 个试验的结果就可以分析清楚每个因素对试验指标的影响. 虽然只做了 9 个试验(只占全部试验的 1/3),但是能够了解到全面情况. 可以说这 9 个试验代表了全部试验.

我们按选定的这 9 个试验进行试验,表 12.4 就成为具体的试验方案表. 将每次试验测得的铁水温度记录下来,得数值如下:

试验编号	1	2	3	4	5	6	7	8	9
铁水温度 /℃	1365	1395	1385	1390	1395	1380	1390	1390	1410

为便于分析计算,我们把这些温度值列在表 12.4 的右边,做成一个新的表 12.5,这张表便于对试验结果进行分析计算. 由于铁水温度数值较大,我们把每一个铁水温度的值都减去 1350,得到 9 个较小的数,这样使计算简单. 对这组新数进行分析,与对原数据进行分析,所得到的结果是相同的.

表 12.5

列号 \ 试验号	1 A	2 B	3 C	铁水温度 /℃	铁水温度值减去 1350
1	1	1	1	1365	15
2	1	2	2	1395	45
3	1	3	3	1385	35
4	2	1	2	1390	40
5	2	2	3	1395	45
6	2	3	1	1380	30
7	3	1	3	1390	40
8	3	2	1	1390	40
9	3	3	2	1410	60
K_1	95	95	85		
K_2	115	130	145		
K_3	140	125	120		
$\kappa_1\left(=\frac{K_1}{3}\right)$	31.7	31.7	28.3		
$\kappa_2\left(=\frac{K_2}{3}\right)$	38.3	43.3	48.3		
$\kappa_3\left(=\frac{K_3}{3}\right)$	46.7	41.7	40.0		
极　差	15.0	11.6	20.0		
优方案	A_3	B_2	C_2		

表 12.5 中下面的 8 行是分析计算过程中需要分析的内容.

K_1 这一行的 3 个数,分别是因素 A、B、C 的第 1 水平所对应的铁水温度(减去 1350 以后)之和. 比如对因素 A(第 1 列),它的第 1 水平安排在第 1、2、3 号试验中,对应的铁水温度值(减去 1350 以后) 分别为 15,45,35,其和为 95,记在 K_1 这一行的第 1 列中;对于因素 B(第 2 列),它的第 1 水平安排在第 1、4、7 号试验中,对应的铁水温度值(减去 1350 以后) 分别为 15、40、40,其和为 95,记在 K_1 这一行的第 2 列中;对于因素 C(第 3 列),它的第 1 水平安排在第 1、6、8 号试验中,对应的铁水温度值(减去 1350 以后) 分别为 15、30、40,其和为 85,记在 K_1 这一行的第 3 列中.类似地,K_2 这一行的 3 个数,分别是因素 A、B、C 的第 2 水平所对应的铁水温度(减去 1350 以后) 之和;K_3 这一行的 3 个数,分别是因素 A、B、C 的第 3 水平所对应的铁水温度(减去 1350 以后) 之和.

κ_1、κ_2、κ_3 这 3 行的 3 个数,分别是 K_1、K_2、K_3 3 行中的 3 个数除以 3 所得的结果,也就是各水平所对应的平均值.

同一列中,κ_1、κ_2、κ_3 3 个数中的最大者减去最小者所得的差叫极差.一般地说,各列的极差是不同的,这说明各因素的水平改变时对试验指标的影响是不同的.极差越大,说明这个因素的水平改变时对试验指标的影响越大.极差最大的那一列,就是那个因素的水平改变时对试验指标的影响最大,那个因素就是我们要考虑的主要因素.

这里算出 3 列的极差分别为 15.0,11.6,20,显然第 3 列即因素 C 的极差 20 最大.这说明因素 C 的水平改变时对试验指标的影响最大,因此因素 C 是我们要考虑的主要因素,它的 3 个水平所对应的铁水温度平均值(减去 1350 以后) 分别为 28.3,48.3,40.0,以第 2 水平所对应的数值 48.3 为最大,所以取它的第 2 水平最好.第 1 列即因素 A 的极差为 15.0,仅次于因素 C,它的 3 个水平所对应的数值分别为 31.7,38.3,46.7,以第 3 水平所对应的数值 46.7 为最大,所以取它的第 3 水平最好.第 2 列即因素 B 的极差为 11.6,是 3 个因素中极差最小的,说明它的水平改变时对试验指标的影响最小,它的 3 个水平所对应的数值分别为 31.7,43.3,41.7,以第 2 水平所对应的数值 43.3 为最大,所以取它的第 2 水平最好.

从以上分析可以得出结论:各因素对试验指标(铁水温度) 的影响按大小次序来说应当是 C(底焦高度)、A(焦比)、B(风压),最好方案应当是 $C_2A_3B_2$.

C_2:底焦高度　　第 2 水平　1.5

A_3:焦比　　　　第 3 水平　1∶14

B_2:风压　　　　第 2 水平　230

我们看出,这里分析出来的最好方案在已经做过的 9 次试验中没有出现.与它比较接近的是第 9 号试验,在第 9 号试验中只有风压 B 不是处在最好水平,但是风压对铁水温度的影响是 3 个因素中最小的.从实际做出的结果看出第 9 号试验中的铁水温度是 1410℃,是 9 次试验中最高的,这也说明我们找出的最好方案是符合实际的.

为了最终确定上面找出的试验方案 $C_2A_3B_2$ 是不是最好方案,可以按这个方案再试验一次,看是否会得出比第 9 号试验更好的结果.若比第 9 号试验的效果好,就确定上述方案为最好方案:若不比第 9 号试验的效果好,可以取第 9 号试验为最好方案.如果出现后一种情况,说明我们的理论分析与实践有一些差距,最终还是要接受实践的检验.

现将利用正交表排试验并分析试验结果的步骤归纳如下.

(1) 明确试验目的,确定要考核的试验指标.

(2) 根据试验目的,确定要考察的因素和各因素的水平.要通过对实际问题的具体分析选出主要因素,略去次要因素,这样可使因素个数少些.如果对问题不太了解,因素个数可适当地多取一些,经过对试验结果的初步分析,再选出主要因素.因素被确定后,随之确定各因素的水平数.

以上两条主要靠实践来决定,不是数学方法所能解决的.

(3) 选用合适的正交表,安排试验计划.首先根据各因素的水平选择相应水平的正交表.同水平的正交表有好几个,究竟选哪一个要看因素的个数.一般只要正交表中因素的个数比试验要考察的因素的个数稍大或相等就行了.这样既能保证达到试验目的,而试验的次数又不致于太多,省工省时.

(4) 根据安排的计划进行试验,测定各试验指标.

(5) 对试验结果进行计算分析,得出合理的结论.

以上这种方法一般称为直观分析法.这种方法简单,计算量不大,是一种比较实用的方法.

最后再说明一点,这种方法的主要工具是正交表,而在因素及其水平都确定的情况下,正交表并不是唯一的.常见的正交表被列在本书末的附录 B 附表 7 中.

12.2　多指标的分析方法

在 12.1 的问题中,试验指标只有一个,考察起来比较方便.但在实际问题中,需要考察的指标往往不止一个,有时是两个、三个,甚至更多,这都是多指标的问题.下面介绍两种解决多指标试验的方法:综合平衡法和综合评分法.这两种方法都能找出使每个指标都尽可能好的试验方案.

12.2.1　综合平衡法

我们通过具体例子来说明这种方法.

例 12.2.1　为提高某产品质量,要对生产该产品的原料进行配方试验.要检验 3 项指标:抗压强度、落下强度 * 和裂纹度,前两个指标越大越好,第 3 个指标越小越好.根据以往的经验,配方中有 3 个重要因素:水份、粒度和碱度.它们各有 3 个水平,具体数据如表 12.6 所示.试进行试验分析,找出最好的配方方案.

---

* 落下强度表示产品从高处落下时出现破裂现象的最小高度.

表 12.6

水平＼因素	A 水份 /%	B 粒度 /%	C 碱度
1	8	4	1.1
2	9	6	1.3
3	7	8	1.5

表 12.7

试验号＼列号	1 A	2 B	3 C	抗压强度 /kg/ 个	落下强度 /0.5m/ 次	裂纹度
				各指标的试验结果		
1	1	1	1	11.5	1.1	3
2	1	2	2	4.5	3.6	4
3	1	3	3	11.0	4.6	4
4	2	1	2	7.0	1.1	3
5	2	2	3	8.0	1.6	2
6	2	3	1	18.5	15.1	0
7	3	1	3	9.0	1.1	3
8	3	2	1	8.0	4.6	2
9	3	3	2	13.4	20.2	1

指标		1 A	2 B	3 C
抗压强度	K_1	27.0	27.5	38.0
	K_2	33.5	20.5	24.9
	K_3	30.4	42.9	28.0
	κ_1	9.0	9.2	12.7
	κ_2	11.2	6.8	8.3
	κ_3	10.1	14.3	9.3
	极差	2.2	7.5	4.4
	优方案	A_2	B_3	C_1
裂纹度	K_1	11	9	5
	K_2	5	8	8
	K_3	6	5	9
	κ_1	3.7	3.0	1.7
	κ_2	1.7	2.7	2.7
	κ_3	2.0	1.7	3.0
	极差	2.0	1.3	1.3
	优方案	A_2	B_3	C_1
落下强度	K_1	9.3	3.3	20.8
	K_2	17.8	9.8	24.9
	K_3	25.9	39.9	7.3
	κ_1	3.1	1.1	6.9
	κ_2	5.9	3.3	8.3
	κ_3	8.6	13.3	2.4
	极差	5.5	12.2	5.9
	优方案	A_3	B_3	C_2

解　这是 3 因素 3 水平的问题，应当选用正交表 $L_9(3^4)$ 来安排试验. 把这里的 3 个因素依次放在表的前 3 列(第 4 列不要)，把各列的水平和该列相应因素的具体水平对应起来，得出一张具体的试验方案表. 按照这个方案进行试验，测出需要检验的指标的结果，列在表 12.7 中，然后用直观分析法对每个指标分别进行计算分析.

用和例 12.1.1 完全一样的方法，对 3 个指标分别进行计算分析，得出 3 个好的方案：对抗压强度是 $A_2B_3C_1$；对落下强度是 $A_3B_3C_2$，而对裂纹度是 $A_2B_3C_1$，这 3 个方案不完全相同，对一个指标是好方案，而对另一个指标却不一定是好方案，如何找出对各个指标都较好的一个共同方案呢?这正是我们下面要解决的问题.

为便于综合分析，我们将各指标随因素的水平变化的情况用图形表示出来，画在图 12.1 中(为了看得清楚，我们将各点用直线连起来，实际上并不是直线)

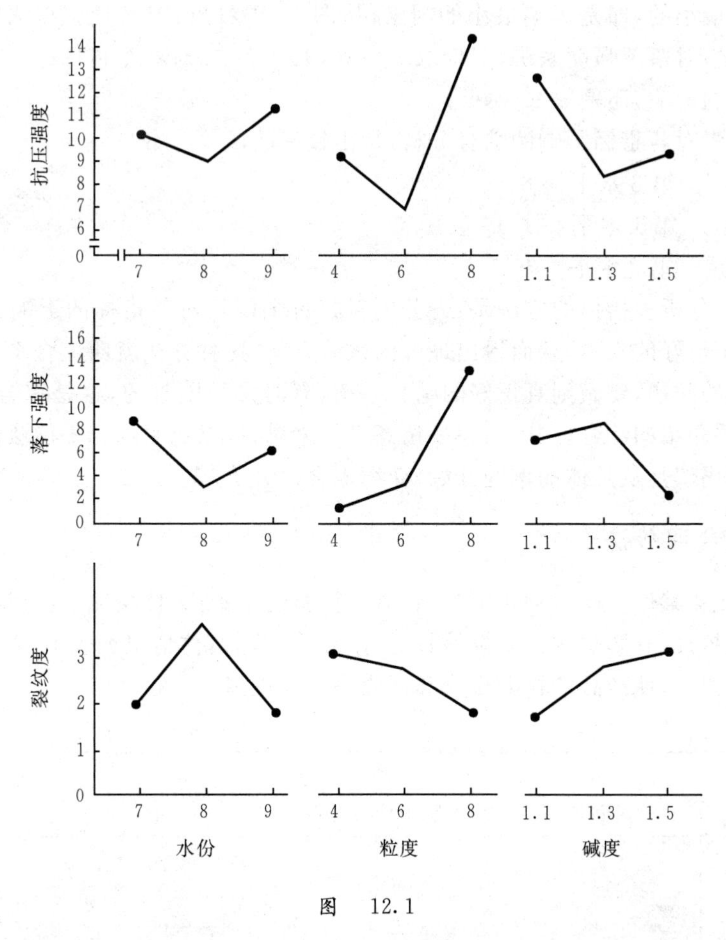

图　12.1

把图 12.1 和表 12.7 结合起来分析，看每一个因素对各指标的影响.

(1) 粒度 B 对各指标的影响　从表 12.7 看出，对抗压强度和落下强度来讲，粒度的极差都是最大的，也就是说粒度是影响最大的因素，从图 12.1 看出，显然以取 8 为最好；对裂纹度来讲，粒度的极差不是最大，即不是影响最大的因素，但也是以取 8 为最好. 总地说来，对 3 个指标来讲，粒度都是以取 8 为最好.

(2) 碱度 C 对各指标的影响　从表 12.7 看出，对 3 个指标来说，碱度的极差都不是最大的，也就是说，碱度不是影响最大的因素，是较次要的因素，从图 12.1 看出，对抗压强度和裂纹度来讲，碱度取 1.1 最好，对落下强度来讲，碱度取 1.3 最好，但取 1.1 也不是太差，对 3 个指标综合考虑，碱度取 1.1 为好.

(3) 水份 A 对各指标的影响　从表 12.7 看出，对裂纹度来讲，水份的极差最大，即水份是影响最大的因素，从图 12.1 看出，水份取 9 最好，但对抗压强度和落下强度来讲，水份的极差都是最小的，即是影响最小的因素，从图 12.1 看出，对抗压强度来讲，水份取 9 最好，取 7 次之；对落下强度来讲，水份取 7 最好，取 9 次之. 对 3 个指标综合考虑，应照顾水份对裂纹度的影响，还是取 9 为好.

通过各因素对各指标影响的综合分析，得出较好的试验方案是

B_3　粒度　第 3 水平　8

C_1　碱度　第 1 水平　1.1

A_2　水份　第 2 水平　9

由此可见，分析多指标的方法是：先分别考察每个因素对各指标的影响，然后进行分析比较，确定出最好的水平，从而得出最好的试验方案，这种方法就叫综合平衡法.

对多指标的问题，要做到真正好的综合平衡，有时是很困难的，这是综合平衡法的缺点. 我们下面要介绍的综合评分法，在一定意义上来讲，可以克服综合平衡法的这个缺点.

下面我们仍然是从具体的例题开始，介绍综合评分法.

12.2.2　综合评分法

例 12.2.2　某厂生产一种化工产品. 需要检验两个指标：核酸纯度和回收率，这两个指标都是越大越好. 有影响的因素有 4 个，各有 3 个水平，具体情况如表 12.8 所示. 试通过试验找出较好方案，使产品的核酸含量和回收率都有提高.

表　12.8

因素 水　平	A 时间 /h	B 加料中核酸含量	C pH 值	D 加水量
1	25	7.5	5.0	1∶6
2	5	9.0	6.0	1∶4
3	1	6.0	9.0	1∶2

解　这是 4 因素 3 水平的试验，可以选用正交表 $L_9(3^4)$. 和例 12.1.1 一样，按 $L_3(3^4)$ 表排出方案（这里有 4 个因素，正好将表排满），进行试验，将得出的试验结果列入表 12.9 中.

综合评分法就是根据各个指标的重要性的不同，给每一个试验评出一个分数，作为这个试验的总指标（一个指标!），根据这个总指标（分数），利用例 12.1.1 的方法（直观分析法）作进一步的分析，从而选出较好的试验方案.

这个方法的关键是如何评分，下面着重介绍评分的方法.

在这个试验中，两个指标的重要性是不同的，根据实践经验知道，纯度的重要性比回收率的重要性大，如果化成数量来看，从实际分析，可认为纯度是回收率的 4 倍，也就是说若将回收率看成 1，纯度就是 4. 这个 4 和 1 分别叫两个指标的权，按这个权给出每个试验的总分为

$$\text{总分} = 4 \times \text{纯度} + 1 \times \text{回收率}.$$

根据这个算式，算出每个试验的分数，列在表 12.9 最右边. 再根据这个分数，用直观分析法作进一步的分析，整个分析过程都记录在表 12.9 中.

表　12.9

列号 / 试验号	A	B	C	D	各指标试验结果		综合评分
					纯　度	回收率	
1	1	1	1	1	17.5	30.0	100.0
2	1	2	2	2	12.0	41.2	89.2
3	1	3	3	3	6.0	60.0	84.0
4	2	1	2	3	8.0	24.2	56.2
5	2	2	3	1	4.5	51.0	69.0
6	2	3	1	2	4.0	58.4	74.4
7	3	1	3	2	8.5	31.0	65.0
8	3	2	1	3	7.0	20.5	48.5
9	3	3	2	1	4.5	73.5	91.5
K_1	273.2	221.2	222.9	260.5			677.8
K_2	199.6	206.7	236.9	228.6			
K_3	205.0	249.9	218.0	188.7			
κ_1	91.1	73.7	74.3	86.8			
κ_2	66.5	68.9	79.0	76.2			
κ_3	68.3	83.3	72.7	62.9			
极　差	24.6	14.4	6.3	23.9			
优方案	A_1	B_3	C_2	D_1			

根据综合评分的结果，直观上看，第1号试验的分数是最高的，那么能不能肯定它就是最好的试验方案呢?还要作进一步的分析.

从表12.9看出，A、D两个因素的极差都很大，是对试验影响很大的两个因素，还可以看出，A、D都是第1水平为好；B因素的极差比A、D的极差小，对试验的影响比A、D都小，B因素取第3水平为好；C因素的极差最小，是影响最小的因素，C取第2水平为好.综合考虑，最好的试验方案应当是$A_1B_3C_2D_1$，按影响大小的次序列出应当是

A_1　时间　第1水平　25h

D_1　加水量　第1水平　1∶6

B_3　料中核酸含量　第3水平　6.0

C_2　pH值　第2水平　6.0

我们看出，这里分析出来的最好方案，在已经做过的9个试验中是没有的.可以按这个方案再试验一次，看能不能得出比第1号试验更好的结果，从而确定出真正最好的试验方案.

总的来说，综合评分法是将多指标的问题，通过加权计算总分的方法化成一个指标的问题，这样对结果的分析计算都比较方便、简单.但是，如何合理地评分，也就是如何合理地确定各个指标的权，是最关键的问题，也是最困难的问题.这一点只能依据实际经验来解决，单纯从数学上是无法解决的.

12.3 混合水平的正交试验设计

我们在前两节介绍的多因素试验中，各因素的水平数都是相同的，解决这类问题还是比较简单的.但是在实际问题中，由于具体情况不同，有时各因素的水平数是不相同的，这就是混合水平的多因素试验问题.解决这类问题一般比较复杂.我们在这里介绍两个主要的方法：(1) 直接利用混合水平的正交表；(2) 拟水平法，即把水平不同的问题化成水平数相同的问题来处理.下面分别介绍这两种方法.

12.3.1 混合水平正交表及其用法

混合水平正交表就是各因素的水平数不完全相等的正交表.这种正交表有好多种，比如$L_8(4^1\times2^4)$就是一个混合水平的正交表，如表12.10.

这张$L_8(4^1\times2^4)$表有8行，5列(注意$5=1+4$)表示用这张表要做8次试验，最多可安排5个因素，其中1个是4水平的(第1列)，4个是2水平的(第2列到第5列).

$L_8(4^1\times2^4)$表有两个重要特点：

(1) 每一列中不同数字出现的次数是相同的，例如，第1列中有4个数字，1,2,3,4，它们各出现两次；第2列到第5列中，都只有两个数字1,2，它们各出现4次.

表　12.10

试验号＼列号	1	2	3	4	5
1	1	1	1	1	1
2	1	2	2	2	2
3	2	1	1	2	2
4	2	2	2	1	1
5	3	1	2	1	2
6	3	2	1	2	1
7	4	1	2	2	1
8	4	2	1	1	2

(2) 每两列各种不同的水平搭配出现的次数是相同的.但要注意一点:每两列不同水平的搭配的个数是不完全相同的.比如,第1列是4水平的列,它和其它任何一个2水平的列放在一起,由行组成的不同的数对一共有8个:(1,1),(1,2),(2,1),(2,2),(3,1),(3,2),(4,1),(4,2),它们各出现1次;第2列到第5列都是2水平列,它们之间的任何两列的不同水平的搭配共有4个:(1,1),(1,2),(2,1),(2,2),它们各出现两次.

由这两点看出,用这张表安排混合水平的试验时,每个因素的各水平之间的搭配也是均衡的.其它混合水平的正交表还有 $L_{12}(3^1\times2^4)$,$L_{16}(4^1\times2^{12})$,$L_{16}(4^3\times2^8)$,$L_{18}(2^1\times3^7)$,等等,(见附表)它们都具有上面所说的两个特点.

下面举例说明用混合正交表安排试验的方法.

例 12.3.1　某农科站进行品种试验.共有4个因素:A(品种)、B(氮肥量)、C(氮、磷、钾肥比例)、D(规格).因素A是4水平的,另外3个因素都是2水平的,具体数值如表12.11所示.试验指标是产量,数值越大越好.试用混合正交表安排试验,找出最好的试验方案.

表　12.11

水平＼因素	A 品种	B 氮肥量/kg	C 氮、磷、钾肥比例	D 规格
1	甲	25	3:3:1	6×6
2	乙	30	2:1:2	7×7
3	丙			
4	丁			

解　这个问题中有4个因素,一个是4水平,3个是2水平的,正好可以选用混合正交表 $L_8(4^1\times2^4)$,因素A为4水平,放在第1列,其余3个因素B,C,D,都是2水平的,顺序

放在2、3、4列上，第5列不用.按这个方案进行试验，将得出的试验结果放在正交表$L_8(4^1 \times 2^4)$的右边，然后进行分析，整个分析过程记在表12.12中.

表 12.12

试验号 \ 因素	A	B	C	D	试验指标(产量/kg)	减去200
1	1	1	1	1	195	−5
2	1	2	2	2	205	5
3	2	1	1	2	220	20
4	2	2	2	1	225	25
5	3	1	2	1	210	10
6	3	2	1	2	215	15
7	4	1	2	2	185	−15
8	4	2	1	1	190	−10
K_1	0	10	20	20		
K_2	45	35	25	25		
K_3	25					
K_4	−25					
κ_1	0	2.5	5.0	5.0		
κ_2	22.5	8.8	6.3	6.3		
κ_3	12.5					
κ_4	−12.5					
极差	35.0	6.3	1.3	1.3		
优方案	A_2	B_2	C_2	D_2		

这里分析计算的方法和例12.1.1基本上相同.但是要特别注意，由于各因素的水平数不完全相等，各水平出现的次数也不完全相等，因此计算各因素各水平的平均值$\kappa_1,\kappa_2,\kappa_3,\kappa_4$时和例12.1.1中有些不同.比如，对于因素$A$，它有4个水平，每个水平出现两次，它的各水平的平均值$\kappa_1,\kappa_2,\kappa_3,\kappa_4$是相应的$K_1,K_2,K_3,K_4$分别除以2得到；而对于因素$B$、$C$、$D$，它们都只有两个水平，因此，只有两个平均值$\kappa_1$、$\kappa_2$，又因为每个水平出现4次，所以它们的平均值$\kappa_1$、$\kappa_2$是相应的$K_1$、$K_2$分别除以4得到.这样得出的平均值才是合理的.从表12.12看出，因素A的极差最大，因此因素A对试验的影响最大，并且以取2水平为好；因素B的极差仅次于因素A，对试验的影响比因素A小，也是以取2水平为好；因素C、D的极差都很小，对试验的影响也就很小，都是以取2水平为好.总地说来，试验方案应以$A_2B_2C_2D_2$为好.但这个方案在做过的8个试验中是没有的.按理应当照这个方案再试验一次，从而确定出真正最好的试验方案.但是，因为农业生产受节气的制约，只有到第二年再试验.事实上，在这里因为因素D的影响很小，这个方案与8个试验中的第4号试验

$A_2B_2C_2D_1$ 很接近，从试验结果看出，第 4 号试验是 8 个试验中产量最高的，因此完全有理由取第 4 号试验作为最好的试验方案加以推广.

12.3.2　拟水平法

例 12.3.2　今有某一试验，试验指标只有一个，它的数值越小越好，这个试验有 4 个因素 A,B,C,D，其中因素 C 是 2 水平的，其余 3 个因素都是 3 水平的，具体数值如表 12.13 所示. 试安排试验，并对试验结果进行分析，找出最好的试验方案.

表　12.13

水平 \ 因素	A	B	C	D
1	350	15	60	65
2	250	5	80	75
3	300	10		85

解　这个问题是 4 个因素的试验，其中因素 C 是 2 水平的，因素 A、B、D 是 3 水平的. 这种情况没有合适的混合水平正交表，因此不能用例 12.3.1 的方法解决. 对这个问题我们作这样的设想：假若因素 C 也有 3 个水平，那么这个问题就变成 4 因素 3 水平的问题，因此可以选正交表 $L_9(3^4)$ 来安排试验. 但是实际上因素 C 只有两个水平，不能随便安排第 3 个水平. 如何将 C 变成 3 水平的因素呢？我们是从第 1、第 2 两个水平中选一个水平让它重复一次作为第 3 水平，这就叫虚拟水平. 取哪个水平作为第 3 水平呢？一般说，都是要根据实际经验，选取一个较好的水平. 比如，如果认为第 2 水平比第 1 水平好，就选第 2 水平作为第 3 水平. 这样因素水平表 12.13 就变为表 12.14 的样子，它比表 12.13 多了一个虚拟的第 3 水平(我们用方框把它围起来).

表　12.14

水平 \ 因素	A	B	C	D
1	350	15	60	65
2	250	5	80	75
3	300	10	$\boxed{80}$	85

下面就按 $L_9(3^4)$ 表安排试验，测出结果，并进行分析，整个分析过程记录在表 12.15 中.

这里要注意的是，因素 C 的“第 3 水平”实际上就是第 2 水平，我们把正交表中第 3 列的 C 因素的水平安排又重写一次，对应地列在右边，这一列是真正的水平安排. 由于这一列没有第 3 水平，因此在求和时并无 K_3，只出现 K_1、K_2，又因为这里 C 的第 2 水平共出现

6 次,因此平均值 κ_2 是 K_2 除以 6,即 $\kappa_2=\dfrac{K_2}{6}$;C 的第 1 水平出现 3 次,平均值 κ_1 是 K_1 除以 3,即 $\kappa_1=\dfrac{K_1}{3}$. 因素 A、B、D 都是 3 水平的,各水平都出现 3 次,因此求平均值 κ_1、κ_2、κ_3 时,都是 K_1、K_2、K_3 除以 3.

表 12.15

因素 / 试验号	A	B	C		D	实验指标测试结果
1	1	1	1	1	1	45
2	1	2	2	2	2	36
3	1	3	3	2	3	12
4	2	1	2	2	3	15
5	2	2	3	2	1	40
6	2	3	1	1	2	15
7	3	1	3	2	2	10
8	3	2	1	1	3	5
9	3	3	2	2	1	47
K_1	93	70	65		132	
K_2	70	81	160		61	
K_3	62	74			32	
κ_1	31.0	23.3	21.7		44.0	
κ_2	23.3	27.0	26.7		20.3	
κ_3	20.7	24.7			10.7	
极差	10.3	3.7	5.0		33.3	
优方案	A_3	B_1	C_1		D_3	

从表 12.15 中的极差看出,因素 D 对试验的影响最大,取第 3 水平最好;其次是因素 A 取第 3 水平为好;再者是因素 C,取第 1 水平为好;因素 B 的影响最小,取第 1 水平为好. 总地说来,这个试验的最优方案应当是 $A_3B_1C_1D_3$. 但是这个方案在做过的 9 个试验中是没有的. 从试验结果看,效果最好的是第 8 号试验,这个试验只有因素 B 不是处在最好情况,而因素 B 对试验的影响是最小的. 因此我们选出的最优方案是合乎实际的. 我们可以按这个方案再试验一次,看是否会得到比第 8 号试验更好的结果,从而确定出真正的最优方案.

从上面的讨论可以看出,拟水平法是将水平少的因素归入水平数多的正交表中的一种处理问题的方法. 在没有合适的混合水平的正交表可用时,拟水平法是一种比较好的处理多因素混合水平试验的方法. 这种方法不仅可以对一个因素虚拟水平,也可以对多个因素虚拟水平,具体做法和上面相同,不再重复.

这里要指出的是：虚拟水平以后的表对所有因素来说不具有均衡搭配性质，但是，它具有部分均衡搭配的性质（部分均衡搭配的精确含义我们就不细讲了）. 所以拟水平法仍然保留着正交表的一部分优点.

这里只介绍了两种主要的解决多因素混合水平试验的方法，还有别的方法就不介绍了. 有兴趣的读者，可以去看更专门的著作.

12.4　有交互作用的正交试验设计

在多因素试验中，各因素不仅各自独立地在起作用，而且各因素还经常联合起来起作用. 也就是说，不仅各个因素的水平改变时对试验指标有影响，而且各因素的联合搭配对试验指标也有影响. 这后一种影响就是因素的交互作用. 因素 A 和因素 B 的交互作用记为 $A\times B$，下面举一个简单的例子.

例 12.4.1　有 4 块试验田，土质情况基本一样，种植同样的作物. 现将氮肥、磷肥采用不同的方式分别加在 4 块地里，收获后算出平均亩产，记在表 12.16 中.

表　12.16

磷肥 P/kg 氮肥 N/kg	$P_1=0$	$P_2=2$
$N_1=0$	200	225
$N_2=3$	215	280

从表 12.16 看出，不加化肥时，平均亩产只有 200kg；只加 2kg 磷肥时，平均亩产 225kg，每亩增产 25kg；只加 3kg 氮肥时，平均亩产 215kg，每亩增产 15kg，这两种情况下的总增产值合计为 40kg，但是，同时加 2kg 磷肥、3kg 氮肥时，平均亩产 280kg，每亩增产 80kg，比前两种情况的总增产量又增加 40kg，显然这后一个 40kg 就是 2kg 磷肥、3kg 氮肥联合起来所起的作用，叫做磷肥、氮肥这两个因素的交互作用. 由上面的情况可知，应有下面的公式：

氮肥磷肥交互作用的效果 = 氮肥、磷肥的总效果 −（只加氮肥的效果 + 只加磷肥的效果）

交互作用是多因素试验中经常遇到的问题，是客观存在的现象. 前面的几节没有提到它是出于两方面的考虑：一是使问题单纯、简化，让读者尽快掌握正交设计的最基本的方法；二是在许多试验中，交互作用的影响有时确实很小，可以忽略不计，这样对问题的影响也不大. 下面我们就来讨论多因素的交互作用. 在多因素的试验中，交互作用影响的大小主要参照实际经验. 如果确有把握认定交互作用的影响很小，就可以忽略不计；如果不能确认交互作用的影响很小，就应该通过试验分析交互作用的大小.

12.4.1 交互作用表

安排有交互作用的多因素试验，必须使用交互作用表. 许多正交表的后面都附有相应的交互作用表. 它是专门用来安排有交互作用的试验的. 现在我们就来介绍交互作用表和它的用法. 下面的表 12.17 就是正交表 $L_8(2^7)$ 所对应的交互作用表.

表 12.17

列号（ ）\ 列号	1	2	3	4	5	6	7
	(1)	3	2	5	4	7	6
		(2)	1	6	7	4	5
			(3)	7	6	5	4
				(4)	1	2	3
					(5)	3	2
						(6)	1
							(7)

用正交表安排有交互作用的试验时，我们把两个因素的交互作用当成一个新的因素来看待，让它占有一列，叫交互作用列. 交互作用列怎样安排呢?可以查交互作用表. 例如，从表 12.17 就可以查出正交表 $L_8(2^7)$ 中的任何两列的交互作用列. 查法如下：

表 12.17 中写了两种列号，第 1 个列号是带（ ）的，从左往右看，第 2 个列号是不带括号的，从上往下看，表中交叉处的数字就是两列的交互作用列的列号. 比如要查第 2 列和第 4 列的交互作用列，先找到(2)，从左往右查，再从表的最上端的列号中找到 4，从上往下查，两者交叉处的数字是 6. 它表示第 2 列和第 4 列的交互作用列就是第 6 列. 类似地，可查出第 1 列和第 2 列的交互作用列是第 3 列，这表示，用 $L_8(2^7)$ 表安排试验时，如果因素 A 放在第 1 列，因素 B 放在第 2 列，则 $A\times B$ 就占有第 3 列. 从表 12.17 还可以看出下面的情况：第 1 列和第 3 列的交互作用列是第 2 列，第 4 列和第 6 列的交互作用列也是第 2 列，第 5 列和第 7 列的交互作用列还是第 2 列. 这说明不同列的交互作用列有可能在同一列. 表 12.17 中还有不少这样类似的情况，这是没有关系的. 其它正交表的交互作用表的查法与表 12.17 一样，不再赘述.

这里我们再谈一下自由度的概念. 所谓自由度，就是独立的数据或变量的个数.

对正交表来说，确定自由度有两条原则：

(1) 正交表每列的自由度 $f_{列}$ 等于各列的水平数减 1，由于因素和列是等同的，从而每个因素的自由度等于该因素的水平数减 1；

(2) 两因素交互作用的自由度等于两因素的自由度的乘积，即

$$f_{A\times B}=f_A\times f_B.$$

根据上面两条原则可以确定，两个 2 水平因素的交互作用列只有一列. 这是因为 2 水平正交表每列的自由度为 $2-1=1$，而两列的交互作用的自由度等于两列自由度的乘积，即 $1\times1=1$，交互作用列也是 2 水平的，故交互作用列只有一个. 对于两个 3 水平的因素，每个因素的自由度为 2，交互作用的自由度就是 $2\times2=4$，交互作用也是 3 水平的，所以交互作用列就要占两列；同理，两个 n 水平的因素，由于每个因素的自由度为 $n-1$，两因素的交互作用的自由度就是 $(n-1)(n-1)$，交互作用也是 n 水平的，故交互作用列就要占 $(n-1)$ 列.

12.4.2　水平数相同的有交互作用的正交试验设计

我们用一个 3 因素 2 水平的有交互作用的例子加以说明.

例 12.4.2　某产品的产量取决于 3 个因素 A、B、C，每个因素都有两个水平，具体数值如表 12.18 所示.

表　12.18

水平 \ 因素	A	B	C
1	60	1.2	20%
2	80	1.5	30%

每两个因素之间都有交互作用，必须考虑. 试验指标为产量，越高越好. 试安排试验，并分析试验结果，找出最好的方案.

解　这是 3 因素 2 水平的试验. 3 个因素 A、B、C 要占 3 列，它们之间的交互作用 $A\times B$、$B\times C$、$A\times C$，又占 3 列，共占 6 列，可以用正交表 $L_8(2^7)$ 来安排试验. 若将 A、B 分别放在第 1、2 列，从表 12.17 查出 $A\times B$ 应在第 3 列，因此 C 就不能放在第 3 列，否则就要和 $A\times B$ 混杂. 现将 C 放在第 4 列，由表 12.17 查出 $A\times C$ 应在第 5 列，$B\times C$ 应在第 6 列. 按这种安排进行试验. 测出结果，用直观分析法进行分析，把交互作用当成新的因素看待. 整个分析过程记录在表 12.19 中.

从极差大小看出，影响最大的因素是 C，以 2 水平为好；其次是 $A\times B$，以 2 水平为好，第三是因素 A，以 1 水平为好，第四是因素 B，以 1 水平为好. 由于因素 B 影响较小，1 水平和 2 水平差别不大，但考虑到 $A\times B$ 是 2 水平好，它的影响比 B 大，所以因素 B 取 2 水平为好. $(A\times C)$，$(B\times C)$ 的极差很小，对试验的影响很小，忽略不计. 综合分析考虑，最好的方案应当是 $C_2A_1B_2$，从试验结果看出，这个方案确实是 8 个试验中最好的一个试验.

最后要说明一点，在这里只考虑两列间的交互作用 $A\times B$、$A\times C$、$B\times C$，三个因素的交互作用 $A\times B\times C$，一般都很小，这里不去考虑它.

表 12.19

试验号 \ 因素	1 A	2 B	3 $A\times B$	4 C	5 $A\times C$	6 $B\times C$	7	产量/kg
1	1	1	1	1	1	1		65
2	1	1	1	2	2	2		73
3	1	2	2	1	1	2		72
4	1	2	2	2	2	1		75
5	2	1	2	1	2	1		70
6	2	1	2	2	1	2		74
7	2	2	1	1	2	2		60
8	2	2	1	2	1	1		71
K_1	285	282	269	267	282	281		560
K_2	275	278	291	293	278	279		
κ_1	71.25	70.5	67.25	66.75	70.5	70.25		
κ_2	68.75	69.5	72.75	73.25	69.5	69.75		
极差	2.5	1.0	5.0	6.5	1.0	0.5		
优方案	A_1	B_1	2水平	C_2	1水平	1水平		

12.5 正交试验设计的方差分析

前面几节介绍了用正交表安排多因素试验的方法,并用直观分析法对试验结果进行了必要的分析.直观分析法的优点是简单、直观、易做,计算量较少.这一节我们用方差分析法对正交试验的结果作进一步的分析.

12.5.1 方差分析的步骤与格式

在第10章中,详细讨论了单因素、双因素的方差分析,对于更多因素的方差分析,只要把上面的结果进行推广就行了.与第10章内容相对照,我们现在将正交试验设计的方差分析所包含的内容归纳如下.

设用正交表安排 m 个因素的试验,试验总次数为 n,试验结果分别为 $x_1,x_2,\cdots,x_n$.假定每个因素有 n_a 个水平,每个水平做 a 次试验.则 $n=an_a$,我们要分析下面几个问题.

1. 计算离差的平方和

(1) 总离差的平方和 S_T

记
$$\bar{x}=\frac{1}{n}\sum_{k=1}^{n}x_k.$$

$$S_T = \sum_{k=1}^{n}(x_k - \overline{x})^2 = \sum_{k=1}^{n} x_k^2 - \frac{1}{n}\Big(\sum_{k=1}^{n} x_k\Big)^2 \tag{12.5.1}$$

记为

$$S_T = Q_T - P. \tag{12.5.2}$$

其中

$$Q_T = \sum_{k=1}^{n} x_k^2, \tag{12.5.3}$$

$$P - \frac{1}{n}\Big(\sum_{k=1}^{n} x_k\Big)^2. \tag{12.5.4}$$

S_T 反映了试验结果的总差异，它越大，说明各次试验的结果之间的差异越大. 试验的结果之所以会有差异，一是由因素水平的变化所引起，二是因为有试验误差. 因此差异是不可避免的.

(2) 各因素离差的平方和

下面以计算因素 A 的离差的平方和 S_A 为例来说明. 设因素 A 安排在正交表的某列，可看作单因素试验. 用 x_{ij} 表示因素 A 的第 i 个水平的第 j 个试验的结果（$i = 1,2,\cdots,n_a$；$j = 1,2,\cdots,a$），则有

$$\sum_{i=1}^{n_a}\sum_{j=1}^{a} x_{ij} = \sum_{k=1}^{n} x_k. \tag{12.5.5}$$

由单因素的方差分析

$$\begin{aligned} S_A &= \frac{1}{a}\sum_{i=1}^{n_a}\Big(\sum_{j=1}^{a} x_{ij}\Big)^2 - \frac{1}{n}\Big(\sum_{i=1}^{n_a}\sum_{j=1}^{a} x_{ij}\Big)^2 \\ &= \frac{1}{a}\sum_{i=1}^{n_a} K_i^2 - \frac{1}{n}\Big(\sum_{k=1}^{n} x_k\Big)^2, \end{aligned} \tag{12.5.6}$$

记为

$$S_A = Q_A - P. \tag{12.5.7}$$

其中

$$Q_A = \frac{1}{a}\sum_{i=1}^{n_a} K_i^2, \tag{12.5.8}$$

$$K_i = \sum_{j=1}^{a} x_{ij}. \tag{12.5.9}$$

K_i 表示因素的第 i 个水平 a 次试验结果的和.

S_A 反映了因素 A 的水平变化时所引起的试验结果的差异，即因素 A 对试验结果的影响. 用同样的方法可以计算其它因素的离差的平方和. 需要指出的是，对于两因素的交互作用，我们把它当成一个新的因素看待. 如果交互作用占两列，则交互作用的离差的平方和等于这两列的离差的平方和之和. 比如

$$S_{A\times B} = S_{(A\times B)_1} + S_{(A\times B)_2}, \tag{12.5.10}$$

(3) 试验误差的离差的平方和 S_E

设 $S_{\text{因+交}}$ 为所有因素以及要考虑的交互作用的离差的平方和，因为

$$S_T = S_{\text{因+交}} + S_E. \tag{12.5.11}$$

所以

$$S_E = S_T - S_{\text{因+交}}. \tag{12.5.12}$$

2. 计算自由度

根据自由度的概念，各自由度可按下面公式计算

试验的总自由度

$$f_{\text{总}} = \text{试验总次数} - 1 = n - 1. \tag{12.5.13}$$

各因素的自由度

$$f_{\text{因}} = \text{因素的水平数} - 1. \tag{12.5.14}$$

两因素交互作用的自由度等于两因素的自由度之积，比如

$$f_{A\times B} = f_A \times f_B. \tag{12.5.15}$$

记 f_E 为试验误差的自由度，因为

$$f_{\text{总}} = f_{\text{因+交}} + f_E, \tag{12.5.16}$$

所以

$$f_E = f_{\text{总}} - f_{\text{因+交}}. \tag{12.5.17}$$

3. 计算平均离差平方和(均方)

在计算各因素离差的平方和时，我们知道，它们都是若干项平方的和，它们的大小与项数有关，因此不能确切地反映各因素的情况. 为了消除项数的影响，我们计算它们的平均离差的平方和. 平均离差的平方和定义如下

$$\text{因素的平均离差平方和} = \frac{\text{因素离差的平方和}}{\text{因素的自由度}} = \frac{S_{\text{因}}}{f_{\text{因}}}. \tag{12.5.18}$$

$$\text{试验误差的平均离差平方和} = \frac{\text{试验误差的离差的平方和}}{\text{试验误差的自由度}} = \frac{S_E}{f_E}. \tag{12.5.19}$$

4. 求 F 比

将各因素的平均离差的平方和与误差的平方和相比，得出 F 值. 这个比值的大小反映了各因素对试验结果影响程度的大小.

5. 对因素进行显著性检验

对给出的检验水平 α，从 F 分布表中查出 $F_\alpha(f_{因}, f_E)$（通常叫临界值），将在第 4 项中算出的该因素的 F 比值与该临界值比较，若 $F > F_\alpha(f_{因}, f_E)$ 说明该因素对试验结果的影响显著，两数差别越大，说明该因素的显著性越大；若 $F < F_\alpha(f_{因}, f_E)$，说明该因素对试验结果的影响不显著.

12.5.2　3 水平的方差分析

3 水平正交设计是最一般的正交设计. 它的方差分析方法最具有代表性. 下面举例说明.

例 12.5.1　为提高某产品的产量，需要考虑 3 个因素：反应温度、反应压力和溶液浓度，每个因素都取 3 个水平，具体数值如表 12.20 所示. 考虑因素之间的所有一级交互作用，试找出较好的工艺条件.

表　12.20

水平 \ 因素	A(温度)/℃	B(压力)/10^5 Pa	C(浓度)/%
1	60	2.0	0.5
2	65	2.5	1.0
3	70	3.0	2.0

解　这是 3 因素 3 水平的试验. 每两个因素的交互作用要占两列，3 个因素的所有一级交互作用共有 3 个，共占 6 列. 连同 3 个因素 A、B、C，在正交表中共占 9 列. 应当选正交表 $L_{27}(3^{13})$，按该表安排 3 因素的表头设计（见书后附表 B 中的附表 7）作出各因素及其交互作用的安排（见表 12.21），进行试验，得出试验结果，列于表 12.21 的右边.

根据前面 12.5.1 中的式(12.5.1) 到式(12.5.12) 计算如下.

首先
$$\sum_{k=1}^{27} x_k = 1.30 + \cdots + 6.57 = 100.64.$$

所以
$$P = \frac{1}{27}\Big(\sum_{k=1}^{27} x_k\Big)^2 = \frac{1}{27}(100.64)^2 = 375.13.$$

又
$$Q_T = \sum_{k=1}^{27} x_k^2 = 1.30^2 + \cdots + 6.57^2 = 536.33.$$

所以 $S_T = Q_T - P = 536.33 - 375.13 = 161.20.$

表 12.21

列号	1	2	3	4	5	6	7	8	11	
试验号＼因素	A	B	$(A\times B)_1$	$(A\times B)_2$	C	$(A\times C)_1$	$(A\times C)_2$	$(B\times C)_1$	$(B\times C)_2$	产量 /kg
1	1	1	1	1	1	1	1	1	1	1.30
2	1	1	1	1	2	2	2	2	2	4.63
3	1	1	1	1	3	3	3	3	3	7.23
4	1	2	2	2	1	1	1	2	3	0.50
5	1	2	2	2	2	2	2	3	1	3.67
6	1	2	2	2	3	3	3	1	2	6.23
7	1	3	3	3	1	1	1	3	2	1.37
8	1	3	3	3	2	2	2	1	3	4.73
9	1	3	3	3	3	3	3	2	1	7.07
10	2	1	2	3	1	2	3	1	1	0.47
11	2	1	2	3	2	3	1	2	2	3.47
12	2	1	2	3	3	1	2	3	3	6.13
13	2	2	3	1	1	2	3	2	3	0.33
14	2	2	3	1	2	3	1	3	1	3.40
15	2	3	3	1	3	1	2	1	2	5.80
16	2	3	1	2	1	2	3	3	2	0.63
17	2	3	1	2	2	3	1	1	3	3.97
18	2	3	1	2	3	1	2	2	1	6.50
19	3	1	3	2	1	3	2	1	1	0.03
20	3	1	3	2	2	1	3	2	2	3.40
21	3	1	3	2	3	2	1	3	3	6.80
22	3	2	1	3	1	3	2	2	3	0.57
23	3	2	1	3	2	1	3	3	1	3.97
24	3	2	1	3	3	2	1	1	2	6.83
25	3	3	2	1	1	3	2	3	2	1.07
26	3	3	2	1	2	1	3	1	3	3.97
27	3	3	2	1	3	2	1	2	1	6.57
K_1	36.73	33.46	35.63	34.30	6.27	32.94	34.21	33.33	32.98	100.64
K_2	30.70	31.30	32.08	31.73	35.21	34.66	33.13	33.04	33.43	
K_3	33.21	35.88	32.93	34.61	59.16	33.04	33.30	34.27	34.23	

以下依次计算，有

$$Q_A = \frac{1}{9}(36.73^2 + 30.70^2 + 33.21^2) = 377.17,$$

$$Q_B = \frac{1}{9}(33.46^2 + 31.30^2 + 35.88^2) = 376.29,$$

$$Q_C = \frac{1}{9}(6.27^2 + 35.21^2 + 59.16^2) = 531.00,$$

$$Q_{(A\times B)_1} = \frac{1}{9}(35.63^2 + 32.08^2 + 32.93^2) = 375.89,$$

$$Q_{(A\times B)_2} = \frac{1}{9}(34.30^2 + 31.73^2 + 34.61^2) = 375.68,$$

$$Q_{(A\times C)_1} = \frac{1}{9}(32.94^2 + 34.66^2 + 33.04^2) = 375.33,$$

$$Q_{(A\times C)_2} = \frac{1}{9}(34.21^2 + 33.13^2 + 33.30^2) = 375.20,$$

$$Q_{(B\times C)_1} = \frac{1}{9}(33.33^2 + 33.04^2 + 34.27^2) = 375.22,$$

$$Q_{(B\times C)_2} = \frac{1}{9}(32.98^2 + 33.43^2 + 34.23^2) = 375.22.$$

由此得出

$$S_A = Q_A - P = 2.04,$$

$$S_B = Q_B - P = 1.16,$$

$$S_C = Q_C - P = 155.87,$$

$$\begin{aligned} S_{A\times B} &= S_{(A\times B)_1} + S_{(A\times B)_2} \\ &= Q_{(A\times B)_1} - P + Q_{(A\times B)_2} - P \\ &= Q_{(A\times B)_1} + Q_{(A\times B)_2} - 2P = 1.32. \end{aligned}$$

类似地

$$S_{A\times C} = Q_{(A\times C)_1} + Q_{(A\times C)_2} - 2P = 0.28,$$

$$S_{B\times C} = Q_{(B\times C)_1} + Q_{(B\times C)_2} - 2P = 0.18.$$

最后计算误差平方和,有

$$S_E = S_T - S_{因+交}$$
$$= S_T - (S_A + S_B + S_C + S_{A\times B} + S_{A\times C} + S_{B\times C}) = 0.34.$$

用公式(12.5.13)到公式(12.5.17)计算自由度

$$f_A = f_B = f_C = 3-1 = 2,$$
$$f_{A\times B} = f_{A\times C} = f_{B\times C} = 2\times 2 = 4,$$
$$f_{总} = n-1 = 27-1 = 26,$$
$$f_E = f_{总} - f_{因+交} = 26-18 = 8.$$

再用公式(12.5.18)、(12.5.19)计算平均离差的平方和(均方),然后计算 F 值,再与从 F 分布表中查出的相应的临界值(我们取 $\alpha = 0.01$)比较,判断各因素显著性的大小.

通常,若 $F > F_{0.01}(f_{因}, f_E)$,就称该因素的影响是高度显著的,用两个 * 号表示.若 $F < F_{0.01}(f_{因}, f_E)$,但 $F > F_{0.05}(f_{因}, f_E)$,则称该因素的影响是显著的,用一个 * 号表示.若 $F < F_{0.05}(f_{因}, f_E)$,则称该因素的影响是不显著的,不用 * 号.

我们把上述分析计算概括地列成方差分析表,如表 12.22 所示.其中 $S_{A\times C}$,$S_{B\times C}$ 都很小,和误差项合并,作为误差项.

从表 12.22 中的 F 值与临界值比较看出,因素 A、B、C 和交互作用 $A\times B$ 对试验结果的影响都是显著的,从 F 值的大小看出,因素 C 最显著,以下依次为 A、B、$A\times B$.

表 12.22

方差来源	离差平方和	自由度	平均离差平方和	F 值	临界值	显著性	优方案
A	2.04	2	1.02	20.40	$F_{0.01}(2,16) = 6.23$	* *	A_1
B	1.17	2	0.58	11.60		* *	B_3
C	155.87	2	77.93	1559.60		* *	C_3
$A\times B$	1.32	4	0.33	6.60	$F_{0.01}(4,16) = 4.77$	* *	A_1B_3
$A\times C$	0.28	4					
$B\times C$	0.18	4	0.05				
误差	0.34	8					
总和	161.20	26					

由于这里的试验指标是产品的产量,当然是越大越好,所以最优方案应取各因素中 K 的最大值所对应的水平.从表 12.23 看出,因素 A 应取第 1 水平 A_1,因素 B 应取第 3 水平 B_3,因素 C 应取第 3 水平 C_3.交互作用 $A\times B$ 也是显著的,但由于 $A\times B$ 占两列,直观分析法有些困难,因此把 A 和 B 的各种组合的试验结果对照起来分析,如表 12.23.

表　12.23

B \ A	1	2	3
1	13.16	10.07	10.23
2	10.40	9.53	11.37
3	13.17	11.10	11.61

从表 12.23 看出，当 A 取第 1 水平、B 取第 3 水平时，试验结果为 13.17，是所有结果中的最大值，因此可取 A_1B_3，这与前面单独考虑因素 A、B 时所得的结果是一致的. 于是最优方案就取 $A_1B_3C_3$. 这里需要指出的是，从表 12.23 看出，A_1B_1 的试验结果为 13.16，与 13.17 差不多，因此也可取 $A_1B_1C_3$. 从前面 27 次试验结果看，$A_1B_1C_3$ 的结果为 7.23，$A_1B_3C_3$ 的结果为 7.07，$A_1B_1C_3$ 比 $A_1B_3C_3$ 还好. 之所以会出现这种情况，因为我们的分析计算本身是有误差的，得出的结论不能认为是绝对准确的. 真正的最优方案要经实践检验后确定.

12.5.3　2 水平的方差分析

由于 2 水平正交设计比较简单，它的方差分析可以采用特殊的分析方法，就是在一般分析法中，计算也可以简化.

1. 一般分析法

2 水平正交设计，各因素离差平方和为

$$S_{因} = \frac{1}{a}\sum_{i=1}^{2}K_i^2 - \frac{1}{n}\Big(\sum_{k=1}^{n}x_k\Big)^2. \qquad (12.5.20)$$

因为 $n = 2a$，$\frac{1}{a} = \frac{2}{n}$，又 $\sum_{k=1}^{n}x_k = K_1 + K_2$，所以上式可简化为

$$S_{因} = \frac{1}{n}(K_1 - K_2)^2. \qquad (12.5.21)$$

这里 2 水平设计计算离差平方和的一般公式，同样适用于有交互作用的情况.

例 12.5.2　某农药厂生产某种农药，指标是农药的收率，显然是越大越好. 据经验知，影响农药收率的因素有 4 个：反应温度 A，反应时间 B，原料配比 C，真空度 D. 每个因素都是两个水平，具体情况如下：A_1：60℃，A_2：80℃；B_1：2.5h，B_2：3.5h；C_1：1.1 : 1，C_2：1.2 : 1；D_1：66500Pa，D_2：79800Pa. 并考虑 A，B 的交互作用. 选用正交表 $L_8(2^7)$ 安排试验. 按试验号逐次进行试验. 得出试验结果分别为(%)86，95，91，94，91，96，83，88. 试进行方差分析.（$\alpha = 0.05$）

解　列出正交表 $L_8(2^7)$ 和试验结果，见表 12.24.

表 12.24

试验号＼因素	1 A	2 B	3 $A\times B$	4 C	5	6	7 D	试验结果 $x_k/\%$	x_k^2
1	1	1	1	1	1	1	1	86	7396
2	1	1	1	2	2	2	2	95	9025
3	1	2	2	1	1	2	2	91	8281
4	1	2	2	2	2	1	1	94	8836
5	2	1	2	1	2	1	2	91	8281
6	2	1	2	2	1	2	1	96	9216
7	2	2	1	1	2	2	1	83	6889
8	2	2	1	2	1	1	2	88	7744
K_1	366	368	352	351	361	359	359	$T=\sum_{k=1}^{8}x_k$	$Q_T=\sum_{k=1}^{8}x_k^2$
K_2	358	356	372	373	363	365	365	$=724$	$=65668$
S	8	18	50	60.5	0.5	4.5	4.5		

计算离差平方和：

$$S_T=Q_T-P=\sum_{k=1}^{8}x_k^2-\frac{T^2}{8}$$

$$=65668-\frac{1}{8}(724)^2=146,$$

$$S_A=\frac{1}{8}(K_1-K_2)^2=\frac{1}{8}(366-358)^2=8,$$

类似地

$$S_B=\frac{1}{8}(368-356)^2=18,$$

$$S_{A\times B}=\frac{1}{8}(352-372)^2=50,$$

$$S_C=\frac{1}{8}(351-373)^2=60.5,$$

$$S_D=\frac{1}{8}(359-365)^2=4.5.$$

误差平方和

$$S_E=S_T-(S_{\text{因}}+S_{\text{交}})$$

$$=146-(8+18+50+60.5+4.5)=5,$$

还可用另一种方法算出 S_E

$$S_E = S_{空列} = S_{5列} + S_{6列}$$

$$= \frac{1}{8}(361-363)^2 + \frac{1}{8}(359-365)^2 = 5.$$

计算自由度

总自由度　$f_T = 8 - 1 = 7$，

因素的自由度　$f_A = f_B = f_C = f_D = 2 - 1 = 1$，

交互作用自由度　$f_{A\times B} = f_A \times f_B = 1$，

误差自由度　$f_E = f_T - (f_{因} + f_{交}) = 7 - 5 = 2$.

计算均方值：由于各因素和交互作用 $A \times B$ 的自由度都是 1，因此它们的均方值与它们的各自平方和相等，只有误差的均方值为 $MS_E = \frac{S_E}{2} = \frac{5}{2} = 2.5$.

计算 F 比：

$$F_A = \frac{MS_A}{MS_E} = \frac{8}{2.5} = 3.2.$$

类似地

$$F_B = \frac{18}{2.5} = 7.2, \quad F_{A\times B} = \frac{50}{2.5} = 20,$$

$$F_C = \frac{60.5}{2.5} = 24.2, \quad F_D = \frac{4.5}{2.5} = 1.8.$$

最后列出方差分析表如表 12.25.

表　12.25

方差来源	离差平方和 S	自由度 f	均方 MS	F 值	临界值	显著性
A	8	1	8	3.2	$F_{0.05}(1,2) = 18.5$	
B	18	1	18	7.2		
$A\times B$	50	1	50	20.0		*
C	60.5	1	60.5	24.2		*
D	4.5	1	4.5	1.8		
误差 E	5	2	2.5			
总和 T	146	7				

从表 12.25 中的 F 值的大小可以看出，各因素对试验影响大小的顺序为 $C, A\times B, B, A, D$. C 影响最大，其次是交互作用 $A\times B$，D 的影响最小. 若各因素分别选取最优条件应当是 C_2, B_1, A_1, D_2，但考虑到交互作用 $A\times B$ 的影响较大，且它的第 2 水平为好，从正交表看出在 $C_2, (A\times B)_2$ 的情况下，有 A_1, B_2 和 A_2, B_1，考虑到 B 的影响比 A 的影响大，而

B 选 B_1 为好，当然随之只能选 A_2 了. 这样最后确定下来的最优方案应当是 $A_2B_1C_2D_2$. 这个方案不在正交表的 9 个试验中，从试验结果看，9 个试验中的最好方案是 $A_2B_1C_2D_1$，从理论上讲，$A_2B_1C_2D_2$ 应当优于 $A_2B_1C_2D_1$，可按 $A_2B_1C_2D_2$ 进行试验，看结果如何. 最后从这两个方案中选定一个作为优方案.

2. 耶茨(Yates)算法

以上介绍的一般分析法步骤多，计算量大，比较繁. 对于 2 水平正交表有一种简便的算法，它可以脱离正交表进行计算，这种方法叫耶茨算法. 下面通过例题来说明这种方法.

例 12.5.3 用耶茨算法对例 12.5.2 进行方差分析.

现列出本例耶茨算法的具体计算表，如表 12.26.

表 12.26

试验号 \ 因素	A 1	B 2	$A\times B$ 3	C 4	$A\times C$ 5	$B\times C$ 6	D 7	试验结果 (0)	耶茨算法 (1)	(2)	(3)	$\frac{(3)}{8}$ (4)	$\frac{(3)^2}{8}$ (5)	对应列号	相应项目
1	$L_8(2^7)$ 正交表							86	181	366	724	90.5	65522	0	P
2								95	185	358	8	1.0	8	1	S_A
3								91	187	−4	12	1.5	18	2	S_B
4								94	171	16	−20	−2.5	50	3	$S_{A\times B}$
5								91	−9	−12	−22	−2.75	60.5	4	S_C
6								96	−3	−10	−2	−0.25	0.5	5	$S_{A\times C}$
7								83	−5	−6	−6	−0.75	4.5	6	$S_{B\times C}$
8								88	−5	0	−6	−0.75	4.5	7	S_D
$\sum$								724				86	65668		

具体计算步骤如下：

① 将试验结果记为(0)列；

② 由(0)列计算得出(1)列，计算方法是：将(0)列中的8个数依次两两相加，得出(1)列中的前 4 个数，再依次两两相减(前数减后数)得出(1)列中的后 4 个数；如

$$86+95=181,91+94=185,91+96=187,83+88=171;$$

$$86-95=-9,91-94=-3,91-96=-5,83-88=-5.$$

③ 把(1)列从当中用虚线分成上、下两部分，对上半部分的 4 个数，先依次两两相加得出(2)列上半部分的前两个数，再依次两两相减(前减后)得出(2)列上半部分的后两个数，用如前方法得出(2)列的下半部分的 4 个数，如

$181 + 185 = 366, 187 + 171 = 358,$

$181 - 185 = -4, 187 - 171 = 16,$

$(-9) + (-3) = -12, (-5) + (-5) = -10,$

$(-9) - (-3) = -6, (-5) - (-5) = 0.$

④ 将(2)列的上、下两部分再各自平分为两部分，对(2)列这4部分的两个数分别先相加得一个数再相减得一个数，共得出(3)列中的8个数. 如

$366 + 358 = 724,\qquad 366 - 358 = 8,$

$(-4) + 16 = 12,\qquad (-4) - 16 = -20,$

$\cdots.$

该列的第一个数是试验结果各数值的总和.

⑤ 将(3)列中的各数分别除以$n(n=8)$得出(4)列中的8个数；该列的第一个数是试验结果的平均值.

⑥ 将(3)列中的各数分别平方后除以$n(n=8)$得出(5)列中的8个数，该列的第一个数是$P = \frac{1}{n}\left(\sum_{k=1}^{n} x_k\right)^2$. 以下各数依次为$S_A, S_B, S_{A\times B}, S_C, S_{A\times C}, S_{B\times C}, S_D$. 有了这些数，以下与上面的一般分析法相同，不再重复.

12.5.4　混合水平的方差分析

混合水平正交设计的方差分析，本质上与水平数相等正交设计的方差分析相同，只要在计算时注意到各列水平数的差别就行了.

现以$L_8(4\times 2^4)$混合型正交表为例加以说明.

总离差平方和仍为

$$S_T = Q_T - P = \sum_{k=1}^{8} x_k^2 - \frac{1}{8}\left(\sum_{k=1}^{8} x_k\right)^2. \tag{12.5.22}$$

因素偏差平方和有两种情况：

2水平因素　$$S = \frac{1}{8}(K_1 - K_2)^2. \tag{12.5.23}$$

4水平因素　$$S = \frac{1}{2}(K_1^2 + K_2^2 + K_3^2 + K_4^2) - \frac{1}{8}\left(\sum_{k=1}^{8} x_k\right)^2. \tag{12.5.24}$$

例 12.5.4　某钢厂生产一种合金，为便于校直冷拉，需要进行一次退火热处理，以降

低合金的硬度. 根据冷加工变形量,在该合金技术要求范围内,硬度越低越好. 试验的目的是寻求降低硬度的退火工艺参数. 考察的指标是洛氏硬度(HR_C),经分析研究,要考虑的因素有3个:① 退火温度(A),取4个水平:A_1:730℃,A_2:760℃,A_3:790℃,A_4:820℃;② 保温时间(B),2水平,B_1:1h,B_2:2h;③ 冷却介质(C),2水平,C_1:空气,C_2:水. 选用混合正交表$L_8(4\times 2^4)$. A,B,C分别放在第1,2,3列. 试验结果列于表12.27右边.

表 12.27

试验号 \ 因素	A	B	C			试验结果 x_k	x_k^2
	1	2	3	4	5		
1	1	1	1	1	1	31.60	998.56
2	1	2	2	2	2	31.00	961.00
3	2	1	1	2	2	31.60	998.56
4	2	2	2	1	1	30.50	930.25
5	3	1	2	1	2	31.20	973.44
6	3	2	1	2	1	31.00	961.00
7	4	1	2	2	1	33.00	1089.00
8	4	2	1	1	2	30.30	918.09
K_1	62.60	127.40	124.50	123.60	126.10	$T=250.20$	$Q_T=7829.90$
K_2	62.10	122.80	125.70	126.60	124.10		
K_3	62.20						
K_4	63.30						
S	0.44	2.65	0.18	0.13	0.50		

这里
$$P=\frac{T^2}{8}=\frac{1}{8}(250.20)^2=7825.01,$$

$$S_T=Q_T-P=7829.90-7825.01=4.89,$$

$$S_A=\frac{1}{2}(K_1^2+K_2^2+K_3^2+K_4^2)-P$$

$$=\frac{1}{2}(62.60^2+62.10^2+62.20^2+63.30^2)-7825.01$$

$$=0.44,$$

$$S_B=\frac{1}{8}(K_1-K_2)^2=\frac{1}{8}(127.40-122.80)^2=2.65,$$

$$S_C=\frac{1}{8}(124.50-125.70)^2=0.18,$$

$$S_{4列}=\frac{1}{8}(123.60-126.60)^2=1.13,$$

$$S_{5列}=\frac{1}{8}(126.10-124.10)^2=0.50,$$

$$S_E=S_{空列}=S_{4列}+S_{5列}=1.63.$$

列出方差分析表如表 12.28.

表　12.28

方差来源	离差平方和 S	自由度 f	均方 S/f	F 值	显著性
A	0.44	3	0.15	0.18	
B	2.65	1	2.65	3.23	(*)
C	0.18	1	0.18	0.22	
误差 E	1.63	2	0.82		
总和 T	4.90	7			

$$F_{0.05}(3,2)=19.16,\quad F_{0.10}(3,2)=9.16,$$

$$F_{0.05}(1,2)=18.51,\quad F_{0.10}(1,2)=8.53.$$

从 F 值和临界值比较看出，即使取 $\alpha=0.10$，各因素都无显著影响，相对来说 B 的影响大些，我们用(*)表示. 如果只考虑因素 B，把因素 A，C 都并入误差，这样一来，新的误差 E' 有

$$S_{E'}=S_A+S_C+S_{空列}$$

$$=0.44+0.18+1.63=2.25.$$

再列方差分析表如表 12.29.

表　12.29

方差来源	离差平方和 S	自由度 f	均方 S/f	F 值	显著性
B	2.65	1	2.65	6.97	*
误差 E'	2.25	6	0.38		
总和 T	4.90	7			

$$F_{0.05}(1,6)=5.99,\quad F_{0.01}(1,6)=13.75.$$

从 F 值和临界值比较看出，因素 B(保温时间) 成为显著性因素，本例中因素影响从大到小依次为 B，C，A. 说明因素 A(退火温度) 影响最小. 选定最优方案为 $A_2B_2C_1$. 即退火温度 760℃，保温时间 2h，空气冷却.

12.5.5 拟水平法的方差分析

拟水平法的方差分析与一般的方差分析没有本质的区别，只是在计算拟水平时要注意各水平重复的次数不同.

例 12.5.5 钢片在镀锌前要用酸洗的方法除锈，为了提高除锈效率，缩短酸洗时间，先安排酸洗试验. 考察指标是酸洗时间. 在除锈效果达到要求的情况下，酸洗时间越短越好. 要考虑的因素及其水平如表 12.30 所示.

表 12.30

因素 / 水平	A H_2SO_4(g/l)	B CH_4N_2S(g/l)	C 洗涤剂(70g/l)	D 槽温 /℃
1	300	12	OP 牌	
2	200	4	海鸥牌	
3	250	8		

选取正交表 $L_9(3^4)$，将因素 C 虚拟 1 个水平，据经验知，海鸥牌比 OP 牌的效果好，故虚拟第 2 水平(海鸥牌)安排在第 1 列，改写为 $1'$ 列，见表 12.31. 因素 B,A,D 依次安排在第 2,3,4 列，表正好排满. 按此安排进行试验测试结果列于表 12.31 右边.

表 12.31

因素 / 试验号	1	C $1'$	B 2	A 3	D 4	试验结果(酸洗时间) x_k/min	x_k^2
1	1	1	1	1	1	36	1296
2	1	1	2	2	2	32	1024
3	1	1	3	3	3	20	400
4	2	2	1	2	3	22	484
5	2	2	2	3	1	34	1156
6	2	2	3	1	2	21	441
7	3	2	1	3	2	16	256
8	3	2	2	1	3	19	361
9	3	2	3	2	1	37	1369
K_1		88	74	76	107	$T=237$	$Q_T=6787$
K_2		149	85	91	69		
K_3			78	70	61		
K_1^2		7744	5476	5776	11449		
K_2^2		22201	7225	8281	4761		
K_3^2			6084	4900	3721		
S		40.5	20.67	78	402.67		

这里　$P = \frac{T^2}{9} = \frac{1}{9}(237)^2 = 6241$,

$$S_T = Q_T - P = 6787 - 6241 = 546.$$

因素 C 的第 1 水平重复 3 次，虚拟的第 2 水平共重复 6 次，因此离差平方和为

$$S_C = \frac{K_1^2}{3} + \frac{K_2^2}{6} - P = \frac{1}{3}(7744) + \frac{1}{6}(22201) - 6241 = 40.50.$$

其余各因素的各水平都重复 3 次，离差平方和为

$$S_B = \frac{1}{3}(K_1^2 + K_2^2 + K_3^2) - P$$

$$= \frac{1}{3}(5476 + 7225 + 6084) - 6241 = 20.67,$$

$$S_A = \frac{1}{3}(5776 + 8281 + 4900) - 6241 = 78,$$

$$S_D = \frac{1}{3}(11449 + 4761 + 3721) - 6241 = 402.67.$$

误差的离差平方和为

$$S_E = S_T - (S_C + S_B + S_A + S_D)$$

$$= 546 - (40.5 + 20.67 + 78 + 402.67) = 4.16.$$

列出方差分析表如表 12.32.

表　12.32

方差来源	离差平方和 S	自由度 f	均方 S/f	F 值	显著性
A	78.00	2	39.00	9.38	
B	20.67	2	10.34	2.49	
C	40.50	1	40.50	9.74	
D	402.67	2	201.34	48.40	(*)
误差 E	4.16	1	4.16		
总和 T	546.00	8			

$$F_{0.05}(2,1) = 199.50, \quad F_{0.10}(2,1) = 49.50,$$

$$F_{0.05}(1,1) = 161.40, \quad F_{0.10}(1,1) = 39.80.$$

从 F 值和临界值比较看出，各因素均无显著影响，相对来说，因素 D 的影响大些. 我们把影响最小的因素 B 并入误差，使得新的误差平方和为 $S_{E'} = S_E + S_B$，再列方差分析表，

如表 12.33.

表 12.33

误差来源	离差平方和 S	自由度 f	均方 S/f	F 值	显著性
A	78.00	2	39.00	4.71	
C	40.50	1	40.50	4.89	
D	402.67	2	201.34	24.32	*
误差 E'	24.83	3	8.28		
总和 T	546.00	8			

$$F_{0.05}(2,3)=9.55,\quad F_{0.01}(2,3)=30.82,$$

$$F_{0.05}(1,3)=10.13,\quad F_{0.10}(1,3)=5.54.$$

由此看出，因素 D 有显著影响，因素 A,B 均无显著影响. 因素重要性的顺序为 $DCAB$，最优方案为 $A_3B_1C_2D_3$. 正交表中没有这个方案，从试验结果看出，在这 9 次试验中，最好的是第 7 号试验，它的水平组合是 $A_3B_1C_2D_2$.

12.5.6 重复试验的方差分析

重复试验就是对每个试验号重复多次，这样能很好地估计试验误差，它的方差分析与无重复试验基本相同. 但要注意以下几点：

(1) 计算 $K_1,K_2,\cdots$ 时，要用各号试验重复 n 次的数据之和；

(2) 计算离差平方和时，公式中的"水平重复数"要改为"水平重复数与重复试验数之积"；

(3) 总体误差的离差平方和 S_E 由两部分构成：第一类误差，即空列误差 S_{E_1}；第二类误差即重复试验误差 S_{E_2}.

$$S_E=S_{E_1}+S_{E_2}. \tag{12.5.25}$$

S_{E_2} 的计算公式为

$$S_{E_2}=\sum_{i=1}^{n}\sum_{j=1}^{r}x_{ij}^2-\frac{1}{r}\sum_{i=1}^{n}\Big(\sum_{j=1}^{r}x_{ij}\Big)^2. \tag{12.5.26}$$

其中 r 为各号试验的重复次数，n 仍为试验号总数.

自由度
$$f_E=f_{E_1}+f_{E_2}. \tag{12.5.27}$$

其中
$$f_{E_2}=n(r-1). \tag{12.5.28}$$

例 12.5.6 硅钢带取消空气退火试验. 空气退火能脱出一部分碳，但钢带表面会生成一层很厚的氧化皮，增加酸洗的困难，欲取消这道工序，为此要做试验. 试验指标是钢带的磁性. 看一看取消空气退火工艺后钢带磁性有没有大的变化. 本试验考虑 2 个因素每个因素 2 个水平，退火工艺 A，A_1 为进行空气退火，A_2 为取消空气退火；成品厚度 B，B_1：0.20mm，B_2：0.35mm. 选用 $L_4(2^3)$ 正交表安排试验见表 12.34，每个试验号重复 5 次，试验结果列于表 12.34 右边，x_{ij} 表示第 i 号试验（$i=1,2,3,4$）的第 j 次重复的结果（$j=1,2,3,4,5$）.

表　12.34

因素 / 试验号	A 1	B 2	3	试验结果 $x_{ij}=\left(\text{原数}\times\frac{1}{100}-184\right)$					合计 x_i	x_i^2
1	1	1	1	2.5	5.0	1.2	2.0	1.0	11.7	136.89
2	1	2	2	8.0	5.0	3.0	7.0	2.0	25.0	625.00
3	2	1	2	4.0	7.0	0	5.0	6.5	22.5	506.25
4	2	2	1	7.5	7.0	5.0	4.0	1.5	25.0	625.00
K_1	36.7	34.2	36.7						84.2	1893.14
K_2	47.5	50.0	47.5							
S	6.05	12.80	6.05							

这里
$$S_A=\frac{1}{4\times5}(K_1-K_2)^2=\frac{1}{20}(36.7-47.5)^2=5.83,$$

$$S_B=\frac{1}{4\times5}(34.2-50.0)^2=12.48,$$

$$S_{E_1}=S_{\text{空列}}=S_{3\text{列}}=\frac{1}{4\times5}(36.7-47.5)^2=5.83,$$

$$S_{E_2}=\sum_{i=1}^{4}\sum_{j=1}^{5}x_{ij}^2-\frac{1}{5}\sum_{i=1}^{4}\left(\sum_{j=1}^{5}x_{ij}\right)^2$$

$$=(2.5^2+5.0^2+\cdots+4.0^2+1.5^2)-\frac{1}{5}(1893.14)$$

$$=90.81,$$

$$f_{E_1}=1,\quad f_{E_2}=4\times(5-1)=16,$$

$$S_E=S_{E_1}+S_{E_2}=5.83+90.81=96.64,$$

$$f_E=f_{E_1}+f_{E_2}=1+16=17.$$

列方差分析表如表 12.35.

表 12.35

方差来源	离差平方和 S	自由度 f	均方 S/f	F 值	显著性
A	5.83	1	5.83	1.03	
B	12.48	1	12.48	2.20	
误差 E	96.64	17	5.68		
总和 T		19			

$$F_{0.10}(1,17)=3.02,\quad F_{0.25}(1.17)=1.42.$$

从方差分析的结果看出，空气退火工序 A 对钢带磁性无显著影响，可以取消这个工序.

12.5.7 重复取样的方差分析

前面介绍的重复试验法的缺点是增加了试验的次数，这样会使试验费用增加，时间延长，对解决问题不利. 如果试验得出的产品是多个，可以采取重复取样的方法来考察因素的影响. 重复取样和重复试验法在计算误差离差平方和时，方法是一样的，但要注意的是：重复取样误差反映的是产品的不均匀性与试样的测量误差(称为局部试验误差). 一般说这种误差较小，应该说不能用它来检验各因素水平之间是否存在差异，但是如果符合下面两种情况，可以把重复取样得出的误差平方和 S_{E_2} 作为试验误差.

(1) 正交表的各列都已排满，无空列提供第一类误差，这时用 S_{E_2} 作为试验误差检验各因素及其交互作用，检验结果如果有一半左右的因素及交互作用的影响不显著，就可以认为这种检验是合理的.

(2) 若重复取样得到的局部试验误差 S_{E_2} 与整体试验误差 S_{E_1}(不妨就这样记) 相差不大，就可以把 S_{E_1}，S_{E_2} 合并起来作为试验误差 S_E.

什么是“相差不大”?考虑由两类误差的 F 比

$$F=\frac{S_{E_1}/f_{E_1}}{S_{E_2}/f_{E_2}}\sim F(f_{E_1},f_{E_2}) \qquad (12.5.29)$$

求出 F 值. 对给定的检验水平 α，查出 $F_\alpha(f_{E_1},f_{E_2})$，如果 $F<F_\alpha(f_{E_1},f_{E_2})$，就说 S_{E_1}，S_{E_2} 差异不显著，或说相差不大，这时就把 S_{E_1}，S_{E_2} 合并起来作为试验误差 S_E，即

$$S_E=S_{E_1}+S_{E_2},\quad f_E=f_{E_1}+f_{E_2}. \qquad (12.5.30)$$

如果 $F>F_\alpha(f_{E_1},f_{E_2})$，则两类误差有显著差异，不能合并使用.

例 12.5.7 用烟灰和煤矸石作原料制造烟灰砖的试验. 试验指标是干坯的扯断力(10^5Pa). 考虑 3 个因素，每个因素 3 个水平，具体情况如表 12.36 所示.

表　12.36

水平 \ 因素	A 成形水份 /%	B 碾压时间 /min	C 料重/(kg/ 盘)
1	9	8	330
2	10	10	360
3	11	12	400

选用 $L_9(3^4)$ 正交表作试验，因素 A,B,C 分别列在第 1,2,3 列，见表 12.37. 每号试验生产出若干块干坯，采用重复取样的方法，每号试验中随机地取 5 块，测出扯断力，列于表 12.37 右边. x_{ij} 表示第 $i(i=1,2,\cdots,9)$ 号试验中的第 $j(j=1,2,\cdots,5)$ 个样品的测试结果.

表　12.37

试验号 \ 因素	A 1	B 2	C 3	4	试验结果(扯断力 − 20) x_{ij}					合计 x_i	x_i^2
1	1	1	1	1	−3.2	−3.8	−1.7	−2.1	−4.5	−15.3	234.09
2	1	2	2	2	−3.0	−4.4	−1.8	−5.3	−0.7	−15.2	231.04
3	1	3	3	3	−3.3	−2.3	−2.4	−2.6	−5.7	−16.3	256.69
4	2	1	2	3	−1.8	1.3	−1.4	−1.2	−7.9	−11.0	121.00
5	2	2	3	1	4.5	1.0	7.2	4.7	1.0	18.4	338.56
6	2	3	1	2	−2.9	−1.6	0.9	0.6	−1.9	−4.9	24.01
7	3	1	3	2	5.7	−0.7	3.0	18.6	−0.3	26.3	691.69
8	3	2	1	3	3.6	−4.8	−0.6	2.0	1.8	2.0	4.00
9	3	3	2	1	2.0	3.4	7.0	2.4	0.5	15.3	234.09
K_1	−46.8	0	−18.2	18.4						−0.7	2135.17
K_2	2.5	5.2	−10.9	6.2							
K_3	43.6	−5.9	28.4	−25.3							
K_1^2	2190.24	0	331.24	338.56							
K_2^2	6.25	27.04	118.81	38.44							
K_3^2	1900.96	34.81	806.56	640.09							
S	273.2	4.1	83.8	67.8							

这里

$$P=\frac{T^2}{5\times 9}=\frac{0.7^2}{45}=0.01$$

$$S_A=\frac{1}{5\times 3}(K_1^2+K_2^2+K_3^2)-P$$

$$\approx \frac{1}{15}(2190.24+6.25+1900.96)-0.01=273.15$$

$$S_B \approx \frac{1}{15}(0+27.04+34.81)-0.01=4.11$$

$$S_C \approx \frac{1}{15}(331.24+118.81+806.56)-0.01=83.76$$

$$S_{E_1} \approx S_{4列} = \frac{1}{15}(338.56+38.44+640.09)-0.01=67.80$$

$$S_{E_2} = \sum_{i=1}^{9}\sum_{j=1}^{5}x_{ij}^2 - \frac{1}{5}\sum_{i=1}^{9}\Big(\sum_{j=1}^{5}x_{ij}\Big)^2$$

$$= [(-3.2)^2+(-3.8)^2+\cdots+2.4^2+0.5^2]-\frac{1}{5}(2135.17)$$

$$= 858.47-427.03=431.44$$

$$f_{E_2} = 9\times(5-1)=36$$

列出方差分析表如表 12.38.

表 12.38

方差来源	离差平方和 S	自由度 f	均方 S/f	F 值	显著性
A	273.15	2	136.58		
B	4.11	2	2.06		
C	83.76	2	41.88		
误差 E_1	67.80	2	33.90		
E_2	431.44	36	11.98		
总和 T		44			

从表 12.38 看出，因素 B 的均方值小于第一类误差 E_1 的均方值，且与因素 A,C 的均方值相差甚多，所以我们把 S_B 并入 S_{E_1} 中，使得新的第一类误差的平方和为 $S_{E'_1}=S_B+S_{E_1}=71.91$，新的自由度 $f_{E'_1}=4$，与 S_{E_2} 比较有

$$F=\frac{S_{E'_1}/f_{E'_1}}{S_{E_2}/f_{E_2}}=\frac{71.91/4}{431.44/36}=1.5$$

给出 $\alpha=0.05$，查出 $F_{0.05}(4,36)\approx 2.61$，这里 $F=1.5<2.61$，所以两类误差可合并在一起成为整个的误差项，故

$$S_E=S_{E'_1}+S_{E_2}=71.91+431.44=503.35$$

$$f_E = f_{E'_1} + f_{E_2} = 4 + 36 = 40$$

再列方差分析表如表 12.39.

表　12.39

方差来源	离差平方和 S	自由度 f	均方 S/f	F 值	显著性
A	273.15	2	136.58	10.86	* *
C	83.76	2	41.88	3.33	*
误差 E	503.35	40	12.58		
总和 T		44			

查出 $F_{0.05}(2,40) = 3.23$，$F_{0.01}(2,40) = 5.18$，因为 $F_A = 10.86 > 5.18$，所以因素 A 的影响是特别显著的. $F_C = 3.33 > 3.23$，所以因素 C 的影响是显著的.

这个试验中因素的主次顺序为 ACB，最优方案应为 $A_3B_2C_3$. 正交表中没有这个方案. 从 9 个试验的结果看，最好方案为第 7 号试验，它是 $A_3B_1C_3$. 但由于因素 B 的影响很小，所以，B_1 与 B_2 差别不大.

最后我们对正交试验设计做一个简单的小结.

正交试验设计在解决多因素、多水平试验中是确有成效、值得推广的一种统计方法. 正交表是正交设计的工具，它是人们在总结大量实践的基础上进行加工整理，再进行理论分析而得到的成果. 用正交表进行试验设计，各因素各水平的搭配是均衡的，试验次数不多，但有较强的代表性. 用直观分析法和方差分析法都能分析出各因素对试验结果影响的大小从而确定出最好的试验方案.

在这里，我们着重介绍了正交试验设计的具体方法，进行了必要的理论分析，没有对正交设计作更全面的论述，也没有涉及太多正交设计的数学理论基础. 如果想对正交设计作深入的研究，可参考其它的有关书籍.

习　题　12

12.1　为提高烧结矿的质量，做下面的配料试验. 各因素及其水平如下表：

水平 \ 因素	A 精矿	B 生矿	C 焦粉	D 石灰	E 白云石	F 铁屑
1 水平	8.0	5.0	0.8	2.0	1.0	0.5
2 水平	9.5	4.0	0.9	3.0	0.5	1.0

反映质量好坏的试验指标为含铁量,越高越好.用正交表 $L_8(2^7)$ 安排试验.各因素依次放在正交表的1—6列上,8次试验所得含铁量(%)依次为50.9,47.1,51.4,51.8,54.3,49.8,51.5,51.3.试对结果进行分析,找出最优配料方案.

12.2 某厂用车床粗车轴杆.为提高工效,对转速、走刀量和吃刀深度进行正交试验.各因素及其水平如下表:

因素 \ 水平	A 转速 /r·min^{-1}	B 走刀量 /mm·转$^{-1}$	C 吃刀深度 /mm
1	480	0.33	2.5
2	600	0.20	1.7
3	765	0.15	2.0

试验指标为工时,越短越好.用正交表 $L_9(3^4)$ 安排试验.将各因素依次放在正交表的1、2、3列上.9次试验所得工时依次为1′28″,2′25″,3′14″,1′10″,1′57″,2′35″,57″,1′33″,2′03″,试对结果进行分析,找出最佳工艺.

12.3 某厂生产液体葡萄糖,要对生产工艺进行优选试验.因素及其水平如下表:

因素 \ 水平	A 粉浆浓度 /%	B 粉浆酸度	C 稳压时间 /min	D 工作压力 /10^5 Pa
1	16	1.5	0	2.2
2	18	2.0	5	2.7
3	20	2.5	10	3.2

试验指标有两个:(1) 产量,越高越好;(2) 总还原糖,在32% ~ 40%之间.用正交表 $L_9(3^4)$ 安排试验.将各因素依次放在正交表的1—4列上.9次试验所得结果依次如下:

产量(0.5kg):996,1135,1135,1154,1024,1079,1002,1099,1019;

还原糖(%):41.6,39.4,31.0,42.4,37.2,30.2,42.4,40.4,30.0.

试用综合平衡法对结果进行分析,找出最好的生产方案.

12.4 某农科站对晚稻的品种和栽培措施进行试验.各因素及其水平如下表:

因素 \ 水平	A 品种	B 栽种规格	C 每穴株数	D 追肥量 /kg·亩$^{-1}$	E 穗肥量 /kg·亩$^{-1}$
1	甲	4×3	7 ~ 8	15	3
2	乙	4×4	4 ~ 5	20	0
3	丙				
4	丁				

试验指标是产量，越高越好．用混合正交表 $L_{16}(4\times 2^{12})$ 安排试验，将各因素依次放在正交表的 1—5 列上，16 次试验所得产量(0.5kg) 依次为 694，664，714，650，650，646，670，652，646，600，630，670，670，650，660，670．试对结果进行分析，选出最好的生产方案．

12.5　为提高某种药品的合成率，对工序进行试验．各因素及其水平如下表：

因素 水平	A 温度 /℃	B 甲醇钠量 /ml	C 醛的状态	D 缩合剂量 /ml
1	35	3	固态	0.9
2	25	5	液态	1.2
3	45	4		1.5

用将第 2 水平虚拟成第 3 水平的拟水平法安排试验，选取正交表 $L_9(3^4)$，将各因素放在正交表的 1—4 列上，9 次试验所得合成率(%) 依次为 69.2，71.8，78.0，74.1，77.6，66.5，69.2，69.7，78.8．试分析试验结果，选出最好的生产条件．

12.6　在梳棉机上纺粘棉混纱．为了提高质量，选了 3 个因素，每个因素有 2 个水平，3 因素之间有一级交互作用．因素水平如下表：

因素 水平	A 金属针布	B 产量水平 /kg	C 速度 /$r\cdot min^{-1}$
1	甲地产品	6	238
2	乙地产品	10	320

试验指标为棉结粒数，越小越好．用正交表 $L_8(2^7)$ 安排试验，8 次试验所得试验指标的结果依次为 0.30，0.35，0.20，0.30，0.15，0.40，0.50，0.15．试对结果进行方差分析，选择出最佳工艺条件．给出 $\alpha=0.05$．

12.7　用耶茨算法分析第 12.6 题．

12.8　对第 12.2 题进行方差分析，$\alpha=0.05$．

12.9　对第 12.4 题进行方差分析，$\alpha=0.05$．

12.10　对第 12.5 题进行方差分析，$\alpha=0.05$．

第13章 可靠性设计

13.1 可靠性概念

人们经常用寿命、稳定性、安全性等来描述元件或设备的好坏,实际上都是在描述元件或设备的可靠性.第二次世界大战中和以后,由于尖端技术的发展,对设备、系统,不仅要求有良好的技术性能,而且要求能长期可靠地工作.这就提出可靠性问题.50多年来,可靠性的研究和应用有了很大的发展,现在已遍及各个技术领域.

产品、系统是否可靠,是指产品、系统在使用时,在所规定的时间内,是否处于"美满状态".这是一种抽象的定性的可靠性定义.仅仅这样是不够的,我们必须对可靠性做出客观的、定量的解释.强调定量时,可靠性就是可靠度,所谓可靠度是"元器件,设备或系统在给定条件下和规定的时间内完成规定功能的概率."对这个定义要做如下说明:

(1)"完成规定的功能":这是制造设备或系统的目的,当不能完成功能时,就称为故障.功能有主要次要之分,故障内容也各种各样,研究可靠性必须明确故障的内容及故障发生的概率.

(2)"给定的条件":指使用条件,环境条件等,包括所有物理化学的因素,还包括使用次数,放置时间,运转累积时间等时间条件.

(3)"规定的时间":这是通过合同来决定的或是产品出厂时给定的.根据产品的不同,时间长短各异,短的如火箭,只有几分钟,长的如海底电缆,可达数十年,规定的时间又称任务时间,这是极为重要的必要条件.

细说起来,可靠度还有以下几个紧密相关的概念.

(1) 工作可靠度 R_o(operational reliability):这是实际使用时,产品的可靠度.

(2) 固有可靠度 R_i(inherent reliability):这是产品内在的可靠度,是厂家在生产过程中已经确立下来的可靠度,它是系统(硬件、软件、人为因素)、产品从企业规划阶段就已确立的指标,是综合其它指标后的可靠性指标.

(3) 使用可靠度 R_u(use reliability):它与产品的使用有关,与包装、运输、保管、环境、操作情况、维修等因素有关,人为因素对产品的可靠度也有很大的影响.

三者之间有一个近似的关系:

$$R_o \approx R_i \times R_u. \tag{13.1.1}$$

用户使用产品是希望有较高的工作可靠度. 提高固有可靠度,固然是重要的,但当用户买来一件产品时,固有可靠度已经确定,这时就必须注意提高产品的使用可靠度.

13.2　可靠度的计算

可靠度的对立面叫不可靠度,它是不能完成功能的概率,不能完成功能叫发生故障,因此不可靠度又叫故障概率,设可靠度为 R,故障概率为 F,显然有

$$R+F=1 \tag{13.2.1}$$

下面就元件构成系统的不同类型,讨论系统与元件之间可靠度的关系,我们假设各元件故障的发生是独立的,记 E_i 为元件 i 成功运转事件,$R_i=P(E_i)$ 为元件 i 的可靠度,$F_i=P(\overline{E}_i)$ 为元件 i 的故障概率,R_s 为系统的可靠度,F_s 为系统的故障概率.

13.2.1　串联方式

串联方式的构成如图 13.1 所示. 设系统由多个元件构成,如果其中任一元件发生故障,都会导致整个系统发生故障,这种构成方式称为串联方式.

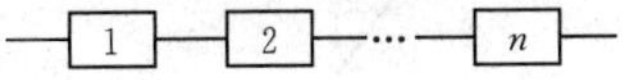

—[1]—[2]—…—[n]—

图　13.1

假设系统由 n 个元件串联而成,则有

$$R_s=P(E_1\cap E_2\cap\cdots\cap E_n).$$

由于事件的独立性,有

$$\begin{aligned}R_s&=P(E_1)P(E_2)\cdots P(E_n)\\&=R_1R_2\cdots R_n,\end{aligned}$$

所以

$$R_s=\prod_{i=1}^{n}R_i. \tag{13.2.2}$$

在串联方式中,系统的可靠度等于各元件可靠度的乘积,由于 $R_i<1,(i=1,2,\cdots,n)$,所以系统的可靠度随着元件个数的增加而下降.

下面介绍串联方式下计算可靠度的一种近似方法.

(1) 假设构成系统的 n 件元件的故障概率都相等,记为 q,则系统的可靠度为

$$R_s=(1-q)^n.$$

假定 q 很小,利用二项式展开,再忽略 q 的高次项,则有

$$R_s \approx 1 - nq. \tag{13.2.3}$$

(2) 假设各元件的故障概率为 q_i,类似于(13.2.3)则有

$$R_s \approx 1 - \sum_{i=1}^{n} q_i. \tag{13.2.4}$$

由(13.2.2)式可以看出,要提高系统的可靠度 R_s,可以从两方面考虑,① 减少串联元件个数,② 提高各元件的可靠度. 它们之间的关系如图 13.2 所示.

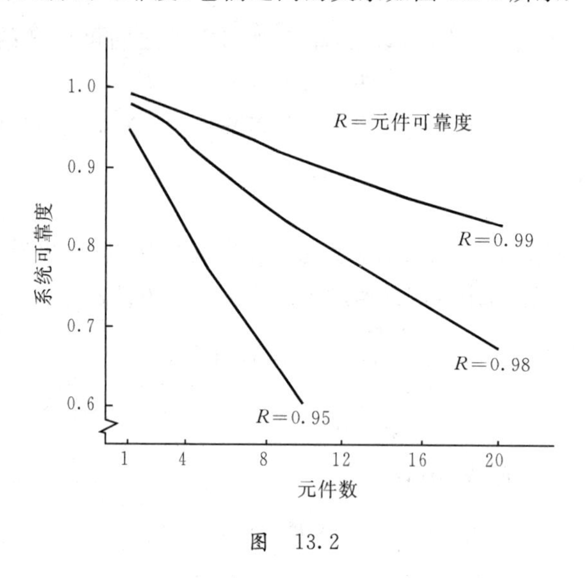

图 13.2

由于元件数目增加而引起系统可靠度的降低,在图上表现得很明显,对同样数量的元件,元件可靠度的提高,可使系统的可靠度提高,但由元件数改变所引起的系统可靠度的改变量变小.

13.2.2 并联方式

并联方式的构成如图 13.3 所示. 设系统由多个元件构成,如果其中某一元件发生故障,系统仍能正常工作,只有当所有元件都发生故障时,系统才不能正常工作,这种构成方式称为并联方式.

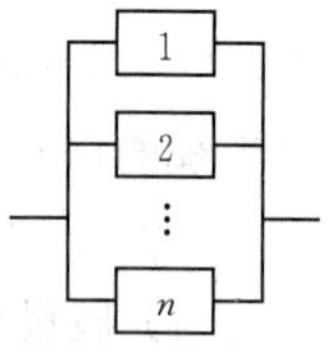

假设系统由 n 个元件并联而成,则

$$F_s = P(\overline{E}_1 \cap \overline{E}_2 \cap \cdots \cap \overline{E}_n).$$

由于事件的独立性有

图 13.3

$$F_s = P(\overline{E}_1)P(\overline{E}_2)\cdots P(\overline{E}_n)$$

$$= F_1 F_2 \cdots F_n,$$

所以
$$F_s = \prod_{i=1}^{n} F_i. \tag{13.2.5}$$

而
$$R_s = 1 - F_s, \qquad F_i = 1 - R_i,$$

所以有
$$R_s = 1 - \prod_{i=1}^{n}(1 - R_i). \tag{13.2.6}$$

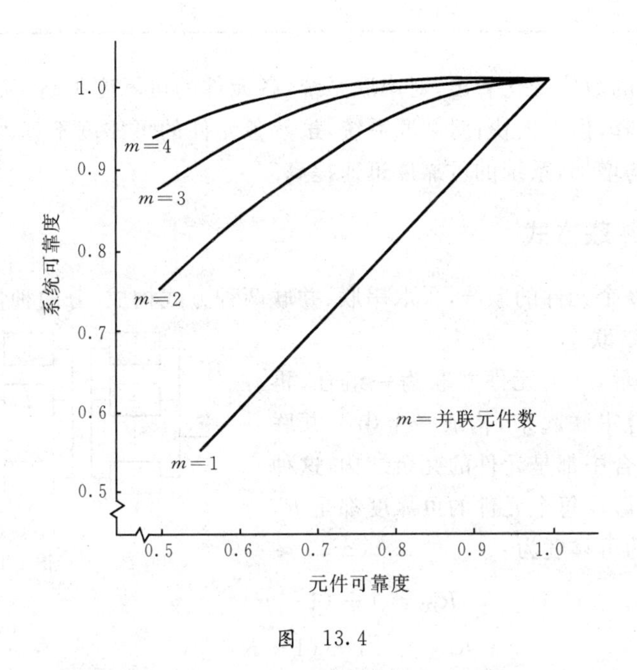

图　13.4

在并联系统中，系统的故障概率等于元件故障概率的乘积. 由于 $F_i < 1$，因此随着元件数的增加，系统的故障概率降低，所以系统的可靠度提高，因此并联方式是作为提高系统可靠度的一种手段，这叫冗余性. 图 13.4 描绘了提高元件的可靠度和增加并联元件个数对系统可靠度的影响. 从图上看出，对同样的元件可靠度，元件的数量增加时，系统的可靠度提高，但系统可靠度的增量却降低. 并联元件个数超过四个以后，系统可靠度的提高是很小的. 因此，在并联方式中，增加并联元件的个数不如提高元件的可靠度来得有利.

对 n 个可靠度都相等的元件，用串联方式或并联方式构成系统，系统的可靠度可用公式(13.2.2) 或(13.2.6) 算出. 具体数值随 n 的变化情况列于表 13.1.

表 13.1

i	串联		并联		
	0.9999	0.99999	0.80	0.90	0.99
2			0.96	0.99	0.9999
3			0.992	0.999	0.999999
10	0.9990	0.9999	0.99999989		
100	0.9900	0.9990			
500	0.9512	0.9950			
1000	0.9048	0.9900			
5000	0.6065	0.9512			
10000	0.3679	0.9048			

从表 13.1 中的数值变化看出，对串联系统，各元件的可靠度很高，随着元件个数的增加，系统可靠度下降，但不太快；对并联系统，虽然各元件的可靠度不算太高(比如 0.80)，但随着元件个数的增加，系统的可靠度迅速提高.

13.2.3 串-并联方式

假定有 $m\times n$ 个元件的系统，采取串联、并联两种方式构成，分两种情况考虑.

1. 先并联再串联

如图 13.5 所示，m 个元件并联为一组合，再由 n 个这样的组合串联起来，构成一个串-并联系统. 在每一个组合中都是元件的冗余结构，这种冗余叫低级冗余. 假设每个元件的可靠度都是 R，则每个并联组合的可靠度为

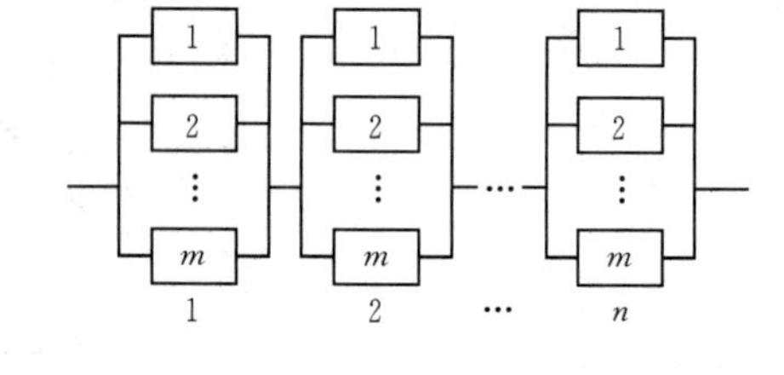

图 13.5

$$R_{EQ}=1-(1-R)^m. \tag{13.2.7}$$

系统的可靠度为

$$R_{s(低)}=[1-(1-R)^m]^n. \tag{13.2.8}$$

对不同的元件可靠度 R，在不同的 m、n 时所对应的系统可靠度关系如图 13.6 所示.

2. 先串联再并联

如图 13.7 所示，n 个元件串联为一组合，再由 m 个这样的组合并联起来，构成一个系统，这个系统中是组合的冗余，这种冗余叫高级冗余. 假设每个元件的可靠度为 R，则每个串联组合的可靠度为

$$R_{EQ}=R^n.$$

系统的可靠度为

$$R_{s(高)}=1-(1-R^n)^m. \tag{13.2.9}$$

图 13.8 显示出不同的元件可靠度 R，不同的 m、n 对系统可靠度的影响.

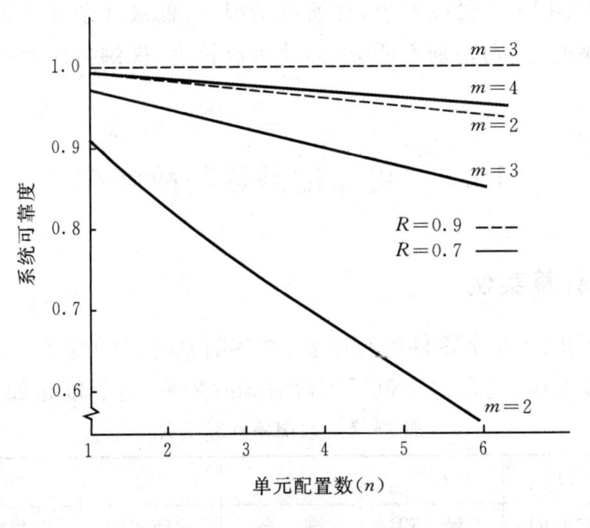

图　13.6

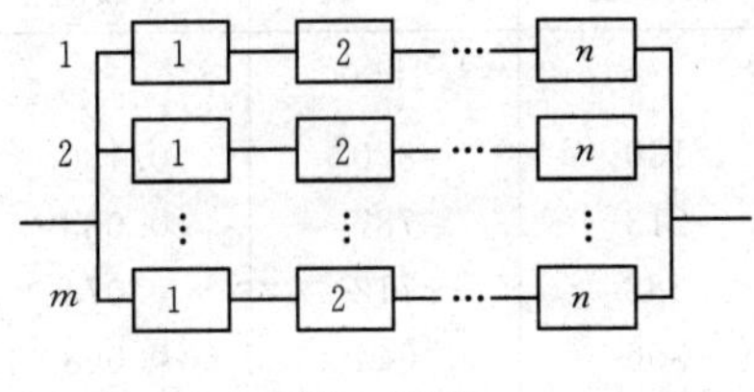

图　13.7

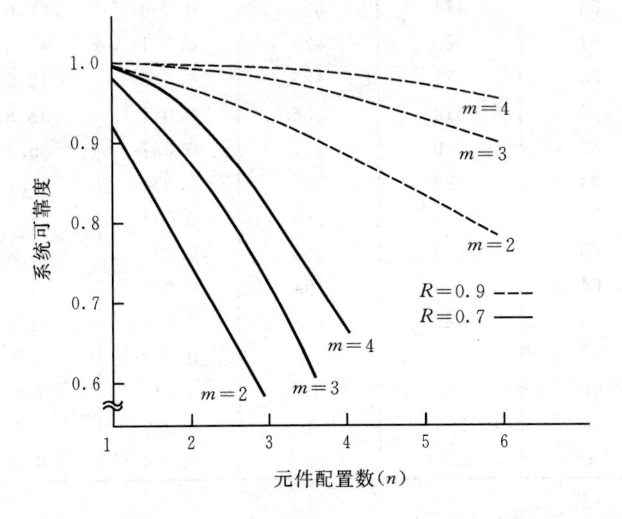

图　13.8

比较图 13.8 和图 13.6 可以看出，在所有情况下，低级冗余比高级冗余都有较高的可靠度. 如果元件可靠度高，则差别不明显，因此可以认为，提供备用元件比提供备用组合有更好的整体可靠性.

13.3 可靠度函数与故障率

13.3.1 故障率计算实例

例 13.3.1 现取 1000 个零件进行试验，观察随着时间的变化出现故障的情况，把测到的数据列在表 13.2 中，通过这个例子可以看到故障率、可靠度是如何计算得来的.

表 13.2 故障率计算示例

(1)	(2)	(3)	(4)	(5)	(6)	(7)
时间 t	一定时间的故障数	累积故障数	剩余零件数	故障密度函数值	可靠度/%	故障率 λ
0	0		1000		100.0	
1	130	130	870	0.130	87.0	0.139
2	83	213	787	0.083	78.7	0.101
3	75	288	712	0.075	71.2	0.100
4	68	356	644	0.068	64.4	0.100
5	62	418	582	0.062	58.2	0.101
6	56	474	526	0.056	52.6	0.101
7	51	525	475	0.051	47.5	0.102
8	46	571	429	0.046	42.9	0.102
9	41	612	388	0.041	38.8	0.100
10	37	649	351	0.037	35.1	0.100
11	34	683	317	0.034	31.7	0.102
12	31	714	286	0.031	28.6	0.103
13	28	742	258	0.028	25.8	0.103
14	64	806	194	0.064	19.4	0.283
15	76	882	118	0.076	11.8	0.487
16	62	944	56	0.062	5.6	0.713
17	40	984	16	0.040	1.6	1.111
18	12	996	4	0.012	0.4	1.200
19	4	1000	0	0.004	0.0	2.000

现将表 13.2 各栏数值得来的方法叙述如下：

(1)(2) 栏是记录出来的，(3) 栏是从(2) 栏累积出来的，(4) 中的数是从 1000 中减去

(3) 中的数得来的,(5) 中的数是用 1000 去除(2) 中的数得来的,(6) 中的数是用 1000 去除(4) 中的数得来的,(7) 中数的得来不那么明显,它是由(4) 中相邻两数的平均值去除与后一数同行的(2) 中的数得来的. 例如,(4) 中有 787、712 两数相邻,712 在后,它们的平均值为$\frac{1}{2}(787+712)\approx 750$,与 712 同行的(2) 中的数是 75. $75\div 750=0.100$,记在(7) 中的同一行中. (5)、(6)、(7) 栏的数分别叫做故障密度函数值、可靠度(%)、故障率.

将表 13.2 中(5)、(6)、(7) 栏的数与时间的关系分别画在图 13.9,13.10,13.11 中.

从表 13.2 中(2) 栏的数看出,开始故障较多,然后逐渐减少,并在一定范围内有较稳定的情况,然后故障数再次增多,直到完了,相应地,对图 13.11 中的故障率 λ,开始高,然后有一段平稳. 最后又有一段升高,把它画成一条连续曲线,就得出图 13.12 中的故障率曲线,它的形状像一个浴盆,又称为浴盆曲线.

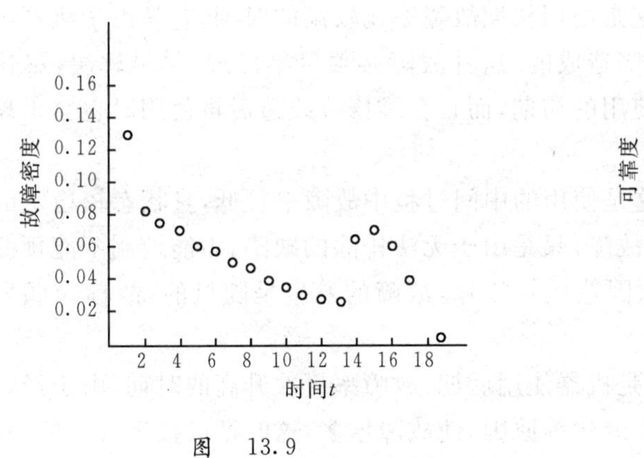

图 13.9

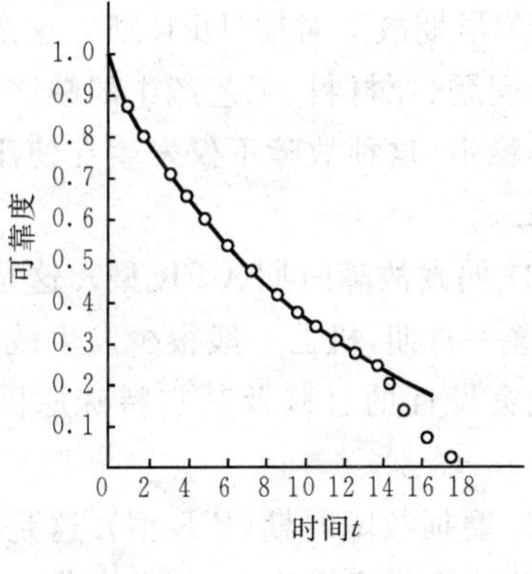

图 13.10

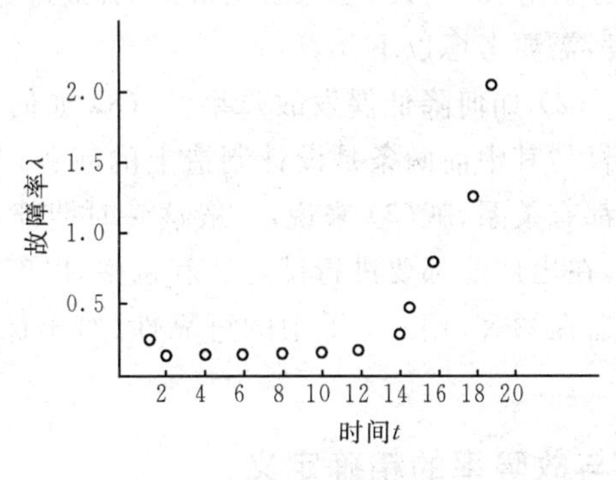

图 13.11

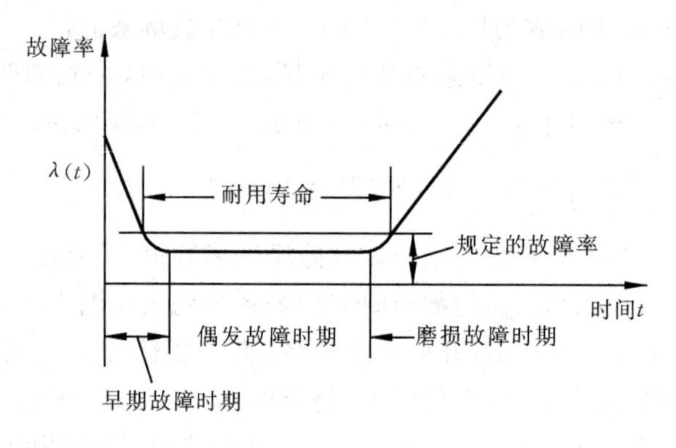

图 13.12

这个曲线分三段，正好对应着故障的三个时期.

(1) 早期故障时期(DFR 型). 这是使用初期故障率比较高的时期，它是由于机器内在的设计问题、原材料、工艺产生的缺陷造成的. 这种故障必须尽早发现、尽早解决，尽快达到工作稳定. 这种故障不仅发生在使用的初期，而且在维修或改造后再使用时也会出现这种故障.

(2) 偶发故障时期(CFR 型). 这是使用的中间过程中故障率较低，且状态较稳定的时期，在这一时期，机器一般很少发生故障，只是由于无法排除的缺陷，不能控制不能预测的缺陷或突发性的过载及其它特殊原因造成的故障，故障的发生是随机的，故称为偶发故障期.

(3) 磨损故障时期(IFR 型). 这是机器使用后期，故障率再次升高的时期，由于经过长期的使用，机器磨损严重，化学变化、老化等原因，使故障增多，这时期已接近寿命的完结.

这三个时期是任何机器和系统在使用过程中必然要经过的. 在使用中一般都有个规定的故障率 λ_0. 故障率低于 λ_0 的时间长，称为耐用寿命(有效寿命).

从可靠性的观点出发，需要考虑以下几点：

(1) 如何延长寿命？ (2) 如何降低偶发故障率？ (3) 如何减少早期故障?如何防止处于早期故障期的产品出厂?其中前两条是设计制造上的问题，与材料的选择、安全系数的选取、制造的精度等等都有关系，就(3) 来说，一般这一时期都不太长. 为了缩短这一时期，防止出厂后发生故障，在出厂前都要进行试运转和调整，以度过早期故障期，使机器处于偶发故障时期，保证机器在顾客(用户) 手中的可靠性. 给出保修期也是有利于用户的一种措施.

13.3.2 可靠度函数与故障率的精确定义

这里将用较多的数学知识对经常涉及到的概念给予定量的描述.

故障概率是时间 t 的函数，设 T 表示故障前时间，又叫寿命，它是随机变量，我们定义

$$F(t) = P\{T \leqslant t\} \qquad t \geqslant 0 \tag{13.3.1}$$

称 $F(t)$ 为故障分布函数，又叫不可靠度函数. 它表示系统在时间 t 及 t 之前发生故障的概率. 可靠度是系统在时间 t 完成指定功能的概率. 由(13.2.1)式知

$$R(t) + F(t) = 1,$$

所以

$$R(t) = 1 - F(t) = P\{T > t\} \quad t \geqslant 0. \tag{13.3.2}$$

$$R(0) = 1.$$

如果故障前时间 T 有密度函数 $f(t)$，则

$$F(t) = \int_0^t f(\tau)\mathrm{d}\tau, \tag{13.3.3}$$

$$R(t) = 1 - F(t) = \int_t^{+\infty} f(\tau)\mathrm{d}\tau. \tag{13.3.4}$$

因此

$$\frac{\mathrm{d}R(t)}{\mathrm{d}t} = -f(t). \tag{13.3.5}$$

故障前时间 T 的期望 $\mathrm{E}(T)$ 称为期望寿命，即

$$\mathrm{E}(T) = \int_0^{+\infty} tf(t)\mathrm{d}t. \tag{13.3.6}$$

可以证明

$$\mathrm{E}(T) = \int_0^{+\infty} R(t)\mathrm{d}t. \tag{13.3.7}$$

因为采用分部积分法，有

$$\int_0^{+\infty} R(t)\mathrm{d}t = tR(t)\Big|_0^{+\infty} + \int_0^{+\infty} tf(t)\mathrm{d}t.$$

显然 $t = 0$ 时，$tR(t) = 0$，又 $\lim\limits_{t\to+\infty} tR(t) = 0$(证明略). 再由(13.3.6)，所以

$$\int_0^{+\infty} R(t)\mathrm{d}t = \int_0^{+\infty} tf(t)\mathrm{d}t = \mathrm{E}(T).$$

在区间$[t, t+\Delta t]$内系统的故障概率可表示为

$$\begin{aligned}\int_t^{t+\Delta t} f(t)\mathrm{d}t &= \int_t^{+\infty} f(t)\mathrm{d}t - \int_{t+\Delta t}^{+\infty} f(t)\mathrm{d}t \\ &= R(t) - R(t+\Delta t).\end{aligned}$$

我们称

$$\frac{R(t)-R(t+\Delta t)}{\Delta t R(t)} \tag{13.3.8}$$

为在 Δt 时间内的平均故障率，求极限，并注意(13.3.5)式，有

$$\lim_{\Delta t\to 0}\frac{R(t)-R(t+\Delta t)}{\Delta t R(t)}=\frac{f(t)}{R(t)}. \tag{13.3.9}$$

我们称(13.3.9)所表示的量为瞬时故障率，并记为

$$\lambda(t)=\frac{f(t)}{R(t)}. \tag{13.3.10}$$

$\lambda(t)$ 简称为故障率，又叫失效率，也叫风险函数.

由(13.3.5)、(13.3.10) 及 $R(0)=1$，可得出 $R(t)$ 的满足初始条件 $R(0)=1$ 的微分方程，即有

$$\begin{cases}\dfrac{\mathrm{d}R(t)}{\mathrm{d}t}=-\lambda(t)R(t),\\ R(0)=1.\end{cases} \tag{13.3.11}$$

解此方程并代入初始条件得

$$R(t)=\mathrm{e}^{-\int_0^t\lambda(\tau)\mathrm{d}\tau}. \tag{13.3.12}$$

代回(13.3.10)得

$$f(t)=\lambda(t)R(t)=\lambda(t)\mathrm{e}^{-\int_0^t\lambda(\tau)\mathrm{d}\tau}. \tag{13.3.13}$$

从(13.3.5) 或(13.3.4) 及(13.3.12)、(13.3.13) 可以看出 $f(t)$，$R(t)$，$\lambda(t)$ 密切相关，知道其中任一个都能求出其余的两个.

13.3.3 几个重要分布的可靠度函数和故障率

对每一种分布，它的可靠度函数和与之对应的故障率都是确定的，下面研究几个常用分布的可靠度函数和故障率.

1. 指数分布

在可靠性研究中，经常用到指数分布，对指数分布有

$$f(t)=\begin{cases}\lambda\mathrm{e}^{-\lambda t} & t>0\\ 0 & t\leqslant 0\end{cases}\quad \lambda>0.$$

$f(t)$ 的图形如图 13.13 所示，它的可靠度函数为

$$R(t)=\int_{t}^{+\infty}\lambda e^{-\lambda t}dt=e^{-\lambda t}\qquad t\geqslant 0\,. \tag{13.3.14}$$

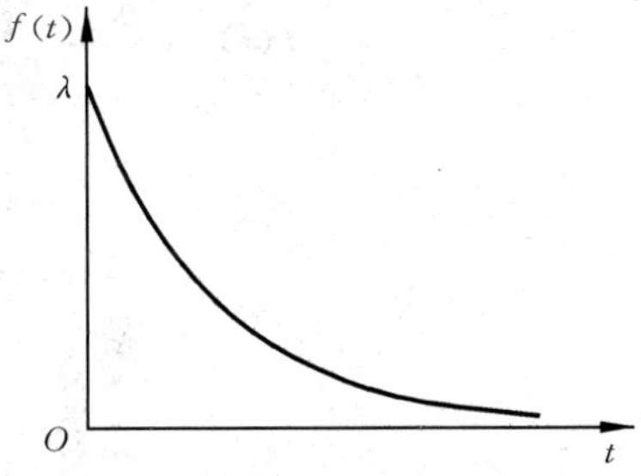

所以它的故障率为

$$\lambda(t)=\frac{f(t)}{R(t)}=\frac{\lambda e^{-\lambda t}}{e^{-\lambda t}}=\lambda\,. \tag{13.3.15}$$

图　13.13

即指数分布的故障率是常量．　反之，若 $\lambda(t)=\lambda$ 为常量，则由(13.3.12)式有

$$R(t)=e^{-\lambda t}\qquad t\geqslant 0\,,$$

再由(13.3.13)式有．

$$f(t)=\lambda e^{-\lambda t}\qquad t\geqslant 0\,.$$

这就说明，在偶发故障时期，因为故障率 λ 为常数，所以 T 正好服从指数分布，图 13.10 中间一段的情况正好是这样．

2. 正态分布

密度函数

$$f(t)=\frac{1}{\sqrt{2\pi}\sigma}e^{-\frac{(t-\mu)^2}{2\sigma^2}}\qquad -\infty<t<+\infty.$$

故障分布函数

$$F(t)=\int_{-\infty}^{t}\frac{1}{\sqrt{2\pi}\sigma}e^{-\frac{(t-\mu)^2}{2\sigma^2}}d\tau$$

$$=\Phi\left(\frac{t-\mu}{\sigma}\right). \tag{13.3.16}$$

所以可靠度函数　$R(t)=1-F(t)=1-\Phi\left(\frac{t-\mu}{\sigma}\right)$，

故障率为

$$\lambda(t)=\frac{f(t)}{R(t)}=\frac{f(t)}{1-F(t)} \tag{13.3.17}$$

$f(t)$，$F(t)$，$R(t)$，$\lambda(t)$ 的图形画在图 13.14 中．

3. 威布尔分布

威布尔分布的密度函数为

$$f(t)=\frac{\beta(t-\delta)^{\beta-1}}{(\theta)^{\beta}}\exp\left[-\left(\frac{t-\delta}{\theta}\right)^{\beta}\right]\qquad \begin{aligned}&t\geqslant\delta\geqslant 0\ ,\\&\beta\geqslant 0,\theta>0\ .\end{aligned}\tag{13.3.18}$$

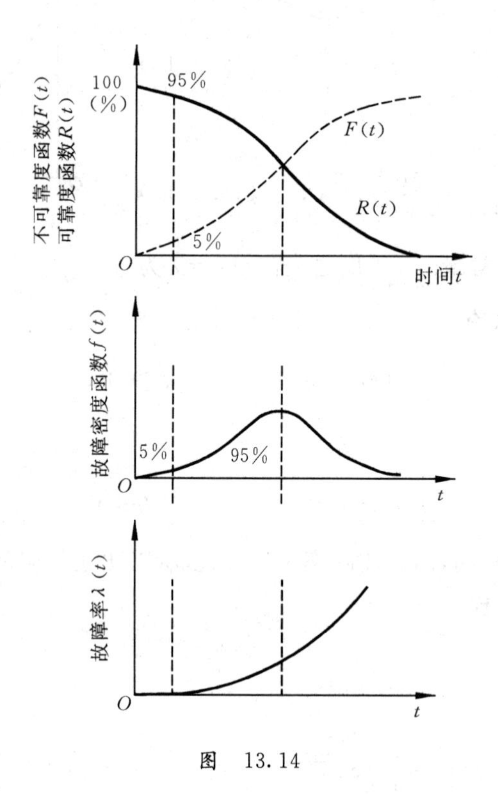

图 13.14

式中 β 为形状参数，δ 为位置参数，θ 为尺度参数. 不难求出

$$F(t)=\int_0^t f(\tau)\mathrm{d}\tau=1-\mathrm{e}^{-(\frac{t-\delta}{\theta})^{\beta}}\ .\tag{13.3.19}$$

$$R(t)=1-F(t)=\mathrm{e}^{-(\frac{t-\delta}{\theta})^{\beta}}\ .\tag{13.3.20}$$

$$\lambda(t)=\frac{\beta(t-\delta)^{\beta-1}}{\theta^{\beta}}.\tag{13.3.21}$$

若取 $\delta=0$，对不同的 $\theta,\beta,f(t)$ 的图形如图 13.15 所示. 可靠度函数 $R(t)$，故障率 $\lambda(t)$ 的图形分别画在图 13.16，图 13.17 中，从图 13.17 看出，当 $\beta<1$ 时，故障率 $\lambda(t)$ 是单调递减的，属早期故障(DFR 型)，当 $\beta>1$ 时，$\lambda(t)$ 是单调递增的，属磨损故障(IFR 型).

当 $\beta=1$ 时，$\lambda(t)=\dfrac{1}{\theta}$ 为常数，属偶发故障(CFR 型). 这时密度函数为 $f(t)=\dfrac{1}{\theta}\mathrm{e}^{-\frac{t}{\theta}}$，

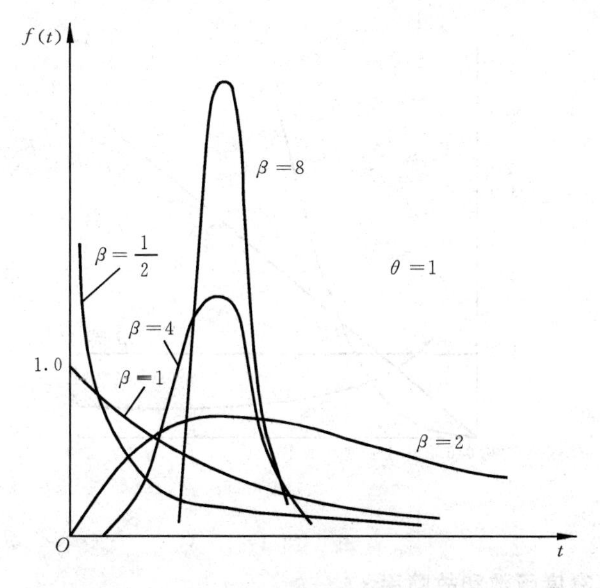

图　13.15

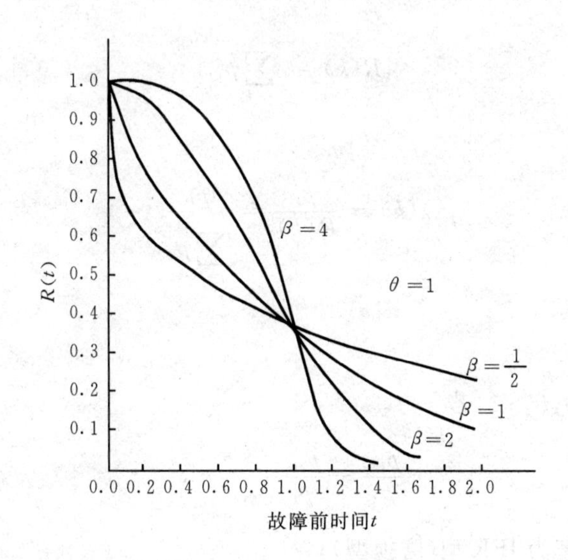

图　13.16

这是指数分布，因此，指数分布是威布尔分布的一种特殊情况.

威布尔分布对三种故障类型都能适应(只要参数 β 取不同的数值)，它是可靠性研究中很重要的分布.

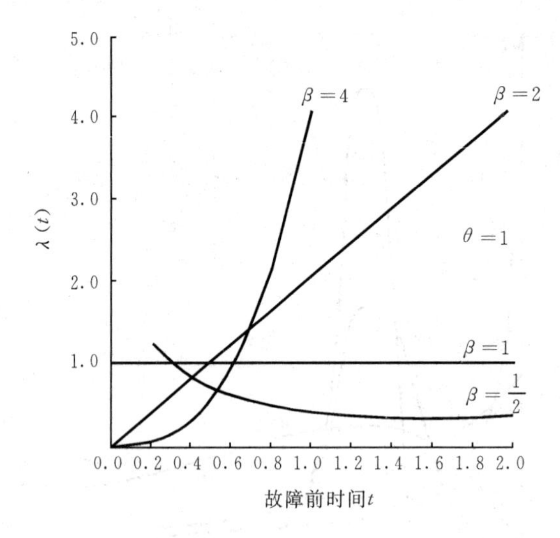

图 13.17

4. 离散型的可靠度函数和故障率

类似于连续型分布情况,若离散型的分布律为 p_k,则可靠度函数为

$$R(k)=\sum_{i=k}^{\infty}p_i. \tag{13.3.22}$$

故障率为

$$\lambda(k)=\frac{p_k}{R(k)}=\frac{p_k}{\sum\limits_{i=k}^{\infty}p_i}. \tag{13.3.23}$$

$\lambda(k)$ 有两条性质

① $\lambda(k)\leqslant 1$;

② 对任何 $k\geqslant 0, i\geqslant 1$,若

$$\frac{p_{k+i}}{p_k}-\frac{p_{k+i+1}}{p_{k-1}}\overset{\text{记为}}{=}r\ , \tag{13.3.24}$$

则当 $r>0$ 时,故障率为 IFR 型(磨损型);

当 $r=0$ 时,故障率为 CFR 型(偶发型);

当 $r<0$ 时,故障率为 DFR 型(早期型).

(1) 二项分布 $p_k=C_n^k p^k(1-p)^{n-k}\quad k=0,1,2\cdots,n.$

$$r=\frac{p_{k+i}}{p_k}-\frac{p_{k+i+1}}{p_{k+1}}$$

$$=\frac{(k+1)!(n-k)!p^i}{(k+i+1)!(n-k-i)!(1-p)^i}\left[\frac{k+i+1}{k+1}-\frac{n-k-i}{n-k}\right]>0 .$$

(因为方括号内的第一项大于 1,第二项小于 1)所以故障率为 IFR 型(磨损型).

(2) 泊松分布　$p_k=\frac{\lambda^k e^{-\lambda}}{k!}\quad k=0,1,2,\cdots.$

$$r=\frac{p_{k+i}}{p_k}-\frac{p_{k+i+1}}{p_{k+1}}$$

$$=\frac{\lambda^i k!}{(k+1)!}\left(1-\frac{k+1}{k+i+1}\right)>0 .$$

所以故障率为 IFR 型(磨损型).

二项分布与泊松分布的故障率都属于同一种类型,这是毫不奇怪的,因为泊松分布是二项分布的极限形式.

13.3.4　指数分布故障率的计算

故障率 λ 的单位为 $10^{-5}/\mathrm{h}$.

考虑由 n 个元件串联而成的系统,假设每个元件的寿命 T 的分布都是指数分布,即

$$f(t)=\begin{cases}\lambda_i e^{-\lambda_i t} & t>0\\ 0 & t\leqslant 0\end{cases}\qquad \lambda_i>0\quad (i=1,2,\cdots,n).$$

每个元件的可靠度函数为

$$R_i(t)=e^{-\lambda_i t}\qquad (i=1,2,\cdots,n)\qquad \text{见(13.3.14)}$$

则该系统的可靠度函数为

$$R_s(t)=\prod_{i=1}^{n}e^{-\lambda_i t}=e^{-(\sum_{i=1}^{n}\lambda_i)t} . \tag{13.3.25}$$

所以　$$R_s(t)=e^{-\lambda t} .$$

其中　$$\lambda=\sum_{i=1}^{n}\lambda_i \tag{13.3.26}$$

叫做系统的故障率,从这里看出,对于指数分布,串联系统的故障率等于各元件故障率之和.这就是指数分布中故障率的可加性.

根据国家标准 GB1772-79,我国电子元器件故障率分为 7 个等级:

(1) 亚五级(Y)$1\times10^{-5}/\mathrm{h}\leqslant\lambda\leqslant3\times10^{-5}/\mathrm{h}$;

(2) 五 级 (W)$0.1\times10^{-5}/h\leqslant\lambda\leqslant1\times10^{-5}/h$;

(3) 六 级 (L)$0.1\times10^{-6}/h\leqslant\lambda\leqslant1\times10^{-6}/h$;

(4) 七 级 (Q)$0.1\times10^{-7}/h\leqslant\lambda\leqslant1\times10^{-7}/h$;

(5) 八 级 (B)$0.1\times10^{-8}/h\leqslant\lambda\leqslant1\times10^{-8}/h$;

(6) 九 级 (J)$0.1\times10^{-9}/h\leqslant\lambda\leqslant1\times10^{-9}/h$;

(7) 十 级 (S)$0.1\times10^{-10}/h\leqslant\lambda\leqslant1\times10^{-10}/h$.

这里所说的故障率是指产品在额定条件下的故障率,是基本故障率中的一个典型值.对半导体器件而言,是指在最大 PCM 和 25℃ 下的故障率,而不是现场故障率.

我国电子元器件的质量等级分为三类:一类为特军品,二类为普军品,三类为民品.

根据对军用电子设备的统计结果知道,电子设备发生故障,大约 1/3 是由元器件的故障造成的,1/3 是由设计不当造成的,另外的 1/3 是由生产制造维修不当等原因造成的.

下面给出一些元件的故障率的值,见表 13.3,供参照使用.

表 13.3 元件故障率值示例

元件名称	$\lambda/10^{-5}\cdot h^{-1}$
真空管	3.4
变压器、线圈	0.4
开关	0.7
马达	2.3
电容器:	
电解(民用)	0.44
电解(军用)	0.21
镀银云母	0.15
陶瓷固定	0.05
陶瓷可变	0.018
纸质	0.14
空气	0.047
电阻:	
绕线式	0.017
固体可变	0.15
固体固定	0.004
连接器	0.07
高频线圈	0.15
继电器	0.5
二极管	0.45

例 13.3.2　系统的故障率计算.假设某系统所用的元件及数量如表 13.4 所示,根据表 13.3 可查出各种元件的故障率 λ 的值,假定这些元件都以串联方式构成,试求整个系统的故障率.

解　按串联方式计算系统的 λ 值,见(13.3.16)式,计算过程中的值与最后结果都列在表 13.4 中,$\lambda=75.62(10^{-5}/\mathrm{h})$ 从这个结果来看,大概是这个概念:每 10000 小时,故障数平均约为 7.6(接近 8),从表中数值看出,真空管的故障数大约占总故障数的 $\frac{2}{3}$.也就是说,大多数的故障是由真空管造成的.由于技术的发展,现在真空管已很少使用,大量的由晶体管代替,整个系统也大都制成集成电路,这就大大降低了故障率,提高了系统的可靠度.

表 13.4　系统故障率计算示例

零件名称		n	$\lambda/10^{-5}\cdot\mathrm{h}^{-1}$	$n\lambda/10^{-5}\cdot\mathrm{h}^{-1}$
真空管		15	3.4	51.0
二极管		2	0.45	0.9
固定电阻		85	0.004	0.34
可变电阻		7	0.15	1.05
整流器		2	0.45	0.9
电容:				
云母		6	0.15	0.9
陶瓷固定		31	0.05	1.55
电解		15	0.44	6.6
纸质		22	0.14	3.08
变压器		4	0.4	1.6
线圈		9	0.4	3.6
开关		3	0.7	2.1
其它零件	指示灯	2		2.0
	连接器	2		
	软　线	1		
	屏蔽线	3		
	底　盘	1		
	接线柱	8		
		合计:75.62　(10^{-5}/h)		

13.4 可靠度设计

13.4.1 一般概念

提高产品或系统的可靠性是我们的重要目标.要提高系统的可靠性,应该从企业规划开始,到研究、试制、设计、制造、试验、鉴定、检查等所有环节都要进行周密的计划,并把整个过程有机地联系起来进行综合考虑.产品从生产之前,直到完全报废,可靠性始终都是重要的.我们必须指出,在整个过程中,可靠性设计是中心工作,为了达到一定的可靠性.必须首先重视可靠性设计.可靠性设计也就是可靠度设计.它是事前考虑可靠性的一种设计方法,由于产品或系统的类型不同,使用目的不同,复杂程度不同等等,可靠性的设计方法及重要性也有所不同,总的来说,我们可以把系统分成两大类:Ⅰ类:系统一旦发生故障就危及人们的生命;Ⅱ类:系统发生故障并不危及人们的生命.对这两类系统,可靠性的要求是有差别的.一般地说,对Ⅰ类系统,可靠性的要求要尽可能地高些,而对Ⅱ类系统,在满足系统工作基本要求的前提下,对可靠性不要一味地要求高.从人们的心理上来讲,总希望可靠度大些,越大越好.但从制造上来说,可靠度越大,达到这个要求就越难,甚至达不到.这里有技术的困难,也有费用的昂贵,有时(特别在可靠度已经较高的情况下)哪怕是再提高一点往往要花很大的气力,增加很多的费用.当然可靠度太低也不行,可靠度低虽然制造起来容易,花费少,但不能满足功能要求,且使用费用和因不可靠而带来的损失就会加大,总费用仍然不会低.见图13.18.因此,对可靠性的要求要适当,要根据系统的使用目的,对各种条件充分研究,使用者和制造者达成协议(有时需要妥协)确定所要求的可靠度,按照实现所要求的可靠度的原则进行设计,这就叫可靠度设计.

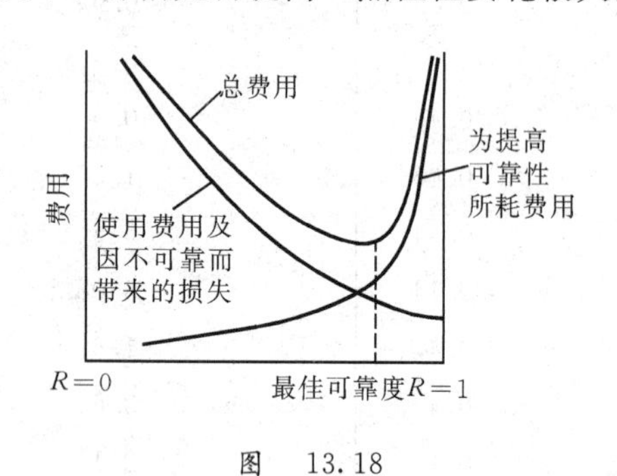

图 13.18

进行可靠度设计首先要考虑的几个问题:

(1) 仔细调查了解能够得到的元件的可靠度.

(2) 根据总目标要求和实际状况,正确地分配各元件的可靠度.

(3) 必要时采用适当的手段弥补元件可靠度的不足,比如采用冗余连接方式,甚至改变系统的结构等.

(4) 实在不行时,要重新研究和开发可靠度更高的元件.

关于可靠度设计,下面我们只就几个主要问题加以说明.

13.4.2 元件可靠度的分配

为了改进或提高系统的可靠度，有一个问题必须考虑，这就是在给定了系统的可靠度指标以后，如何把该可靠度合理地分配到系统的各元件上去，这种工作就叫可靠度分配. 由于各种各样的原因，这种分配问题是很复杂的.

设 R 为规定的系统的可靠度，$R_i\ (i=1,2,\cdots,n)$ 为分配到第 i 个元件的可靠度，元件和系统之间有函数关系 f，应有

$$f(R_1,R_2,\cdots,R_n)\geqslant R. \tag{13.4.1}$$

对于串联、并联系统，f 是已知的，对其它模式的系统，关系 f 是复杂的，甚至是不知道的.

下面我们考虑串联方式的情况，这时(6.4.1) 式变成

$$R_1(t)\cdot R_2(t)\cdots R_n(t)\geqslant R(t). \tag{13.4.2}$$

假定元件的故障率为常数，并令 λ_i 为第 i 个元件的故障率，λ 为由元件构成的系统的故障率，则(13.4.2) 式变成：

$$\mathrm{e}^{-\lambda_1 t}\mathrm{e}^{-\lambda_2 t}\cdots\mathrm{e}^{-\lambda_n t}\geqslant \mathrm{e}^{-\lambda t}, \tag{13.4.3}$$

从而得

$$\lambda_1+\lambda_2+\cdots+\lambda_n\leqslant\lambda \tag{13.4.4}$$

元件可靠性的分配就要按这种方法进行，可靠度分配方法很多，各有优缺点，下面我们介绍两种常用的分配方法

1. 等分配法

这是一种最简单的分配方法，这种方法假定分配给每个元件的可靠度都是相等的.

设 R 为要求达到的系统的可靠度，R_i 为分配到第 i 个元件的可靠度，则有

$$R\leqslant\prod_{i=1}^{n}R_i \tag{13.4.5}$$

因为所有 R_i 都相等，所以有

$$R_i\geqslant R^{\frac{1}{n}}\qquad (i=1,2,\cdots,n). \tag{13.4.6}$$

例 13.4.1 设系统由三个子系统组成，只有当每个子系统都运转时，系统才能正常工作，若系统的可靠度要求为 0.91，每个子系统赋予相同的可靠度，求每个子系统的可靠度.

解 $R=0.91, R_i\geqslant R^{\frac{1}{3}}=(0.91)^{\frac{1}{3}}=(0.91)^{\frac{1}{3}}\approx 0.97.$

即每个子系统的可靠度应在 0.97 之上.

等分配法的缺点是很明显的，因为它没有考虑各元件的不同情况，不加分析地同等看

待,这是不符合实际的.下面介绍一种根据不同的故障率分配可靠度的方法.

2. 相对故障法

设系统由 n 个元件串联而成,系统要求的故障率为 λ,应该分配到各元件的故障率为 $\lambda_i(i=1,2,\cdots,n)$,根据(13.4.4)则有

$$\sum_{i=1}^{n}\lambda_i \leqslant \lambda . \tag{13.4.7}$$

另外,由过去观察的数据或估计推测,各元件的故障率为 $\hat{\lambda}_i(i=1,2,\cdots,n)$,因此,每个元件的重要度(加权因子)$\omega_i$ 为

$$\omega_i = \frac{\hat{\lambda}_i}{\sum_{i=1}^{n}\hat{\lambda}_i}. \tag{13.4.8}$$

显然有

$$\sum_{i=1}^{n}\omega_i = 1.$$

按这样的重要度分配,显然各元件分配到的故障率应为

$$\lambda_i = \lambda\omega_i. \tag{13.4.9}$$

若考虑可靠度,显然各元件分配到的可靠度为

$$R_i(t) = \mathrm{e}^{-\lambda_i t} = e^{-\lambda\omega_i t} \tag{13.4.10}$$

$$R_i = \mathrm{e}^{-\lambda\omega_i}. \tag{13.4.11}$$

例 13.4.2 设系统由三个子系统组成,按串联方式考虑,估计的子系统故障率分别为 $\hat{\lambda}_1=0.005$,$\hat{\lambda}_2=0.003$,$\hat{\lambda}_3=0.001$(单位:1/h)系统有 20 小时的工作时间,要求该系统的可靠度为 0.95,试求对子系统要求的可靠度.

解 按相对故障法解此问题,这里

$$\sum_{i=1}^{3}\hat{\lambda}_i = 0.005+0.003+0.001=0.009.$$

用(13.4.8)式求出子系统的重要度 ω_1

$$\omega_1 = \frac{0.005}{0.009} = \frac{5}{9},$$

$$\omega_2 = \frac{0.003}{0.009} = \frac{1}{3},$$

$$\omega_3 = \frac{0.001}{0.009} = \frac{1}{9}.$$

已知 $R(20)=0.95$,即 $e^{-\lambda(20)}=0.95$,所以

$$\lambda=\frac{\ln 0.95}{-20}\approx 0.00256(1/\mathrm{h})\ .$$

因此子系统的故障率为

$$\lambda_1=\lambda\omega_1=0.00256\times\frac{5}{9}=0.00142\ ,$$

$$\lambda_2=\lambda\omega_2=0.00256\times\frac{1}{3}=0.000853\ ,$$

$$\lambda_3=\lambda\omega_3=0.00256\times\frac{1}{9}=0.000284\ .$$

相应地分配给子系统的可靠度,用(13.4.10)为

$$R_1(20)=\exp(-0.00142\times 20)=0.97\ ,$$

$$R_2(20)=\exp(-0.000853\times 20)=0.98\ ,$$

$$R_3(20)=\exp(-0.000284\times 20)=0.99\ .$$

可靠度分配方法还有不少,这里不再介绍.每个方法都是针对某种原则来确定的,各有优缺点.

13.4.3　可修复系统 MTBF 的计算

对一系统,在发生故障后,如果经过维修能够恢复到正常状态,这种系统称为可修复系统.可修复系统的维修工作难易不同.表征维修难易程度的量叫维修度.维修度就是可修复系统在规定条件下和在规定时间内完成维修的概率.系统维修后恢复正常工作,工作一段时间以后又会发生故障,两次故障之间的时间 T 叫故障间隔,它是一个随机变量,各故障间隔的平均值,也就是 T 的期望值,叫平均故障间隔,记为 MTBF(mean time between failure).

$$\mathrm{MTBF}=\mathrm{E}(T).\tag{13.4.12}$$

若系统的可靠度为 $R(t)$,根据(13.3.7)则有

$$\mathrm{MTBF}=\int_0^{+\infty}R(t)\,\mathrm{d}t.\tag{13.4.13}$$

若 T 服从参数为 λ 的指数分布,则

$$\mathrm{MTBF}=\int_0^{+\infty}e^{-\lambda t}\,\mathrm{d}t=\frac{1}{\lambda}.\tag{13.4.14}$$

例 13.4.3 一系统由三个子系统 A,B,C 串联而成,它们的寿命都服从指数分布.要求系统的 MTBF 在 50h 以上,已知 A,B 的 MTBF 分别为 200h,400h,试求 C 的 MTBF.

解 设 A,B,C 的故障分别为 $\lambda_A,\lambda_B,\lambda_C$,系统的故障率为 λ.已知

$$(\text{MTBF})_A = 200\text{h}, \quad (\text{MTBF})_B = 400\text{h}.$$

根据(13.4.14)有

$$(\text{MTBF})_A = \frac{1}{\lambda_A}, \qquad (\text{MTBF})_B = \frac{1}{\lambda_B}.$$

所以
$$\lambda_A = \frac{1}{200} = 0.005, \qquad \lambda_B = \frac{1}{400} = 0.0025.$$

又
$$\lambda = \lambda_A + \lambda_B + \lambda_C,$$

$$\lambda = \frac{1}{50} = 0.02.$$

所以
$$\lambda_C = \lambda - \lambda_A - \lambda_B = 0.02 - 0.005 - 0.0025 = 0.0125.$$

因此
$$(\text{MTBF})_C = \frac{1}{\lambda_C} = \frac{1}{0.0125} = 80(\text{h}).$$

这就是说,应该将子系统 C 平均故障间隔定在 80h 以上.

这里介绍一下有效度的概念.有效度 A 是综合可靠度 R 与维修度 M 的广义可靠性的尺度,是在任何时刻正常工作的概率.

对可修复系统,虽发生故障,但在允许的时间内修好,又能正常工作,因此有效度大于可靠度.用提高维修度 M 的方法达到正常工作即提高有效度 A 比提高可靠度 R 在费用上要经济些.

13.4.4 元器件的选用

系统的可靠性受多方面因素的影响,最关键的是元器件的可靠性.由 10000 个元器件组成的串联系统,如果要求它的工作可靠度为 0.90,则所用元器件的可靠度就要求达到 0.99999(见表 13.1),这样高水平的元器件只有在严格的制造工艺下才能达到.一般使用元器件都要经过挑选,如果不合格的元器件被采用,系统的可靠性就不能满足要求,同时,还要付出代价来维修,这种因维修而造成的损失往往会更大.尽最大努力选用可靠度高的元件要花些钱,但这样做的结果,经济效益会更高.

元器件的可靠性决定于它的设计、材料和制造工艺,大批量生产出的元器件不能完全合乎要求,用前必须经过严格的挑选,通常叫筛选.筛选对象应该是工艺稳定条件下生产出的产品,它的各项参数应服从正态分布,假设要考查的参数为 θ,$\theta \sim N(\theta_0, \sigma^2)$,一般 θ 的

选择区间定为

$$(\theta_0 - 3\sigma + \Delta\theta,\ \theta_0 + 3\sigma - \Delta\theta). \tag{13.4.15}$$

这里 3σ 为容差，$\Delta\theta$ 为参数飘移量，即区间长度比 6σ 要小些，缩短 $2(\Delta\theta)$.

在筛选合格的元器件时，有的元器件参数、性能并不稳定，其原因主要是参数飘移. 这些元器件需要放一段时间或工作一段时间后才能稳定. 这种使参数性能稳定的过程叫老炼. 元器件是否要进行老炼，主要取决于这种元器件的参数飘移是否影响产品使用的可靠性，如果没有影响，就可以不进行老炼；如果有影响，就要进行老炼.

13.4.5　元器件的正确使用

元器件选好之后，下一步就是如何在设计中正确使用这些元器件. 设计人员必须对元器件的质量、使用方法和关键的技术指标有充分的了解，不要超负荷工作. 为了使元器件的使用寿命进一步提高，对关键性的指标必须降额使用. 降额使用就是使元器件在低于其额定值的条件下工作这样可以进一步提高元器件和设备的可靠性. 对不同的元器件，一般降额方法也不相同. 比如：电阻器的降额是降低工作功率与额定功率之比；电容器的降额是降低外加电压与额定电压之比，继电器则是控制其负载类别. 元器件降额使用时，降额要有合适的量，并不是降额越多越好. 因为降额过多，会增加设备的体积、重量和成本. 此外还要 考虑降额的效果，并不是任何情况下都有好的效果. 当系统的可靠性已达到要求时，再降额就不必要了. 同一系统中各种元器件可靠性水平要协调，如果某元件的降额使它的可靠度比其它元器件高得多，就不必降额. 如果降到一定程度后，再降额效果已不明显，这时也不要再降额. 还有，一些元器件必须在额定情况下工作，降额反而有害，那就不要降额.

为了提高系统的可靠性，必须尽量减少元器件的数目，尽可能地简化系统的结构. 比如在电路设计中，应多用集成电路、标准化电路、经过考验可靠性高的线路. 不要采用未经过实践检验的元器件和线路.

13.4.6　固有可靠度的设计

从 13.1 已经知道，产品的工作可靠度近似地等于固有可靠度与使用可靠度的乘积. 用户希望工作可靠度高，设计者应该考虑这个问题. 但设计者不能控制使用产品的环境条件和使用者的能力，不能控制使用可靠度，因此只能期望固有可靠度高些. 设计工作一般是这样进行的：设计者根据所能了解到的一般情况，先设想一个使用可靠度的标准值，再根据工作要求将工作可靠度定在某个值上，从而定出固有可靠度的值，以此值作为目标值，然后为实现这个目标值而进行设计. 我们所说的可靠度设计就是为实现固有可靠度的这个目标值而进行的设计. 要使固有可靠度的设计成功，平时就要有所准备，比如要注意搜集资料，积累资料等等.

下面提出在设计中应当注意的一些问题：

(1) 要对类似的系统进行调查研究，了解过去发生故障的情况，分析故障的原因及该故障对系统的影响.

(2) 尽量使用标准化元件，因为标准化元件性能可靠，让人放心.

(3) 系统结构要尽量简单、合理. 一般来说结构越简单，故障率就越低.

(4) 分配元件的可靠度要适当，特别是元件较多时.

(5) 元件的可靠度达不到一定标准时，适当采用冗余结构.

(6) 设计的结构要便于使用、检查和维修.

(7) 明确使用的环境条件和功能限度.

(8) 确定贮存条件（如温度、湿度的要求）和贮存期限.

(9) 确定适当的包装（包装材料、包装方法等）.

(10) 明确指出任务时间.

(11) 指明预防保养，确定元件的更换期，在进入磨损期之前，就要把元件换下来.

可靠性问题是个很复杂的问题，它内容丰富，涉及面广. 在这一章只能介绍一些基础知识，使读者对可靠性有个初步的了解. 我们着重从设计的角度介绍了可靠性问题，实际上，可靠性不只是设计问题，它与很多方面有关，比如，可靠性试验（在投产前进行），制造上的可造性，包装、运输、保管上的可靠性，使用上的可靠性（特别注意人为因素）…… 都很重要，只有各个环节都做好了，才能保证可靠度，甚至可能提高可靠度. 相反，如果做不好，哪怕只有一个小的环节，都可能降低可靠度，这是我们所不希望的.

可靠性问题又是个很重要的问题. 开展可靠性研究对我国的经济发展有着重要的现实意义.

习 题 答 案

习 题 1

1.1 (1) 设 R_i 是号码为 i 的红色卡片，G_i 是号码为 i 的绿色卡片，$i=1,2,3,\cdots,10$，$\Omega=\{R_1,R_2,\cdots,R_{10},G_1,G_2,\cdots,G_{10}\}$.

(2) (a)$ABC=\{G_2,G_4\}$；(b)$B\overline{C}=\{G_5,G_6,\cdots,G_{10}\}$；(c)$\overline{B}C=\{R_1,R_2,R_3,R_4\}$；(d)$(A\cup B)C=\{R_2,R_4,G_1,G_2,G_3,G_4\}$；(e)$\overline{A}\,\overline{B}\,\overline{C}=\{R_1,R_2,R_3,R_4\}$.

1.2 (1) $\overline{A}=\{x\mid x<1$ 或 $x>5\}$；(2) $A\cup B=\{x\mid 1\leqslant x\leqslant 7\}$；(3) $A\cup BC=A=\{x\mid 1\leqslant x\leqslant 5\}$；(4) $\overline{A}\,\overline{B}\,\overline{C}=\{x\mid 0<x<1$ 或 $x>7\}$.

1.3 1/15. **1.4** 41/81. **1.5** 8/15. **1.6** 41/96. **1.7** 5/19. **1.8** (1) 1/12；(2) 0.05. **1.9** 252/2431. **1.10** 1/1960. **1.11** (1) 0.25；(2) 0.05.

1.12 (1) 0.0545；(2) 19/109. **1.13** 686/689. **1.14** (1) 0.5；(2) 0，0.1，0.2，0.3，0.4；(3)0.75. **1.16** 0.8731，0.1268，0.0001.

1.17 $2\alpha p_1/[(3\alpha-1)p_1+(1-\alpha)]$. **1.18** 0.86.

习 题 2

2.1 $X\sim\begin{pmatrix}3 & 4 & 5\\ 0.1 & 0.3 & 0.6\end{pmatrix}$；$F(x)=\begin{cases}0 & x<3,\\ 0.1 & 3\leqslant x<4,\\ 0.4 & 4\leqslant x<5,\\ 1 & x\geqslant 5.\end{cases}$

2.2 $X\sim\begin{pmatrix}0 & 1 & 2\\ 0.4 & 0.1 & 0.5\end{pmatrix}$；$F(x)=\begin{cases}0 & x<0,\\ 0.4 & 0\leqslant x<1,\\ 0.5 & 1\leqslant x<2,\\ 1 & x\geqslant 2.\end{cases}$

2.3 (1) $X\sim\begin{pmatrix}0 & 1 & 2\\ \dfrac{7}{15} & \dfrac{7}{15} & \dfrac{1}{15}\end{pmatrix}$；

(2) $X \sim \begin{pmatrix} 0 & 1 & 2 & 3 \\ 0.512 & 0.384 & 0.096 & 0.008 \end{pmatrix}$.

2.4 $X \sim \begin{pmatrix} 0 & 1 & 2 \\ q_1 q_2 & p_1 q_2 + p_2 q_1 & p_1 p_2 \end{pmatrix}$ 其中 $q_i = 1 - p_i$.

2.5 $P(X = k) = \left(\frac{1}{4}\right)^{k-1} \cdot \frac{3}{4}$, $k = 1, 2, 3, \cdots$; $\sum_{m=1}^{\infty} P(X = 2m) = \frac{1}{5}$.

2.6 (1) 0.2048; (2) 0.9421; (3) 0.2627; (4) 0.0579.

2.7 (1) 0.027; (2) 0.163; (3) 0.353;

(4) $1 - 0.7^n - n \times 0.3 \times 0.7^{n-1} - \frac{n(n-1)}{2} \times 0.3^2 \times 0.7^{n-2}$, 1.

2.8 $\frac{1}{3}, \frac{4}{9}, \frac{2}{9}$.

2.9 $X \sim \begin{bmatrix} 0 & \frac{1}{2} & 1 \\ 0.1 & 0.4 & 0.5 \end{bmatrix}$.

2.10 $a = \frac{1}{2}, b = \frac{1}{4}, c = 0, d = \frac{1}{4}, e = 1$.

2.11 计算时用泊松分布近似代替二项分布,概率近似为 0.87.

2.12 (1) $a = \frac{1}{15}$; (2) $Y \sim \begin{bmatrix} -1 & 0 & 3 & 8 \\ \frac{1}{5} & \frac{7}{30} & \frac{1}{5} & \frac{11}{30} \end{bmatrix}$.

2.13
$$F_Y(y) = \begin{cases} 0 & -\infty < y < 0, \\ \frac{1}{6} & 0 \leqslant y < \frac{1}{4}, \\ \frac{2}{3} & \frac{1}{4} \leqslant y < \frac{3}{4}, \\ 1 & \frac{3}{4} \leqslant y < +\infty. \end{cases}$$

习 题 3

3.1 (1) $a = 10$;

(2) $F(x) = \begin{cases} 0 & x < 10, \\ 1 - \frac{10}{x} & x \geqslant 10; \end{cases}$

(3) $k = 20$.

3.2 (1) $a=1$;

(2) $F(x)=\begin{cases}0 & x\leqslant 0,\\ 1-e^{-x}-xe^{-x} & x>0.\end{cases}$

3.3 (1) $a=\frac{1}{2}$; (2) $f(x)=\begin{cases}\frac{3}{2}x^2 & |x|\leqslant 1,\\ 0 & |x|>1;\end{cases}$ (3) $\frac{1}{8}$.

3.4 (1) $a=\frac{1}{2}$;

(2) $f(x)=\begin{cases}\frac{\pi}{4}\sin\frac{\pi}{2}x & 0\leqslant x\leqslant 2,\\ 0 & \text{其他};\end{cases}$

(3) $\frac{1}{4}(2+\sqrt{2})\approx 0.8536$.

3.5 0.6.

3.6 $a=\sqrt[4]{0.1}\approx 0.562$.

3.7 $a=10$; $\frac{19}{27}$.

3.8 0.2857; 0.7745; 0.0606.

3.9 (1) $a=7.562$; (2) $a\approx 5.150$.

3.10 $x_1\approx 55.57$; $x_2\approx 58.51$; $x_3\approx 61.49$; $x_4\approx 64.43$.

3.11 0.87.

3.12 $\sigma\leqslant 31.2$; $P(T>210)\leqslant 0.055$.

3.13 (1) $f_Y(y)=\begin{cases}0 & y\leqslant 0,\\ \frac{1}{3}e^{-\sqrt[3]{y}}\cdot\frac{1}{\sqrt[3]{y^2}} & y>0;\end{cases}$ $F_Y(y)=\begin{cases}0 & y\leqslant 0,\\ 1-e^{-\sqrt[3]{y}} & y>0.\end{cases}$

(2) $f_Y(y)=\begin{cases}1 & 0<y<1,\\ 0 & \text{其它};\end{cases}$ $F_Y(y)=\begin{cases}0 & y\leqslant 0,\\ y & 0<y<1,\\ 1 & y\geqslant 1.\end{cases}$

3.14 (1) $f_Y(y)=\begin{cases}\frac{1}{y} & 1<y<e,\\ 0 & \text{其它};\end{cases}$

(2) $f_Y(y)=\begin{cases}\frac{1}{2}e^{-\frac{y}{2}} & y>0,\\ 0 & y\leqslant 0;\end{cases}$

(3) $f_Y(y)=\begin{cases}\frac{1}{y^2} & y>1,\\ 0 & y\leqslant 1.\end{cases}$

3.15 (1) $f_Y(y)=\begin{cases}\dfrac{1}{\sqrt{2\pi}y}e^{-\frac{(\ln y)^2}{2}} & y>1,\\ 0 & y\leqslant 0;\end{cases}$

(2) 同(1);

(3) $f_Y(y)=\begin{cases}\sqrt{\dfrac{2}{\pi}}e^{-\frac{y^2}{2}} & y>0,\\ 0 & y\leqslant 0.\end{cases}$

3.16 (1) $f_Y(y)=\begin{cases}\dfrac{2\arccos y}{\pi^2}\dfrac{1}{\sqrt{1-y^2}} & -1<y<1,\\ 0 & \text{其它};\end{cases}$

(2) $f_Y(y)=\begin{cases}\dfrac{2}{\pi\sqrt{1-y^2}} & 0<y<1,\\ 0 & \text{其它}.\end{cases}$

3.17 提示:α 在$(0,\pi)$上服从均匀分布.

$$f_X(x)=\frac{1}{\pi(1+x^2)},(-\infty<x<+\infty)\qquad X\text{ 服从柯西分布.}$$

3.18 (1) $A=\dfrac{1}{2}$; (2) $1-\dfrac{1}{2}e^{-1}\approx 0.8161$.

(3) $F(x)=\begin{cases}\dfrac{1}{2}e^{x} & x\leqslant 0,\\ 1-\dfrac{1}{2}e^{-x} & x>0;\end{cases}$

(4) $F_Y(y)=\begin{cases}0 & y\leqslant 0,\\ 1-e^{-\sqrt{y}} & y>0;\end{cases}\qquad f_Y(y)=\begin{cases}0 & y\leqslant 0,\\ \dfrac{1}{2\sqrt{y}}e^{-\sqrt{y}} & y>0.\end{cases}$

习　题　4

4.1 -0.2; 2.8; 13.4; 2.76; 27.6. **4.2** 1.0556. **4.3** 2.7.

4.4 0; $\dfrac{1}{2}$; $\dfrac{1}{2}$. **4.5** $\dfrac{\alpha}{\beta}$; $\dfrac{\alpha}{\beta^2}$. **4.6** 0; 2; 1. **4.7** 0; $\dfrac{R^2}{2}$.

4.8 $\sqrt{\dfrac{\pi}{2}}\sigma$; $(2-\dfrac{\pi}{2})\sigma^2$; $e^{-\frac{\pi}{4}}$. **4.9** $\dfrac{2\alpha}{\sqrt{\pi}}$; $\dfrac{3}{4}m\alpha^2$. **4.10** 33.64 元.

4.11 (1) 0.8187; (2) 0.0175.

4.12 $E(X^n)=\begin{cases}0 & n\text{ 为奇数时},\\ \sigma^n(n-1)!! & n\text{ 为偶数时}.\end{cases}$

4.13 提示:记 X 为一周内发生故障的次数(天数)$X \sim B(5, 0.2)$,利润 Y 是 X 的函数,$E(Y) \approx 5.2092$ 万元.

习 题 5

5.1 (1) 有放回抽取

$Y_{(j)}$ \ $X_{(i)}$	0	1	$p_{\cdot j}$
0	$\frac{25}{36}$	$\frac{5}{36}$	$\frac{5}{6}$
1	$\frac{5}{36}$	$\frac{1}{36}$	$\frac{1}{6}$
$p_{i\cdot}$	$\frac{5}{6}$	$\frac{1}{6}$	1

X、Y 相互独立

(2) 不放回抽取

$Y_{(j)}$ \ $X_{(i)}$	0	1	$p_{\cdot j}$
0	$\frac{45}{66}$	$\frac{10}{66}$	$\frac{5}{6}$
1	$\frac{10}{66}$	$\frac{1}{66}$	$\frac{1}{6}$
$p_{i\cdot}$	$\frac{5}{6}$	$\frac{1}{6}$	1

X、Y 不独立

5.2 提示:$2 \leqslant X+Y \leqslant 4$.

$Y_{(j)}$ \ $X_{(i)}$	0	1	2	3	$p_{\cdot j}$
0	0	0	$\frac{3}{35}$	$\frac{2}{35}$	$\frac{1}{7}$
1	0	$\frac{6}{35}$	$\frac{12}{35}$	$\frac{2}{35}$	$\frac{4}{7}$
2	$\frac{1}{35}$	$\frac{6}{35}$	$\frac{3}{35}$	0	$\frac{2}{7}$
$p_{i\cdot}$	$\frac{1}{35}$	$\frac{12}{35}$	$\frac{18}{35}$	$\frac{4}{35}$	1

5.3

$Y_{(j)}$ \ $X_{(i)}$	0	1	2	3	$p_{\cdot j}$
1	0	$\frac{3}{8}$	$\frac{3}{8}$	0	$\frac{3}{4}$
3	$\frac{1}{8}$	0	0	$\frac{1}{8}$	$\frac{1}{4}$
$p_{i\cdot}$	$\frac{1}{8}$	$\frac{3}{8}$	$\frac{3}{8}$	$\frac{1}{8}$	1

5.4

Y \ X	1	2	3	4
0	$\frac{1}{10}$	0	0	0
1	0	$\frac{4}{10}$	$\frac{2}{10}$	$\frac{1}{10}$
2	0	0	0	$\frac{2}{10}$

5.5 (1) $k=\frac{1}{8}$; (2) $\frac{3}{8}$; (3) $\frac{27}{32}$; (4) $\frac{2}{3}$

5.6　(1) $c=\dfrac{21}{4}$；

(2) $f_X(x)=\begin{cases}\dfrac{21}{8}x^2(1-x^4) & -1\leqslant x\leqslant 1,\\ 0 & \text{其它；}\end{cases}$

$f_Y(y)=\begin{cases}\dfrac{7}{2}y^{\frac{5}{2}} & 0\leqslant y\leqslant 1,\\ 0 & \text{其它；}\end{cases}$

(3) X,Y 不独立.

5.7　(1) $f(x,y)=\begin{cases}1 & 0\leqslant x\leqslant 1,\quad 0\leqslant y\leqslant 1,\\ 0 & \text{其它；}\end{cases}$

(2) $F_X(x)=\begin{cases}0 & x<0,\\ x & 0\leqslant x\leqslant 1,\\ 1 & x>1;\end{cases}$　　$F_Y(y)=\begin{cases}0 & y<0,\\ y & 0\leqslant y\leqslant 1,\\ 1 & y>1;\end{cases}$

$f_X(x)=\begin{cases}1 & 0\leqslant x\leqslant 1,\\ 0 & \text{其它；}\end{cases}$　　$f_Y(y)=\begin{cases}1 & 0\leqslant y\leqslant 1,\\ 0 & \text{其它；}\end{cases}$

(3) X、Y 相互独立.

5.8　(1) $\dfrac{1}{2}$；　(2) $\dfrac{1}{4}$；　(3) $\dfrac{1}{2}$.

5.9　(1) $P(X=n)=\dfrac{14^n\mathrm{e}^{-14}}{n!}\quad n=0,1,2,\cdots,$

$P(Y=m)=\dfrac{7.14^m\mathrm{e}^{-7.14}}{m!}\quad m=0,1,2,\cdots,$

X,Y 都服从泊松分布；

(2) 当 $m=0,1,2,\cdots$ 时，$P(X=n\mid Y=m)=\dfrac{(6.86)^{n-m}\mathrm{e}^{-6.86}}{(n-m)!},\quad n\geqslant m,$

当 $n=0,1,2,\cdots$ 时　$P(Y=m\mid X=n)=C_n^m(0.51)^m(0.49)^{n-m}\quad m=0,1,2,\cdots,n.$

5.10

X	1	2	3
$P(X=i)$	$\frac{1}{3}$	$\frac{19}{36}$	$\frac{5}{36}$

Y	1	2	3
$P(Y=j)$	$\frac{1}{4}$	$\frac{14}{45}$	$\frac{79}{180}$

X	1	2	3
$P(X=i\mid Y=1)$	0	2/3	1/3
$P(X=i\mid Y=2)$	9/14	5/14	0
$P(X=i\mid Y=3)$	24/79	45/79	10/79

Y	1	2	3
$P(Y=j\mid X=1)$	0	3/5	2/5
$P(Y=j\mid X=2)$	6/19	4/19	9/19
$P(Y=j\mid X=3)$	3/5	0	2/5

5.11

X	1	2	3
$P(X=i)$	0.25	0.50	0.25

Y	2	4
$P(Y=j)$	0.4	0.6

X	1	2	3
$P(X=i \mid Y=2)$	0.25	0.5	0.25
$P(X=i \mid Y=4)$	0.25	0.5	0.25

Y	2	4
$P(Y=j \mid X=1)$	0.4	0.6
$P(Y=j \mid X=2)$	0.4	0.6
$P(Y=j \mid X=3)$	0.4	0.6

X 与 Y 相互独立.

5.12 $$f_X(x)=\begin{cases}\dfrac{2}{\pi r^2}\sqrt{r^2-x^2} & |x|<r,\\ 0 & |x|\geqslant r;\end{cases}$$

$$f_Y(y)=\begin{cases}\dfrac{2}{\pi r^2}\sqrt{r^2-y^2} & |y|<r,\\ 0 & |y|\geqslant r;\end{cases}$$

$$f_{X|Y}(x\mid y)=\begin{cases}\dfrac{1}{2\sqrt{r^2-y^2}} & x^2+y^2\leqslant r^2 \quad |y|\neq r,\\ 0 & x^2+y^2>r^2 \quad |y|=r;\end{cases}$$

$$f_{Y|X}(y\mid x)=\begin{cases}\dfrac{1}{2\sqrt{r^2-x^2}} & x^2+y^2\leqslant r^2 \quad |x|\neq r;\\ 0 & x^2+y^2>r^2.\end{cases}$$

X 与 Y 不独立.

5.13

$$f(x,y)=\begin{cases}\dfrac{1}{2b\sigma\sqrt{2\pi}}e^{-\frac{(x-\mu)^2}{2\sigma^2}} & -\infty<x<+\infty,\ |y|<b,\\ 0 & \text{其它};\end{cases}$$

$$f_{Y|X}(y\mid x)=\begin{cases}\dfrac{1}{2b} & -\infty<x<+\infty,\ |y|<b,\\ 0 & \text{其它};\end{cases}$$

$$f_{X|Y}(x\mid y)=\begin{cases}\dfrac{1}{\sqrt{2\pi}\sigma}e^{-\frac{(x-\mu)^2}{2\sigma^2}} & -\infty<x<+\infty,\ |y|<b,\\ 0 & \text{其它};\end{cases}$$

5.14 (1) $f(x,y)=\begin{cases}\dfrac{1}{2}e^{-\frac{y}{2}} & 0<x<1,\ y>0,\\ 0 & \text{其它};\end{cases}$

(2) $1-\sqrt{2\pi}\,[\Phi(1)-\Phi(0)]\approx 0.1445.$

5.15 (1) $f(x,y)=\begin{cases}\lambda\mu e^{-(\lambda x+\mu y)} & x>0,\ y>0,\\ 0 & \text{其它};\end{cases}$

(2)

Z	0	1
$P(Z=k)$	$\dfrac{\mu}{\lambda+\mu}$	$\dfrac{\lambda}{\lambda+\mu}$

$$F_Z(z)=\begin{cases}0 & z<0,\\ \dfrac{\mu}{\lambda+\mu} & 0\leqslant z<1,\\ 1 & z\geqslant 1.\end{cases}$$

5.16 (1) X,Y 不独立;

(2) $F_Z(z)=\begin{cases}0 & z\leqslant 0,\\ 1-\dfrac{1}{(1+z)^2}-\dfrac{2z}{(1+z)^3} & z>0;\end{cases}$

$$f_Z(z)=\begin{cases}0 & z\leqslant 0,\\ \dfrac{6z}{(1+z)^4} & z>0.\end{cases}$$

5.17 $f_Z(z)=\begin{cases}0 & z<0,\\ 1-e^{-z} & 0\leqslant z\leqslant 1,\\ (e-1)e^{-z} & z>1.\end{cases}$

5.18 (1) $f_T(t)=\begin{cases}\dfrac{t^3}{3!}e^{-t} & t>0,\\ 0 & t\leqslant 0;\end{cases}$ (2) $f_T(t)=\begin{cases}\dfrac{t^5}{5!}e^{-t} & t>0,\\ 0 & t\leqslant 0.\end{cases}$

5.19 $f_Z(z)=\begin{cases}\dfrac{\lambda_1\lambda_2}{\lambda_2-\lambda_1}(e^{-\lambda_1 z}-e^{-\lambda_2 z}) & z>0,\\ 0 & z\leqslant 0.\end{cases}$

5.20 $F_Z(z)=\begin{cases}0 & z<0,\\ 1-\dfrac{1}{4}(2-z)^2 & 0\leqslant z\leqslant 2,\\ 1 & z>2;\end{cases}$

$$f_Z(z)=\begin{cases}\dfrac{1}{2}(2-z) & 0\leqslant z\leqslant 2,\\ 0 & \text{其它}.\end{cases}$$

5.21 $F_Z(z)=\begin{cases}0 & z<0,\\ 1-(1+z)e^{-z} & z\geqslant 0;\end{cases}$ $f_Z(z)=\begin{cases}0 & z<0,\\ ze^{-z} & z\geqslant 0.\end{cases}$

$$P(Z>2)=\frac{3}{e^2}\approx 0.406.$$

5.22 0.2547(提示:至少1件不合格与2件都不合格是对立事件).

5.23 提示:求(X^2,Y^2)的联合分布函数和边缘分布函数.

5.24 $\frac{4}{5}$; $\frac{3}{5}$; $\frac{1}{2}$; $\frac{16}{15}$.

5.25 各量全为0; X与Y不相关,不独立.

5.26 提示:将左式具体写出.

5.29 $\frac{7}{6}$; $\frac{7}{6}$; $-\frac{1}{36}$; $-\frac{1}{11}$; $\frac{5}{9}$.

5.30 1; 3.

5.31 49.

习 题 6

6.1 0.4714. **6.2** 0.0787. **6.3** (1) 0.1802; (2) 443. **6.4** 0.0062.
6.5 0.9525. **6.6** 25. **6.7** 0.2119. **6.8** (1) 0.1912; (2) 0.1102.

习 题 7

7.1 0.83. **7.2** 0.26. **7.3** 0.1.

7.4 (1) $\chi^2(1)$分布; (2) $F(1,n-1)$分布.

7.5 (1) 0.025; (2) 0.005. **7.6** 0.01.

习 题 8

8.1 (1) $\hat{\theta}=\frac{\overline{X}}{\overline{X}-C}$; (2) $\hat{\theta}=\frac{n}{\sum_{i=1}^{n}\ln X_i-n\ln C}$.

8.2 (1) $\hat{p}=\frac{\overline{X}}{m}$; (2) $\hat{p}=\frac{\overline{X}}{m}$;

(3) 所求估计量是无偏估计量.

8.3 (1) $\hat{\lambda}=\frac{8}{\sum_{i=1}^{4}(X_i-10)^2}$; (2) $\hat{\lambda}\approx 0.5333$;

(3) $P(X \leqslant 30) \approx 0.6559$.

8.4 $\hat{\lambda} = \dfrac{n}{\sum_{i=1}^{n} X_i^{\alpha}}$.

8.5 $\hat{\theta} = \min(X_1, X_2, \cdots, X_n)$.

8.6 (1) (5.608, 6.392); (2) (5.558, 6.418).

8.7 (1) 6.329; (2) 6.356.

8.8 (7.4, 21.1).

8.9 (−0.002, 0.006).

8.10 −0.0008.

8.11 (−6.04, −5.96).

8.12 (0.222, 3.601).

习 题 9

9.1 $H_0:\mu = 800, H_1:\mu \neq 800$,接受 H_0,可以认为断裂强度为 800×10^5 Pa.

9.2 $H_0:\mu = 32.50, H_1:\mu \neq 32.50$,拒绝 H_0,抗断强度不为 32.50×10^5 Pa.

9.3 $H_0:\mu = 3140, H_1:\mu \neq 3140$,接受 H_0,女孩体重无显著差异.

9.4 $H_0:\mu = 1.25, H_1:\mu > 1.25$,接受 H_0,土地面积不超过 1.25km^2.

9.5 $H_0:\mu = 1000, H_1:\mu < 1000$,拒绝 H_0,接受 H_1,产品不合格.

9.6 本题要检验均值 μ 和方差 σ^2.

(1) 检验 μ. $H_0:\mu = 500, H_1:\mu \neq 500$,接受 H_0,包装机没有明显的系统误差;

(2) 检验 σ. $H_0:\sigma^2 = 10^2, H_1:\sigma^2 > 10^2$,拒绝 H_0,接受 H_1,方差超过 10^2.

综合(1)、(2)看出,方差过大,包装机工作不够正常.

9.7 提示:质量提高是指平均含碳量降低,方差减小,本题要检验均值 μ 和方差 σ^2.

(1) 检验 μ. $H_0:\mu = 4.55, H_1:\mu < 4.55$,拒绝 H_0,接受 $H_1:\mu < 4.55$,含碳量降低.

(2) 检验方差 σ^2. $H_0:\sigma^2 = 0.108^2, H_1:\sigma^2 < 0.108^2$. 接受 H_0,方差没有降低.

综合(1)、(2),由于含碳量的平均值是主要指标,它的降低反映了产品质量有提高.

9.8 $H_0:\sigma^2 = 16, H_1:\sigma^2 > 16$,接受 H_0,方差不超过 16,符合标准.

9.9 $H_0:\sigma^2 = (0.04\%)^2, H_1:\sigma^2 < (0.04\%)^2$,接受 H_0,标准差不低于 0.04%,溶液不符合标准.

9.10 (1) $\alpha \approx 0.057$; (2) $\beta \approx 0.106$; (3) $n \geqslant 40$.

9.11 $H_0: \mu_1 - \mu_2 = 0, H_1: \mu_1 - \mu_2 \neq 0$,接受 H_0,平均重量无显著差别(提示:按大样本处理)

9.12 提示:同一批生产的产品应当是均值,方差都无显著变化.

(1) 检验方差,$H_0: \sigma_1^2 = \sigma_2^2, H_1: \sigma_1^2 \neq \sigma_2^2$,接受 H_0,方差相等.

(2) 检验均值,$H_0: \mu_1 = \mu_2, H_1: \mu_1 \neq \mu_2$,接受 H_0,均值相等.

综合(1)、(2)知,两箱灯泡是同一批生产的.

习 题 10

10.1 $F = 32.92 > F_{0.05}(2,12) = 3.89$,各台机器生产的薄板厚度有显著差异.

10.2 $F = 11.08 > F_{0.05}(4,10) = 3.48$,温度对成品率有显著影响.

10.3 $F = 3.76 > F_{0.05}(3,4) = 3.34$,各类型电路的响应时间有显著差异.

10.4 $F_1 = 3.39 > F_{0.05}(3,15) = 3.29, F_2 = 5.32 > F_{0.05}(5,15) = 2.90$,不同的机器,不同的运转速度,对产量都有显著影响.

10.5 $F_A = 5.85 > F_{0.05}(2,12) = 3.89, F_B = 10.77 > F_{0.05}(3,12) = 3.49, F_{A\times B} = 2.98 < F_{0.05}(6,12) = 3.00$,导弹系统、推进器类型对燃烧速度有显著影响,它们的交互作用对燃烧速度无显著影响.

习 题 11

11.1 $\hat{y} = 0.2568 + 2.9303x$.

11.2 $\hat{y} = 0.04 + 0.34x$,回归效果显著. 预报值 $\hat{y}_0 = 17.6$,预报区间(16.87, 17.45).

11.3 $\hat{y} = -39.02 + 0.63x, \hat{\sigma}^2 = 66.81, \hat{y}_0 = 59.16$,预报区间(39.01,79.31).

11.4 (1) $\hat{y} = 9.90 + 0.58x_1 + 0.55x_2 + 1.15x_3$;

(2) $\hat{y} = 9.90 + 0.58x_1 + 1.15x_3$.

11.5 $\hat{y} = 19.0333 + 1.0086x - 0.0204x^2$.

习 题 12

12.1 优方案:$A_2B_2C_2D_1E_2F_1$.

12.2 优方案:$A_3B_1C_1$.

12.3 优方案:$A_1B_2C_2D_3$.

12.4 优方案:$A_1B_2C_1D_2E_1$.

12.5 优方案:$A_1B_3C_2D_1$.

12.6 优方案:$A_2B_2C_1$.

附录 A　SAS/STAT 程序库使用简介

SAS 系统是一个有全面数据保存、加工、分析功能的商业数据处理系统. SAS/STAT 是在 SAS 系统下运行的、包含很多常用统计模型和分析方法一个统计程序库,可以处理分析许多常见的统计问题. 下面我们对 SAS 系统的操作和 SAS/STAT 程序库的使用作一简介. 需要详细了解 SAS 系统和 SAS/STAT 程序库的读者可参考附录后的参考文献.

A.1　SAS 系统操作

A.1.1　进入 SAS

在 SAS 目录区内的文件 SAS. EXE 是打开并运行 SAS 的可执行文件. 可在 Windows 下,直接用鼠标敲击此文件名两下,或在 DOS 提示符下输入 SAS<RETURN>来打开 SAS.(<RETURN>表示回车键,以下同.)

A.1.2　SAS 基本界面

SAS 的基本界面由三个窗口组成:

OUTPUT 窗口

LOG 窗口

PROGRAM EDITOR 窗口(以下简记为 PGM 窗口)

在每个窗口上方有一行命令行:Command⇒

在命令行的箭头后面可以输入各种命令(Commands).

PGM 窗口在命令行下面有带标号的程序行,用来输入程序语句(Statements)及数据;

LOG 窗口输出被编译执行的程序及错误信息、执行时间等;

OUTPUT 窗口输出程序运行结果(当 proc print 程序运行时).

以上三个窗口在整个 SAS 运行期间不能被关闭.

除去以上三个基本窗口之外,SAS 还允许打开或关闭其它各种窗口.

A.1.3　其它窗口

※ HELP 窗口:提供 HELP 信息.

在任一窗口上方的 Command⇒行中输入 help<RETURN>,就打开 HELP 窗口.

(注:SAS 系统对命令和程序中的大、小写字母不加区分,因此 help=HELP.)

※ KEYS 窗口:提供并允许修改、自定义各种快捷键.

在任一窗口上方的 Command⇒行中输入 keys<RETURN>,就打开 KEYS 窗口.

※ 窗口的放大、缩小与关闭.

在任一窗口上方的 Command⇒行中输入 zoom<RETURN>,就将该窗口放大到全屏幕.

在任一窗口上方的 Command⇒行中输入 zoom off<RETURN>,就将该窗口缩小到初始大小及位置.

在除去三个基本窗口之外的任一窗口上方的 Command⇒行中输入 END<RETURN>,就将该窗口关闭.

A.1.4　退出 SAS

在任一窗口上方的 Command⇒行中输入 endsas<RETURN>或 bye<RETURN>,就退出 SAS.

A.1.5　快捷键

SAS 允许用各种定义好的快捷键来执行系统操作命令.例如:

F1:help

F2:keys

打开 KEYS 窗口,上面列出各种快捷键的功能.修改快捷键的功能时,只需将原来的功能定义删掉,输入新的定义,然后在 Command⇒行中输入 save<RETURN>,即可.

A.2　SAS 数据集与数据步

A.2.1　SAS 数据集

SAS 数据集是 SAS 系统能够识别并加工的数据集.它有一个文件名,字长不超过 8 个字母.

SAS 数据集由两部分内容组成:

(1) 描述信息:向 SAS 系统描述数据集的内容;

(2) 数据:长方形矩阵结构,每一列称为一个"变量"(variable),有一个变量名,每一行称为一个"观测"(observation).

非 SAS 数据集的数据集(以下统称为外部数据集)只有在转化为 SAS 数据集以后才能被 SAS 系统识别并加工.

A.2.2 数据步

“数据步”是建立并加工 SAS 数据集的基本方法.下面先看一个例子.

例 2.1 用数据步建立 SAS 数据集

在 PGM 窗口上的程序行上输入下列程序语句及数据：

```
00001 data person;
00002   input dept $ studnum stufnum;
00003   cards;
00004 Math 256 108
00005 Pysics 321 87
00006 Chem 182 79
00007;
00008 proc print;
00009 run;
```

（在数据步的每一行前的五位数码是 PGM 窗口自动显示的，不需要用户输入.）

然后在 Command⇒行中输入 submit<RETURN>，或敲击相应的快捷键，这时上述程序被编译执行，同时在 LOG 窗口中输出被编译执行的程序，在 OUTPUT 窗口中输出建立起来的名为 person 的 SAS 数据集.下面来依次介绍以上程序语句的作用.

(1) data person;——建立一个名为 person 的 SAS 数据集.所有 SAS 数据步的第一条程序语句必须是“data 文件名;”.这个由 data 语句建立起来的数据集在 SAS 运行期间一直存在并可以反复引用.(但是，当退出 SAS 系统时，这个名为 person 的 SAS 数据集就自动被删除了.如何建立永久的 SAS 数据集见 A.2.5.)

(2) input dept $ studnum stufnum;——输入三个变量，名字分别为 dept、studnum 和 stufnum，其中 dept 后面的“$”符表示这是一个文字变量，而不带“$”符的变量(这里是 studnum 和 stufnum)为数字变量.

(3) cards;——表示直接在程序中输入数据.

(4)
```
Math 256 108
Pysics 321 87
Chem 182 79
;
```

——输入数据.(注意:每个观测占一行.这里有三个观测，所以要占三行.)最后单独一行的分号表示数据输入结束.(注意:在用 cards;语句输入数据，数据输入结束时一定要有分号，且单独占一行.)

(5) proc print;——将所建立的 SAS 数据集打印到 OUTPUT 窗口.

(6) run;——运行上述数据步程序.

(7) 在 Command⇒行中输入 submit<RETURN>,或敲击相应的快捷键——将上述程序递交编译并运行.

最后要强调一点:在上面的每一行程序语句(不包括数据行)的末尾都必须以分号";"结尾,这是 SAS 识别一条程序是否结束的符号.

A.2.3　从外部文件输入数据

如果要输入的数据事先存在一个外部文件中,要将其输入一个新建的 SAS 数据集,则需要使用 infile 语句. 请看下面的例子.

例 2.2　从外部文件输入数据

假定我们已将数据

```
Math 256 108
Pysics 321 87
Chem 182 79
```

存在一个名为 file1. txt,保存在目录区 d:\a 的外部文件中. 这里数据排列的方式与用 Cards 语句的要求一样,每个观测占一行. 在 PGM 窗口上的程序行上输入下列内容:

```
00001 data person;
00002   infile'd:\a\file1.txt';
00003   input dept $ studnum stufnum;
00004 run;
```

然后在 Command⇒行中输入 submit<RETURN>或敲击相应的快捷键,则得到与例 2.1 中相同的 SAS 数据集. 这里 infile 语句告诉 SAS 系统外部文件的路径. 它的基本句法为:

infile　'外部文件路径';

注意:infile 语句必须出现在 input 语句之前!

A.2.4　从外部文件输入数据步程序

除去在 PGM 窗口直接输入数据步程序外,还有一种输入数据步程序的方法,即将数据步程序(或其它程序)存在一个外部文件中,然后在 PGM 窗口的程序行上输入

%include'外部文件路径';

%include 程序语句要 SAS 系统将指定的外部文件中的程序调入系统. 例如,假定在目录 c:\a 中建立一个文件 datstep. txt,其中存入下列数据步程序:

```
data month;
   input x y mon $;
```

```
    cards;
  1 1 January
  2 2 February
  3 3 March
    ;
```

然后在 SAS 的 PGM 窗口中输入下列程序语句：

```
  %include'c:\a\datstep.txt';
  proc print;
  run;
```

当递交上述程序时，SAS 系统首先将 c:\a\datstep.txt 中的数据步程序调入并执行，然后再执行 proc print 程序.

A.2.5 永久保存 SAS 数据集

在前面的例子中通过数据步建立起来的 SAS 数据集只在 SAS 运行期间存在，当 SAS 系统退出后就不再被保存. 为永久保存 SAS 数据集首先要建立 SAS 库. SAS 库的实体是一个在计算机主系统（例如 DOS 系统）下的子目录，这个子目录在 SAS 系统运行期间被赋予 SAS 库名. 在 PGM 窗口的程序行中输入下列语句：

libname libref '子目录路径'：

于是 libname 命令将 SAS 库名 libref 赋予所指定的外部子目录. 外部子目录的路径必须用单引号括起来. 为使 libname 有效，必须在 DOS 系统下事先存在具有指定路径的子目录，否则在运行上述程序时，在 LOG 窗口会显示错误信息. 例如下列语句：

libname mylib'c:\a';

将 SAS 库名 mylib 赋予子目录 c:\a，以后在 SAS 运行期间，当提到 mylib 时就指这个子目录. 但是，SAS 库名只在 SAS 运行期间有效，当 SAS 系统退出后，SAS 库名就自动被删除. 在下次 SAS 运行期间，如仍需使用此子目录则需再次命名. 此外，libname 语句不能用于数据步内. 通常应在执行数据步之前先命名 SAS 库.

当存在一个 SAS 库，假定其库名为 mylib，如要建立一个 SAS 数据集，名为 file1，并将其存入 mylib，则可以用下面的命令：

data mylib.file1;

这个命令的含义是：在名为 mylib 的库中建立一个数据文件，名为 file1. 而且在 SAS 运行期间以后凡需调用此数据文件时，必须使用 mylib.file1 这个名称. 如只使用 file1，则 SAS 找不到该文件，或找到的是另一个文件.（SAS 系统自动建立一个名为 work 的库，用以临时保存所有不带库名的数据集. 如果在 work 中也有一个名为 file1 的数据文件，则 SAS 找到这个文件. 当 SAS 运行结束时，work 库连同其中的所有文件全部被删除.）带有库名前缀的数据文件在 SAS 运行结束后仍然保存在该库所指定的子目录内.

例 2.3 建立永久性 SAS 数据集

在 PGM 窗口的程序行中输入下面的程序：

```
00001 libname mylib 'c:\sas \mylib';
00002 data mylib. person;
00003   infile d:\a \file 1;
00004   input dept $ studnum stufnum;
00005 run;
```

然后在 Command⇒行中输入 submit<RETURN>,或敲击相应的快捷键. 这个程序的第一步是建立一个名为 mylib 的 SAS 库,它所对应的实体是在 DOS 系统下路径为 c:\sas \mylib 的子目录. 第二步是建立一个在 mylib 中名为 person 的数据文件. 以下内容与例 2.2 中相同,最后得到内容与例 2.2 中相同的 SAS 数据集 mylib. person,但是它不是 person,后者保存在临时库 work 中. 因而在 SAS 运行结束时会被删除:而前者保存在 mylib 库中,当 SAS 运行结束时,虽然 mylib 库名被删除了,但是在子目录 c:\sas \mylib 中仍保存有文件 person. ssd,在下次 SAS 运行中,假定子目录 c:\sas \mylib 被赋予库名 mydata,则可以用 mydata. person 的名称来调用此数据文件. 调用的语句是：

```
set mydata. person;
```

在数据步中,上述语句的含义是将 mydata. person 中的全体变量的观测值逐个地输入在 data 语句中所指定的数据集(可以是 set 语句中所指定的数据集). 例如,假定在 mydata. file 中有两个变量 x1,x2.

```
data file;
  set mydata. file;
  t=xl+x2;
run;
```

上述数据步将数据集 mydata. file 打开,将 x1,x2 逐个地输入新建的数据集 file,同时输入变量 t 的值. 因此 file 中有三个变量. 但是,如果在 data 语句中所指定的文件也是 mydata. file,则实际效果是:在 mydata. file 中除去原来的变量 x1,x2 之外,又增加了第三个变量 t.

A. 2. 6 查看 SAS 数据集

要查看在 SAS 库中所保存的 SAS 数据集,可以在任一窗口的 Command⇒行中输入 DIR 命令或敲击相应的快捷键,这时打开 DIR 窗口,其中的显示可能是：

```
Command⇒
Libref:  WORK
Type:  ALL
```

```
    SAS File   Type
  … PERSON   DATA
  … …         …
```

在 Command 行下第一行显示库名,默认为 WORK. 如要查看其它库,则可在 Libref:后面删除 WORK,并输入其它库名,例如 mylib. 在 Type:后面显示所要查看的文件类型. SAS 数据集的类型是 DATA,在 SAS 库中还可能有其它类型的文件. Type:的默认值为 ALL,如果将其改为 DATA,则下面列出的是全部 DATA 文件. 如果要进一步了解某个数据文件的内容,则可以在该文件前面键入 B,例如:

```
  B--  PERSON  DATA
```

回车后就打开了 VAR 窗口:

```
  Command⇒
      Libref:   WORK
      Data set:  PERSON
      Name      Type      Lable
   1  DEPT       $
   2  STUDNUM
   3  STUFNUM
```

以上内容显示,在 WORK 库的数据集 PERSON 中有 3 个变量,其中 DEPT 为文字变量,其它两个为数字变量.

A.2.7 数据的类型与格式

SAS 数据分为两大类:文字数据与数值数据. 文字数据是由一串文字(其中可能有某些特殊符号)所构成的. 对数值数据的表达方式及输入输出的方式,要掌握以下几个要点:

(1) 数值数据是由数字(其中可能有小数点及 E 表达方式)所构成的,例如:2,3.5,78.3E1 等.

(2) 在用 CARDS 语句或外部文件输入数值数据时,数据与数据之间要用至少一个空格分开,多于一个空格按一个空格处理.

(3) 数值数据分为整数与浮点数两类. 如果一个数值数据不带小数点及 E 表达方式,则被处理为整理:否则被处理为浮点数.

(4) 对一个数值变量,如果输入的观测数据都是整数,则被处理为整值变量;反之,如果在输入的观测数据中有至少一个浮点数,SAS 自动将所有观测数据转化为浮点数,而相应的变量为浮点数变量. 例如,在下面的数据步中:

```
    data num;
      input x1-x3;
```

```
  cards;
1 2 3.5
2   4.1 7.1e-1
;
proc print;
run;
```

当上述数据步运行后,可以从 OUTPUT 窗口看到 x1,x2,x3 三个变量的观测值为

x1	x2	x3
1	2.0	3.50
1	4.1	0.71

SAS 对数据允许有不同的输入方式. 上面所介绍的输入方式(数据之间简单地用空格分开)是最简单方便的一种.

A.3 在数据步中对数据进行加工

A.3.1 对数据进行运算

在数据步中可以对输入数据或 SAS 数据集中的数据进行运算并产生新的变量. 例如在 PGM 窗口上的程序行上输入下列内容:

```
00001 data person;
00002   input dept $ studnum stufnum;
00003   t=studnum+stufnum;
00004   cards;
00005 Math 256 108
00006 Pysics 321 87
00007 Chem 182 79
00008;
00009 proc print;
00010 run;
```

上述程序运行后,在名为 person 的数据集中有四个变量,其中三个变量 dept, studnum 和 stufnum,由 input 语句通过 cards 语句输入;第四个变量 t 由语句 t=studnum+stufnum 给出,t 为 studnum 与 stufnum 的和. 语句 t=studnum+stufnum 是一个赋值语句,它将"="右端的变量运算表达式的结果赋值于"="左端的变量. 一个变量允许同时出现在等号两端,这时这个变量先在等号右端的表达式中参与运算,然后被赋予运算的结果

值. 在 SAS 数据步中常用的运算有

＋:加法,

－:减法,

*:乘法,

/ :除法,

* *:乘方.

上述运算的优先级与 FORTRAN 语言中的相同. 也可以进行带圆括号的运算,如 y=((x+z)*u)**v,等. 要注意的是:在数据步中,所有运算都必须在 cards 语句之前.

A.3.2 向量及运算

在数据步中,为便于计算,可以将变量加下标,或者组成向量进行运算. 变量加下标的方法是:

```
input x1－x10;
```

这个语句的含义是输入 10 个变量,名分别为 x1,x2,…,x10. 但是这样定义的变量还不能用指标变量来指定其中的一个,为此要用向量. 定义向量的语句为:

```
array xar{10}x1－x10;
```

或

```
array xar{3}studnum,stufnum,total;
```

在 SAS 系统中,向量并不是一种实体的数据结构,它只是在一次数据步的运行过程中所定义的变量组. 在这个变量中的每个变量被赋予一个"下标". 下标可以用指标变量来指定. 例如,xar{3}在第一个语句中表示变量 $x3$,而在第二个语句中表示变量 total. 假定 n 是一个整值变量,也可以用 xar{n}来指定向量中的变量,当 n 被赋予一个正整数值后,xar{n}就指定了向量 xar 中具有下标 n 的变量.

对向量进行运算可以用 DO 循环语句,例如

```
do i=1 to 3;
  xar{i}=abs(xar{i});
end;
```

上述 DO 循环语句将 x1 至 x3 的值替换为各自的绝对值.

A.3.3 SAS 函数

在 SAS 数据步的运算中可以使用其内部函数. 内部函数的基本形式为:

f(变量 1,〈变量 2,...〉).

例如 y=exp(x);z=sin(y);x=min(y,z);等等. SAS 函数中的自变量可以是常数、变量,或表达式,也可以是向量,例如 sin(1),log(y+z),tan(log(z)),等等. SAS 函数可以是单

变量函数或多变量函数.多变量函数的表达形式可以有

f(x,y,z),
f(of x y z)
f(of x1－x10),
f(of ar{ * })

等几种.其中 ar{ * }的全体变量含义是向量中的全体变量.下面列出一些常用的初等函数：

函数	单或多变量	含义
ABS(x)	单变量	x 的绝对值.
SIGN(x)	单变量	x 的正负号.
SQRT(x)	单变量	x 的平方根.
EXP(x)	单变量	e^x.
LOG(x)	单变量	lnx.
SIN(x)	单变量	正弦函数.
COS(x)	单变量	余弦函数.
TAN(x)	单变量	正切函数.
ARSIN(x)	单变量	反正弦函数.
ARCOS(x)	单变量	反余弦函数.
ATAN(x)	单变量	反正切函数.
GAMMA(x)	单变量	伽玛函数：$\mathrm{GAMMA}(x) - \int_0^\infty u^{x-1}e^{-u}du$.

A.3.4　概率统计函数

SAS 系统的一大特点是有许多常用的概率和统计函数,利用这些函数可以很方便地进行一些简单的概率统计计算.限于篇幅,不可能逐一地介绍这些函数.下面介绍几个最常用的概率统计函数.

(1) 标准正态分布函数：

$$\mathrm{ERF(x)} = \frac{1}{\sqrt{2\pi}}\int_{-\infty}^{x} e^{-x^2/2}dx$$

(2) Poisson 分布函数：

$$\mathrm{POISSON(m,n)} = \sum_{k=0}^{n}\frac{m^k}{k!}e^{-m}$$

(3) 二项分布函数：

$$\mathrm{PROBBNML(p,n,m)} = \sum_{k=0}^{m}\binom{n}{k}p^k(1-p)^{n-k}$$

(4) $\chi^2(n)$ 分布函数：

PROBCHI(x,n) $= Pr(\chi^2(n) < x)$

(5) F(n,m) 分布函数：

PROBF(x,n,m) $= Pr(F(n,m) < x)$

(6) Gamma 分布函数：

PROBGAM(x,n) $= \frac{1}{\Gamma(n)}\int_0^x u^{n-1}\mathrm{e}^{-u}\mathrm{d}u$

(7) 样本均值：

MEAN(of x1 − xn) $= \frac{1}{n}\sum_{i=1}^{n} x_i$

(8) 样本方差：

VAR(of x1 − xn) $= \frac{1}{n-1}\sum_{i=1}^{n}(x_i - x)^2$

(9) 样本标准差：

STD(of x1 − xn) = VAR 的平方根

(10) 样本均值的标准误差：

STDERR(of x1 − xn) = VAR/n 的平方根

(11) 极值：

MAX(of ar{ * }) = ar { * } 的最大值.

MIN(of ar{ * }) = ar { * } 的最小值.

(12) 样本值域：

RANGE(of ar{ *)} − MAX(of ar{ * }) − MIN(of ar{ * }).

A. 4 SAS 统计程序库——SAS/STAT

A. 4. 1 简介

SAS 系统中有一个功能强大，涵盖面广的统计软件库 SAS/STAT，其中包含 26 个统计程序，可对许多常用统计模型进行分析. 在 SAS/STAT 中所有程序都以一个前缀 PROC(即 Procedure 的前四个字母)开头，例如，PROC REG 是一个可以进行回归分析及有关的计算分析的程序 (REG 是 regression 的前三个字母). 下面按功能分类介绍 SAS/STAT 中的程序.

1. 可作回归分析的程序

(1) PROC REG——可作线性回归,数据诊断,模型选择,及作各种散点图等.

(2) PROC GLM——可作一般线性回归,多项式回归及加权最小二乘.

(3) PROC NLIN——可作非线性回归.

(4) PROC AUTOREG——可作时间序列的自回归模型分析.

(5) PROC LIFEREG——可作带截尾的寿命数据的参数回归模型分析.

2. 可作方差分析的程序

(1) PROC ANOVA——可作一元和多元的方差分析,多重比较.

(2) PROC GLIM——可作一元和多元的方差分析,回归分析,协方差分析.

(3) PROC NESTED——可对嵌套模型作方差和协方差分析

(4) PROC PLAN　　构造交叉分类和嵌套模型的试验,并随机化.

3. 可作寿命数据回归分析的程序:PROC LIFEREG

4. 可作分类数据模型分析的程序

(1) PROC CATMOD——可作对数线性模型,Logit 模型和 Logistic 模型的分析.

(2) PROC FREQ——可对二维列联表作各种分析

除以上程序之外,SAS/STAT 还有许多程序,可对多元数据作各种模型的分析,如 PROC CANCORR,PROC CANDISC,PROC CLUSTER PROC DISCRIM,PROC PRINCOMP 等.这些程序所涉及的统计模型和方法超出了本课程的范围.

A.4.2　PROC REG 程序介绍

现以 PROC REG 程序为例,介绍 SAS/STAT 程序的使用. PROC REG 是一个可作线性回归的程序,有很多功能.

1. 基本输入输出

假定有一组数据,其中有 3 个变量,分别为 x,y,z. 假定要用 y 作响应变量,用 x,z 作回归变量,建立线性回归模型:

$$y=\beta_0+\beta_1 x+\beta_2 z+e$$

则可以输入下面的程序语句:

```
proc rec (sasdata);
  model y=x z;
```

其中第一句“proc rec;”的含义是“调用 proc rec 程序”,后面括号内是要处理的 SAS 数据集名,这是一个可选项.若不输入 SAS 数据集名,则默认为前面刚刚处理过 SAS 数据集. 第二句“model $y=x\ z$;”的含义是“以 y 为响应变量,x,z 为回归变量,建立线性回归模型”.下面是一个例子.

例 4.1　对一组儿童的体重(weight)和身高(height)数据建立简单线性回归模型,weight 为响应变量,height 为回归变量,下面是 SAS 程序.

```
data class;
   input name $ height weight;
   cards;
Alfred       69.0      112.5
Alice        56.5       84.0
Barbara      65.3       98.0
Carol        62.8      102.5
Henry        63.5      102.5
James        57.3       83.0
Jane         59.8       84.5
Janet        62.5      112.5
Jeffrey      62.5       84.0
John         59.0       99.5
Joyce        51.3       50.5
Judy         64.3       90.0
Louise       56.3       77.0
Mary         66.5      112.0
Philip       72.0      150.0
Robert       64.8      128.0
Ronald       67.0      133.0
Thomas       57.5       85.0
William      66.5      112.0
;
proc reg;
   model weight=height;
   plot weight * height;
run;
```

在上述程序中，最后一句“plot weight * height;”要求输出以 height 为横坐标，weight 为纵坐标的散点图. 由 PROC REG 所得到的分析结果输出如下.

PROC REG 的分析输出

```
                                   SAS                                              1
Model: MODEL1
Dependent Variable: WEIGHT
                              Analysis of Variance

                                     Sum of          Mean
              Source       DF       Squares        Square     F Value    Prob>F

              Model         1    7193.24912    7193.24912      57.076    0.0001
              Error        17    2142.48772     126.02869
              C Total      18    9335.73684

                 Root MSE        11.22625      R-square        0.7705
                 Dep Mean       100.02632      Adj R-sq        0.7570
                 C.V.            11.22330

                              Parameter Estimates

                        Parameter       Standard        T for H0:
    Variable   DF        Estimate          Error      Parameter=0     Prob>|T|

    INTERCEP    1     -143.026918    32.27459130           -4.432       0.0004
    HEIGHT      1        3.899030     0.51609395            7.555       0.0001
```

由 PROC REG 所得到的分析结果的输出分两大部分. 第一部分为"Analysis of Variance",即方差分析结果. 其中又分两小部分. 第一小部分由 6 列组成,其含义解释如下.

列 1:题头"Source",指"方差来源":第 1 行"Model",即"模型";第 2 行"Error",即"误差";第 3 行"C Total"即"总和".

列 2:题头"DF",指"自由度":以下三行分别对应:"模型自由度"、"误差自由度"和"总自由度". 这三个自由度满足关系式:

总自由度=模型自由度+误差自由度=观测总数−1

列 3:题头"Sum of Squares",指"平方和":以下三行分别对应:"模型平方和"、"误差平方和"和"总平方和". 这三个平方和满足关系式:

总平方和=模型平方和+误差平方和

列 4:题头"Mean Square",指"均方"="平方和/自由度";以下两行分别对应:"模型的均方"和"误差的均方".

列 5:题头"F Value",指"F 统计量的值"="模型的均方/误差的均方".

列 6:题头"Prob>F",指"相应的 F 分布随机变量>F 统计量的值的概率",即通常所称的"p 值". 对给定的检验水平 α(通常取 $\alpha=5\%$,或 1%,等),当 $p<\alpha$ 时就认为模型是有效的;否则就认为模型无效.

方差分析中的第二小部分用处不是很大,就不再介绍.

输出的第二大部分为"Parameter Estimates",即"参数估计". 这部分由六列组成,分别介绍如下.

列 1:题头"Variable",指"变量". 第一行"INTERCEPT",即"截距",为回归模型中的常数项;第二行"WEIGHT",即模型中的自变量 WEIGH.

列 2:题头"DF",指"自由度",每个变量对应的自由度为 1.

列 3:题头"Parameter Estimate",即"参数估计". 以下两行分别为"截距"和变量 WEIGH 的系数的估计.

列 4:题头"Standard Error",即"标准误差",实际上是参数估计的理论标准差的估计值.

列 5:题头"T for H0:Parameter=0",即检验假设"H0:相应的参数=0"时的 t 统计量,其值为:T="参数估计值/标准误差值".

列 6:题头"Prob>|T|",即服从相应 t 分布的随机变量的绝对值大于|T|的概率,通常称为"p 值". 对给定的检验水平 α(通常取 $\alpha=5\%$,或 1%,等),当 p 值小于 α 时就认为相应的参数≠0;否则就认为相应的参数=0. 在后一种情况下说明自变量对因变量无影响.

由上面的输出可以看出:(1) 方差分析的结果得到 p 值为 0.0001,这是一个非常小的概率,因此模型是有效的;(2) 两个参数估计检验的 p 值分别为 0.0004 和 0.0001,都是小概率，因此都不等于 0. 根据这些分析结果得到回归模型为：

$$\text{WEIGHT} = -143.0 + 3.9\text{HEIGHT}$$

由"plot weight * height;"语句输出的数据点图如附 A 图所示. 由图中可以看出两个变量间确实存在某种线性联系.

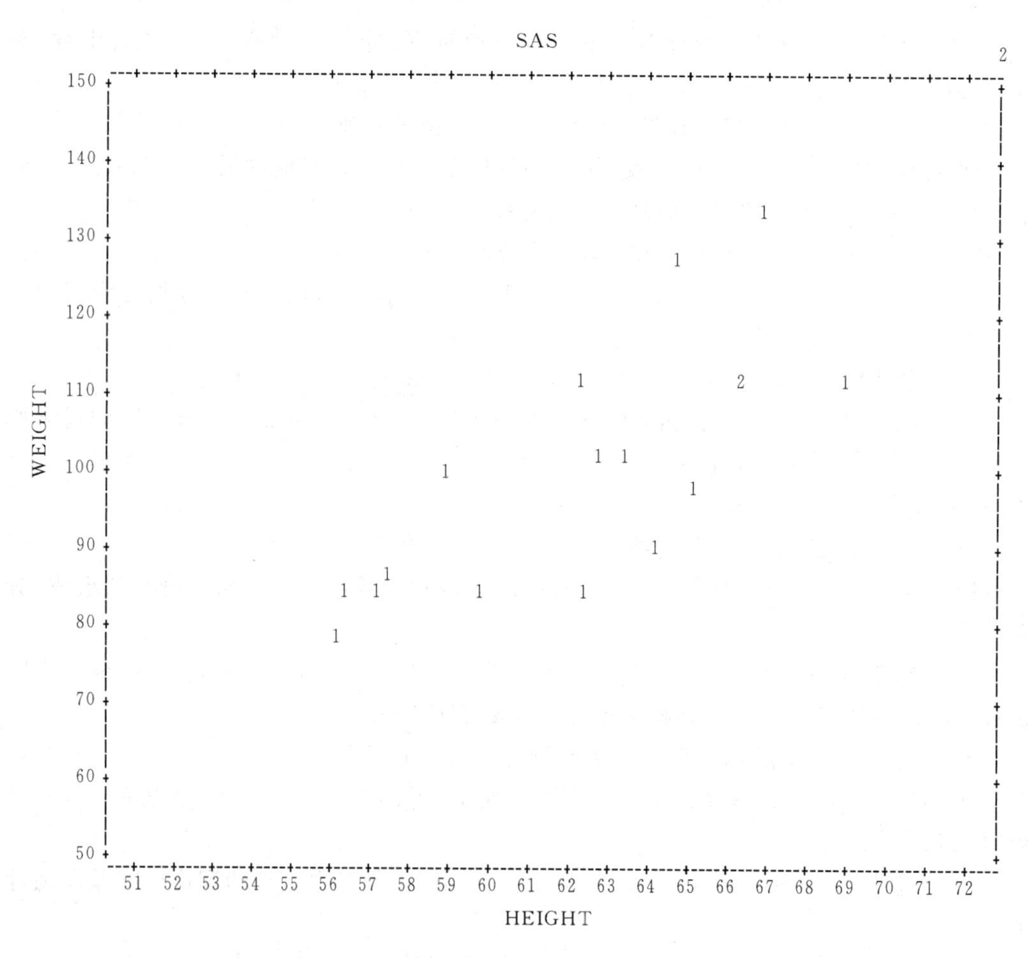

附 A 图　PLOT 的输出

参考资料

1　高惠璇，栾世武，张平. SAS 系统使用手册(一). 北京大学概率统计系，1995 年

2　SAS/STAT User's Guide, Release 6.02 Ed., SAS Institute Inc. 1988

附录 B　常用统计数表

附表 1　标准正态分布表

$$\Phi(z)=\int_{-\infty}^{z}\frac{1}{\sqrt{2\pi}}e^{-u^2/2}du=P(Z\leqslant z)$$

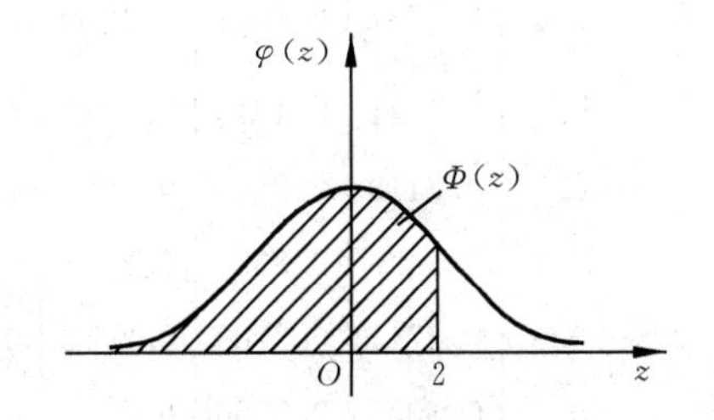

z	0	1	2	3	4	5	6	7	8	9
−3.0	0.0013	0.0010	0.0007	0.0005	0.0003	0.0002	0.0002	0.0001	0.0001	0.0000
−2.9	0.0019	0.0018	0.0017	0.0017	0.0016	0.0016	0.0015	0.0015	0.0014	0.0014
−2.8	0.0026	0.0025	0.0024	0.0023	0.0023	0.0022	0.0021	0.0021	0.0020	0.0019
−2.7	0.0035	0.0034	0.0033	0.0032	0.0031	0.0030	0.0029	0.0028	0.0027	0.0026
−2.6	0.0047	0.0045	0.0044	0.0043	0.0041	0.0040	0.0039	0.0038	0.0037	0.0036
−2.5	0.0062	0.0060	0.0059	0.0057	0.0055	0.0054	0.0052	0.0051	0.0049	0.0048
−2.4	0.0082	0.0080	0.0078	0.0075	0.0073	0.0071	0.0069	0.0068	0.0066	0.0064
−2.3	0.0107	0.0104	0.0102	0.0099	0.0096	0.0094	0.0091	0.0089	0.0087	0.0084
−2.2	0.0139	0.0136	0.0132	0.0129	0.0126	0.0122	0.0119	0.0116	0.0113	0.0110
−2.1	0.0179	0.0174	0.0170	0.0166	0.0162	0.0158	0.0154	0.0150	0.0146	0.0143
−2.0	0.0228	0.0222	0.0217	0.0212	0.0207	0.0202	0.0197	0.0192	0.0188	0.0183
−1.9	0.0287	0.0281	0.0274	0.0268	0.0262	0.0256	0.0250	0.0244	0.0238	0.0233
−1.8	0.0359	0.0352	0.0344	0.0336	0.0329	0.0322	0.0314	0.0307	0.0300	0.0294
−1.7	0.0446	0.0436	0.0427	0.0418	0.0409	0.0401	0.0392	0.0384	0.0375	0.0367
−1.6	0.0548	0.0537	0.0526	0.0516	0.0505	0.0495	0.0485	0.0475	0.0465	0.0455
−1.5	0.0668	0.0655	0.0643	0.0630	0.0618	0.0606	0.0594	0.0582	0.0570	0.0559

续表

z	0	1	2	3	4	5	6	7	8	9
－1.4	0.0808	0.0793	0.0778	0.0764	0.0749	0.0735	0.0722	0.0708	0.0694	0.0681
－1.3	0.0968	0.0951	0.0934	0.0918	0.0901	0.0885	0.0869	0.0853	0.0838	0.0823
－1.2	0.1151	0.1131	0.1112	0.1093	0.1075	0.1056	0.1038	0.1020	0.1003	0.0985
－1.1	0.1357	0.1335	0.1314	0.1292	0.1271	0.1251	0.1230	0.1210	0.1190	0.1170
－1.0	0.1587	0.1562	0.1539	0.1515	0.1492	0.1469	0.1446	0.1423	0.1401	0.1379
－0.9	0.1841	0.1814	0.1788	0.1762	0.1736	0.1711	0.1685	0.1660	0.1635	0.1611
－0.8	0.2119	0.2090	0.2061	0.2033	0.2005	0.1977	0.1949	0.1922	0.1894	0.1867
－0.7	0.2420	0.2389	0.2358	0.2327	0.2297	0.2266	0.2236	0.2206	0.2177	0.2148
－0.6	0.2743	0.2709	0.2676	0.2643	0.2611	0.2578	0.2546	0.2514	0.2483	0.2451
－0.5	0.3085	0.3050	0.3015	0.2981	0.2946	0.2912	0.2877	0.2843	0.2810	0.2776
－0.4	0.3446	0.3409	0.3372	0.3336	0.3300	0.3264	0.3228	0.3192	0.3156	0.3121
－0.3	0.3821	0.3783	0.3745	0.3707	0.3669	0.3632	0.3594	0.3557	0.3520	0.3483
－0.2	0.4207	0.4168	0.4129	0.4090	0.4052	0.4013	0.3974	0.3936	0.3897	0.3859
－0.1	0.4602	0.4562	0.4522	0.4483	0.4443	0.4404	0.4364	0.4325	0.4286	0.4247
－0.0	0.5000	0.4960	0.4920	0.4880	0.4840	0.4801	0.4761	0.4721	0.4681	0.4641
0.0	0.5000	0.5040	0.5080	0.5120	0.5160	0.5199	0.5239	0.5279	0.5319	0.5359
0.1	0.5398	0.5438	0.5478	0.5517	0.5557	0.5596	0.5636	0.5675	0.5714	0.5753
0.2	0.5793	0.5832	0.5871	0.5910	0.5948	0.5987	0.6026	0.6064	0.6103	0.6141
0.3	0.6179	0.6217	0.6255	0.6293	0.6331	0.6368	0.6406	0.6443	0.6480	0.6517
0.4	0.6554	0.6591	0.6628	0.6664	0.6700	0.6736	0.6772	0.6808	0.6844	0.6879
0.5	0.6915	0.6950	0.6985	0.7019	0.7054	0.7088	0.7123	0.7157	0.7190	0.7224
0.6	0.7257	0.7291	0.7324	0.7357	0.7389	0.7422	0.7454	0.7486	0.7517	0.7549
0.7	0.7580	0.7611	0.7642	0.7673	0.7703	0.7734	0.7764	0.7794	0.7823	0.7852
0.8	0.7881	0.7910	0.7939	0.7967	0.7995	0.8023	0.8051	0.8078	0.8106	0.8133
0.9	0.8159	0.8186	0.8212	0.8238	0.8264	0.8289	0.8315	0.8340	0.8365	0.8389

续表

z	0	1	2	3	4	5	6	7	8	9
1.0	0.8413	0.8438	0.8461	0.8485	0.8508	0.8531	0.8554	0.8577	0.8599	0.8621
1.1	0.8643	0.8665	0.8686	0.8708	0.8729	0.8749	0.8770	0.8790	0.8810	0.8830
1.2	0.8849	0.8869	0.8888	0.8907	0.8925	0.8944	0.8962	0.8980	0.8997	0.9015
1.3	0.9032	0.9049	0.9066	0.9082	0.9099	0.9115	0.9131	0.9147	0.9162	0.9177
1.4	0.9192	0.9207	0.9222	0.9236	0.9251	0.9265	0.9278	0.9292	0.9306	0.9319
1.5	0.9332	0.9345	0.9357	0.9370	0.9382	0.9394	0.9406	0.9418	0.9430	0.9441
1.6	0.9452	0.9463	0.9474	0.9484	0.9495	0.9505	0.9515	0.9525	0.9535	0.9545
1.7	0.9554	0.9564	0.9573	0.9582	0.9591	0.9599	0.9608	0.9616	0.9625	0.9633
1.8	0.9641	0.9648	0.9656	0.9664	0.9671	0.9678	0.9686	0.9693	0.9700	0.9706
1.9	0.9713	0.9719	0.9726	0.9732	0.9738	0.9744	0.9750	0.9756	0.9762	0.9767
2.0	0.9772	0.9778	0.9783	0.9788	0.9793	0.9798	0.9803	0.9808	0.9812	0.9817
2.1	0.9821	0.9826	0.9830	0.9834	0.9838	0.9842	0.9846	0.9850	0.9854	0.9857
2.2	0.9861	0.9864	0.9868	0.9871	0.9874	0.9878	0.9881	0.9884	0.9887	0.9890
2.3	0.9893	0.9896	0.9898	0.9901	0.9904	0.9906	0.9909	0.9911	0.9913	0.9916
2.4	0.9918	0.9920	0.9922	0.9925	0.9927	0.9929	0.9931	0.9932	0.9934	0.9936
2.5	0.9938	0.9940	0.9941	0.9943	0.9945	0.9946	0.9948	0.9949	0.9951	0.9952
2.6	0.9953	0.9955	0.9956	0.9957	0.9959	0.9960	0.9961	0.9962	0.9963	0.9964
2.7	0.9965	0.9966	0.9967	0.9968	0.9969	0.9970	0.9971	0.9972	0.9973	0.9974
2.8	0.9974	0.9975	0.9976	0.9977	0.9977	0.9978	0.9979	0.9979	0.9980	0.9981
2.9	0.9981	0.9982	0.9982	0.9983	0.9984	0.9984	0.9985	0.9985	0.9986	0.9986
3.0	0.9987	0.9990	0.9993	0.9995	0.9997	0.9998	0.9998	0.9999	0.9999	1.0000

附表 2 泊松分布表

$$1-F(x-1)=\sum_{r=x}^{\infty}\frac{e^{-\lambda}\lambda^r}{r!}$$

x	$\lambda=0.2$	$\lambda=0.3$	$\lambda=0.4$	$\lambda=0.5$	$\lambda=0.6$
0	1.0000000	1.0000000	1.0000000	1.0000000	1.0000000
1	0.1812692	0.2591818	0.3296800	0.393469	0.451188
2	0.0175231	0.0369363	0.0615519	0.090204	0.121901
3	0.0011485	0.0035995	0.0079263	0.014388	0.023115
4	0.0000568	0.0002658	0.0007763	0.001752	0.003358
5	0.0000023	0.0000158	0.0000612	0.000172	0.000394
6	0.0000001	0.0000008	0.0000040	0.000014	0.000039
7			0.0000002	0.000001	0.000003

x	$\lambda=0.7$	$\lambda=0.8$	$\lambda=0.9$	$\lambda=1.0$	$\lambda=1.2$
0	1.0000000	1.0000000	1.0000000	1.0000000	1.0000000
1	0.503415	0.550671	0.593430	0.632121	0.698806
2	0.155805	0.191208	0.227518	0.264241	0.337373
3	0.034142	0.047423	0.062857	0.080301	0.120513
4	0.005753	0.009080	0.013459	0.018988	0.033769
5	0.000786	0.001411	0.002344	0.003660	0.007746
6	0.000090	0.000184	0.000343	0.000594	0.001500
7	0.000009	0.000021	0.000043	0.000083	0.000251
8	0.000001	0.000002	0.000005	0.000010	0.000037
9				0.000001	0.000005
10					0.000001

x	$\lambda=1.4$	$\lambda=1.6$	$\lambda=1.8$		
0	1.000000	1.000000	1.000000		
1	0.753403	0.798103	0.834701		
2	0.408167	0.475069	0.537163		
3	0.166502	0.216642	0.269379		
4	0.053725	0.078813	0.108708		
5	0.014253	0.023682	0.036407		
6	0.003201	0.006040	0.010378		
7	0.000622	0.001336	0.002569		
8	0.000107	0.000260	0.000562		
9	0.000016	0.000045	0.000110		
10	0.000002	0.000007	0.000019		
11		0.000001	0.000003		

续表

x	$\lambda=2.5$	$\lambda=3.0$	$\lambda=3.5$	$\lambda=4.0$	$\lambda=4.5$	$\lambda=5.0$
0	1.000000	1.000000	1.000000	1.000000	1.000000	1.000000
1	0.917915	0.950213	0.969803	0.981684	0.988891	0.993262
2	0.712703	0.800852	0.864112	0.908122	0.938901	0.959572
3	0.156187	0.576810	0.679153	0.761897	0.826422	0.875348
4	0.242424	0.352768	0.463367	0.566530	0.657704	0.734974
5	0.108822	0.184737	0.274555	0.371163	0.467896	0.559507
6	0.042021	0.083918	0.142386	0.214870	0.297070	0.384039
7	0.014187	0.033509	0.065288	0.110674	0.168949	0.237817
8	0.004247	0.011905	0.026739	0.051134	0.086586	0.133372
9	0.001140	0.003803	0.009874	0.021363	0.040257	0.068094
10	0.000277	0.001102	0.003315	0.008132	0.017093	0.031828
11	0.000062	0.000292	0.001019	0.002840	0.006669	0.013695
12	0.000013	0.000071	0.000289	0.000915	0.002404	0.005453
13	0.000002	0.000016	0.000076	0.000274	0.000805	0.002019
14		0.000003	0.000019	0.000076	0.000252	0.000698
15		0.000001	0.000004	0.000020	0.000074	0.000226
16			0.000001	0.000005	0.000020	0.000069
17				0.000001	0.000005	0.000020
18					0.000001	0.000005
19						0.000001

附表3　t分布表

$$P\{t(n) > t_\alpha(n)\} = \alpha$$

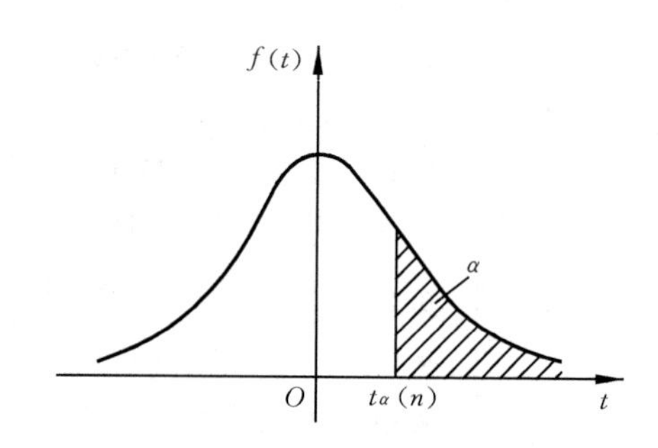

n	$\alpha=0.25$	0.10	0.05	0.025	0.01	0.005
1	1.0000	3.0777	6.3138	12.7062	31.8207	63.6574
2	0.8165	1.8856	2.9200	4.3027	6.9646	9.9248
3	0.7649	1.6377	2.3534	3.1824	4.5407	5.8409
4	0.7407	1.5332	2.1318	2.7764	3.7469	4.6041
5	0.7267	1.4759	2.0150	2.5706	3.3649	4.0322
6	0.7176	1.4398	1.9432	2.4469	3.1427	3.7074
7	0.7111	1.4149	1.8946	2.3646	2.9980	3.4995
8	0.7064	1.3968	1.8595	2.3060	2.8965	3.3554
9	0.7027	1.3830	1.8331	2.2622	2.8214	3.2498
10	0.6998	1.3722	1.8125	2.2281	2.7638	3.1693
11	0.6974	1.3634	1.7959	2.2010	2.7181	3.1058
12	0.6955	1.3562	1.7823	2.1788	2.6810	3.0545
13	0.6938	1.3502	1.7709	2.1604	2.6503	3.0123
14	0.6924	1.3450	1.7613	2.1448	2.6245	2.9768
15	0.6912	1.3406	1.7531	2.1315	2.6025	2.9467
16	0.6901	1.3368	1.7459	2.1199	2.5835	2.9208
17	0.6892	1.3334	1.7396	2.1098	2.5669	2.8982
18	0.6884	1.3304	1.7341	2.1009	2.5524	2.8784
19	0.6876	1.3277	1.7291	2.0930	2.5395	2.8609
20	0.6870	1.3253	1.7247	2.0860	2.5280	2.8453

续表

n	$\alpha=0.25$	0.10	0.05	0.025	0.10	0.005
21	0.6864	1.3232	1.7207	2.0796	2.5177	2.8314
22	0.6858	1.3212	1.7171	2.0739	2.5083	2.8188
23	0.6853	1.3195	1.7139	2.0687	2.4999	2.8073
24	0.6848	1.3178	1.7109	2.0639	2.4922	2.7969
25	0.6844	1.3163	1.7081	2.0595	2.4851	2.7874
26	0.6840	1.3150	1.7056	2.0555	2.4786	2.7787
27	0.6837	1.3137	1.7033	2.0518	2.4727	2.7707
28	0.6834	1.3125	1.7011	2.0484	2.4671	2.7633
29	0.6830	1.3114	1.6991	2.0452	2.4620	2.7564
30	0.6828	1.3104	1.6973	2.0423	2.4573	2.7500
31	0.6825	1.3095	1.6955	2.0395	2.4528	2.7440
32	0.6822	1.3086	1.6939	2.0369	2.4487	2.7385
33	0.6820	1.3077	1.6924	2.0345	2.4448	2.7333
34	0.6818	1.3070	1.6909	2.0322	2.4411	2.7284
35	0.6816	1.3062	1.6896	2.0301	2.4377	2.7238
36	0.6814	1.3055	1.6883	2.0281	2.4345	2.7195
37	0.6812	1.3049	1.6871	2.0262	2.4314	2.7154
38	0.6810	1.3042	1.6860	2.0244	2.4286	2.7116
39	0.6808	1.3036	1.6849	2.0227	2.4258	2.7079
40	0.6807	1.3031	1.6839	2.0211	2.4233	2.7045
41	0.6805	1.3025	1.6829	2.0195	2.4208	2.7012
42	0.6804	1.3020	1.6820	2.0181	2.4185	2.6981
43	0.6802	1.3016	1.6811	2.0167	2.4163	2.6951
44	0.6801	1.3011	1.6802	2.0154	2.4141	2.6923
45	0.6800	1.3006	1.6794	2.0141	2.4121	2.6896

附表 4　χ^2 分布表

$$P\{\chi^2(n) > \chi^2_\alpha(n)\} = \alpha$$

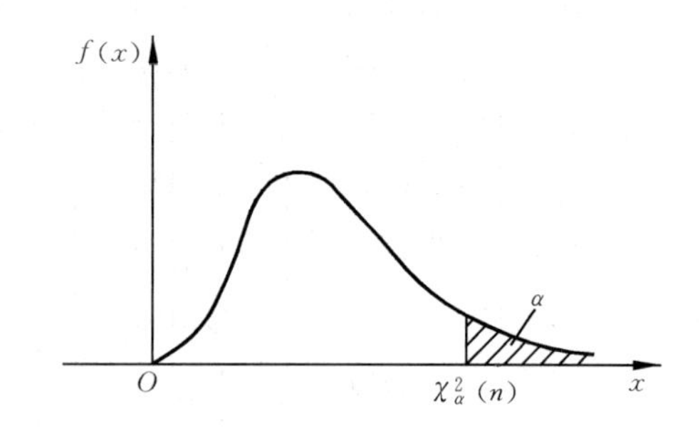

n	$\alpha=0.995$	0.99	0.975	0.95	0.90	0.75
1	—	—	0.001	0.004	0.016	0.102
2	0.010	0.020	0.051	0.103	0.211	0.575
3	0.072	0.115	0.216	0.352	0.584	1.213
4	0.207	0.297	0.484	0.711	1.064	1.923
5	0.412	0.554	0.831	1.145	1.610	2.675
6	0.676	0.872	1.237	1.635	2.204	3.455
7	0.989	1.239	1.690	2.167	2.833	4.255
8	1.344	1.646	2.180	2.733	3.490	5.071
9	1.735	2.088	2.700	3.325	4.168	5.899
10	2.156	2.558	3.247	3.940	4.865	6.737
11	2.603	3.053	3.816	4.575	5.578	7.584
12	3.074	3.571	4.404	5.226	6.304	8.438
13	3.565	4.107	5.009	5.892	7.042	9.299
14	4.075	4.660	5.629	6.571	7.790	10.165
15	4.601	5.229	6.262	7.261	3.547	11.037
16	5.142	5.812	6.908	7.962	9.312	11.912
17	5.697	6.408	7.564	8.672	10.085	12.792
18	6.265	7.015	8.231	9.390	10.865	13.675
19	6.844	7.633	8.907	10.117	11.651	14.562
20	7.434	8.260	9.591	10.851	12.443	15.452

续表

n	$\alpha=0.995$	0.99	0.975	0.95	0.90	0.75
21	8.034	8.897	10.283	11.591	13.240	16.344
22	8.643	9.542	10.982	12.338	14.042	17.240
23	9.260	10.196	11.689	13.091	14.848	18.137
24	6.886	10.856	12.401	13.848	15.659	19.037
25	10.520	11.524	13.120	14.911	16.473	19.939
26	11.160	12.198	13.844	15.379	17.292	20.843
27	11.808	12.879	14.573	16.151	18.114	21.749
28	12.461	13.565	15.308	16.928	18.939	22.657
29	13.121	14.257	16.047	17.708	19.768	23.567
30	13.787	14.954	16.791	18.493	20.599	24.478
31	14.458	15.655	17.539	19.281	21.434	25.390
32	15.134	16.362	18.291	20.072	22.271	26.304
33	15.815	17.074	19.047	20.867	23.110	27.219
34	16.501	17.789	19.806	21.664	23.952	28.136
35	17.192	18.509	20.569	22.465	24.797	29.054
36	17.887	19.233	21.336	23.269	25.643	29.973
37	18.586	19.960	22.106	24.075	26.492	30.893
38	19.289	20.691	22.878	24.884	27.343	31.815
39	19.996	21.426	23.654	25.695	28.196	32.737
40	20.707	22.164	24.433	26.509	29.051	33.660
41	21.421	22.906	25.215	27.326	29.907	34.585
42	22.138	23.650	25.999	28.144	30.765	35.510
43	22.859	24.398	26.785	28.965	31.625	36.436
44	23.584	25.148	27.575	29.787	32.487	37.363
45	24.311	25.901	28.366	30.612	33.350	38.291

续表

n	α=0.25	0.10	0.05	0.025	0.01	0.005
1	1.323	2.706	3.841	5.024	6.635	7.879
2	2.773	4.605	5.991	7.378	9.210	10.597
3	4.108	6.251	7.815	9.348	11.345	12.838
4	5.385	7.779	9.488	11.143	13.277	14.860
5	6.626	9.236	11.071	12.833	15.086	16.750
6	7.841	10.645	12.592	14.449	16.812	18.548
7	9.037	12.017	14.067	16.013	18.475	20.278
8	10.219	13.362	15.507	17.535	20.090	21.955
9	11.389	14.684	16.919	19.023	21.666	23.589
10	12.549	15.987	18.307	20.483	23.209	25.188
11	13.701	17.275	19.675	21.920	24.725	26.757
12	14.845	18.549	21.026	23.337	26.217	28.299
13	15.984	19.812	22.362	24.736	27.688	29.819
14	17.117	21.064	23.685	26.119	29.141	31.319
15	18.245	22.307	24.996	27.488	30.578	32.801
16	19.369	23.542	26.296	28.845	32.000	34.267
17	20.489	24.769	27.587	30.191	33.409	35.718
18	21.605	25.989	28.869	31.526	34.805	37.156
19	22.718	27.204	30.144	32.852	36.191	38.582
20	23.828	28.412	31.410	34.170	37.566	39.997
21	24.935	29.615	32.671	35.479	38.932	41.401
22	26.039	30.813	33.924	36.781	40.289	42.796
23	27.141	32.007	35.172	38.076	41.638	44.181
24	28.241	33.196	36.415	39.364	42.980	45.559
25	29.339	34.382	37.652	40.646	44.314	46.928
26	30.435	35.563	38.885	41.923	45.642	48.290
27	31.528	36.741	40.113	43.194	46.963	49.645

续表

n	$\alpha=0.25$	0.10	0.05	0.025	0.01	0.005
28	32.620	37.916	41.337	44.461	48.278	50.993
29	33.711	39.087	42.557	45.722	49.588	52.336
30	34.800	40.256	43.773	46.979	50.892	53.672
31	35.887	41.422	44.985	48.232	52.191	55.003
32	36.973	42.585	46.194	49.480	53.486	56.328
33	38.058	43.745	47.400	50.725	54.776	57.648
34	39.141	44.903	48.602	51.966	56.061	58.964
35	40.223	46.059	49.802	53.203	57.342	60.275
36	41.304	47.212	50.998	54.437	58.619	61.581
37	42.383	48.363	52.192	55.668	59.892	62.883
38	43.462	49.513	53.384	56.896	61.162	64.181
39	44.539	50.660	54.572	58.120	62.428	65.476
40	45.616	51.805	55.758	59.342	63.691	66.766
41	46.692	52.949	56.942	60.561	64.950	68.053
42	47.766	54.090	58.124	61.777	66.206	69.336
43	48.840	55.230	59.304	62.990	67.459	70.616
44	49.913	56.369	60.481	64.201	68.710	71.893
45	50.985	57.505	61.656	65.410	69.957	73.166

附表5　F 分布表

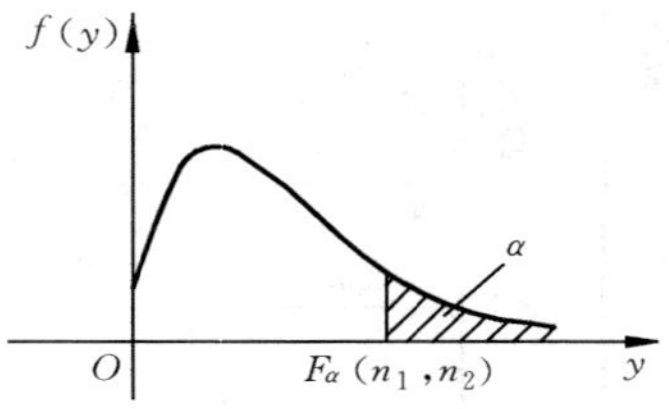

$$P\{F(n_1,n_2) > F_\alpha(n_1,n_2)\} = \alpha$$

$$\alpha = 0.10$$

n_2 \ n_1	1	2	3	4	5	6	7	8	9	10	12	15	20	24	30	40	60	120	∞
1	39.86	49.50	53.59	55.83	57.24	58.20	58.91	59.44	59.86	60.19	60.71	61.22	61.74	62.00	62.26	62.53	62.79	63.06	63.33
2	8.53	9.00	9.16	9.24	9.29	9.33	9.35	9.37	9.38	9.39	9.41	9.42	9.44	9.45	9.46	9.47	9.47	9.48	9.49
3	5.54	5.46	5.39	5.34	5.31	5.28	5.27	5.25	5.24	5.23	5.22	5.20	5.18	5.18	5.17	5.16	5.15	5.14	5.13
4	4.54	4.32	4.19	4.11	4.05	4.01	3.98	3.95	3.94	3.92	3.90	3.87	3.84	3.83	3.82	3.80	3.79	3.78	3.76
5	4.06	3.78	3.62	3.52	3.45	3.40	3.37	3.34	3.32	3.30	3.27	3.24	3.21	3.19	3.17	3.16	3.14	3.12	3.10
6	3.78	3.46	3.29	3.18	3.11	3.05	3.01	2.98	2.96	2.94	2.90	2.87	2.84	2.82	2.80	2.78	2.76	2.74	2.72
7	3.59	3.26	3.07	2.96	2.88	2.83	2.78	2.75	2.72	2.70	2.67	2.63	2.59	2.58	2.56	2.54	2.51	2.49	2.47
8	3.46	3.11	2.92	2.81	2.73	2.67	2.62	2.59	2.56	2.54	2.50	2.46	2.42	2.40	2.38	2.36	2.34	2.32	2.29
9	3.36	3.01	2.81	2.69	2.61	2.55	2.51	2.47	2.44	2.42	2.38	2.34	2.30	2.28	2.25	2.23	2.21	2.18	2.16
10	3.29	2.92	2.73	2.61	2.52	2.46	2.41	2.38	2.35	2.32	2.28	2.24	2.20	2.18	2.16	2.13	2.11	2.08	2.06
11	3.23	2.86	2.66	2.54	2.45	2.39	2.34	2.30	2.27	2.25	2.21	2.17	2.12	2.10	2.08	2.05	2.03	2.00	1.97
12	3.18	2.81	2.61	2.48	2.39	2.33	2.28	2.24	2.21	2.19	2.15	2.10	2.06	2.04	2.01	1.99	1.96	1.93	1.90
13	3.14	2.76	2.56	2.43	2.35	2.28	2.23	2.20	2.16	2.14	2.10	2.05	2.01	1.98	1.96	1.93	1.90	1.88	1.85
14	3.10	2.73	2.52	2.39	2.31	2.24	2.19	2.15	2.12	2.10	2.05	2.01	1.96	1.94	1.91	1.89	1.86	1.83	1.80
15	3.07	2.70	2.49	2.36	2.27	2.21	2.16	2.12	2.09	2.06	2.02	1.97	1.92	1.90	1.87	1.85	1.82	1.79	1.76
16	3.05	2.67	2.46	2.33	2.24	2.18	2.13	2.09	2.06	2.03	1.99	1.94	1.89	1.87	1.84	1.81	1.78	1.75	1.72
17	3.03	2.64	2.44	2.31	2.22	2.15	2.10	2.06	2.03	2.00	1.96	1.91	1.86	1.84	1.81	1.78	1.75	1.72	1.69
18	3.01	2.62	2.42	2.29	2.20	2.13	2.08	2.04	2.00	1.98	1.93	1.89	1.84	1.81	1.78	1.75	1.72	1.69	1.66
19	2.99	2.61	2.40	2.27	2.18	2.11	2.06	2.02	1.98	1.96	1.91	1.86	1.81	1.79	1.76	1.73	1.70	1.67	1.63

续表

$\alpha = 0.10$

1 / 2	1	2	3	4	5	6	7	8	9	10	12	15	20	24	30	40	60	120	∞
20	2.97	2.59	2.38	2.25	2.16	2.09	2.04	2.00	1.96	1.94	1.89	1.84	1.79	1.77	1.74	1.71	1.68	1.64	1.61
21	2.96	2.57	2.36	2.23	2.14	2.08	2.02	1.98	1.95	1.92	1.87	1.83	1.78	1.75	1.72	1.69	1.66	1.62	1.59
22	2.95	2.56	2.35	2.22	2.13	2.06	2.01	1.97	1.93	1.90	1.86	1.81	1.76	1.73	1.70	1.67	1.64	1.60	1.57
23	2.94	2.55	2.34	2.21	2.11	2.05	1.99	1.95	1.92	1.89	1.84	1.80	1.74	1.72	1.69	1.66	1.62	1.59	1.55
24	2.93	2.54	2.33	2.19	2.10	2.04	1.98	1.94	1.91	1.88	1.83	1.78	1.73	1.70	1.67	1.64	1.61	1.57	1.53
25	2.92	2.53	2.32	2.18	2.09	2.02	1.97	1.93	1.89	1.87	1.82	1.77	1.72	1.69	1.66	1.63	1.59	1.56	1.52
26	2.91	2.52	2.31	2.17	2.08	2.01	1.96	1.92	1.88	1.86	1.81	1.76	1.71	1.68	1.65	1.61	1.58	1.54	1.50
27	2.90	2.51	2.30	2.17	2.07	2.00	1.95	1.91	1.87	1.85	1.80	1.75	1.70	1.67	1.64	1.60	1.57	1.53	1.49
28	2.89	2.50	2.29	2.16	2.06	2.00	1.94	1.90	1.87	1.84	1.79	1.74	1.69	1.66	1.63	1.59	1.56	1.52	1.48
29	2.89	2.50	2.28	2.15	2.06	1.99	1.93	1.89	1.86	1.83	1.78	1.73	1.68	1.65	1.62	1.58	1.55	1.51	1.47
30	2.88	2.49	2.28	2.14	2.05	1.98	1.93	1.88	1.85	1.82	1.77	1.72	1.67	1.64	1.61	1.57	1.54	1.50	1.46
40	2.84	2.44	2.23	2.09	2.00	1.93	1.87	1.83	1.79	1.76	1.71	1.66	1.61	1.57	1.54	1.51	1.47	1.42	1.38
60	2.79	2.39	2.18	2.04	1.95	1.87	1.82	1.77	1.74	1.71	1.66	1.60	1.54	1.51	1.48	1.44	1.40	1.35	1.29
120	2.75	2.35	2.13	1.99	1.90	1.82	1.77	1.72	1.68	1.65	1.60	1.55	1.48	1.45	1.41	1.37	1.32	1.26	1.19
∞	2.71	2.30	2.08	1.94	1.85	1.77	1.72	1.67	1.63	1.60	1.55	1.49	1.42	1.38	1.34	1.30	1.24	1.17	1.00
$\alpha = 0.05$																			
1	161.4	199.5	215.7	224.6	230.2	234.0	236.8	238.9	240.5	241.9	243.9	245.9	248.0	249.1	250.1	251.1	252.2	253.3	254.3
2	18.51	19.00	19.16	19.25	19.30	19.33	19.35	19.37	19.38	19.40	19.41	19.43	19.45	19.45	19.46	19.47	19.48	19.49	19.50
3	10.13	9.55	9.28	9.12	9.01	8.94	8.89	8.85	8.81	8.79	8.74	8.70	8.66	8.64	8.62	8.59	8.57	8.55	8.53
4	7.71	6.94	6.59	6.39	6.26	6.16	6.09	6.04	6.00	5.96	5.91	5.86	5.80	5.77	5.75	5.72	5.69	5.66	5.63
5	6.61	5.79	5.41	5.19	5.05	4.95	4.88	4.82	4.77	4.74	4.68	4.62	4.56	4.53	4.50	4.46	4.43	4.40	4.36
6	5.99	5.14	4.76	4.53	4.39	4.28	4.21	4.15	4.10	4.06	4.00	3.94	3.87	3.84	3.81	3.77	3.74	3.70	3.67
7	5.59	4.74	4.35	4.12	3.97	3.87	3.79	3.73	3.68	3.64	3.57	3.51	3.44	3.41	3.38	3.34	3.30	3.27	3.23
8	5.32	4.46	4.07	3.84	3.69	3.58	3.50	3.44	3.39	3.35	3.28	3.22	3.15	3.12	3.08	3.04	3.01	2.97	2.93
9	5.12	4.26	3.86	3.63	3.48	3.37	3.29	3.23	3.18	3.14	3.07	3.01	2.94	2.90	2.86	2.83	2.79	2.75	2.71

续表

$\alpha = 0.05$

2 \ 1	1	2	3	4	5	6	7	8	9	10	12	15	20	24	30	40	60	120	∞
10	4.96	4.10	3.71	3.48	3.33	3.22	3.14	3.07	3.02	2.98	2.91	2.85	2.77	2.74	2.70	2.66	2.62	2.58	2.54
11	4.84	3.98	3.59	3.36	3.20	3.09	3.01	2.95	2.90	2.85	2.79	2.72	2.65	2.61	2.57	2.53	2.49	2.45	2.40
12	4.75	3.89	3.49	3.26	3.11	3.00	2.91	2.85	2.80	2.75	2.69	2.62	2.54	2.51	2.47	2.43	2.38	2.34	2.30
13	4.67	3.81	3.41	3.18	3.03	2.92	2.83	2.77	2.71	2.67	2.60	2.53	2.46	2.42	2.38	2.34	2.30	2.25	2.21
14	4.60	3.74	3.34	3.11	2.96	2.85	2.76	2.70	2.65	2.60	2.53	2.46	2.39	2.35	2.31	2.27	2.22	2.18	2.13
15	4.54	3.68	3.29	3.06	2.90	2.79	2.71	2.64	2.59	2.54	2.48	2.40	2.33	2.29	2.25	2.20	2.16	2.11	2.07
16	4.49	3.63	3.24	3.01	2.85	2.74	2.66	2.59	2.54	2.49	2.42	2.35	2.28	2.24	2.19	2.15	2.11	2.06	2.01
17	4.45	3.59	3.20	2.96	2.81	2.70	2.61	2.55	2.49	2.45	2.38	2.31	2.23	2.19	2.15	2.10	2.06	2.01	1.96
18	4.41	3.55	3.16	2.93	2.77	2.66	2.58	2.51	2.46	2.41	2.34	2.27	2.19	2.15	2.11	2.06	2.02	1.97	1.92
19	4.38	3.52	3.13	2.90	2.74	2.63	2.54	2.48	2.42	2.38	2.31	2.23	2.16	2.11	2.07	2.03	1.98	1.93	1.88
20	4.35	3.49	3.10	2.87	2.71	2.60	2.51	2.45	2.39	2.35	2.28	2.20	2.12	2.08	2.04	1.99	1.95	1.90	1.84
21	4.32	3.47	3.07	2.84	2.68	2.57	2.49	2.42	2.37	2.32	2.25	2.18	2.10	2.05	2.01	1.96	1.92	1.87	1.81
22	4.30	3.44	3.05	2.82	2.66	2.55	2.46	2.40	2.34	2.30	2.23	2.15	2.07	2.03	1.98	1.94	1.89	1.84	1.78
23	4.28	3.42	3.03	2.80	2.64	2.53	2.44	2.37	2.32	2.27	2.20	2.13	2.05	2.01	1.96	1.91	1.86	1.81	1.76
24	4.26	3.40	3.01	2.78	2.62	2.51	2.42	2.36	2.30	2.25	2.18	2.11	2.03	1.98	1.94	1.89	1.84	1.79	1.73
25	4.24	3.39	2.99	2.76	2.60	2.49	2.40	2.34	2.28	2.24	2.16	2.09	2.01	1.96	1.92	1.87	1.82	1.77	1.71
26	4.23	3.37	2.98	2.74	2.59	2.47	2.39	2.32	2.27	2.22	2.15	2.07	1.99	1.95	1.90	1.85	1.80	1.75	1.69
27	4.21	3.35	2.96	2.73	2.57	2.46	2.37	2.31	2.25	2.20	2.13	2.06	1.97	1.93	1.88	1.84	1.79	1.73	1.67
28	4.20	3.34	2.95	2.71	2.56	2.45	2.36	2.29	2.24	2.19	2.12	2.04	1.96	1.91	1.87	1.82	1.77	1.71	1.65
29	4.18	3.33	2.93	2.70	2.55	2.43	2.35	2.28	2.22	2.18	2.10	2.03	1.94	1.90	1.85	1.81	1.75	1.70	1.64
30	4.17	3.32	2.92	2.69	2.53	2.42	2.33	2.27	2.21	2.16	2.09	2.01	1.93	1.89	1.84	1.79	1.74	1.68	1.62
40	4.08	3.23	2.84	2.61	2.45	2.34	2.25	2.18	2.12	2.08	2.00	1.92	1.84	1.79	1.74	1.69	1.64	1.58	1.51
60	4.00	3.15	2.76	2.53	2.37	2.25	2.17	2.10	2.04	1.99	1.92	1.84	1.75	1.70	1.65	1.59	1.53	1.47	1.39
120	3.92	3.07	2.68	2.45	2.29	2.17	2.09	2.02	1.96	1.91	1.83	1.75	1.66	1.61	1.55	1.50	1.43	1.35	1.25
∞	3.84	3.00	2.60	2.37	2.21	2.10	2.01	1.94	1.88	1.83	1.75	1.67	1.57	1.52	1.46	1.39	1.32	1.22	1.00

续表

$\alpha = 0.025$

n_2 \ n_1	1	2	3	4	5	6	7	8	9	10	12	15	20	24	30	40	60	120	∞
1	647.8	799.5	864.2	899.6	921.8	937.1	948.2	956.7	963.3	968.6	976.7	984.9	993.1	997.2	1001	1006	1010	1014	1018
2	38.51	39.00	39.17	39.25	39.30	39.33	39.36	39.37	39.39	39.40	39.41	39.43	39.45	39.46	39.46	39.47	39.48	39.49	39.50
3	17.44	16.04	15.44	15.10	14.88	14.73	14.62	14.54	14.47	14.42	14.34	14.25	14.17	14.12	14.08	14.04	13.99	13.95	13.90
4	12.22	10.65	9.98	9.60	9.36	9.20	9.07	8.98	8.90	8.84	8.75	8.66	8.56	8.51	8.46	8.41	8.36	8.31	8.26
5	10.01	8.43	7.76	7.39	7.15	6.98	6.85	6.76	6.68	6.62	6.52	6.43	6.33	6.28	6.23	6.18	6.12	6.07	6.02
6	8.81	7.26	6.60	6.23	5.99	5.82	5.70	5.60	5.52	5.46	5.37	5.27	5.17	5.12	5.07	5.01	4.96	4.90	4.85
7	8.07	6.54	5.89	5.52	5.29	5.12	4.99	4.90	4.82	4.76	4.67	4.57	4.47	4.42	4.36	4.31	4.25	4.20	4.14
8	7.57	6.06	5.42	5.05	4.82	4.65	4.53	4.43	4.36	4.30	4.20	4.10	4.00	3.95	3.89	3.84	3.78	3.73	3.67
9	7.21	5.71	5.08	4.72	4.48	4.32	4.20	4.10	4.03	3.96	3.87	3.77	3.67	3.61	3.56	3.51	3.45	3.39	3.33
10	6.94	5.46	4.83	4.47	4.24	4.07	3.95	3.85	3.78	3.72	3.62	3.52	3.42	3.37	3.31	3.26	3.20	3.14	3.08
11	6.72	5.26	4.63	4.28	4.04	3.88	3.76	3.66	3.59	3.53	3.43	3.33	3.23	3.17	3.12	3.06	3.00	2.94	2.88
12	6.55	5.10	4.47	4.12	3.89	3.73	3.61	3.51	3.44	3.37	3.28	3.18	3.07	3.02	2.96	2.91	2.85	2.79	2.72
13	6.41	4.97	4.35	4.00	3.77	3.60	3.48	3.39	3.31	3.25	3.15	3.05	2.95	2.89	2.84	2.78	2.72	2.66	2.60
14	6.30	4.86	4.24	3.89	3.66	3.50	3.38	3.29	3.21	3.15	3.05	2.95	2.84	2.79	2.73	2.67	2.61	2.55	2.49
15	6.20	4.77	4.15	3.80	3.58	3.41	3.29	3.20	3.12	3.06	2.96	2.86	2.76	2.70	2.64	2.59	2.52	2.46	2.40
16	6.12	4.69	4.08	3.73	3.50	3.34	3.22	3.12	3.05	2.99	2.89	2.79	2.68	2.63	2.57	2.51	2.45	2.38	2.32
17	6.04	4.62	4.01	3.66	3.44	3.28	3.16	3.06	2.98	2.92	2.82	2.72	2.62	2.56	2.50	2.44	2.38	2.32	2.25
18	5.98	4.56	3.95	3.61	3.38	3.22	3.10	3.01	2.93	2.87	2.77	2.67	2.56	2.50	2.44	2.38	2.32	2.26	2.19
19	5.92	4.51	3.90	3.56	3.33	3.17	3.05	2.96	2.88	2.82	2.72	2.62	2.51	2.45	2.39	2.33	2.27	2.20	2.13
20	5.87	4.46	3.86	3.51	3.29	3.13	3.01	2.91	2.84	2.77	2.68	2.57	2.46	2.41	2.35	2.29	2.22	2.16	2.09
21	5.83	4.42	3.82	3.48	3.25	3.09	2.97	2.87	2.80	2.73	2.64	2.53	2.42	2.37	2.31	2.25	2.18	2.11	2.04
22	5.79	4.38	3.78	3.44	3.22	3.05	2.93	2.84	2.76	2.70	2.60	2.50	2.39	2.33	2.27	2.21	2.14	2.08	2.00
23	5.75	4.35	3.75	3.41	3.18	3.02	2.90	2.81	2.73	2.67	2.57	2.47	2.36	2.30	2.24	2.18	2.11	2.04	1.97
24	5.72	4.32	3.72	3.38	3.15	2.99	2.87	2.78	2.70	2.64	2.54	2.44	2.33	2.27	2.21	2.15	2.08	2.01	1.94

续表

$\alpha = 0.025$

1 / 2	1	2	3	4	5	6	7	8	9	10	12	15	20	24	30	40	60	120	∞
25	5.69	4.29	3.69	3.35	3.13	2.97	2.85	2.75	2.68	2.61	2.51	2.41	2.30	2.24	2.18	2.12	2.05	1.98	1.91
26	5.66	4.27	3.67	3.33	3.10	2.94	2.82	2.73	2.65	2.59	2.49	2.39	2.28	2.22	2.16	2.09	2.03	1.95	1.88
27	5.63	4.24	3.65	3.31	3.08	2.92	2.80	2.71	2.63	2.57	2.47	2.36	2.25	2.19	2.13	2.07	2.00	1.93	1.85
28	5.61	4.22	3.63	3.29	3.06	2.90	2.78	2.69	2.61	2.55	2.45	2.34	2.23	2.17	2.11	2.05	1.98	1.91	1.83
29	5.59	4.20	3.61	3.27	3.04	2.88	2.76	2.67	2.59	2.53	2.43	2.32	2.21	2.15	2.09	2.03	1.96	1.89	1.81
30	5.57	4.18	3.59	3.25	3.03	2.87	2.75	2.65	2.57	2.51	2.41	2.31	2.20	2.14	2.07	2.01	1.94	1.87	1.79
40	5.42	4.05	3.46	3.13	2.90	2.74	2.62	2.53	2.45	2.39	2.29	2.18	2.07	2.01	1.94	1.88	1.80	1.72	1.64
60	5.29	2.93	3.34	3.01	2.79	2.63	2.51	2.41	2.33	2.27	2.17	2.06	1.94	1.88	1.82	1.74	1.67	1.58	1.48
120	5.15	3.80	3.23	2.89	2.67	2.52	2.39	2.30	2.22	2.16	2.05	1.94	1.82	1.76	1.69	1.61	1.53	1.43	1.31
∞	5.02	3.69	3.12	2.79	2.57	2.41	2.29	2.19	2.11	2.05	1.94	1.83	1.71	1.64	1.57	1.48	1.39	1.27	1.00

$\alpha = 0.01$

1 / 2	1	2	3	4	5	6	7	8	9	10	12	15	20	24	30	40	60	120	∞
1	4052	4999.5	5403	5625	5764	5859	5928	5982	6022	6056	6106	6157	6209	6235	6261	6287	6313	6339	6366
2	98.50	99.00	99.17	99.25	99.30	99.33	99.36	99.37	99.39	99.40	99.42	99.43	99.45	99.46	99.47	99.47	99.48	99.49	99.50
3	34.12	30.82	29.46	28.71	28.24	27.91	27.67	27.49	27.35	27.23	27.05	26.87	26.69	26.60	26.50	26.41	26.32	26.22	26.13
4	21.20	18.00	16.69	15.98	15.52	15.21	14.98	14.80	14.66	14.55	14.37	14.20	14.02	13.93	13.84	13.75	13.65	13.56	13.46
5	16.26	13.27	12.06	11.39	10.97	10.67	10.46	10.29	10.16	10.05	9.89	9.72	9.55	9.47	9.38	9.29	9.20	9.11	9.02
6	13.75	10.92	9.78	9.15	8.75	8.47	8.26	8.10	7.98	7.87	7.72	7.56	7.40	7.31	7.23	7.14	7.06	6.97	6.88
7	12.25	9.55	8.45	7.85	7.46	7.19	6.99	6.84	6.72	6.62	6.47	6.31	6.16	6.07	5.99	5.91	5.82	5.74	5.65
8	11.26	8.65	7.59	7.01	6.63	6.37	6.18	6.03	5.91	5.81	5.67	5.52	5.36	5.28	5.20	5.12	5.03	4.95	4.86
9	10.56	8.02	6.99	6.42	6.60	5.80	5.61	5.47	5.35	5.26	5.11	4.96	4.81	4.73	4.65	4.57	4.48	4.40	4.31

$\alpha = 0.01$

续表

2 \ 1	1	2	3	4	5	6	7	8	9	10	12	15	20	24	30	40	60	120	∞
10	10.04	7.56	6.55	5.99	5.64	5.39	5.20	5.06	4.94	4.85	4.71	4.56	4.41	4.33	4.25	4.17	4.08	4.00	3.91
11	9.65	7.21	6.22	5.67	5.32	5.07	4.89	4.74	4.63	4.54	4.40	4.25	4.10	4.02	3.94	3.86	4.78	3.69	3.60
12	9.33	6.93	5.95	5.41	5.06	4.82	4.64	4.50	4.39	4.30	4.16	4.01	3.86	3.78	3.70	3.62	3.54	3.45	3.36
13	9.07	6.70	5.74	5.21	4.86	4.62	4.44	4.30	4.19	3.10	3.96	3.82	3.66	3.59	3.51	3.43	3.34	3.25	3.17
14	8.86	6.51	5.56	5.04	4.69	4.46	4.28	4.14	4.03	3.94	3.80	3.66	3.51	3.43	3.35	3.27	3.18	3.09	3.00
15	8.68	6.36	5.42	4.89	4.56	4.32	4.14	4.00	3.89	3.80	3.67	3.52	3.37	3.29	3.21	3.13	3.05	2.96	2.87
16	8.53	6.23	5.29	4.77	4.44	4.20	4.03	3.89	3.78	3.69	3.55	3.41	3.26	3.18	3.10	3.02	2.93	2.84	2.75
17	8.40	6.11	5.18	4.67	4.34	4.10	3.93	3.79	3.68	3.59	3.46	3.31	3.16	3.08	3.00	2.92	2.83	2.75	2.65
18	8.29	6.01	5.09	4.58	4.25	4.01	3.84	3.71	3.60	3.51	3.37	3.23	3.08	3.00	2.92	2.84	2.75	2.66	2.57
19	8.18	5.93	5.01	4.50	4.17	3.94	3.77	3.63	3.52	3.43	3.30	3.15	3.00	2.92	2.84	2.76	2.67	2.58	2.49
20	8.10	5.85	4.94	4.43	4.10	3.87	3.70	3.56	3.46	3.37	3.23	3.09	2.94	2.86	2.78	2.69	2.61	2.52	2.42
21	8.02	5.78	4.87	4.37	4.04	3.81	3.64	3.51	3.40	3.31	3.17	3.03	2.88	2.80	2.72	2.64	2.55	2.46	2.36
22	7.95	5.72	4.82	4.31	3.99	3.76	3.59	3.45	3.35	3.26	3.12	2.98	2.83	2.75	2.67	2.58	2.50	2.40	2.31
23	7.88	5.66	4.76	4.26	3.94	3.71	3.54	3.41	3.30	3.21	3.07	2.93	2.78	2.70	2.62	2.54	2.45	2.35	2.26
24	7.82	5.61	4.72	4.22	3.90	3.67	3.50	3.36	3.26	3.17	3.03	2.89	2.74	2.66	2.58	2.49	2.40	2.31	2.21
25	7.77	5.57	4.68	4.18	3.85	3.63	3.46	3.32	3.22	3.13	2.99	2.85	2.70	2.62	2.54	2.45	2.36	2.27	2.17
26	7.72	5.53	4.64	4.14	3.82	3.59	3.42	3.29	3.18	3.09	2.96	2.81	2.66	2.58	2.50	2.42	2.33	2.23	2.13
27	7.68	5.49	4.60	4.11	3.78	3.56	3.39	3.26	3.15	3.06	2.93	2.78	2.63	2.55	2.47	2.38	2.29	2.20	2.10
28	7.64	5.45	4.57	4.07	3.75	3.53	3.36	3.23	3.12	3.03	2.90	2.75	2.60	2.52	2.44	2.35	2.26	2.17	2.06
29	7.60	5.42	4.54	4.04	3.73	3.50	3.33	3.20	3.09	3.00	2.87	2.73	2.57	2.49	2.41	2.33	2.23	2.14	2.03
30	7.56	5.39	4.51	4.02	3.70	3.47	3.30	3.17	3.07	2.98	2.84	2.70	2.55	2.47	2.39	2.30	2.21	2.11	2.01
40	7.31	5.18	4.31	3.83	3.51	3.29	3.12	2.99	2.89	2.80	2.66	2.52	2.37	2.29	2.20	2.11	2.02	1.92	1.80
60	7.08	4.98	4.13	3.65	3.34	3.12	2.95	2.82	2.72	2.63	2.50	2.35	2.20	2.12	2.03	1.94	1.84	1.73	1.60
120	6.85	4.79	3.95	3.48	3.17	2.96	2.79	2.66	2.56	2.47	2.34	2.19	2.03	1.95	1.86	1.76	1.66	1.53	1.38
∞	6.63	4.61	3.78	3.32	3.02	2.80	2.64	2.51	2.41	2.32	2.18	2.04	1.88	1.79	1.70	1.59	1.47	1.32	1.00

续表

$\alpha = 0.005$

n_2 \ n_1	1	2	3	4	5	6	7	8	9	10	12	15	20	24	30	40	60	120	∞
1	16211	20000	21615	22500	23056	23437	23715	23925	24091	24224	24426	24630	24836	24940	25044	25148	25253	25359	25465
2	198.5	199.0	199.2	199.2	199.3	199.3	199.4	199.4	199.4	199.4	199.4	199.4	199.4	199.5	199.5	199.5	199.5	199.5	199.5
3	55.55	49.80	47.47	46.19	45.39	44.84	44.43	44.13	43.88	43.69	43.39	43.08	42.78	42.62	42.47	42.31	42.15	41.99	41.83
4	31.33	26.28	24.26	23.15	22.46	21.97	21.62	21.35	21.14	20.97	20.70	20.44	20.17	20.03	19.89	19.75	19.61	19.47	19.32
5	22.78	18.31	16.53	15.56	14.94	14.51	14.20	13.96	13.77	13.62	13.38	13.15	12.90	12.78	12.66	12.53	12.40	12.27	12.14
6	18.63	14.54	12.92	12.03	11.46	11.07	10.79	10.57	10.39	10.25	10.03	9.81	9.59	9.47	9.36	9.24	9.12	9.00	8.88
7	16.24	12.40	10.88	10.05	9.52	9.16	8.89	8.68	8.51	8.38	8.18	7.97	7.75	7.65	7.53	7.42	7.31	7.19	7.08
8	14.69	11.04	9.60	8.81	8.30	7.95	7.69	7.50	7.34	7.21	7.01	6.81	6.61	6.50	6.40	6.29	6.18	6.06	5.95
9	13.61	10.11	8.72	7.96	7.47	7.13	6.88	6.69	6.54	6.42	6.23	6.03	5.83	5.73	5.62	5.52	5.41	5.30	5.19
10	12.83	9.43	8.08	7.34	6.87	6.54	6.30	6.12	5.97	5.85	5.66	5.47	5.27	5.17	5.07	4.97	4.86	4.75	4.64
11	12.23	8.91	7.60	6.88	6.42	6.10	5.86	5.68	5.54	5.42	5.24	5.05	4.86	4.76	4.65	4.55	4.44	4.34	4.23
12	11.75	8.51	7.23	6.52	6.07	5.76	5.52	5.35	5.20	5.09	4.91	4.72	4.53	4.43	4.33	4.23	4.12	4.01	3.90
13	11.37	8.19	6.93	6.23	5.79	5.48	5.25	5.08	4.94	4.82	4.64	4.46	4.27	4.17	4.07	3.97	3.87	3.76	3.65
14	11.06	7.92	6.68	6.00	5.56	5.26	5.03	4.86	4.72	4.60	4.43	4.25	4.06	3.96	3.86	3.76	3.66	3.55	3.44
15	10.80	7.70	6.48	5.80	5.37	5.07	4.85	4.67	4.54	4.42	4.25	4.07	3.88	3.79	3.69	3.58	3.48	3.37	3.26
16	10.58	7.51	6.30	5.64	5.21	4.91	4.69	4.52	4.38	4.27	4.10	3.92	3.73	3.64	3.54	3.44	3.33	3.22	3.11
17	10.38	7.35	6.16	5.50	5.07	4.78	4.56	4.39	4.25	4.14	3.97	3.79	3.61	3.51	3.41	3.31	3.21	3.10	2.98
18	10.22	7.21	6.03	5.37	4.96	4.66	4.44	4.28	4.14	4.03	3.86	3.68	3.50	3.40	3.30	3.20	3.10	2.99	2.87
19	10.07	7.09	5.92	5.27	4.85	4.56	4.34	4.18	4.04	3.93	3.76	3.59	3.40	3.31	3.21	3.11	3.00	2.89	2.78
20	9.94	6.99	5.82	5.17	4.76	4.47	4.26	4.09	3.96	3.85	3.68	3.50	3.32	3.22	3.12	3.02	2.92	2.81	2.69
21	9.83	6.89	5.73	5.09	4.68	4.39	4.18	4.01	3.88	3.77	3.60	3.43	3.24	3.15	3.05	2.95	2.84	2.73	2.61
22	9.73	6.81	5.65	5.02	4.61	4.32	4.11	3.94	3.81	3.70	3.54	3.36	3.18	3.08	2.98	2.88	2.77	2.66	2.55
23	9.63	6.73	5.58	4.95	4.54	4.26	4.05	3.88	3.75	3.64	3.47	3.30	3.12	3.02	2.92	2.82	2.71	2.60	2.48
24	9.55	6.66	5.52	4.89	4.49	4.20	3.99	3.83	3.69	3.59	3.42	3.25	3.06	2.97	2.87	2.77	2.66	2.55	2.43

续表

$\alpha = 0.005$

2 \ 1	1	2	3	4	5	6	7	8	9	10	12	15	20	24	30	40	60	120	∞
25	9.48	6.60	5.46	4.84	4.43	4.15	3.94	3.78	3.64	3.54	3.37	3.20	3.01	2.92	2.82	2.72	2.61	2.50	2.38
26	9.41	6.54	5.41	4.79	4.38	4.10	3.89	3.73	3.60	3.49	3.33	3.15	2.97	2.87	2.77	2.67	2.56	2.45	2.33
27	9.34	6.49	5.36	4.74	4.34	4.06	3.85	3.69	3.56	3.45	3.28	3.11	2.93	2.83	2.73	2.63	2.52	2.41	2.29
28	9.28	6.44	5.32	4.70	4.30	4.02	3.81	3.65	3.52	3.41	3.25	3.07	2.89	2.79	2.69	2.59	2.48	2.37	2.25
29	9.23	6.40	5.28	4.66	4.26	3.98	3.77	3.61	3.48	3.38	3.21	3.04	2.86	2.76	2.66	2.56	2.45	2.33	2.21
30	9.18	6.35	5.24	4.62	4.23	3.95	3.74	3.58	3.45	3.34	3.18	3.01	2.82	2.73	2.63	2.52	2.42	2.30	2.18
40	8.83	6.07	4.98	4.37	3.99	3.71	3.51	3.35	3.22	3.12	2.95	2.78	2.60	2.50	2.40	2.30	2.18	2.06	1.93
60	8.49	5.79	4.73	4.14	3.76	3.49	3.29	3.13	3.01	2.90	2.74	2.57	2.39	2.29	2.19	2.08	1.96	1.83	1.69
120	8.18	5.54	4.50	3.92	3.55	3.28	3.09	2.93	2.81	2.71	2.54	2.37	2.19	2.09	1.98	1.87	1.75	1.61	1.43
∞	7.88	5.30	4.28	3.72	3.35	3.09	2.90	2.74	2.62	2.52	2.36	2.19	2.00	1.90	1.79	1.67	1.53	1.36	1.00

$\alpha = 0.001$

2 \ 1	1	2	3	4	5	6	7	8	9	10	12	15	20	24	30	40	60	120	∞
1	4053*	5000*	5404*	5625*	5764*	5859*	5929*	5981*	6023*	6056*	6107*	6158*	6209*	6235*	6261*	6287*	6313*	6340*	6366*
2	998.5	999.0	999.2	999.2	999.3	999.3	999.4	999.4	999.4	999.4	999.4	999.4	999.4	999.5	999.5	999.5	999.5	999.5	999.5
3	167.0	148.5	141.1	137.1	134.6	132.8	131.6	130.6	129.9	129.2	128.3	127.4	126.4	125.9	125.4	125.0	124.5	124.0	123.5
4	74.14	61.25	56.18	53.44	51.71	50.53	49.66	49.00	48.47	48.05	47.41	46.76	46.10	45.77	45.43	45.09	44.75	44.40	44.05
5	47.18	37.12	33.20	31.09	29.75	28.84	28.16	27.64	27.24	26.92	26.42	25.91	25.39	25.14	24.87	24.60	24.33	24.06	23.79
6	35.51	27.00	23.70	21.92	20.81	20.03	19.46	19.03	18.69	18.41	17.99	17.56	17.12	16.89	16.67	16.44	16.21	15.99	15.75
7	29.25	21.69	18.77	17.19	16.21	15.52	15.02	14.63	14.33	14.08	13.71	13.32	12.93	12.73	12.53	12.33	12.12	11.91	11.70
8	25.42	18.49	15.83	14.39	13.49	12.86	12.40	12.04	11.77	11.54	11.19	10.84	10.48	10.30	10.11	9.92	9.73	9.53	9.33
9	22.86	16.39	13.90	12.56	11.71	11.13	10.70	10.37	10.11	9.89	9.57	9.24	8.90	8.72	8.55	8.37	8.19	8.00	7.81

$\alpha = 0.001$

n_2 \ n_1	1	2	3	4	5	6	7	8	9	10	12	15	20	24	30	40	60	120	∞
10	21.04	14.91	12.55	11.28	10.48	9.92	9.52	9.20	8.96	8.75	8.45	8.13	7.80	7.64	7.47	7.30	7.12	6.94	6.76
11	19.69	13.81	11.56	10.35	9.58	9.05	8.66	8.35	8.12	7.92	7.63	7.32	7.01	6.85	6.68	6.52	6.35	6.17	6.00
12	18.64	12.97	10.80	9.63	8.89	8.38	8.00	7.71	7.48	7.29	7.00	6.71	6.40	6.25	6.09	5.93	5.76	5.59	5.42
13	17.81	12.31	10.21	9.07	8.35	7.86	7.49	7.21	6.98	6.80	6.52	6.23	5.93	5.78	5.63	5.47	5.30	5.14	4.97
14	17.11	11.78	9.73	8.62	7.92	7.43	7.08	6.80	6.58	6.40	6.13	5.85	5.56	5.41	5.25	5.10	4.94	4.77	4.60
15	16.59	11.34	9.34	8.25	7.57	7.09	6.74	6.47	6.26	6.08	5.81	5.54	5.25	5.10	4.95	4.80	4.64	4.47	4.31
16	16.12	10.97	9.00	7.94	7.27	6.81	6.46	6.19	5.98	5.81	5.55	5.27	4.99	4.85	4.70	4.54	4.39	4.23	4.06
17	15.72	10.66	8.73	7.68	7.02	7.56	6.22	5.96	5.75	5.58	5.32	5.05	4.78	4.63	4.48	4.33	4.18	4.02	3.85
18	15.38	10.39	8.49	7.46	6.81	6.35	6.02	5.76	5.56	5.39	5.13	4.87	4.59	4.45	4.30	4.15	4.00	3.84	3.67
19	15.08	10.16	8.28	7.26	6.62	6.18	5.85	5.59	5.39	5.22	4.97	4.70	4.43	4.29	4.14	3.99	3.84	3.68	3.51
20	14.82	9.95	8.10	7.10	6.46	6.02	5.69	5.44	5.24	5.08	4.82	4.56	4.29	4.15	4.00	3.86	3.70	3.54	3.38
21	14.59	9.77	7.94	6.95	6.32	5.88	5.56	5.31	5.11	4.95	4.70	4.44	4.17	4.03	3.88	3.74	3.58	3.42	3.26
22	14.38	9.61	7.80	6.81	6.19	5.76	5.44	5.19	4.99	4.83	4.58	4.33	4.06	3.92	3.78	3.63	3.48	3.32	3.15
23	14.19	9.47	7.62	6.69	6.08	5.65	5.33	5.09	4.89	4.73	4.48	4.23	3.96	3.82	3.68	3.53	3.38	3.22	3.05
24	14.03	9.34	7.55	6.59	5.98	5.55	5.23	4.99	4.80	4.64	4.39	4.14	3.87	3.74	3.59	3.45	3.29	3.14	2.97
25	13.88	9.22	7.45	6.49	5.88	5.46	5.15	4.91	4.71	4.56	4.31	4.06	3.79	3.66	3.52	3.37	3.22	3.06	2.89
26	13.74	9.12	7.36	6.41	5.80	5.38	5.07	4.83	4.64	4.48	4.24	3.99	3.72	3.59	3.44	3.30	3.15	2.99	2.82
27	13.61	9.02	7.27	6.33	5.73	5.31	5.00	4.76	4.57	4.41	4.17	3.92	3.66	3.52	3.38	3.23	3.08	2.92	2.75
28	13.50	8.93	7.19	6.25	5.66	5.24	4.93	4.69	4.50	4.35	4.11	3.86	3.60	3.46	3.32	3.18	3.02	2.86	2.69
29	13.39	8.85	7.12	6.19	5.59	5.18	4.87	4.64	4.45	4.29	4.05	3.80	3.54	3.41	3.27	3.12	2.97	2.81	2.64
30	13.29	8.77	7.05	6.12	5.53	5.12	4.82	4.58	4.39	4.24	4.00	3.75	3.49	3.36	3.22	3.07	2.92	2.76	2.59
40	12.61	8.25	6.60	5.70	5.13	4.73	4.44	4.21	4.02	3.87	3.64	3.40	3.15	3.01	2.87	2.73	2.57	2.41	2.23
60	11.97	7.76	6.17	5.31	4.76	4.37	4.09	3.87	3.69	3.54	3.31	3.08	2.83	2.69	2.55	2.41	2.25	2.08	1.89
120	11.38	7.32	5.79	4.95	4.42	4.04	3.77	3.55	3.38	3.24	3.02	2.78	2.53	2.40	2.26	2.11	1.95	1.76	1.54
∞	10.83	6.91	5.42	4.62	4.10	3.74	3.47	3.27	3.10	2.96	2.74	2.51	2.27	2.13	1.99	1.84	1.66	1.45	1.00

* 表示要将所列数乘以 100

附表 6　科尔莫戈罗夫-斯米尔诺夫 λ -分布

$$Q(\lambda) = \sum_{k=-\infty}^{+\infty} (-1)^k e^{-2k^2\lambda^2}$$

λ	$Q(\lambda)$	λ	$Q(\lambda)$	λ	$Q(\lambda)$	λ	$Q(\lambda)$	λ	$Q(\lambda)$	λ	$Q(\lambda)$
0.32	0.0000	0.66	0.2236	1.00	0.7300	1.34	0.9449	1.68	0.9929	2.02	0.9994
0.33	0.0001	0.67	0.2396	1.01	0.7406	1.35	0.9478	1.69	0.9934	2.03	0.9995
0.34	0.0002	0.68	0.2558	1.02	0.7508	1.36	0.9565	1.70	0.9938	2.04	0.9995
0.35	0.0003	0.69	0.2722	1.03	0.7608	1.37	0.9531	1.71	0.9942	2.05	0.9996
0.36	0.0005	0.70	0.3888	1.04	0.7704	1.38	0.9556	1.72	0.9946	2.06	0.9996
0.37	0.0008	0.71	0.3055	1.05	0.7798	1.39	0.9580	1.73	0.9950	2.07	0.9996
0.38	0.0013	0.72	0.3223	1.06	0.7889	1.40	0.9603	1.74	0.9953	2.08	0.9996
0.39	0.0019	0.73	0.3391	1.07	0.7976	1.41	0.9625	1.75	0.9956	2.09	0.9997
0.40	0.0028	0.74	0.3560	1.08	0.8061	1.42	0.9646	1.76	0.9959	2.10	0.9997
0.41	0.0040	0.75	0.3728	1.09	0.8143	1.43	0.9665	1.77	0.9962	2.11	0.9997
0.42	0.0055	0.76	0.3896	1.10	0.8223	1.44	0.9684	1.78	0.9965	2.12	0.9997
0.43	0.0074	0.77	0.4064	1.11	0.8299	1.45	0.9702	1.79	0.9967	2.13	0.9998
0.44	0.0097	0.78	0.4230	1.12	0.8374	1.46	0.9718	1.80	0.9969	2.14	0.9998
0.45	0.0126	0.79	0.4395	1.13	0.8445	1.47	0.9734	1.81	0.9971	2.15	0.9998
0.46	0.0160	0.80	0.4559	1.14	0.8514	1.48	0.9750	1.82	0.9973	2.16	0.9998
0.47	0.0200	0.81	0.4720	1.15	0.8580	1.49	0.9764	1.83	0.9975	2.17	0.9998
0.48	0.0247	0.82	0.4880	1.16	0.8644	1.50	0.9778	1.84	0.9977	2.18	0.9999
0.49	0.0300	0.83	0.5038	1.17	0.8706	1.51	0.9791	1.85	0.9979	2.19	0.9999
0.50	0.0361	0.84	0.5194	1.18	0.8765	1.52	0.9803	1.86	0.9980	2.20	0.9999
0.51	0.0428	0.85	0.5347	1.19	0.8823	1.53	0.9815	1.87	0.9981	2.21	0.9999
0.52	0.0503	0.86	0.5497	1.20	0.8877	1.54	0.9826	1.88	0.9983	2.22	0.9999
0.53	0.0585	0.87	0.5645	1.21	0.8930	1.55	0.9836	1.89	0.9984	2.23	0.9999
0.54	0.0675	0.88	0.5791	1.22	0.8981	1.56	0.9846	1.90	0.9985	2.24	0.9999
0.55	0.0772	0.89	0.5933	1.23	0.9030	1.57	0.9855	1.91	0.9986	2.25	0.9999
0.56	0.0876	0.90	0.6073	1.24	0.9076	1.58	0.9864	1.92	0.9987	2.26	0.9999
0.57	0.0987	0.91	0.6209	1.25	0.9121	1.59	0.9873	1.93	0.9988	2.27	0.9999
0.58	0.1104	0.92	0.6343	1.26	0.9164	1.60	0.9880	1.94	0.9989	2.28	0.9999
0.59	0.1228	0.93	0.6473	1.27	0.9206	1.61	0.9888	1.95	0.9990	2.29	0.9999
0.60	0.1357	0.94	0.6601	1.28	0.9245	1.62	0.9895	1.96	0.9991	2.30	0.9999
0.61	0.1492	0.95	0.6725	1.29	0.9283	1.63	0.9902	1.97	0.9991	2.31	1.0000
0.62	0.1632	0.96	0.6846	1.30	0.9319	1.64	0.9908	1.98	0.9992		
0.63	0.1778	0.97	0.6963	1.31	0.9354	1.65	0.9914	1.99	0.9993		
0.64	0.1927	0.98	0.7079	1.32	0.9387	1.66	0.9919	2.00	0.9993		
0.65	0.2080	0.99	0.7191	1.33	0.9418	1.67	0.9924	2.01	0.9994		

附表7 正 交 表

$L_4(2^3)$

试验号 \ 列号	1	2	3
1	1	1	1
2	1	2	2
3	2	1	2
4	2	2	1
组	1	2	

$L_8(2^7)$

试验号 \ 列号	1	2	3	4	5	6	7
1	1	1	1	1	1	1	1
2	1	1	1	2	2	2	2
3	1	2	2	1	1	2	2
4	1	2	2	2	2	1	1
5	2	1	2	1	2	1	2
6	2	1	2	2	1	2	1
7	2	2	1	1	2	2	1
8	2	2	1	2	1	1	2
组	1	2		3			

$L_8(2^7)$ 二列间的交互作用

列号 \ 列号	1	2	3	4	5	6	7
	(1)	3	2	5	4	7	6
		(2)	1	6	7	4	5
			(3)	7	6	5	4
				(4)	1	2	3
					(5)	3	2
						(6)	1
							(7)

$L_8(2^7)$ 表头设计

因子数 \ 列号	1	2	3	4	5	6	7
3	A	B	$A\times B$	C	$A\times C$	$B\times C$	
4	A	B	$A\times B$ $C\times D$	C	$A\times C$ $B\times D$	$B\times C$ $A\times D$	D
4	A	B $C\times D$	$A\times B$	C $B\times D$	$A\times C$	D $B\times C$	$A\times D$
5	A $D\times E$	B $C\times D$	$A\times B$ $C\times E$	C $B\times D$	$A\times C$ $B\times E$	D $A\times E$ $B\times C$	E $A\times D$

$L_8(4\times2^4)$

试验号＼列号	1	2	3	4	5
1	1	1	1	1	1
2	1	2	2	2	2
3	2	1	1	2	2
4	2	2	2	1	1
5	3	1	2	1	2
6	3	2	1	2	1
7	4	1	2	2	1
8	4	2	1	1	2

$L_8(4\times2^4)$ 表头设计

因子数＼列号	1	2	3	4	5
2	A	B	$(A\times B)_1$	$(A\times B)_2$	$(A\times B)_3$
3	A	B	C		
4	A	B	C	D	
5	A	B	C	D	E

$L_{12}(2^{11})$

试验号＼列号	1	2	3	4	5	6	7	8	9	10	11
1	1	1	1	1	1	1	1	1	1	1	1
2	1	1	1	1	1	2	2	2	2	2	2
3	1	1	2	2	2	1	1	1	2	2	2
4	1	2	1	2	2	1	2	2	1	1	2
5	1	2	2	1	2	2	1	2	1	2	1
6	1	2	2	2	1	2	2	1	2	1	1
7	2	1	2	2	1	1	2	2	1	2	1
8	2	1	2	1	2	2	2	1	1	1	2
9	2	1	1	2	2	2	1	2	2	1	1
10	2	2	2	1	1	1	1	2	2	1	2
11	2	2	1	2	1	2	1	1	1	2	2
12	2	2	1	1	2	1	2	1	2	2	1

$L_{16}(2^{15})$

试验号 \ 列号	1	2	3	4	5	6	7	8	9	10	11	12	13	14	15
1	1	1	1	1	1	1	1	1	1	1	1	1	1	1	1
2	1	1	1	1	1	1	1	2	2	2	2	2	2	2	2
3	1	1	1	2	2	2	2	1	1	1	1	2	2	2	2
4	1	1	1	2	2	2	2	2	2	2	2	1	1	1	1
5	1	2	2	1	1	2	2	1	1	2	2	1	1	2	2
6	1	2	2	1	1	2	2	2	2	1	1	2	2	1	1
7	1	2	2	2	2	1	1	1	1	2	2	2	2	1	1
8	1	2	2	2	2	1	1	2	2	1	1	1	1	2	2
9	2	1	2	1	2	1	2	1	2	1	2	1	2	1	2
10	2	1	2	1	2	1	2	2	1	2	1	2	1	2	1
11	2	1	2	2	1	2	1	1	2	1	2	2	1	2	1
12	2	1	2	2	1	2	1	2	1	2	1	1	2	1	2
13	2	2	1	1	2	2	1	1	2	2	1	1	2	2	1
14	2	2	1	1	2	2	1	2	1	1	2	2	1	1	2
15	2	2	1	2	1	1	2	1	2	2	1	2	1	1	2
16	2	2	1	2	1	1	2	2	1	1	2	1	2	2	1
组	1	2		3				4							

$L_{16}(2^{15})$ 二列间的交互作用

列号 \ 列号	1	2	3	4	5	6	7	8	9	10	11	12	13	14	15
	(1)	3	2	5	4	7	6	9	8	11	10	13	12	15	14
		(2)	1	6	7	4	5	10	11	8	9	14	15	12	13
			(3)	7	6	5	4	11	10	9	8	15	14	13	12
				(4)	1	2	3	12	13	14	15	8	9	10	11
					(5)	3	2	13	12	15	14	9	8	11	10
						(6)	1	14	15	12	13	10	11	8	9
							(7)	15	14	13	12	11	10	9	8
								(8)	1	2	3	4	5	6	7
									(9)	3	2	5	4	7	6
										(10)	1	6	7	4	5
											(11)	7	6	5	4
												(12)	1	2	3
													(13)	3	2
														(14)	1

$L_{16}(2^{15})$ 表头设计

列号 / 因子数	1	2	3	4	5	6	7	8	9	10	11	12	13	14	15
4	A	B	$A\times B$	C	$A\times C$	$B\times C$		D	$A\times D$	$B\times D$		$C\times D$			
5	A	B	$A\times B$	C	$A\times C$	$B\times C$	$D\times E$	D	$A\times D$	$B\times D$	$C\times E$	$C\times D$	$B\times E$	$A\times E$	E
6	A	B	$A\times B$ $D\times E$	C	$A\times C$ $D\times F$	$B\times C$ $E\times F$		D	$A\times D$ $B\times E$ $C\times F$	$B\times D$ $A\times E$	E	$C\times D$ $E\times F$	F		$C\times E$ $B\times F$
7	A	B	$A\times B$ $D\times E$ $F\times G$	C	$A\times C$ $D\times F$ $E\times G$	$B\times C$ $E\times F$ $D\times G$		D	$A\times D$ $B\times E$ $C\times F$	$B\times D$ $A\times E$ $C\times G$	E	$C\times D$ $A\times F$ $B\times G$	F	G	$C\times E$ $B\times F$ $A\times G$
8	A	B	$A\times B$ $D\times E$ $F\times G$ $C\times H$	C	$A\times C$ $D\times F$ $E\times G$ $B\times H$	$B\times C$ $E\times F$ $D\times G$ $A\times H$	H	D	$A\times D$ $B\times E$ $C\times F$ $G\times H$	$B\times D$ $A\times E$ $C\times G$ $F\times H$	E	$C\times D$ $A\times F$ $B\times G$ $E\times H$	F	G	$C\times E$ $B\times F$ $A\times G$ $D\times H$

$L_{16}(4\times 2^{12})$

试验号 \ 列号	1	2	3	4	5	6	7	8	9	10	11	12	13
1	1	1	1	1	1	1	1	1	1	1	1	1	1
2	1	1	1	1	1	2	2	2	2	2	2	2	2
3	1	2	2	2	2	1	1	1	1	2	2	2	2
4	1	2	2	2	2	2	2	2	2	1	1	1	1
5	2	1	1	2	2	1	1	2	2	1	1	2	2
6	2	1	1	2	2	2	2	1	1	2	2	1	1
7	2	2	2	1	1	1	1	2	2	2	2	1	1
8	2	2	2	1	1	2	2	1	1	1	1	2	2
9	3	1	2	1	2	1	2	1	2	1	2	1	2
10	3	1	2	1	2	2	1	2	1	2	1	2	1
11	3	2	1	2	1	1	2	1	2	2	1	2	1
12	3	2	1	2	1	2	1	2	1	1	2	1	2
13	4	1	2	2	1	1	2	2	1	1	2	2	1
14	4	1	2	2	1	2	1	1	2	2	1	1	2
15	4	2	1	1	2	1	2	2	1	2	1	1	2
16	4	2	1	1	2	2	1	1	2	1	2	2	1

$L_{16}(4\times 2^{12})$ 表头设计

因子数 \ 列号	1	2	3	4	5	6	7
3	A	B	$(A\times B)_1$	$(A\times B)_2$	$(A\times B)_3$	C	$(A\times C)_1$
4	A	B	$(A\times B)_1$ $C\times D$	$(A\times B)_2$	$(A\times B)_3$	C	$(A\times C)_1$ $B\times D$
5	A	B	$(A\times B)_1$ $C\times D$	$(A\times B)_2$ $C\times E$	$(A\times B)_3$	C	$(A\times C)_1$ $B\times D$

因子数 \ 列号	8	9	10	11	12	13
3	$(A\times C)_2$	$(A\times C)_2$	$B\times C$			
4	$(A\times C)_2$	$(A\times C)_3$	$B\times C$ $(A\times C)_1$	D	$(A\times D)_3$	$(A\times D)_2$
5	$(A\times C)_2$ $B\times E$	$(A\times C)_3$	$B\times C$ $(A\times D)_1$ $(A\times E)_2$	D $(A\times E)_3$	E $(A\times D)_3$	$(A\times E)_1$ $(A\times D)_2$

$L_{16}(4^2 \times 2^9)$

试验号＼列号	1	2	3	4	5	6	7	8	9	10	11
1	1	1	1	1	1	1	1	1	1	1	1
2	1	2	1	1	1	2	2	2	2	2	2
3	1	3	2	2	2	1	1	1	2	2	2
4	1	4	2	2	2	2	2	2	1	1	1
5	2	1	1	2	2	1	2	2	1	2	2
6	2	2	1	2	2	2	1	1	2	1	1
7	2	3	2	1	1	1	2	2	2	1	1
8	2	4	2	1	1	2	1	1	1	2	2
9	3	1	2	1	2	2	1	2	2	1	2
10	3	2	2	1	2	1	2	1	1	2	1
11	3	3	1	2	1	2	1	2	1	2	1
12	3	4	1	2	1	1	2	1	2	1	2
13	4	1	2	2	1	2	2	1	2	2	1
14	4	2	2	2	1	1	1	2	1	1	2
15	4	3	1	1	2	2	2	1	1	1	2
16	4	4	1	1	2	1	1	2	2	2	1

$L_{16}(4^3 \times 2^6)$

试验号＼列号	1	2	3	4	5	6	7	8	9
1	1	1	1	1	1	1	1	1	1
2	1	2	2	1	1	2	2	2	2
3	1	3	3	2	2	1	1	2	2
4	1	4	4	2	2	2	2	1	1
5	2	1	2	2	2	1	2	1	2
6	2	2	1	2	2	2	1	2	1
7	2	3	4	1	1	1	2	2	1
8	2	4	3	1	1	2	1	1	2
9	3	1	3	1	2	2	2	2	1
10	3	2	4	1	2	1	1	1	2
11	3	3	1	2	1	2	2	1	2
12	3	4	2	2	1	1	1	2	1
13	4	1	4	2	1	2	1	2	2
14	4	2	3	2	1	1	2	1	1
15	4	3	2	1	2	2	1	1	1
16	4	4	1	1	2	1	2	2	2

$L_{16}(4^4 \times 2^3)$

试验号＼列号	1	2	3	4	5	6	7
1	1	1	1	1	1	1	1
2	1	2	2	2	1	2	2
3	1	3	3	3	2	1	2
4	1	4	4	4	2	2	1
5	2	1	2	3	2	2	1
6	2	2	1	4	2	1	2
7	2	3	4	1	1	2	2
8	2	4	3	2	1	1	1
9	3	1	3	3	1	2	2
10	3	2	4	4	1	1	1
11	3	3	1	2	2	2	1
12	3	4	2	1	2	1	2
13	4	1	4	2	2	1	2
14	4	2	3	1	2	2	1
15	4	3	2	4	1	1	1
16	4	4	1	3	1	2	2

$L_{16}(4^5)$

试验号 \ 列号	1	2	3	4	5
1	1	1	1	1	1
2	1	2	2	2	2
3	1	3	3	3	3
4	1	4	4	4	4
5	2	1	2	3	4
6	2	2	1	4	3
7	2	3	4	1	2
8	2	4	3	2	1
9	3	1	3	4	2
10	3	2	4	3	1
11	3	3	1	2	4
12	3	4	2	1	3
13	4	1	4	2	3
14	4	2	3	1	4
15	4	3	2	4	1
16	4	4	1	3	2
组	1	2			

$L_{16}(8\times 2^8)$

试验号 \ 列号	1	2	3	4	5	6	7	8	9
1	1	1	1	1	1	1	1	1	1
2	1	2	2	2	2	2	2	2	2
3	2	1	1	1	1	2	2	2	2
4	2	2	2	2	2	1	1	1	1
5	3	1	1	1	1	1	1	2	2
6	3	2	2	2	2	2	2	1	1
7	4	1	1	1	1	2	2	1	1
8	4	2	2	2	2	1	1	2	2
9	5	1	2	1	2	1	2	1	2
10	5	2	1	2	1	2	1	2	1
11	6	1	2	1	2	2	1	2	1
12	6	2	1	2	1	1	2	1	2
13	7	1	2	2	1	1	2	2	1
14	7	2	1	1	2	2	1	1	2
15	8	1	2	2	1	2	1	1	2
16	8	2	1	1	2	1	2	2	1

$L_{20}(2^{19})$

试验号 \ 列号	1	2	3	4	5	6	7	8	9	10	11	12	13	14	15	16	17	18	19
1	1	1	1	1	1	1	1	1	1	1	1	1	1	1	1	1	1	1	1
2	2	2	1	1	2	2	2	2	1	2	1	2	1	1	1	1	2	2	1
3	2	1	1	2	2	2	2	1	2	1	2	1	1	1	1	2	2	1	2
4	1	1	2	2	2	2	1	2	1	2	1	1	1	1	2	2	1	2	2
5	1	2	2	2	2	1	2	1	2	1	1	1	1	2	2	1	2	2	1
6	2	2	2	2	1	2	1	2	1	1	1	1	2	2	1	2	2	1	1
7	2	2	2	1	2	1	2	1	1	1	1	2	2	1	2	2	1	1	2
8	2	2	1	2	1	2	1	1	1	1	2	2	1	2	2	1	1	2	2
9	2	1	2	1	2	1	1	1	1	2	2	1	2	2	1	1	2	2	2
10	1	2	1	2	1	1	1	1	2	2	1	2	2	1	1	2	2	2	2
11	2	1	2	1	2	1	1	2	2	1	2	2	1	1	2	2	2	2	1
12	1	2	1	1	1	1	2	2	1	2	2	1	1	2	2	2	2	1	2
13	2	1	1	1	1	2	2	1	2	2	1	1	2	2	2	2	1	2	1
14	1	1	1	1	2	2	1	2	2	1	1	2	2	2	2	1	2	1	2
15	1	1	1	2	2	1	2	2	1	1	2	2	2	2	1	2	1	2	1
16	1	1	2	2	1	2	2	1	1	2	2	2	2	1	2	1	2	1	1
17	1	2	2	1	2	2	1	1	2	2	2	2	1	2	1	2	1	1	1
18	2	2	1	2	2	1	1	2	2	2	2	1	2	1	2	1	1	1	1
19	2	1	2	2	1	1	2	2	2	2	1	2	1	2	1	1	1	1	2
20	1	2	2	1	1	2	2	2	2	1	2	1	2	1	1	1	1	2	2

$L_9(3^4)$

试验号 \ 列号	1	2	3	4
1	1	1	1	1
2	1	2	2	2
3	1	3	3	3
4	2	1	2	3
5	2	2	3	1
6	2	3	1	2
7	3	1	3	2
8	3	2	1	3
9	3	3	2	1
组	1	2		

注:任意二列间的交互作用为另外二列。

$L_{18}(2\times 3^7)$

试验号 \ 列号	1	2	3	4	5	6	7	8
1	1	1	1	1	1	1	1	1
2	1	1	2	2	2	2	2	2
3	1	1	3	3	3	3	3	3
4	1	2	1	1	2	2	3	3
5	1	2	2	2	3	3	1	1
6	1	2	3	3	1	1	2	2
7	1	3	1	2	1	3	2	3
8	1	3	2	3	2	1	3	1
9	1	3	3	1	3	2	1	2
10	2	1	1	3	3	2	2	1
11	2	1	2	1	1	3	3	2
12	2	1	3	2	2	1	1	3
13	2	2	1	2	3	1	3	2
14	2	2	2	3	1	2	1	3
15	2	2	3	1	2	3	2	1
16	2	3	1	3	2	3	1	2
17	2	3	2	1	3	1	2	3
18	2	3	3	2	1	2	3	1

$L_{27}(3^{13})$

试验号 \ 列号	1	2	3	4	5	6	7	8	9	10	11	12	13
1	1	1	1	1	1	1	1	1	1	1	1	1	1
2	1	1	1	1	2	2	2	2	2	2	2	2	2
3	1	1	1	1	3	3	3	3	3	3	3	3	3
4	1	2	2	2	1	1	1	2	2	2	3	3	3
5	1	2	2	2	2	2	2	3	3	3	1	1	1
6	1	2	2	2	3	3	3	1	1	1	2	2	2
7	1	3	3	3	1	1	1	3	3	3	2	2	2
8	1	3	3	3	2	2	2	1	1	1	3	3	3
9	1	3	3	3	3	3	3	2	2	2	1	1	1
10	2	1	2	3	1	2	3	1	2	3	1	2	3
11	2	1	2	3	2	3	1	2	3	1	2	3	1
12	2	1	2	3	3	1	2	3	1	2	3	1	2
13	2	2	3	1	1	2	3	2	3	1	3	1	2
14	2	2	3	1	2	3	1	3	1	2	1	2	3
15	2	2	3	1	3	1	2	1	2	3	2	3	1
16	2	3	1	2	1	2	3	3	1	2	2	3	1
17	2	3	1	2	2	3	1	1	2	3	3	1	2
18	2	3	1	2	3	1	2	2	3	1	1	2	3
19	3	1	3	2	1	3	2	1	3	2	1	3	2
20	3	1	3	2	2	1	3	2	1	3	2	1	3
21	3	1	3	2	3	2	1	3	2	1	3	2	1
22	3	2	1	3	1	3	2	2	1	3	3	2	1
23	3	2	1	3	2	1	3	3	2	1	1	3	2
24	3	2	1	3	3	2	1	1	3	2	2	1	3
25	3	3	2	1	1	3	2	3	2	1	2	1	3
26	3	3	2	1	2	1	3	1	3	2	3	2	1
27	3	3	2	1	3	2	1	2	1	3	1	3	2
组	1		2						3				

$L_{27}(3^{13})$ 表头设计

因子数 \ 列号	1	2	3	4	5	6	7
3	A	B	$(A\times B)_1$	$(A\times C)_2$	C	$(A\times C)_1$	$(A\times C)_2$
4	A	B	$(A\times B)_1$ $(C\times D)_2$	$(A\times B)_2$	C	$(A\times C)_1$ $(B\times D)_2$	$(A\times C)_2$

因子数 \ 列号	8	9	10	11	12	13
3	$(B\times C)_1$			$(B\times C)_2$		
4	$(B\times C)_1$ $(A\times D)_2$	D	$(A\times D)_1$	$(B\times C)_2$	$(B\times D)_1$	$(C\times D)_1$

$L_{27}(3^{13})$ 二列间的交互作用

列号 \ 列号	1	2	3	4	5	6	7	8	9	10	11	12	13
	(1)	3	2	2	6	5	5	9	8	8	12	11	11
		4	4	3	7	7	6	10	10	9	13	13	12
		(2)	1	1	8	9	10	5	6	7	5	6	7
			4	3	11	12	13	11	12	13	8	9	10
			(3)	1	9	10	8	7	5	6	6	7	5
				2	13	11	12	12	13	11	10	8	9
				(4)	10	8	9	6	7	5	7	5	6
					12	13	11	13	11	12	9	10	8
					(5)	1	1	2	3	4	2	4	3
						7	6	11	13	12	8	10	9
						(6)	1	4	2	3	3	2	4
							5	13	12	11	10	9	8
							(7)	3	4	2	4	3	2
								12	11	13	9	8	10
								(8)	1	1	2	3	4
									10	9	5	7	6
									(9)	1	4	2	3
										8	7	6	5
										(10)	3	4	2
											6	5	7
											(11)	1	1
												13	12
												(12)	1
													11

$L_{25}(5^6)$

试验号 \ 列号	1	2	3	4	5	6
1	1	1	1	1	1	1
2	1	2	2	2	2	2
3	1	3	3	3	3	3
4	1	4	4	4	4	4
5	1	5	5	5	5	5
6	2	1	2	3	4	5
7	2	2	3	4	5	1
8	2	3	4	5	1	2
9	2	4	5	1	2	3
10	2	5	1	2	3	4
11	3	1	3	5	2	4
12	3	2	4	1	3	5
13	3	3	5	2	4	1
14	3	4	1	3	5	2
15	3	5	2	4	1	3
16	4	1	4	2	5	3
17	4	2	5	3	1	4
18	4	3	1	4	2	5
19	4	4	2	5	3	1
20	4	5	3	1	4	2
21	5	1	5	4	3	2
22	5	2	1	5	4	3
23	5	3	2	1	5	4
24	5	4	3	2	1	5
25	5	5	4	3	2	1
组	1	2				

$L_{32}(2^{31})$

试验号	列 1	2	3	4	5	6	7	8	9	10	11	12	13	14	15	16	17	18	19	20	21	22	23	24	25	26	27	28	29	30	31
1	1	1	1	1	1	1	1	1	1	1	1	1	1	1	1	1	1	1	1	1	1	1	1	1	1	1	1	1	1	1	1
2	1	1	1	1	1	1	1	1	1	1	1	1	1	1	1	2	2	2	2	2	2	2	2	2	2	2	2	2	2	2	2
3	1	1	1	1	1	1	1	2	2	2	2	2	2	2	2	1	1	1	1	1	1	1	1	2	2	2	2	2	2	2	2
4	1	1	1	1	1	1	1	2	2	2	2	2	2	2	2	2	2	2	2	2	2	2	2	1	1	1	1	1	1	1	1
5	1	1	1	2	2	2	2	1	1	1	1	2	2	2	2	1	1	1	1	2	2	2	2	1	1	1	1	2	2	2	2
6	1	1	1	2	2	2	2	1	1	1	1	2	2	2	2	2	2	2	2	1	1	1	1	2	2	2	2	1	1	1	1
7	1	1	1	2	2	2	2	2	2	2	2	1	1	1	1	1	1	1	1	2	2	2	2	2	2	2	2	1	1	1	1
8	1	1	1	2	2	2	2	2	2	2	2	1	1	1	1	2	2	2	2	1	1	1	1	1	1	1	1	2	2	2	2
9	1	2	2	1	1	2	2	1	1	2	2	1	1	2	2	1	1	2	2	1	1	2	2	1	1	2	2	1	1	2	2
10	1	2	2	1	1	2	2	1	1	2	2	1	1	2	2	2	2	1	1	2	2	1	1	2	2	1	1	2	2	1	1
11	1	2	2	1	1	2	2	2	2	1	1	2	2	1	1	1	1	2	2	1	1	2	2	2	2	1	1	2	2	1	1
12	1	2	2	1	1	2	2	2	2	1	1	2	2	1	1	2	2	1	1	2	2	1	1	1	1	2	2	1	1	2	2
13	1	2	2	2	2	1	1	1	1	2	2	2	2	1	1	1	1	2	2	2	2	1	1	1	1	2	2	2	2	1	1
14	1	2	2	2	2	1	1	1	1	2	2	2	2	1	1	2	2	1	1	1	1	2	2	2	2	1	1	1	1	2	2
15	1	2	2	2	2	1	1	2	2	1	1	1	1	2	2	1	1	2	2	2	2	1	1	2	2	1	1	1	1	2	2
16	1	2	2	2	2	1	1	2	2	1	1	1	1	2	2	2	2	1	1	1	1	2	2	1	1	2	2	2	2	1	1
17	2	1	2	1	2	1	2	1	2	1	2	1	2	1	2	1	2	1	2	1	2	1	2	1	2	1	2	1	2	1	2
18	2	1	2	1	2	1	2	1	2	1	2	1	2	1	2	2	1	2	1	2	1	2	1	2	1	2	1	2	1	2	1
19	2	1	2	1	2	1	2	2	1	2	1	2	1	2	1	1	2	1	2	1	2	1	2	2	1	2	1	2	1	2	1
20	2	1	2	1	2	1	2	2	1	2	1	2	1	2	1	2	1	2	1	2	1	2	1	1	2	1	2	1	2	1	2
21	2	1	2	2	1	2	1	1	2	1	2	2	1	2	1	1	2	1	2	2	1	2	1	1	2	1	2	2	1	2	1
22	2	1	2	2	1	2	1	1	2	1	2	2	1	2	1	2	1	2	1	1	2	1	2	2	1	2	1	1	2	1	2
23	2	1	2	2	1	2	1	2	1	2	1	1	2	1	2	1	2	1	2	2	1	2	1	2	1	2	1	1	2	1	2
24	2	1	2	2	1	2	1	2	1	2	1	1	2	1	2	2	1	2	1	1	2	1	2	1	2	1	2	2	1	2	1
25	2	2	1	1	2	2	1	1	2	2	1	1	2	2	1	1	2	2	1	1	2	2	1	1	2	2	1	1	2	2	1
26	2	2	1	1	2	2	1	1	2	2	1	1	2	2	1	2	1	1	2	2	1	1	2	2	1	1	2	2	1	1	2
27	2	2	1	1	2	2	1	2	1	1	2	2	1	1	2	1	2	2	1	1	2	2	1	2	1	1	2	2	1	1	2
28	2	2	1	1	2	2	1	2	1	1	2	2	1	1	2	2	1	1	2	2	1	1	2	1	2	2	1	1	2	2	1
29	2	2	1	2	1	1	2	1	2	2	1	2	1	1	2	1	2	2	1	2	1	1	2	1	2	2	1	2	1	1	2
30	2	2	1	2	1	1	2	1	2	2	1	2	1	1	2	2	1	1	2	1	2	2	1	2	1	1	2	1	2	2	1
31	2	2	1	2	1	1	2	2	1	1	2	1	2	2	1	1	2	2	1	2	1	1	2	2	1	1	2	1	2	2	1
32	2	2	1	2	1	1	2	2	1	1	2	1	2	2	1	2	1	1	2	1	2	2	1	1	2	2	1	2	1	1	2

$L_{32}(2^{31})$ 的交互作用表

列	列																														
	1	2	3	4	5	6	7	8	9	10	11	12	13	14	15	16	17	18	19	20	21	22	23	24	25	26	27	28	29	30	31
1	(1)	3	2	5	4	7	6	9	8	11	10	13	12	15	14	17	16	19	18	21	20	23	22	25	24	27	26	29	28	31	30
2		(2)	1	6	7	4	5	10	11	8	9	14	15	12	13	18	19	16	17	22	23	20	21	26	27	24	25	30	31	28	29
3			(3)	7	6	5	4	11	10	9	8	15	14	13	12	19	18	17	16	23	22	21	20	27	26	25	24	31	30	29	28
4				(4)	1	2	3	12	13	14	15	8	9	10	11	20	21	22	23	16	17	18	19	28	29	30	31	24	25	26	27
5					(5)	3	2	13	12	15	14	9	8	11	10	21	20	23	22	17	16	19	18	29	28	31	30	25	24	27	26
6						(6)	1	14	15	12	13	10	11	8	9	22	23	20	21	18	19	16	17	30	31	28	29	26	27	24	25
7							(7)	15	14	13	12	11	10	9	8	23	22	21	20	19	18	17	16	31	30	29	28	27	26	25	24
8								(8)	1	2	3	4	5	6	7	24	25	26	27	28	29	30	31	16	17	18	19	20	21	22	23
9									(9)	3	2	5	4	7	6	25	24	27	26	29	28	31	30	17	16	19	18	21	20	23	22
10										(10)	1	6	7	4	5	26	27	24	25	30	31	28	29	18	19	16	17	22	23	20	21
11											(11)	7	6	5	4	27	26	25	24	31	30	29	28	19	18	17	16	23	22	21	20
12												(12)	1	2	3	28	29	30	31	24	25	26	27	20	21	22	23	16	17	18	19
13													(13)	3	2	29	28	31	30	25	24	27	26	21	20	23	22	17	16	19	18
14														(14)	1	30	31	28	29	26	27	24	25	22	23	20	21	18	19	16	17
15															(15)	31	30	29	28	27	26	25	24	23	22	21	20	19	18	17	16
16																(16)	1	2	3	4	5	6	7	8	9	10	11	12	13	14	15
17																	(17)	3	2	5	4	7	6	9	8	11	10	13	12	15	14
18																		(18)	1	6	7	4	5	10	11	8	9	14	15	12	13
19																			(19)	7	6	5	4	11	10	9	8	15	14	13	12
20																				(20)	1	2	3	12	13	14	15	8	9	10	11
21																					(21)	3	2	13	12	15	14	9	8	11	10
22																						(22)	1	14	15	12	13	10	11	8	9
23																							(23)	15	14	13	12	11	10	9	8
24																								(24)	1	2	3	4	5	6	7
25																									(25)	3	2	5	4	7	6
26																										(26)	1	6	7	4	5
27																											(27)	7	6	5	4
28																												(28)	1	2	3
29																													(29)	3	2
30																														(30)	1
31																															(31)

$L'_{32}(2^1 \times 4^9)$

试验号	例									
	1	2	3	4	5	6	7	8	9	10
1	1	1	1	1	1	1	1	1	1	1
2	1	1	2	2	2	2	2	2	2	2
3	1	1	3	3	3	3	3	3	3	3
4	1	1	4	4	4	4	4	4	4	4
5	1	2	1	1	2	2	3	3	4	4
6	1	2	2	2	1	1	4	4	3	3
7	1	2	3	3	4	4	1	1	2	2
8	1	2	4	4	3	3	2	2	1	1
9	1	3	1	2	3	4	1	2	3	4
10	1	3	2	1	4	3	2	1	4	3
11	1	3	3	4	1	2	3	4	1	2
12	1	3	4	3	2	1	4	3	2	1
13	1	4	1	2	4	3	3	4	2	1
14	1	4	2	1	3	4	4	3	1	2
15	1	4	3	4	2	1	1	2	4	3
16	1	4	4	3	1	2	2	1	3	4
17	2	1	1	4	1	4	2	3	2	3
18	2	1	2	3	2	3	1	4	1	4
19	2	1	3	2	3	2	4	1	4	1
20	2	1	4	1	4	1	3	2	3	2
21	2	2	1	4	2	3	4	1	3	2
22	2	2	2	3	1	4	3	2	4	1
23	2	2	3	2	4	1	2	3	1	4
24	2	2	4	1	3	2	1	4	2	3
25	2	3	1	3	3	1	2	4	4	2
26	2	3	2	4	4	2	1	3	3	1
27	2	3	3	1	1	3	4	2	2	4
28	2	3	4	2	2	4	3	1	1	3
29	2	4	1	3	4	2	4	2	1	3
30	2	4	2	4	3	1	3	1	2	4
31	2	4	3	1	2	4	2	4	3	1
32	2	4	4	2	1	3	1	3	4	2

注：1、2列之间的交互作用对所有列是正交的。它能从这些列的二路表估计出来。1、2列能联合成一个8水平列。任何两个4水平列之间的交互作用关于其余4水平列的每一列是部分混淆的。

$L'_{36}(2^3 \times 3^{13})$

试验号	列															
	1	2	3	4	5	6	7	8	9	10	11	12	13	14	15	16
1	1	1	1	1	1	1	1	1	1	1	1	1	1	1	1	1
2	1	1	1	1	2	2	2	2	2	2	2	2	2	2	2	2
3	1	1	1	1	3	3	3	3	3	3	3	3	3	3	3	3
4	1	2	2	1	1	1	1	1	2	2	2	2	3	3	3	3
5	1	2	2	1	2	2	2	2	3	3	3	3	1	1	1	1
6	1	2	2	1	3	3	3	3	1	1	1	1	2	2	2	2
7	2	1	2	1	1	1	2	3	1	2	3	3	1	2	2	3
8	2	1	2	1	2	2	3	1	2	3	1	1	2	3	3	1
9	2	1	2	1	3	3	1	2	3	1	2	2	3	1	1	2
10	2	2	1	1	1	1	3	2	1	3	2	3	2	1	3	2
11	2	2	1	1	2	2	1	3	2	1	3	1	3	2	1	3
12	2	2	1	1	3	3	2	1	3	2	1	2	1	3	2	1
13	1	1	1	2	1	2	3	1	3	2	1	3	3	2	1	2
14	1	1	1	2	2	3	1	2	1	3	2	1	1	3	2	3
15	1	1	1	2	3	1	2	3	2	1	3	2	2	1	3	1
16	1	2	2	2	1	2	3	2	1	1	3	2	3	3	2	1
17	1	2	2	2	2	3	1	3	2	2	1	3	1	1	3	2
18	1	2	2	2	3	1	2	1	3	3	2	1	2	2	1	3
19	2	1	2	2	1	2	1	3	3	3	1	2	2	1	2	3
20	2	1	2	2	2	3	2	1	1	1	2	3	3	2	3	1
21	2	1	2	2	3	1	3	2	2	2	3	1	1	3	1	2
22	2	2	1	2	1	2	2	3	3	1	2	1	1	3	3	2
23	2	2	1	2	2	3	3	1	1	2	3	2	2	1	1	3
24	2	2	1	2	3	1	1	2	2	3	1	3	3	2	2	1
25	1	1	1	3	1	3	2	1	2	3	3	1	3	1	2	2
26	1	1	1	3	2	1	3	2	3	1	1	2	1	2	3	3
27	1	1	1	3	3	2	1	3	1	2	2	3	2	3	1	1
28	1	2	2	3	1	3	2	2	2	1	1	3	2	3	1	3
29	1	2	2	3	2	1	3	3	3	2	2	1	3	1	2	1
30	1	2	2	3	3	2	1	1	1	3	3	2	1	2	3	2
31	2	1	2	3	1	3	3	3	2	3	2	2	1	2	1	1
32	2	1	2	3	2	1	1	1	3	1	3	3	2	3	2	2
33	2	1	2	3	3	2	2	2	1	2	1	1	3	1	3	3
34	2	2	1	3	1	3	1	2	3	2	3	1	2	2	2	3
35	2	2	1	3	2	1	2	3	1	3	1	2	3	3	1	2
36	2	2	1	3	3	2	3	1	2	1	2	3	1	1	2	3

注:(i) 交互作用 $1\times4,2\times4,3\times4$ 对所有列都是正交的,因此不必损失任何列就能得到。(ii)1、2、4 列之间的三因子交互作用用空着第 3 列的方法得到,因此,联合 1、2、4 列,空着第 3 列能组成一个 12 水平的因子。(iii)$L'_{36}(2^3\times3^{13})$ 中的 5 到 16 列与 $L_{36}(2^{11}\times3^{12})$ 中的 12 到 23 列是相同的。

$L_{36}(2^{11}\times 3^{12})$

试验号	列																						
	1	2	3	4	5	6	7	8	9	10	11	12	13	14	15	16	17	18	19	20	21	22	23
1	1	1	1	1	1	1	1	1	1	1	1	1	1	1	1	1	1	1	1	1	1	1	1
2	1	1	1	1	1	1	1	1	1	1	1	2	2	2	2	2	2	2	2	2	2	2	2
3	1	1	1	1	1	1	1	1	1	1	1	3	3	3	3	3	3	3	3	3	3	3	3
4	1	1	1	1	1	2	2	2	2	2	2	1	1	1	1	2	2	2	2	3	3	3	3
5	1	1	1	1	1	2	2	2	2	2	2	2	2	2	2	3	3	3	3	1	1	1	1
6	1	1	1	1	1	2	2	2	2	2	2	3	3	3	3	1	1	1	1	2	2	2	2
7	1	1	2	2	2	1	1	1	2	2	2	1	1	2	3	1	2	3	3	1	2	2	3
8	1	1	2	2	2	1	1	1	2	2	2	2	2	3	1	2	3	1	1	2	3	3	1
9	1	1	2	2	2	1	1	1	2	2	2	3	3	1	2	3	1	2	2	3	1	1	2
10	1	2	1	2	2	1	2	2	1	1	2	1	1	3	2	1	3	2	3	2	1	3	2
11	1	2	1	2	2	1	2	2	1	1	2	2	2	1	3	2	1	3	1	3	2	1	3
12	1	2	1	2	2	1	2	2	1	1	2	3	3	2	1	3	2	1	2	1	3	2	1
13	1	2	2	1	2	2	1	2	1	2	1	1	2	3	1	3	2	1	3	3	2	1	2
14	1	2	2	1	2	2	1	2	1	2	1	2	3	1	2	1	3	2	1	1	3	2	3
15	1	2	2	1	2	2	1	2	1	2	1	3	1	2	3	2	1	3	2	2	1	3	1
16	1	2	2	2	1	2	2	1	2	1	1	1	2	3	2	1	1	3	2	3	3	2	1
17	1	2	2	2	1	2	2	1	2	1	1	2	3	1	3	2	2	1	3	1	1	3	2
18	1	2	2	2	1	2	2	1	2	1	1	3	1	2	1	3	3	2	1	2	2	1	3
19	2	1	2	2	1	1	2	2	1	2	1	1	2	1	3	3	3	1	2	2	1	2	3
20	2	1	2	2	1	1	2	2	1	2	1	2	3	2	1	1	1	2	3	3	2	3	1
21	2	1	2	2	1	1	2	2	1	2	1	3	1	3	2	2	2	3	1	1	3	1	2
22	2	1	2	1	2	2	2	1	1	1	2	1	2	2	3	3	1	2	1	1	3	3	2
23	2	1	2	1	2	2	2	1	1	1	2	2	3	3	1	1	2	3	2	2	1	1	3
24	2	1	2	1	2	2	2	1	1	1	2	3	1	1	2	2	3	1	3	3	2	2	1
25	2	1	1	2	2	2	1	2	2	1	1	1	3	2	1	2	3	3	1	3	1	2	2
26	2	1	1	2	2	2	1	2	2	1	1	2	1	3	2	3	1	1	2	1	2	3	3
27	2	1	1	2	2	2	1	2	2	1	1	3	2	1	3	1	2	2	3	2	3	1	1
28	2	2	2	1	1	1	1	2	2	1	2	1	3	2	2	2	1	1	3	2	3	1	3
29	2	2	2	1	1	1	1	2	2	1	2	2	1	3	3	3	2	2	1	3	1	2	1
30	2	2	2	1	1	1	1	2	2	1	2	3	2	1	1	1	3	3	2	1	2	3	2
31	2	2	1	2	1	2	1	1	1	2	2	1	3	3	3	2	3	2	2	1	2	1	1
32	2	2	1	2	1	2	1	1	1	2	2	2	1	1	1	3	1	3	3	2	3	2	2
33	2	2	1	2	1	2	1	1	1	2	2	3	2	2	2	1	2	1	1	3	1	3	3
34	2	2	1	1	2	1	2	1	2	2	1	1	3	1	2	3	2	3	1	2	2	3	1
35	2	2	1	1	2	1	2	1	2	2	1	2	1	2	3	1	3	1	2	3	3	1	2
36	2	2	1	1	2	1	2	1	2	2	1	3	2	3	1	2	1	2	3	1	1	2	3

注：任何两列之间的交互作用关于其余各列是部分混淆的.

主要参考书目

1 复旦大学编.概率论.北京:人民教育出版社,1979.10

2 浙江大学盛骤等编.概率论与数理统计(第二版).北京:高等教育出版社,1989,8

3 清华大学应用数学系概率统计教研组编.概率论与数理统计.长春:吉林教育出版社,1987,9

4 栾军编著.试验设计的技术与方法.上海:上海交通大学出版社,1987,10

5 Douglas C, Montgomery. Design and Analysis of Experiments, Second edition. 1984

6 Ronald E, Walpole and Raymond H. Myers. Probability and Statistics for Engineers and Scientists, 2ed. 1978

7 北京大学数学力学系数学专业概率统计组编.正交设计.北京:人民教育出版社,1976

8 中国科学院数学研究所统计组.常用数理统计方法.北京:科学出版社,1979

9 (日)田口玄一著.魏锡禄,王世芳译.实验设计法.北京:机械工业出版社,1987,12

10 (日)奥野忠一,房贺敏郎著.牛长山,张永照译.试验设计方法.北京:机械工业出版社,1985,12

11 胡昌寿主编.可靠性工程 —— 设计、试验、分析、管理(上册).北京:宇航出版社,1989,8

12 日本规格协会可靠性实施分会编.魏锡禄,陈启浩译.可靠性指南.天津:天津科学技术出版社,1984

13 (日)盐见 弘著.彭乃学等译.可靠性工程基础.北京:科学出版社,1982

14 (美)卡帕 K.C,兰伯森 L.R 著.张智铁译.工程设计中的可靠性.北京:机械工业出版社,1984